高等学校规划教材·电子、通信与自动控制技术

# 系统建模与仿真

刘　雁　主编

西北工業大學出版社

西　安

【内容简介】 本书借助 MATLAB 语言，介绍了系统建模和仿真的基础理论与应用方法。全书共分为 7 章：第 1 章概述了系统建模与仿真的基本理论；第 2 章介绍了 MATLAB 应用基础知识；第 3 章主要涉及在工程应用领域中常用系统数学模型的理论知识；第 4 章引入了 Simulink 的应用基础及方法；第 5 章通过一些实例介绍了采用 Simulink 进行动态系统建模和仿真的方法；第 6 章叙述了采用 Simulink 实现复杂系统建模的方法；第 7 章通过几个实例介绍了系统建模与仿真在工程领域中的应用。为了适应现代数字化系统的发展，本书分别从连续系统、离散系统和混合系统的角度介绍了系统建模和仿真的方法。

本书是为高等学校机械类或机电类相关专业的硕士生或高年级本科生学习系统建模与仿真知识而编写的，亦可作为科技工作者和教师等相关人员学习和应用系统仿真技术解决实际问题的参考书。

**图书在版编目(CIP)数据**

系统建模与仿真/刘雁主编. —西安：西北工业大学出版社，2020.1(2022.1 重印)
高等学校规划教材. 电子、通信与自动控制技术
ISBN 978-7-5612-6691-5

Ⅰ. ①系… Ⅱ. ①刘… ②主… Ⅲ. ①系统建模-高等学校-教材 ②系统仿真-高等学校-教材 Ⅳ. ①N945.12 ②TP391.92

中国版本图书馆 CIP 数据核字(2019)第 270345 号

XITONG JIANMO YU FANGZHEN
**系统建模与仿真**

**责任编辑**：何格夫　　**策划编辑**：何格夫
**责任校对**：张　友　　**装帧设计**：李　飞
**出版发行**：西北工业大学出版社
**通信地址**：西安市友谊西路 127 号　　邮编：710072
**电　　话**：(029)88491757，88493844
**网　　址**：www.nwpup.com
**印 刷 者**：陕西宝石兰印务有限责任公司
**开　　本**：787 mm×1 092 mm　1/16
**印　　张**：16.75
**字　　数**：440 千字
**版　　次**：2020 年 1 月第 1 版　2022 年 1 月第 2 次印刷
**定　　价**：65.00 元

# 前　言

系统建模与仿真技术是以相似性原理、数值建模理论、系统结构技术、计算机仿真技术及系统建模与仿真领域的相关专业为基础，以计算机系统、物理设备及仿真设备为工具，针对研究目标特性，建立仿真系统，对研究对象进行抽象、映射、描述、实验、分析和评估的一门多学科的综合性、交叉性技术。

用仿真代替实际系统的实验，在计算机上研究和设计系统，不仅可以降低成本和缩短研发周期，还可以获得丰富、详细的数据资料，有效地完成系统的设计和改进。因此，系统建模与仿真技术不仅是高等学校进行教学和学习的重要手段和工具，而且在研究及工程实践中也发挥着越来越重要的作用。基于此背景，我们针对机电类和机械类学生开设了研究生课程“系统建模与仿真”，以帮助学生从系统的角度理解和构建模型，循序渐进地深入到相关学科的科学研究中。

在课堂教学过程中，我们发现市场上的可以用于“系统建模和仿真”课程的教材主要分为三类：第一类教材偏重于介绍 MATLAB/Simulink 软件的使用，而关于系统建模的知识较少。此类教材的侧重点在于对仿真软件的学习，大部分的内容并不涉及系统建模与仿真知识。这就造成学生虽然花费了较多的时间，但没有达到针对性学习的目的。第二类教材主要介绍系统建模的理论，从系统的数学模型和工作机理入手，涉及的内容较为深入，主要面向数学和物理及专业基础理论知识较为扎实的学生。但此类教材的内容和工程应用联系不十分紧密，易使部分学生在学习过程中失去学习的兴趣，深入学习较为困难。第三类教材是针对电类和控制类等专业学生编写的，专业性较强，不适合机械类和机电类的学生学习。因此，根据选课学生的专业背景，以及对仿真语言的应用基础，我们在研究生课程“系统建模与仿真”的课堂教学实践经验的基础上编写了此书。

根据非电类专业学生的知识结构、专业基础及本课程学时(32～40 学时)较少的特点，结合“系统建模与仿真”课程的特点，本书在内容安排上具有以下特色：

(1)与一般以介绍 MATLAB/Simulink 软件的使用为主的教材不同，用较大篇幅描述系统建模与仿真的基本理论，主要安排在第 1 章，在后续章节中也结合具体内容有所介绍。这主要是考虑到绝大多数学生没有学习过这方面的知识。

(2)与一般面向电类的仿真教材不同，不再深入地介绍系统仿真的各种算法和理论，以让学生掌握 MATLAB/Simulink 软件这一仿真工具为主要目标。

(3)考虑到大多数学生未学过 MATLAB 软件，在第 2 章简要介绍 MATLAB 的基础知识。学过 MATLAB 的学生可以略读或跳过第 2 章，直接学习后续内容。

(4)由于非电类专业学生一般没有学过诸如“信号与系统”“自动控制原理”“数字信号处理”之类的课程，有关系统的数学模型方面的理论知识较为欠缺，因此，在学习用 Simulink 完成系统建模与仿真的方法之前，在第 3 章介绍常用的工程系统数学模型的基础理论知识，以便学生更好地理解并完成采用 Simulink 建模与仿真。

(5)为了使学生在较少的学时内能够学到尽量多的理论与实践知识，不仅在第 4～6 章详细叙述 Simulink 从入门到进阶的通用性内容和应用，还在第 7 章专门介绍用于电类和机械系统仿真的两个专业模块库，并通过工程实例详细说明其用法。

(6)在第 2 章和第 4 章中，关于 MATLAB/Simulink 相关指令的介绍和参数的选择等内容多以表格的形式给出，可以帮助学生在系统建模和仿真过程中快速地搜索到相关内容，较为容易地构建模型和进行仿真，从而把工作的重点放到系统建模和模型仿真结果的分析上。

(7)为了使学生能够较为深入地理解系统建模与仿真在工业工程领域中的应用，在第 7 章介绍多个机械类和机电类与工程实践密切相关的实例，将系统建模理论与实践相结合。同时，为了使学生能够在系统建模过程中较快地掌握采用 Simulink 进行系统建模和仿真，同样将每个实例在进行建模和仿真过程中所需的仿真模块和参数设置以表格的形式给出，使学生在系统建模仿真学习中能够较为清楚地了解模型构建、运行和结果分析的流程。

本书由西北工业大学刘雁担任主编，卢健康担任副主编。其中第 1～2 章由卢建康编写。高宽编写了第 5 章并绘制了部分图形。第 6.1 节和 6.2 节由长安大学高扬编写。第 6.3～6.5节由中国科学院高能物理研究所陈宛编写。第 7.1～7.4 节、第 7.6 节和 7.7 节由马凯编写。第 7.8 节由丁冬晓编写。第 7.5 节和 7.9 节由黄强编写。附录由何浩编写。王泽璇绘制了本书的部分图形。其余各章节由刘雁编写，全书由刘雁统稿。

在编写本书的过程中，得到了西北工业大学国家级教学名师史仪凯教授的热情指导和帮助，还得到了西北工业大学机电学院及电工学教学团队的相关领导和同志们的鼎力支持和热心帮助，在此深表感谢。本书成稿后，西安交通大学张家忠教授审阅了全部书稿，并提出了许多宝贵意见，在此深表谢意。此外，编写本书时参阅了一些国内外相关著作和学术资料，在此对其作者表示衷心的感谢。

由于水平有限，书中难免存在不妥之处，敬请广大师生与读者不吝指正。

**编　者**

2019 年 7 月

# 目　录

# 第1章 概　述

## 1.1　系统建模与仿真的组成及关系

系统建模与仿真是指构造实际系统的模型(数学模型、物理效应模型或数学一物理效应模型)并在模型上进行仿真实验的复杂活动。例如将按一定比例缩小的飞行器模型置于风洞中吹风,测出飞行器的升力、阻力和力矩等特性;在建设一个大水电站之前,先建一个规模较小的水电站以获取建设水电站的经验及其运行规律。它主要包括实际系统、模型和计算机三个基本部分,同时考虑三者之间的关系,即建模关系和仿真关系,如图1.1.1所示。

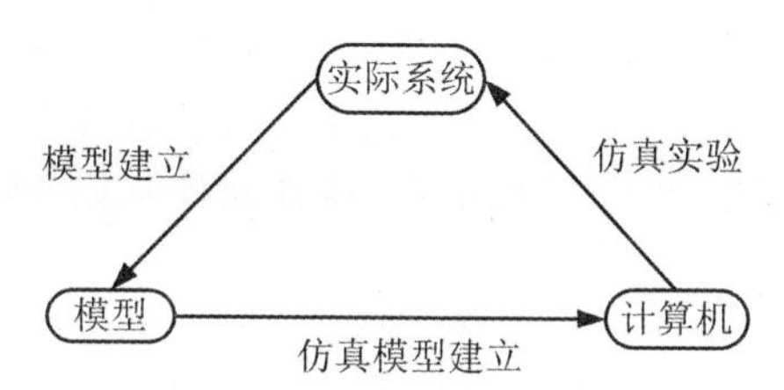


图1.1.1　系统建模与仿真的组成及关系

“模型建立”是指通过对实际系统的观测或检测,在忽略次要因素及不可检测变量的基础上,用物理或数学的方法进行描述,从而获得实际系统的简化近似模型。仿真模型可以反映系统模型同仿真器或计算机之间的关系,它应能被仿真器或计算机接受,并能进行运行。例如,计算机仿真模型,就是对系统的数学模型进行一定的算法处理,使其在变成合适的形式(如将数值积分变为迭代运算模型)之后,能在计算机上进行数字仿真的“可计算模型”。显然,由于采用的算法引进了一定的误差,所以仿真模型对实际系统来讲是一个二次简化模型,故“模型建立”有“二次建模”之称。“仿真实验”是指模型的运行。例如,计算机仿真,就是将系统的仿真模型置于计算机上运行的过程。仿真是通过实验研究实际系统的一种技术,通过仿真可以弄清楚系统内在结构变量及其变化规律和环境条件的影响。

## 1.2　系统与模型

对实际系统的认识、对所构建模型的理解及实现系统模型的仿真是一个有机的整体,每个环节都不同程度地对最终结果有所影响。因此,有必要对它们进行深入了解与掌握。

### 1.2.1　系统

系统通常定义为具有一定功能,按照某种规律相互联系又相互作用的对象之间的有机组合。

1. 系统的组成

所谓系统，是由相互联系、相互作用的若干部分，以一定的结构组成的具有特定功能的整体。因此，系统一般是由实体、属性和活动三个要素组成。

(1)实体。实体是指组成系统的具体对象。如供电系统中的发电机、压缩机系统中的控制阀等。

(2)属性。属性是实体所具有的每一项有效特性(状态和参数)。如旋转机械系统中的转速、温控系统中的温度等。

系统的属性主要考虑系统的边界和系统的分层。系统的边界是指系统存在所涉及的时间和空间界限，它可能是自然形成的，也可以是人为划定的；系统的分层是指任何系统向宏观方向可以逐层综合，向微观方向可以逐层分解，从而表现出鲜明的层次。这是由于系统无论简单与复杂均存在分层现象，或者说具有层次性。

(3)活动。活动是系统内的对象随时间推移而发生的状态变化。其中，系统内部发生的变化过程称为内部活动，系统外部发生的对系统产生影响的变化过程称为外部活动。例如供电系统中发电机转子转速的变化为内部活动，而电网电压的波动属于外部活动。仅考虑内部活动的系统称为封闭系统，既考虑内部活动又考虑外部活动的系统称为开放系统。

图 1.2.1 所示为一个飞机自动驾驶系统。其系统的实体是机体、陀螺仪及控制器。属性是航向、速度、陀螺仪及控制器特性等。活动则是机体对控制器的响应。

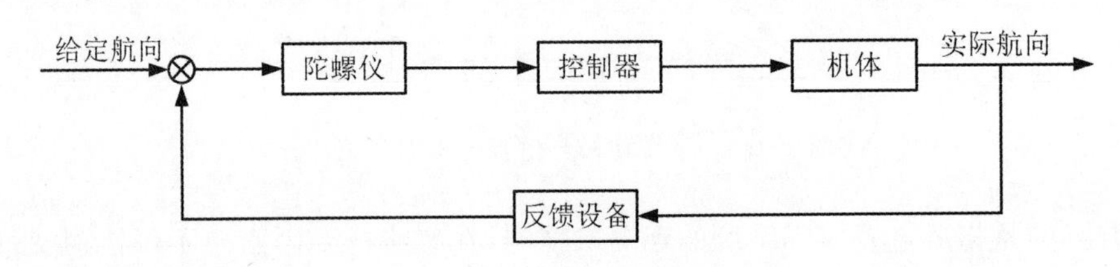


图 1.2.1 飞机自动驾驶系统

2. 系统的特征

系统作为真实世界的一部分，是相互作用分系统的集合，具有以下典型特征：

(1)整体性。系统中的各部分不能随意分割即为整体性。如图 1.2.1 所示的闭环控制系统中，控制对象机体、陀螺仪及控制器缺一不可。因此，系统的整体性是一个重要特性，直接影响系统的功能与作用。

(2)相对独立性。一方面，这种独立性表现为系统具有特定的质和量的规定性，同时具有排他性和稳定性；另一方面，这种独立性是相对的，任何一个系统都存在于环境和周围事物之中，并与之有密切的联系。系统中的各部分以一定的规律和方式相联系，由此决定了其特有的性能。

(3)结构性。任何系统都具有一定的结构，没有无结构的系统。作为系统论中的一个基本范畴的结构，指的是系统内部各组成实体之间在空间或时间方面的有机联系和相互作用的方式或顺序。所以，任何系统所具有的整体性，都是在一定结构基础上的整体性，仅有实体还不能组成系统，必须在实体的基础上，以某种方式和关系相互作用，才能形成系统结构。

(4)功能性。系统的功能是指系统与外部环境相互联系和相互作用中表现出来的性质、能力和功能，也可以说系统具有一定的目的性。例如信息系统的功能是进行信息的收集、传递、储存、加工、维护和使用，辅助决策者进行决策，帮助企业实现目标。

(5)环境适应性。任何系统都处在一定的物质环境之中，并与环境发生相互作用。系统与环境的相互联系和相互作用，主要表现在物质、能量和信息的交换。

3.系统的分类

系统的分类有多种形式，可以从不同角度对系统进行分类。如按照自然属性可以将系统分为人造系统和自然系统；按照物质属性可以分为实物系统和概念系统；按照运动属性可以分为静态系统和动态系统；按照系统的输入量与输出量的多少，可以分为多输入多输出、多输入单输出、单输入多输出和单输入单输出系统；按照系统任意时刻的输出是否与过去时刻的输出有关，可以分为动态系统(记忆系统)与即时系统(无记忆系统)。本书主要是以时间属性为依据对系统进行分类、建模和仿真的。下面是以时间属性作为依据的分类：

(1)连续时间系统。连续时间系统是指状态变量随时间连续变化的系统。

(2)离散时间系统。离散时间系统的输入与输出仅在离散的时间点上取值，而且离散的时间点具有相同的时间间隔。

(3)离散事件系统。事件的发生没有持续性，系统的状态仅在离散时刻上发生变化，而且这些离散时刻一般是不确定的，称为离散事件系统。状态变量的改变是由离散时刻上发生的事件驱动，是离散事件系统的一个典型特征。离散事件系统内部的状态变化是随机的，同一内部状态可以向多种状态转变，很难用函数来描述系统内部状态的变化，只能掌握系统内部状态变化的统计规律。公共交通是离散事件系统的一个例子，因为状态变量如乘客的人数的改变随着乘客的乘车或到达而改变，而且乘客到达的时间、地点是随机的。

(4)连续离散混合系统。在连续离散混合系统中，系统结构一般比较复杂，并且往往由不同类型的系统共同构成。通常系统中一部分是连续系统，而另一部分是离散系统，之间有连接环节将两者联系起来，这样的系统称为连续离散混合系统。虽然连续离散混合系统一般都比较复杂，但是只要将系统进行合理的划分，将系统分解为不同的部分，分别对每一部分进行分析，最后再对整个系统进行综合分析，就会大大减小系统仿真分析的复杂度。

### 1.2.2　模型

模型是对系统的特征与变化规律的一种定量抽象，是人们用以认识事物的一种手段。科学研究的绝大部分工作就是建立形式化的模型。模型是对系统某些本质特征的描述，可采用各种可用的形式提供被研究系统的信息。因此，模型的某一特征具有与所研究系统相似的数学描述或物理描述。

1.模型的分类

模型是按照研究目的的实际需要和侧重面，寻找一个便于进行系统研究的“替身”。因此，在较复杂的情况下，对于由许多实体组成的同一个系统，由于研究目的不同，可以产生不同层次或不同侧面的多种模型。系统模型按照变量的情况，可以分为确定性模型和随机性模型；根据数学方法可以分为初等模型、微分方程模型、优化模型和控制模型等；根据研究的实际问题可以分为人口发展模型、生态模型、交通模型和经济模型等；按照变量的情况，可以分为线性数学模型和非线性数学模型；根据对变量的了解程度可以分为白箱模型、灰箱模型和黑箱模型；根据系统的性质可以分为微观模型、分布参数模型、宏观模型、集中参数模型、定常模型和时变模型等。下面按照模型的表现形式进行分类：

(1)实体模型。实体模型即为系统的物理模型,可以分为实物模型和类比模型。其中实物模型是根据相似性理论制造的,按原系统比例缩小(也可以是放大或与原系统尺寸一样)的实物。而类比模型是指在不同的物理学领域(力学、电学、热学和流体力学等)的系统中存在的变量有时遵循相同的规律,根据这个相同规律可以设计物理意义完全不同的类比和类推模型。

(2)数学模型。数学模型是用数学语言描述的一类模型,是根据物理概念、变化规律、测试结果和经验总结,用数学表达式、逻辑表达式、特性曲线和试验数据等来描述某一系统的表现形式。数学模型可以是一个或一组代数方程、微分方程、差分方程、积分方程或统计学方程,也可以是它们的某种适当的组合,通过这些方程定量地或定性地描述系统各变量之间的相互关系或因果关系。数学模型常用的分类有两种:根据模型的时间集合可以分为连续时间模型和离散时间模型。连续时间模型中的时间用实数表示,即系统的状态可以在任意时间点获得。离散时间模型中的时间用整数表示,即系统的状态可以在离散的时间点上获得,这里的整数时间只定性地表示时间离散,而不一定是绝对时间;根据模型的状态变量可以分为连续变化模型和离散变化模型。在连续变化模型中,系统的状态变量是随时间连续变化的。在离散变化模型中,系统的状态变量是不连续的,即它只在特定时刻之间系统状态保持不变。人们通常是按照数学模型的形式和类型进行系统建模的。

(3)结构模型。结构模型是反映系统的结构特点和因果关系的模型。结构模型中的一类重要模型是图模型,用于描述自然界和人类社会中的大量的事物和事物之间的关系。结构模型是研究复杂系统的有效手段。

(4)仿真模型。仿真模型是通过数字计算机、模拟计算机或混合计算机上运行的程序表达的模型。采用适当的仿真语言或程序,物理模型、数学模型和结构模型一般能转变为仿真模型。

2.构建系统模型的原则

在选择模型时,要以便于达到研究的目的为前提。所以,构建系统模型时通常应该考虑以下六条原则:

(1)相似性。模型与所研究系统在属性上应具有相似的特性和变化规律,即“原型”与“替身”之间具有相似的物理属性或数学描述。

(2)切题性。模型应该只针对与研究目的有关的方面,而非系统的一切,即一个系统的模型不是唯一的,模型结构的选择应针对研究目的。

(3)吻合性。选择的模型结构,应尽可能对所采用的数据作合理的描述。通常,其实验数据应尽可能由模型来解释。

(4)可辨识性。模型结构必须选择可辨识的形式。若一个结构具有无法估计的参数,则此结构就没有实用价值。

(5)简单化。从实用的观点来看,由于在模型的建立过程中,忽略了一些次要因素和某些不可测变量的影响,模型实际上已经是一个被简化了的近似模型。一般而言,在实用的前提下,模型越简单越好。

(6)综合精度。它是模型框架、结构和参数集合等项精度的一种综合指标。若有限的信息限制了模型的精度,最有效的模型就应该是各方面精度的平衡和折中。

3.构建系统模型的方法

通常,构建系统模型的方法有三类:

(1)测试法/归纳法/系统辨识。如图 1.2.2 所示，通过测试系统在人为输入下的输出响应，或系统正常工作时的输入输出记录，加以必要的数据处理和数学计算，估计出系统的数学模型，即系统辨识，也称为"黑箱问题"。"黑箱问题"是在系统的行为层次上进行建模，即将系统看成一个黑箱，对它施加一个输入信号，然后对它的输出信号进行测量与记录。

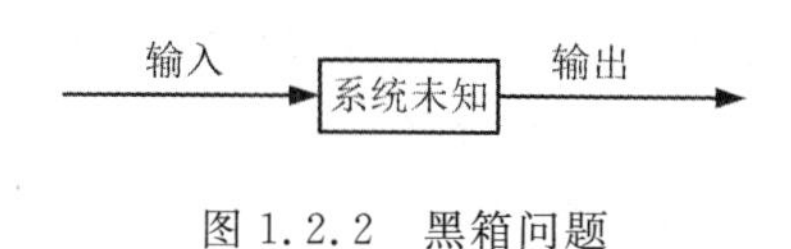


图 1.2.2　黑箱问题

(2)分析法/演绎法/理论建模/机理建模。如图 1.2.3 所示，根据系统的工作原理，运用一些已知的定理、定律和原理推导出描述系统的数学模型，即理论建模方法，也称为"白箱问题"。"白箱问题"是在系统的状态结构层次上进行建模，是将系统看成一个已了解内部工作情况的机构。在状态结构层次上的建模比在行为层次上的建模更具有完整性。

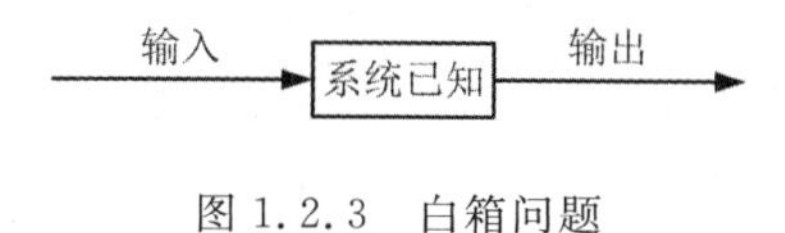


图 1.2.3　白箱问题

(3)综合法。如图 1.2.4 所示，将上述两种方法结合起来，即运用分析法列出系统的理论数学模型，运用系统辨识法来确定模型的参数，也称为"灰箱问题"。"灰箱问题"是在系统的分解结构层次上进行建模，是将系统看作由许多基本的黑箱互相连接起来而构成的一个整体。这种系统也可以称为网络系统，其中的黑箱可以称为成分，每个成分必须标明"输入变量"和"输出变量"，还必须给出变量之间的"耦合关系"，它确定了这些成分之间的内部连接及输入与输出变量之间的界面。

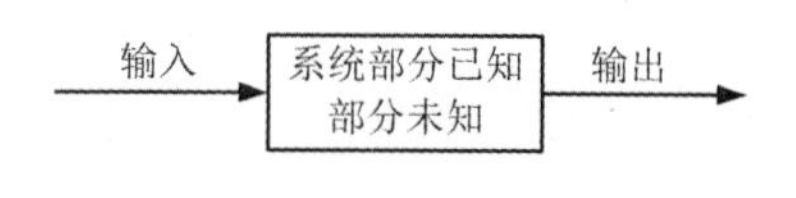


图 1.2.4　灰箱问题

在当代科学研究中，构建系统模型方法的重要性越来越为人们所认识，被看作是科学研究方法的核心。在实际工作中，可以根据系统研究的需要，对模型进行粗化(简化)或精化(详细化)处理，也可以对模型进行分解或组合。

4. 建立系统模型的步骤

图 1.2.5 所示为系统建模的一般过程，主要包含以下几步：

(1)准备阶段。在准备阶段应明确建模对象的背景、建模的目的、建模用来解决的问题和如何用模型来解决问题等。不同领域的模型都具有各自领域的特点与规律，应当针对具体问题来寻求建模的方法与技巧。建模的目的要明确，是为了解决问题，还是为了预测和设计一个新的系统，或者是都需要。还要确定模型的实现方式，是定性分析还是定量计算。

(2)认识阶段。在系统认识阶段应完成的主要工作有：

首先，确定系统建模的目标。目标确定之后，要将目标表述为适合于建模的相应形式。

其次，确定系统模型的规范。规范化工作包括对象有效范围的限定、解决问题的方式和工具要求、最终结果的精度要求、形式和使用方面的要求。

再次，筛选和确定系统建模的要素。在要素确定过程中必须注意选择真正起作用的因素，筛去那些对目标无显著影响的因素。同时应注意它们是确定性的还是不确定性的，能否定量分析等。

最后，确定及限制系统建模的关系。要使模型能正确描述所研究系统的特性并反映系统的内在规律，需要深入分析模型要素之间的各种影响与因果关系，并作适当的筛选，找出对模型真正有作用的重要关系。这些关系将把模型要素与目标联系成为一个有机的整体，形成模型分析的基础。

(3)系统建模。建模的本质是在实际系统与模型之间建立一种关系，是模型对现实系统的某种表示。因为模型是对实际系统的某种表示，所以模型离不开形式。模型变量要素的设计，变量要素之间的关系，变量要素与模型目标之间的关系以及局部与整体之间的关系，都是模型形式化需要考虑的问题。为此，应将原型要素表示为变量要素，用变量之间的关系来描述要素之间的相互依存和相互依赖关系，并确定约束条件、目标与要素的关系，部分与部分、部分与整体的关系。系统越复杂，涉及的要素越多，所建的模型也越复杂。但是建模是为了解决实际问题，模型的形式只能恰当适中，并非越复杂越好，而是要以便于使用、便于有效地解决问题为建模的目标。故应重点考虑模型中的主要因素，使模型具有简明、适用的形式。

(4)模型求解。模型表示形式的完成不是建模工作的结束，对模型进行计算求解并得出结论才是最重要的阶段。构造数学模型之后，模型求解常常会用到传统的和现代的数学方法，而对于复杂系统常常无法用一般的数学方法求解，计算机仿真此时成为模型求解中最有力的工具之一。

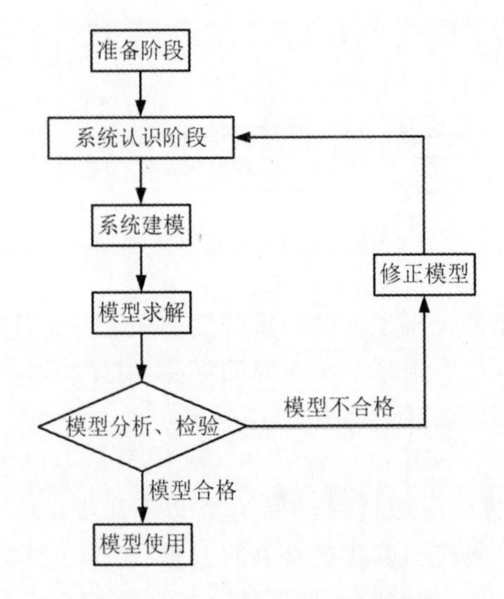


图 1.2.5 系统建模的一般过程

(5)模型分析与检验。依据构建模型的目的，模型求解的结果需要经过分析和检验。首先应分析数字结果的稳定性，或进行参数的灵敏度分析与误差分析等。如果不符合要求，应修正或增减建模的假设条件，重新建模，直至符合要求。如果模型符合要求，则必须回到客观实际中对模型进行检验，看其是否符合客观实际。如不符合实际，则必须修正模型或增减建模的假设条件，重新建模，往复循环，直至符合要求。

5. 系统模型的简化

模型简化就是为系统准备一个低阶的近似简化模型，它在计算上、分析上都比原模型容易处理，而且又能够提供关于原系统足够多的信息。

系统模型简化技术实质上是对复杂的、精度较高的模型同简单的、精度较低的模型之间的科学折中处理。应满足如下基本要求：

(1)准确性。简化模型与原模型应保持一致；

(2)稳定性。当原模型是稳定的，简化模型也应当是稳定的，且具有相应的稳定裕量；

(3)简便性。一般要求从原模型获得简化模型十分方便。

# 1.3 系统仿真

系统仿真是对系统进行研究的一种技术或方法。它要求首先建立待研究系统的数学或者物理模型，然后对模型进行实验(仿真)研究。它作为一种研究方法和实验技术，直接应用于系统研究，是一种利用相似和类比的关系间接研究事物的方法。

系统仿真实质上就是建立仿真模型和进行仿真实验。"仿真"的含义有不同的理解和解释。通常认为，系统仿真是用能代表所研究系统的模型，结合环境(实际的或模拟的)条件进行研究、分析和实验的方法。

## 1.3.1 系统仿真的依据

系统仿真是以相似性原理为依据，以信息技术和系统技术及相关应用领域的技术为基础，以计算机和专用设备为工具，利用系统模型对实际或设想的系统进行动态试验研究的一门综合的技术性学科。按照唯物辩证法，任何现实存在的事物都是共性和个性的统一，矛盾的普遍性与特殊性的统一。相似性正是这一唯物辩证法基本原理的反映。众多科学家的发明或发现都应用到相似性原理。从1638年伽利略论述的"威尼斯人在造船中应用几何相似原理"，1686年牛顿在其名著《自然哲学的数学原理》中讨论的"两个固体运动过程中的相似法则"，到1848年柯西从弹性物体的运动方程导出了集合相似物体中的声学现象与规律，再到1920年左右基尔比切夫在其"弹性现象中的相似性定理"问题研究，使"相似性原理"得以逐步完善。

1. 相似理论

相似性原理目前已逐步发展成为一门独立的学科——相似理论，而且正在形成从基础科学的相似系统理论到应用科学的相似工程学。相似理论从系统角度出发，研究各种系统间普遍存在的相似性，各种性质的共同性及差异性，揭示自然界中存在的各种相似系统的形成原理和演变规律。

相似理论所包含的基本原理可以反映相似系统的形成和演变规律。系统仿真本质上就是依据相似规律人为地建立某种形式的相似模型去模拟实际系统，因此在仿真过程中应自觉地应用相似理论的这些基本原理。

(1)同序结构原理。同序结构原理认为，任何系统都有一定的序结构。具体来说，空间有序表征系统组成要素的空间排列、组合和联系方式的规律性；时间有序表征系统要素随时间变化的运动规律；功能有序表征系统要素在相互作用过程中所表现出的各种功能发挥秩序的规律性。

(2)信息原理。相似理论的信息原理认为，系统的序结构的形成和演化与系统的信息作用相关。不同系统的信息作用存在共同性时，系统间会形成相似性。信息作用的内容、形式和信息场强度及其分布规律越接近，系统间的特性越相似。基于系统相似性的仿真模型应能够反映系统的信息作用规律，包括信息作用的内容、形式和信息场强度及其分布规律。

(3)支配原理。相似理论的支配原理认为，受相同自然规律支配的系统间存在一定的相似性。系统相似程度的大小取决于支配系统与自然规律的接近程度。因此，应研究这些自然规律，并以某种形式体现在仿真模型中。

相似理论可以广泛地应用于科学实验中，小到分子原子，大到宇宙天体，相似理论可以帮助我们揭示事物间内在的联系及其动力学特性。

总之，相似理论是实验科学的基础，也是仿真实验所遵循的基本原则。

2. 系统仿真中的相似关系

许多不同事物的行为与特性之间都存在着相似性现象。系统仿真中主要存在如下相似关系：

(1)几何相似。在几何学中，相似性具有多种“等比”特性。按比例缩小的飞行器模型和一个战场的沙盘都属于几何比例相似。在“风洞实验”与“水池船舶实验”等问题的研究中也广泛应用几何相似原理。同理，在实验科学研究中还常常应用“时间相似”“速度相似”“动力学相似”等原理。

(2)环境相似。在有人参与的仿真实验系统如虚拟现实中，往往追求眼、耳、鼻甚至还有触觉器官的真实性。因此，“环境相似”就成为相似方式的重要环节。它可以使仿真系统更为逼真。另外，“气象实验室”“冻土工程实验室”也应用了环境相似原理。环境相似已经成为现代仿真技术之一“虚拟现实”的基本要素之一。

(3)性能相似。性能相似又称为“数学相似”，指的是不同的事物可以用相同的数学模型来描述其动态过程。如两个系统，一个是弹簧系统(属机械系统)，另一个是 RLC 网络(属电气系统)，其运动的物理本质完全不同，但运动所遵循的微分方程形式上却是相似的。正如恩格斯所指出的：“自然界的统一性，显示在关于各种现象领域的微分方程的‘惊人类似’之中。”图 1.3.1给出了几种不同物理过程的性能相似实例。性能相似原理是计算机仿真所遵循的基本原则。

(4)思维相似。人的思维方式包括逻辑思维和形象思维，在模拟人的行为的仿真实验中，应遵循思维相似的原则。逻辑思维相似主要是应用数理逻辑、模糊逻辑等理论，通过对问题的程序化，应用计算机来仿真人的某些行为，例如：专家系统、知识库、企业管理等。形象思维相似主要是应用神经网络等理论来模拟人脑所固有的大规模并行分布处理能力，以模拟人能够瞬时完成对大量外界信息的感知与控制的能力。

(5)生理相似。为了有效地对人体本身进行模拟，以推进现代医学、生物学、解剖学等的发展，生理相似理论已经有了长足的发展(如人体生理系统数学模型)。但是，由于人体生理系统是一个十分复杂的系统，甚至还有许多机理至今尚未搞清楚，所以生理相似理论还不完善，这也是当今仿真技术中一个重要的交叉学科。

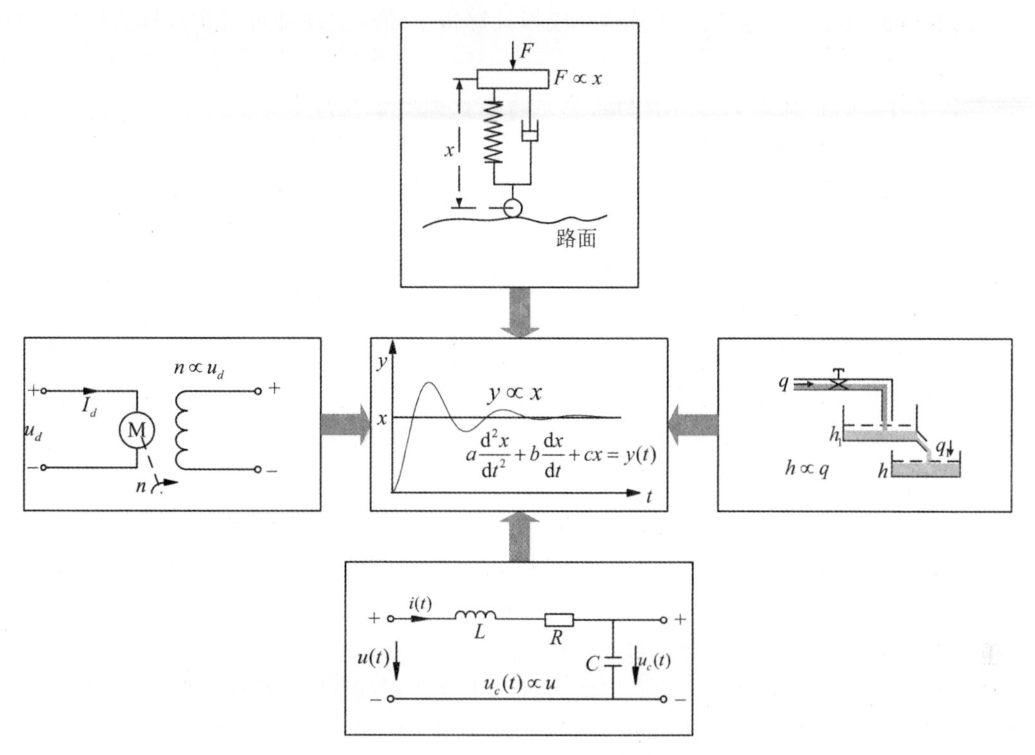


图 1.3.1 几种不同物理过程的性能相似

### 1.3.2 系统仿真的分类

本节介绍常用的四种系统仿真的分类方法。

1.按照模型的种类

按照模型种类的不同,系统仿真可分为以下三种:

(1)物理仿真。按照真实系统的物理性质构造系统的物理模型,并在物理模型上进行实验的过程称为物理仿真。在计算机问世以前,基本上是物理仿真。物理仿真要求仿真模型与原系统有相同的物理属性,其优点是直观、形象,模型能更真实全面地体现原系统的特性;缺点是仿真模型制作复杂,成本高,周期长,模型改变困难,实验限制多,投资较大。

(2)数学仿真。对实际系统进行抽象,并将其特性用数学关系加以描述而得到系统的数学模型,对数学模型进行实验的过程称为数学仿真。计算机技术的发展为数学仿真创造了环境,使得数学仿真变得方便、灵活、经济,因而数学仿真亦称为计算机仿真。数学仿真的缺点是受限于系统建模技术,即系统的数学模型不易建立。

(3)半实物仿真。这种仿真将一部分实物接在仿真实验回路中,用计算机和物理效应设备实现系统模型的仿真,即将数学模型与物理模型甚至实物联合起来进行实验。对系统中比较简单的部分或对其规律比较清楚的部分建立数学模型,并在计算机上加以实现;而对比较复杂的部分或对规律尚不十分清楚的部分,其数学模型的建立比较困难,则采用物理模型或实物。仿真时将两者连接起来完成整个系统的实验。

2.按照仿真计算机类型

(1)模拟计算机仿真。模拟计算机本质上是一种通用的电气装置,是20世纪五六十年代普遍采用的仿真设备。将系统数学模型在模拟计算机上加以实现并进行实验称为模拟计算机仿真。

(2)数字计算机仿真。数字计算机仿真是将系统数学模型加载到数字计算机上用计算机程序实现,通过运行程序得到数学模型的解,从而达到系统仿真的目的。数字计算机仿真一般简称为数字仿真。

(3)数字模拟混合仿真。模拟计算机仿真本质上是一种并行仿真,即仿真时,代表模型的各部件是并行执行的。早期的数字计算机仿真则是一种串行仿真,在20世纪六七十年代,因为计算机只有一个中央处理器,计算机指令只能逐条执行,运行速度也较低。为了发挥模拟计算机快速并行计算和数字计算机强大的存储记忆及逻辑控制功能,以实现大型复杂系统的高速仿真,在数字计算机技术还处于较低水平时,产生了数字模拟混合仿真,即将系统模型分为两部分,其中一部分放在模拟计算机上运行,另一部分放在数字计算机上运行,两个计算机之间利用模/数和数/模转换装置交换信息。

随着数字计算机技术的发展,其计算速度和并行处理能力的提高,模拟计算机仿真和数字模拟混合仿真已逐步被全数字仿真取代。因此,今天的计算机仿真一般指的就是数字计算机仿真。

3.按照仿真时钟与实际时钟的相对快慢

计算机上或实验室里展示天文时间的时钟称为实际时钟,而系统仿真时模型所采用的时钟称为仿真时钟。根据仿真时钟与实际时钟推进的相对快慢关系,可将系统仿真分类如下:

(1)实时仿真。实时仿真是指仿真时钟与实际时钟完全一致,也就是仿真中模型推算的速度与实际系统运行的速度相同。在被仿真的系统中存在物理模型或实物时,必须进行实时仿真,例如各种训练仿真器就是这样,有时也称为在线仿真。

(2)亚实时仿真。亚实时仿真是指仿真时钟慢于实际时钟,也就是仿真中模型推算的速度慢于实际系统运行的速度。在对仿真速度要求不苛刻的情况下可以采用亚实时仿真,大多数系统的离线仿真研究与分析就采用此方法,有时也称为离线仿真。

(3)超实时仿真。超实时仿真是指仿真时钟快于实际时钟,也就是仿真中模型推算的速度快于实际系统运行的速度。例如大气环流的仿真、交通系统的仿真和动态过程较慢的化工系统的仿真等。

4.按照系统模型的特性

仿真基于模型,而模型的特性直接影响仿真的实现。相应地,系统仿真也基于其模型特性分类。从仿真实现的角度来看,系统模型的特性可以分为三大类,即连续系统、离散时间系统和离散事件系统。由于这三类系统的固有运动规律不同,因而描述其运动规律的形式有很大的差别,相应地,系统仿真也基于其模型的特性分为连续系统仿真、离散时间系统仿真、离散事件系统仿真和混合系统仿真。

### 1.3.3 系统仿真的步骤

系统仿真的过程就是建立系统模型并通过模型在计算机上的运行来对模型进行检验和修正,使模型不断趋于完善的过程。所有仿真研究如同计算机应用软件开发一样,都分为若干阶段。图1.3.2所示为系统仿真的基本步骤。

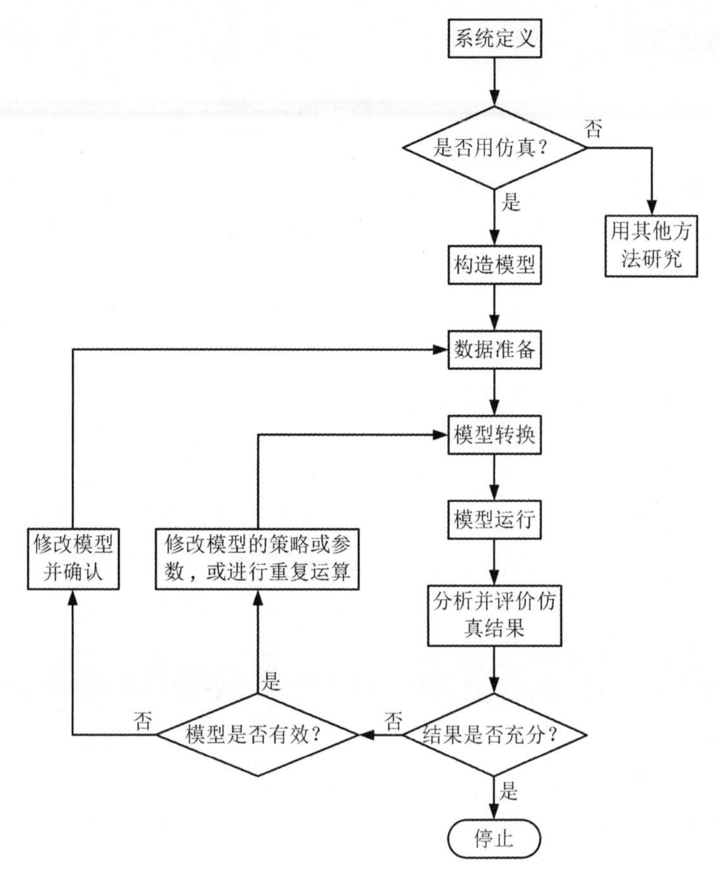


图 1.3.2 系统仿真的步骤

(1)系统定义。定义一个系统时，首先必须提出明确的准则来描述系统目标及是否达到目标的衡量标准，其次必须描述系统的约束条件。之后要确定研究的范围，即确定哪些实体属于要研究的系统，哪些属于系统的环境。

(2)构造模型。根据 1.2.2 节介绍的方法及步骤构造系统模型。

(3)数据准备。数据准备包括收集数据和决定在模型中如何使用这些数据。收集数据是系统研究的一个组成部分，必须收集所研究系统的输入、输出各项数据以及描述系统各部分之间关系的数据。

(4)模型转换。模型转换是指用计算机高级语言或专用仿真语言来描述数学模型，以便用计算机运行模型来仿真被研究的系统。模型是用程序设计语言编成的程序。

(5)模型运行。模型运行是一个动态过程，要进行反复的试验运行，从而得到所需要的试验数据。其目的是为了得到有关被研究系统的信息，了解和预测实际系统运行的情况，特别是在输入数据或决策规则有变化时输出响应的变动情况。

(6)分析并评价仿真结果。由于仿真技术中包括某些主观的方法，如抽象化、直观感觉和设想等，因此在将仿真报告提供给管理部门之前，必须对仿真结果作全面的分析和论证。

### 1.3.4 计算机仿真

随着计算机的发展，计算机求解复杂系统数学模型的功能也越来越强。因此，采用计算机对系统进行数字仿真已日益为人们所重视和应用。由于数字仿真的主要工具是计算机，因此一般又称为“计算机仿真”。它是以计算机科学、系统科学、控制理论和应用领域有关的专业技术为基础，以计算机为工具，利用系统模型对实际的或设想的系统进行分析、研究与实验的一门新兴技术。现代计算机仿真技术综合集成了计算机、网络、图形图像、多媒体、软件工程、信息处理和自动控制等多个高新技术领域的知识，是对系统进行分析与研究的重要手段。计算机仿真具有良好的可控性、无破坏性、安全、可靠、不受外界条件的限制、可多次重复、高效和经济性等特点，因而近年来发展非常迅速，已经成为当今众多领域技术进步所依托的一种基本手段。

1.计算机仿真的特点

(1)模型参数可以任意调整。模型参数可以根据要求通过计算机程序随时进行调整、修改或补充，使人们能得到各种可能的仿真结果，为进一步完善研究方案提供了极大的方便。这正是计算机仿真被称为“计算机实验”的原因。这种“实验”与通常的实物实验相比，具有运行费用低、无风险及方便灵活等优点。

(2)系统模型快速求解。借助先进的计算机系统，人们在较短时间内就能知道仿真运算的结果(数据或图像)，从而为人类的实践活动提供强有力的指导。

(3)运算结果准确可靠。只要系统模型、仿真模型和仿真程序是科学合理的，那么计算机的运算结果一定准确无误(除非机器有故障)。因此，人们可以毫无顾虑地采用计算机仿真的结果。

(4)仿真结果形象直观。计算机仿真的结果易于通过图形图像来形象直观地表现。把仿真模型、计算机系统和物理模型及实物联结在一起的实物仿真(有些还同时是实时仿真)，形象十分直观，状态也很逼真。

正因为有上述显著的优点，计算机仿真在一些工程技术领域(如宇宙航行、核电站控制等)发挥了独特的作用。

2.计算机仿真的作用

计算机仿真方法的独特作用主要表现为以下四个方面：

(1)优化系统设计。对于复杂系统的研究，一般要求达到最优化，必须对系统的结构和参数反复进行修改和调整。这只有借助计算机仿真方法才能方便、快捷地实现。

(2)降低实验成本。对于复杂的工程系统，如果直接进行实物实验，费用会很高。而采用计算机仿真手段就可以大大降低相关费用。以航空航天工业为例，一般单次试飞的成本为1万至1亿美元(依不同机型而定)。若用仿真手段，费用仅为上述成本的1/10～1/5，且设备可重复使用。

(3)减少失败风险。对于一些难度高、危险大的复杂工程系统，如载人宇宙飞行，若直接实验，一旦失败，无论在经济上还是在政治上都是难以承受的。为了减少风险，必须先进行计算机仿真实验，以提高成功率。

(4)提高预测能力。对于各种非工程复杂系统，如经济、军事、社会和生态等系统，几乎不可能进行直接实验研究，因而也很难准确预测其发展趋势。但计算机仿真实验却可以在给定的边界条件下，推演出此类系统的变化趋势，从而为人们制定对策提供可靠的依据。

可以预计，计算机仿真将在未来的科学研究和技术开发中发挥越来越大的作用。

3.计算机仿真的步骤

图1.3.3描述了计算机仿真研究的基本步骤：

(1)问题描述。问题描述是指决策者与分析者提供问题性质的清晰描述。

(2)设置目标。设置目标是指仿真需要回答的问题。完整的项目计划包括系统方案的说明、方案的准则、研究计划的约束(人员、经费、各阶段的要求和时间等)。

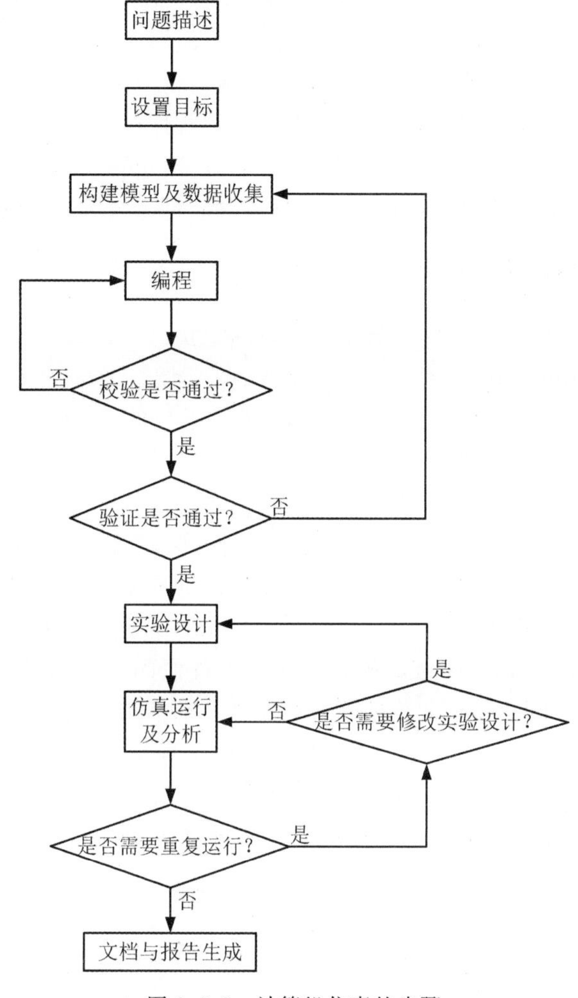


图1.3.3 计算机仿真的步骤

(3)构建模型。通常建模中的技艺成分高于科学成分，一般缺乏严格的规则，仅是一些原则。这个阶段要求一定的抽象能力，选择和修正系统基本特征的假定，在满足目标的前提下搜索合适的模型描述。

(4)数据收集。数据收集与建模活动是紧密相连、相互影响的。研究目标往往决定收集数据的类型。当模型复杂性改变时，所需数据元素也将改变。收集数据所花费的时间，在仿真的全过程中占很大比例。因此常常在建模初期就开始收集数据。

(5)编程。通常从实际系统导出的模型需要大量的数据存储和计算。模型研究者可以考虑采用通用的或专用的计算机语言编制计算机程序,若使用仿真语言或仿真软件,通常便于编程和进行仿真研究。

(6)检验与验证。检验是检查计算机程序是否能正常运行。而验证是对模型的校准,判断输入模型的参数和模型的逻辑结构是否表达正确。

(7)实验设计。实验设计是指设计仿真运行方案,如:确定需要做的决策、初始化、运行时间长度、运行的重复次数等。

(8)仿真运行及分析。对仿真运行的结果需要进行性能的估计、分析。

(9)重复运行。根据分析,确定是否需要修改实验设计,并进一步运行。

(10)文档与报告生成。文档与报告生成是了解运行情况和进一步修改研究的重要资料。

计算机仿真中的仿真程序,不同于一般的科学计算程序(仅完成简单的数值计算),而是在人的参与下反复修改和运行的一个搜索过程。因此,计算机仿真要求具有友好的人机界面,这个支持仿真研究的计算机环境对计算机的硬件体系和软件系统都有特殊的要求。

### 1.3.5 常用的计算机仿真软件

计算机仿真软件较多,这里介绍几种常用的计算机仿真软件。

1. MATLAB 与 Simulink

MATLAB 是美国 MathWorks 公司出品的商业数学软件,用于算法开发、数据可视化、数据分析以及数值计算的高级科学技术计算语言和交互式环境,主要包括 MATLAB 和 Simulink 两大部分。

MATLAB 可以将数值分析、矩阵计算、科学数据可视化以及非线性动态系统的建模和仿真等诸多强大功能集成在一个易于使用的视窗环境中,为科学研究、工程设计以及必须进行有效数值计算的众多科学领域提供了一种全面的解决方案,并在很大程度上摆脱了传统非交互式程序设计语言(如 C、Fortran)的编辑模式。它一出现便因为其"语言"化的数值计算、较强的绘图功能、灵活的可扩展性和产业化的开发思路被自动控制界的研究人员关注。目前,广泛地应用于自动控制、图像处理、语言处理、信号分析、振动理论、优化设计、时序分析与统计学、系统建模、财务与金融工程、管理与调度优化计算等领域。由许多著名专家与学者以 MATLAB 为基础开发的各种实用工具箱也极大地丰富了 MATLAB 的内容及功能,使之成为国际上最为流行的软件之一。

Simulink 是 MathWorks 软件公司为其 MATLAB 提供的基于模型化图形组态的控制系统仿真软件,其命名直观地表明了该软件所具有的 simulation(仿真)与 link(连接)两大功能,它使得一个复杂的控制系统的数字仿真变得十分直观而且容易。作为 MATLAB 中的一种可视化仿真工具,Simulink 基于 MATLAB 的框图设计环境,为使用者提供了一个动态系统建模、仿真和综合分析的集成环境。在该环境中,无须大量书写程序,而只需要通过直观的鼠标操作,就可以构造出复杂的系统。因此,Simulink 被广泛地应用于线性系统、非线性系统、数字控制及数字信号处理的建模和仿真中。

MATLAB 的网址:https://www.mathworks.com

2. ADAMS

ADAMS(Automatic Dynamic Analysis of Mechanical Systems)即机械系统动力学自动

分析,是由美国MDI公司开发的集建模、求解、可视化技术于一体的虚拟样机软件,也是目前世界上使用最多的机械系统仿真分析软件。2002年,MDI公司被美国著名仿真分析软件公司MSC.Software并购。ADAMS软件使用交互式图形环境和零件库、约束库以及力库,创建完全参数化的机械系统几何模型,其求解器采用多刚体系统动力学理论中的拉格朗日方程,构建系统动力学方程,可以对虚拟机械系统进行静力学、运动学和动力学分析,输出位移、速度、加速度和反作用力曲线。ADAMS软件的仿真可用于预测机械系统的性能、运动范围、碰撞检测、峰值载荷以及计算有限元的输入载荷等。

ADAMS一方面是虚拟样机分析的应用软件,用户可以运用该软件非常方便地对虚拟机械系统进行静力学、运动学和动力学分析;另一方面,又是虚拟样机分析开发工具,其开放性的程序结构和多种接口,可以成为特殊行业用户进行特殊类型虚拟样机分析的二次开发工具平台。其在机械制造、汽车交通、航空航天、铁道、兵器和石油化工等领域都有相关应用。

ADAMS的网址:http://www.mscsoftware.com/zh-hans/product/adams

3. Multisim

Multisim是美国国家仪器(NI)有限公司推出的以Windows为基础的仿真工具,适用于板级的模拟/数字电路板的设计工作平台,与NI Ultiboard同属美国国家仪器公司的电路设计软件。

Multisim包含了电路原理图的图形输入、电路硬件描述语言输入方式,具有丰富的仿真分析能力。Multisim有直观的图形界面、丰富的元器件、强大的仿真能力、丰富的测试仪器、完备的分析手段、独特的射频模块、强大的微处理器模块及完善的后处理等功能,能够快速、轻松、高效地对电路进行设计和验证。Multisim借助专业的高级SPICE分析和虚拟仪器,能够在设计流程中对电路进行迅速验证,从而缩短建模循环时间。Multisim被广泛地应用于电路教学、电路图设计以及电路模型仿真。

Multisim的网址:http://www.ni.com/multisim

4. Saber

模拟及混合信号仿真软件Saber是美国Synopsys公司的一款EDA(Electronic Design Automation)软件,曾被誉为全球最先进的系统仿真软件,是为数极少的多技术、多领域的系统仿真产品,现已成为混合信号、混合技术设计和验证工具的业界标准,可用于电子、电力电子、机电一体化、机械、光电、光学、控制等不同类型系统构成的混合系统仿真。

与传统仿真软件不同,Saber在结构上采用MAST硬件描述语言和单内核混合仿真方案,并对仿真算法进行了改进,使仿真速度更快、更有效。Saber可以同时对模拟信号、事件驱动模拟信号、数字信号以及模数混合信号设备进行仿真。在包含Verilog或VHDL编写的模型仿真中,Saber能够与通用的数字仿真器相连接,Cadence的Verilog-XL、Model Technology的ModelSim和ModelSim Plus、Innoveda的Fusion仿真器等。由于MATLAB软件的仿真工具Simulink在软件算法方面有优势,而Saber在硬件方面十分出色,所以Synopsys公司将二者集成为Saber-Simulink,进行协同仿真。这能强化Saber的功能,使用户更易于进行软硬件协同验证。

Saber可以分析从SOC(System on Chip,片内系统)到大型系统之间的设计,包括模拟电路、数字电路及混合电路。它通过直观的图形化用户界面全面控制仿真过程,并通过对稳态、时域、频域、统计、可靠性及控制等方面的分析来检验系统性能。Saber产品被广泛应用于航空航天、船舶、电气及汽车等设计制造领域。在电源和机电一体化设计方面，Saber 已经成为主流的系统级仿真工具。

Saber 的网址：https://www.synopsys.com/verification/virtual-prototyping/saber.html

5. SPICE 与 PSPICE

SPICE(Simulation Program with Integrated Circuit Emphasis)最初由美国加州大学伯克利分校的计算机辅助设计小组利用 Fortran 语言开发而成，主要用于模拟电路的电路分析和辅助设计。1988 年 SPICE 被定为美国国家工业标准。与此同时，各种以 SPICE 为核心的商用模拟电路仿真软件在 SPICE 的基础上做了大量实用化工作，从而使 SPICE 成为最流行的电子电路仿真软件。

PSPICE 是由美国 Microsim 公司在 SPICE 2G 版本的基础上升级并用于 PC 上的 SPICE 版本。1998 年 EDA 商业软件开发商 ORCAD 公司与 Microsim 公司正式合并，并推出了 ORCAD PSPICE 10.5。

PSPICE 内集成了许多仿真功能，如：直流分析、交流分析、噪声分析和温度分析等，用户只需在所要观察的节点放置电压(电流)探针，就可以在仿真结果图中观察到其“电压(或电流)一时域图”。而且该软件还集成了诸多数学运算，不仅为用户提供了加、减、乘、除等基本的数学运算，还提供了正弦、余弦、绝对值、对数和指数等基本的函数运算。另外，用户还可以对仿真结果窗口进行编辑，如添加窗口、修改坐标、叠加图形等。PSPICE 还具有保存和打印图形的功能，这些功能都给用户提供了制作所需图形的一种快捷、简便的方法。这些特点使得 PSPICE 受到广大电子设计工作者、科研人员和高校师生的热烈欢迎，国内许多高校已将其列入电子类本科生和硕士生的辅修课程。

SPICE 的网址：https://www.spice-space.org

PSPICE 的网址：http://www.pspice.com

6. ANSYS

ANSYS 是集结构、流体、电场、磁场和声场分析于一体的大型通用有限元分析软件，由世界上最大的有限元分析软件公司之一的美国 ANSYS 公司开发。它能与多数 CAD 软件(如 Pro/Engineer, NASTRAN, Alogor, I-DEAS, AutoCAD 等)接口，实现数据的共享和交换，是现代产品设计中的高级 CAE(Computer-aided engineering，计算机辅助工程)工具之一。对于求解热结构耦合、磁结构耦合以及电、磁、流体、热耦合等多物理场耦合问题，ANSYS 具有其他软件所不可比拟的优势。它可用于固体力学、流体力学、传热分析、工程力学和精密机械设计等多学科的计算。在航空航天、汽车工业、生物医学、桥梁、建筑、电子产品、重型机械和微机电系统领域等都有广泛的应用。

ANSYS 软件主要包括三个部分：前处理模块、分析计算模块和后处理模块。前处理模块提供了一个强大的实体建模及网格划分工具，用户可以方便地构造有限元模型；分析计算模块包括结构分析(可以进行线性分析、非线性分析和高度非线性分析)、流体动力学分析、电磁场分析、声场分析、压电分析以及多物理场的耦合分析，可以模拟多种物理介质的相互作用，具有灵敏度分析及优化分析能力；后处理模块可将计算结果以彩色等值线显示、梯度显示、矢量显示、粒子流轨迹显示、立体切片显示、透明及半透明显示(可以看到结构内部)等图形方式显示出来，也可以将计算结果以图表、曲线形式显示或输出。

该软件提供了 100 多种单元类型，用来模拟工程中的各种结构和材料。软件有多种不同版本,可以运行在从个人机到大型机的多种计算机设备上。

ANSYS的网址:https://www.ansys.com/zh-cn

7. MSC.PATRAN

MSC.PATRAN是最著名的并行框架式有限元前后处理及仿真分析软件。最早由美国宇航局(NASA)倡导开发,其开放式、多功能的体系结构可将工程设计、工程分析、结果评估和交互图形界面集成,构成一个完整的CAE集成环境。

MSC.PATRAN可以帮助产品开发商实现从设计到制造全过程的产品性能仿真,是世界公认最好的新一代前后处理系统,它结合了几何造型整合、有限元模型建立以及模拟分析和结果评估,常被用来模拟产品的性能,并能够在设计制造实体模型测试前,找出可能发生的问题并解决问题,提高产品的竞争力。

随着世界市场竞争的日趋激烈,制造厂商们越来越清楚地意识到CAE在其产品设计制造过程中的重要地位。由于产品性能仿真所涉及学科的多样性和各种CAD软件系统各具特色,迫切需要能够将多种CAE仿真集成在一个易学易用、统一完整的平台上。MSC.PATRAN正是从这一角度出发开发的有限元框架式平台。它使得用户可以方便地根据自己的需求进行多学科的工程分析和数据交换。因此,MSC.PATRAN被广泛应用于航空、航天、汽车、船舶、铁道、机械、制造业、电子、建筑、土木、国防、生物力学、食品包装和教学研究等各个行业。

MSC.PATRAN的网址:http://www.mscsoftware.com/zh-hans/product/patran

8. COMSOL Multiphysics

COMSOL Multiphysics是一款大型的高级数字仿真软件,由瑞典的COMSOL公司开发,COMSOL Multiphysics适用于模拟科学和工程领域的各种物理过程,以高效的计算性能和杰出的多场直接耦合分析能力,实现了任意多物理场的高度精确的数字仿真,在数字仿真领域里得到广泛的应用,被称为"第一款真正的任意多物理场直接耦合分析软件"。

COMSOL Multiphysics可以通过附加专业的求解模块,进行极为方便的应用拓展。其专业求解模块有:AC/DC模块、声学模块、CAD导入模块、化学工程模块、地球科学模块、热传导模块、材料库、微机电系统模块、射频模块、结构力学模块、COMSOL脚本解释器、反应工程实验室、信号与系统实验室和最优化实验室等。COMSOL Multiphysics还具有以下外部整合接口:SolidWorks实时交互、Simpleware ScanFE模型导入、MATLAB和Simulink联合编程和MatWeb材料库导入。COMSOL Multiphysics支持Windows、Linux、Mac OS等多种操作平台。

COMSOL Multiphysics的网址: https://www.comsol.com

上述八种仿真软件主要应用于连续系统的仿真,下面再介绍几种主要用于离散系统的可视化仿真软件。这些软件面向制造系统、物流系统、服务系统等领域,通常具有图形化用户界面和动画等功能,另外,还提供输入数据分析器、结果输出分析器等模块,以便在简化建模过程中,为用户提供高效的数据处理功能,使用户能够将主要精力集中于系统模型的构建上。

9. Arena

Arena于1993年进入市场,现为美国Rockwell Software公司的产品。Arena软件基于SIMAN/CINEMA仿真语言,提供可视化、通用性和交互式的集成仿真环境,兼具仿真语言的柔性和仿真软件的易用性,并可以与采用通用编程语言(如VB、Fortran和C/C++等)编写的程序联合运行。

Arena 提供内嵌的 VB 编程环境，用户只要单击相应的工具按钮就可以进入 VB 编程环境，编写 VB 代码，灵活定制用户的个性化仿真环境。

Arena 在制造系统中的应用主要包括制造系统的工艺计划、设备布置、工件加工轨迹可视化仿真与寻优、生产计划、库存管理、生产控制、产品销售预测和分析、制造系统的经济性和风险评价、制造系统改进、企业投资决策、供应链管理、企业流程再造等。此外，Arena 还可应用于社会和服务系统的仿真。例如，医院医疗设备和医护人员的配备方案、兵力部署、军事后勤系统、社会紧急救援系统、高速公路的交通控制、出租车管理和路线控制、港口运输计划、车辆调度、计算机系统中的数据传输、飞机航线分析和电话报警系统规划等。

Arena 的网址：https://www.arenasimulation.com

10. AutoMod

AutoMod 是 Brooks Automation 公司（该公司现已被 Applied Materials 公司收购）的产品。它由仿真模块 AutoMod、试验及分析模块 AutoStat、三维动画模块 AutoView 等部分组成，适合于大规模复杂系统的计划、决策及控制试验。AutoMod 的主要特点有：

(1)采用内置的模板技术，提供物流及制造系统中常见的建模元素，如运载工具、传送带、自动化存取系统、桥式起重机、仓库、堆垛机、自动引导小车、货车和小汽车等，可以快速构建物流及制造自动化系统的仿真模型。

(2)模板中的元素具有参数化属性。例如，传送带模板具有段数、货物导入点、电动机等属性，其中段数由长度、宽度、速度、加速度以及类型等参数加以定义。

(3)AutoStat 模块具有强大的统计分析工具，由用户定义测量和试验标准，并自动对 AutoMod 模型进行统计分析，得到车辆速度，生成产量、成本及设备利用率等数据及图表。

(4)AutoView 允许用户通过 AutoMod 模型定义场景和摄像机的移动，产生高质量的 AVI 格式的动画。用户可以缩放或者平移视图，或利用摄像机跟踪一个物体（如叉车或托盘）的移动等。AutoView 为动态场景的描述提供了灵活的显示方式。

AutoMod 软件的主要应用对象是制造系统以及物料运送处理系统等。

AutoMod 的网址：

http://www.appliedmaterials.com/zh-hans/global-services/automation-software/automod

11. ExtendSim

ExtendSim 仿真软件 1988 年进入市场，由美国 Imagine That 公司开发。它采用 C 语言开发，可以对离散事件系统和连续系统进行仿真，且具有较高的灵活性和可扩展性。ExtendSim 采用交互式建模方式，支持三维动画，可以利用可视化工具和可重复使用的模块快速构建系统模型。ExtendSim 仿真软件的主要特点有：

(1)采用“克隆”技术，所有模块都可以重复使用，从而使建模过程得以简化。

(2)提供开放源代码和二次开发引擎，充分利用 Windows 操作系统的资源，可以与 Delphi、VB、C++等程序语言代码链接，还可以与主流数据库、Excel 等数据源集成。

(3)采用开放式体系结构，利用自带的编程工具，用户可以修改已经存在的模块，也可以创建新的模块，使系统具有良好的可扩展性。

(4)采用多层次模型结构，模型条理清晰、逻辑分明，使复杂系统模型得以简化。

(5)采用模块化结构,可以与第三方公司共同开发模块库。

(6)具有良好的统计功能和图形输出功能,采用拖拉等方式可以快速建立和显示各种图表。

新版本软件采用三维建模和动画技术,增强了软件的可视化效果,不仅能够对实体流动进行可视化建模,而且对数据流动和控制结构也能进行可视化建模而无须编写程序,这使得ExtendSim非常容易学习,对初学者的编程能力求不高。

ExtendSim软件的应用涉及制造业、物流业、银行、金融、交通、军事等领域,具体应用包括半导体生产系统调度、钢铁企业物流系统规划、供应链管理、港口运输、车辆调度、生产系统性能优化、银行系统流程管理、医疗流程规划和呼叫中心规划等。

ExtendSim的网址:https://www.extendsim.com

12. Flexsim

Flexsim是美国Flexsim公司的产品,1993年投放市场。它采用C++语言开发,采用面向对象编程和OpenGL技术,可以直接以三维方式提供虚拟现实的建模环境。

Flexsim利用对象建立仿真模型,它提供了众多的对象类型,如操作员、传送带、叉车、仓库、信号灯、储罐、货架和集装箱等,通过设置对象参数,可以快速高效地构建制造系统和物料系统等系统模型,提高生产效率,降低运营成本。

在Flexsim软件中,用户可以利用C++语言创建、定制和修改对象,控制对象的行为活动,并存入库中,以便在其他模型中使用。Flexsim中的对象具有开放性,可以在不同用户、库和模型之间进行交换。对象的高度自定义性不仅提高了建模速度、节省了建模时间,也使仿真模型具有层次性。利用虚拟现实技术,Flexsim可以直接导入3D Studio、VRML、DXF以及STL等3D图形。Flexsim还内置虚拟现实的浏览窗口,让用户添加光源、雾以及虚拟现实立体技术。

Flexsim软件可用于评估系统生产能力及生产流程、优化资源配置、确定合理的库存水平、缩短产品上市时间等。它的主要应用领域为制造业、物流业、交通运输、快餐店中食物准备和客户服务以及银行处理中心中支票的处理等。

Flexsim的网址:https://www.flexsim.com

13. ProModel

ProModel是由美国ProModel公司开发的离散事件系统仿真软件,它可以构造多种生产、物流和服务系统模型,是美国和欧洲使用最广泛的生产系统仿真软件之一。

ProModel基于Windows操作系统,采用图形化用户界面,向用户提供人性化的操作环境。它不仅提供二维图形化建模及动态仿真环境,还可以构建模拟的三维场景。用户根据项目需求,利用键盘或鼠标选择所需的建模元素,即可以建立仿真模型。

ProModel采用基于规则的决策逻辑,并提供丰富的参数化建模元素。它的主要建模元素包括实体、位置、资源、到达、加工处理、路由、班次和路径等。

ProModel能够准确地建立系统配置及运行过程模型,分析系统的动态及随机特性。它的应用领域包括评估制造系统资源利用率、车间生产能力规划、库存控制、系统瓶颈分析、车间布局规划及产品生产周期分析等。

ProModel的网址:https://www.promodel.com

市场上可用于离散事件系统仿真的软件还有很多,如Witness、Anylogic、Quest、Plant

Simulation 和 Simul8 等都是很好的产品，读者可以根据需求选择使用。

## 1.4 系统建模与仿真技术的应用

随着系统建模与仿真技术的发展，其在各种领域中已经有很多成功应用的范例。系统建模与仿真技术已应用于航空、航天、武器系统、电力、交通运输、通信、化工、核能等各个领域，还应用在系统概念研究、系统的可行性研究、系统的分析与设计、系统开发、系统测试与评估、系统操作人员的培训、系统预测以及系统的使用与维护等各个方面。

### 1.4.1 在军事领域中的应用

1. 武器装备研制

将系统建模与仿真技术应用于武器装备研制过程中，可以使新武器在研制计划开始前，能够充分利用仿真系统检验武器系统的设计方案、战术及技术性能的合理性，避免在实际研制过程中出现方案不合理现象，缩短研制周期，并支持技术评估、系统更新和样机研制，保证以较低的代价提高武器装备的战术性能。此外，各用户(包括武器装备的研制部门、采购部门、训练部门和军事使用部门)可以在合成环境中按需要综合应用各种仿真手段进行演习、训练和试验，鉴定现有的和研制中的武器装备的性能、战术部署和后勤保障。

2. 军事训练

将兵力及其他设备联结为一个整体，形成一个可以在时间和空间上互相耦合的虚拟战场合成环境，参与者可以自由地交互作用。这样，使得过去主要依靠野战演习完成的任务可以利用计算机、仿真器和人工合成的虚拟环境进行。技术的进一步发展还可以把野外演习的部队和这种仿真系统联系起来进行演习。利用仿真系统产生动态的、直观的环境，配合仿真系统的地形、烟雾和“敌人”的武器装备，使部队能够进行生动逼真的军事演习。

3. 先进概念与军事需求分析

在先进概念与军事需求分析方面(例如使用新概念与先进技术的试验)，对于未来军事行动中在训练、指挥人员培养、组织、装备和士兵发展等方面的需求上，可以通过仿真和使用真实部队的士兵体验来评估综合技术集成的影响。

### 1.4.2 在工业领域中的应用

由于工业系统的复杂性、大型化，出于安全性、经济性考虑，系统建模与仿真技术已广泛应用于工业领域的各个部门，在大型复杂工程系统建设之前的概念研究与系统的需求分析过程中，都发挥着越来越重要的作用。

1. 电力工业

电力系统是最早采用仿真技术的领域之一。在电力系统负荷分配、瞬态稳定性以及最优控制等方面，国内较早地采用了数字仿真技术，取得显著的经济效益。我国陡河电站 25kW 发电机组的安装，由于事先在电厂仿真系统上已进行了细致的分系统实验，对全部自动装置的参数都做了鉴定，在实际机组安装完毕的同时，自动装置也全部调试完成，很快地投入了运行。而按照一般程序，机组安装完后，现场调试自动装置的参数，需要一定的工作周期。

在三峡水利工程的子项目——大坝排沙系统工程设计中，设计人员也采用了系统建模与仿真的方法，取得了较完善的研究成果。

2. 核能工业

由于能源的日趋紧张，核能的和平利用在世界范围内备受重视。随着核反应堆的尺寸与功率的不断增加，整个核电站运行的稳定性、安全性与可靠性成为必须要解决的重大问题，因为核电站一旦发生安全事故，所造成的危害往往非常之大。例如，1986年4月26日，苏联在乌克兰境内的切尔诺贝利核电站第4号核反应堆发生爆炸，造成了巨大的核辐射污染和重大人员伤亡。2011年3月11日，日本东北部近海发生里氏9.0级特大地震。地震以及海啸导致了福岛核电站多台反应堆机组发生了爆炸与核泄漏，也造成了巨大的核辐射污染和生命财产损失。因此，大部分核电站都建有相应的仿真系统，许多仿真器是全尺寸的，即仿真系统与真实系统是完全一致的，只是对象部分，如反应堆、涡轮发电机及有关的动力装置是用计算机来模拟的。核电站仿真器用来训练操作人员以及研究异常故障的排除处理，对于保证系统的安全运行是十分重要的。

目前，我国及世界各主要核技术先进国家在这方面均建立了相当规模的仿真实验体系。

3. 石油、化工及冶金工业

石油、化工生产过程中有一个显著的特点就是过程缓慢，而且往往过程控制、生产管理、生产计划及经济核算等搅在一起，使得综合效益指标难以预测与控制。因此，仿真实验成为石油、化工及冶金系统设计与分析研究的基本手段，仿真技术对这些领域的技术进步也起到了不同程度的促进作用。

4. 制造业

在经济全球化、贸易自由化和社会信息化的今天，在技术更新速度加快的新形势下，制造业的经营战略发生了很多变化，如何在最短的时间内，以最经济的手段开发出用户能够接受的产品，已成为今天市场竞争的焦点，虚拟制造是解决这个焦点问题的有效技术途径。虚拟制造是采用系统建模技术在计算机及高速网络支持下，在计算机群组协同工作下，通过三维模型及动画实现产品设计、工艺规划、加工制造、性能分析、质量检验以及企业各级过程管理与控制的仿真产品制造过程。

### 1.4.3 在教育与训练领域中的应用

一般说来，凡是需要有一个或一组熟练人员进行操作、控制、管理与决策的实际系统，都需要对这些人员进行训练、教育与培养。早期的培训大都在实际系统或设备上进行。随着系统规模的加大、复杂程度的提高，特别是系统造价的日益昂贵，训练时因操作不当引起破坏而带来的损失大大增加，因此，提高系统运行的安全性事关重大。以发电厂为例，美国能源管理局的报告认为，电厂的可靠性可以通过改进设计和加强维护来改善，但只能占提高可靠性的20%～30%，其余需要依靠提高运行人员的素质来提高，由此可见，人员训练对这类系统的重要性。为了解决这些问题，需要有这样的系统，它既能模拟实际系统的工作状况和运行环境，又可以避免采用实际系统时可能带来的危险性及高昂的代价，这就是训练仿真系统。

训练仿真系统是利用计算机并通过运动设备、操纵设备、显示设备及仪器仪表等复现所模拟的对象行为，并产生与之适应的环境，从而成为训练操纵或管理这类对象的人员的系统。

根据模拟对象与训练目的，可将训练仿真系统分为三大类：

(1)载体操纵型。这是与运载工具有关的仿真系统，包括航空、航天、航海及地面运载工具，以训练驾驶员的操纵技术为主要目的。

(2)过程控制型。这种模型用于训练各种工厂(如电厂、化工厂、核电站和电力网等)的运行操作人员。

(3)博弈决策型。此类模型用于企业管理人员(厂长、经理等)、交通管制(火车调度、航空管制、港口管制和城市交通指挥等)人员和军事演习(空战、海战和电子战等)指挥人员的训练。

近年来，我国在飞行员及宇航员训练用飞行仿真模拟器方面相继研制出多种产品，主要包括计算机系统、六自由度运动系统以及计算机成像等设备，收到了方便、经济、安全的效果。还研制出用于舰船进出港训练的船舶操纵训练仿真器和用于海战训练的海军战术训练仿真器等。此外，我国在电站操作人员培训模拟系统的研制上，也已经达到国际先进水平。

值得注意的是，近年来，分布交互式训练仿真系统引起了人们的广泛关注。这类系统将分布在不同地点及已经存在的各种不同类型的训练仿真系统，通过计算机网络进行集成，从而实现更大规模的综合训练。典型的例子是美国的 SIMNET 系统，它将分布在美国和欧洲 11 个城市的 260 个地面装甲车辆仿真器和飞行模拟器集成起来，形成了一个广域战场，进行多兵种合成训练。事实上，早在 1989 年的海湾战争准备中，美国就采用该系统完成了伊拉克地面战斗的准备。

### 1.4.4 在航空航天领域中的应用

对于航空航天工业的产品来说，系统的庞杂、造价的高昂等因素促成了其必须建立起完备的仿真实验体系。在美国，1958 年所进行的四次发射全部失败了，1959 年的发射成功率也仅仅 57%。通过对实际经验的不断总结，美国宇航局逐步建立了一整套仿真实验体系，到了 20 世纪 60 年代成功率达到 79%。70 年代已达到 91%。近年来，其空间发射计划已经很少有不成功的情况了。英、法两国合作生产的“协和式”飞机，由于采用了仿真技术，研制周期缩短了 1/8～1/6，节省经费 15%～25%；在宇航工业中，有著名的“阿波罗”登月仿真系统。该系统包括混合计算机、运动仿真器、月球仿真器、驾驶舱和视景系统等，可实现在计算机上预先对登月计划进行分析、设计与检验，同时还可以对宇航员进行仿真操作训练，从而大大降低了实际登月的风险。

目前，我国及世界各主要发达国家的航空航天工业均相继建立了大型仿真实验机构，并形成了三级仿真实验体系，如图 1.4.1 所示，保证了飞行器从设计到定型生产过程的经济性与安全性。

### 1.4.5 在其他领域中的应用

在为武器装备研制、作战训练和工业过程服务的同时，仿真技术的应用正不断向交通、教育、通信、社会、经济和娱乐等多个领域扩展。此外，仿真技术和虚拟现实技术在娱乐业中也显示出广阔的发展前景。

1. 医学

仿真技术在病变模型的建立、治疗方案的寻优、化疗与电疗强度的选择以及最佳照射条件等方面的应用，可为患者减少不必要的损失，为医生提供参考依据。在医学仿真方面，建立了有关人体的生物学模型和三维视觉模型，为深入开展人体生命机理研究和远程医疗工作提供了有力的工具。利用仿真技术还可以研究传染病的流行规律与流行趋势，为公共卫生和病情防疫提供技术支持和决策参考。

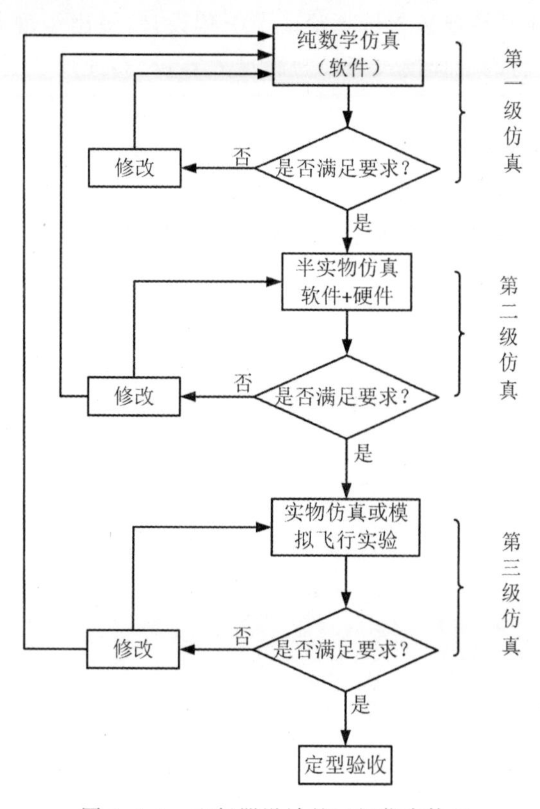


图 1.4.1 飞行器设计的三级仿真体系

2. 社会学

在人口增长、环境污染以及能源消耗等方面，利用仿真技术可以有效解决预测与控制问题。例如，罗马俱乐部建立的“世界模型”仿真系统。该系统选择五个能影响世界未来发展的重要因素，即人口增长、工业发展、环境污染、资源消耗和食品供应，来预测世界未来发展的趋势并据此提出了“零增长方案”。尽管该模型仿真的最后结果引起了世界范围的广泛争论，但其研究方法却具有开创性。我国科学家建立的中国人口模型仿真系统也获得了很大的成功，在国内外学术界颇有影响。该仿真系统成功地预测了未来100年我国人口发展的趋势，为制定科学的人口政策提供了理论依据。此外，工业化、人口和环境这三个人类发展不容回避的问题日益引起人们的关注，如何建立相互制约的关系体制，走出一条可持续发展的良性循环的道路是近年来人们应用系统建模与仿真技术进行研究的热点之一。

3. 预测预报

在天气预报与海洋环境气候预报中，利用大型高性能数字计算机进行数字仿真可以大幅度提高预报准确性，是非常重要的现代化气象监测与预报手段之一。利用系统建模与仿真技术还可以实现对水生态环境的过程模拟，为水资源的可持续开发利用、水利建设和环境保护等行业的重大问题提供相应的解决方案。

4. 交通

近年来，国内研制了能够表述交通流特征和交通流质量的交通仿真软件平台，可以对交通规划、交通控制设计、交通工程建设方案等进行预评估。在“引黄入晋”输水工程中,建立了全系统运行仿真系统。利用系统建模与仿真验证了工程设计,提出了现有工程设计中影响运行的重大问题,寻找调度运行的最佳模式等。为满足大容量、高速度交通网络研究的需要,提供了重要的分析和验证工具。

5.宏观经济与商业策略的研究

随着人类经济发展的多元化与商业贸易的复杂化,在金融、证券、期货以及国家宏观经济调整等方面,数字仿真技术也已经成为不可缺少的有力工具。

# 第2章 MATLAB基础

## 2.1 MATLAB的产品体系

MATLAB产品由若干个模块组成，不同的模块完成不同的功能。由这些模块构成的MATLAB产品体系结构如图2.1.1所示。

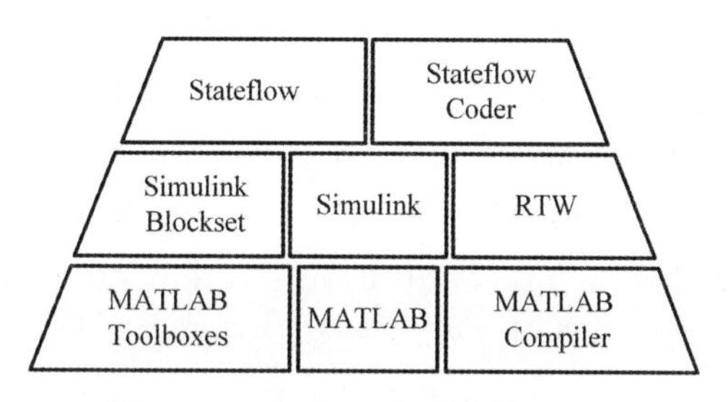


图2.1.1 MATLAB产品体系结构

图2.1.1中的MATLAB(或称为MATLAB主包)是MATLAB产品家族的基础，它提供了基本的数学算法，例如数组、矩阵运算和数值分析算法，MATLAB集成的图形功能完成相应数据可视化的工作，并且提供了一种交互式的高级编程语言——M语言，利用M语言可以通过编写脚本或者函数文件实现用户自己的算法。

MATLAB Compiler是一种编译工具，它能够将那些利用MATLAB提供的编程语言——M语言编写的函数文件编译生成标准的C/C++语言源文件，而生成的标准C/C++源代码可以被任何一种C/C++编译器生成函数库或者可执行文件，这样就可以扩展MATLAB的功能，使MATLAB能够同其他高级编程语言混合使用，取长补短，以提高程序的运行效率，丰富程序开发的手段。MATLAB除了能够和C/C++语言集成开发以外，还提供了和Java等语言接口的能力，并且它还支持COM标准，能够和任何一种支持COM标准的软件协同工作。

利用M语言还开发了各种MATLAB专业工具箱，MATLAB产品的工具箱目前已有几十种，涉及许多专业领域。一般来说，它们都是由特定领域的专家们开发的，用户可以直接使用工具箱学习、应用和评估不同的方法而不需要自己编写程序代码。而且这些工具箱应用的算法是开放的、可扩展的，用户不仅可以查看其中的算法，还可以针对一些算法进行修改，甚至开发自己的算法以便扩充工具箱的功能。目前，MATLAB已经把工具箱延伸到了科学研究和工程应用的诸多领域，如数据采集、数据库接口、概率统计、样条拟合、优化算法、偏微分方程求解、神经网络、小波分析、信号处理、图像处理、系统辨识、控制系统设计、LMI控制、鲁棒控制、模型预测、模糊逻辑、金融分析、地图工具、非线性控制设计、实时快速原型及半物理仿真、嵌入式系统开发、定点仿真、DSP与通信及电力系统仿真等都在工具箱家族中有一席之地。

Simulink 是一个交互式动态系统建模、仿真和分析工具。Simulink Blockset 提供了丰富的专业模块库,广泛地用于控制、DSP、通信和电力等系统仿真领域。Stateflow 是一种利用有限状态机理论建模和仿真离散事件系统的可视化设计工具,适合用于描述复杂的开关控制逻辑、状态转移图以及流程图等。RTW(Real-Time Workshop,实时工作区)能够从 Simulink 模型中生成可定制的代码及独立的可执行程序。Stateflow Coder 能够自动生成状态图的代码,并且能够自动地结合到 RTW 生成的代码中。图 2.1.1 也反映了 Simulink 与 MATLAB 的层次结构关系。

## 2.2 MATLAB 的安装

本书以 MATLAB R2019a 为例介绍相关内容。运行 MATLAB 安装程序时,出现安装界面,该界面上有两个单选项:Typical 和 Custom。如果读者对 MATLAB 不熟悉或者其计算机的硬盘空间足够大,你就点选“Typical”。否则,点选“Custom”,去掉一些暂时不用的组件。MATLAB 软件包含很多工具包,如图 2.2.1 所示,它们有的是通用的,有的则专业性很强。对一般用户来说,完全不必全部安装,而应根据需要有所选择。否则,将占据很多硬盘空间。对于采用 Simulink 做系统建模与仿真及分析的使用者来说,在安装 MATLAB 系列软件时,除了 MATLAB 主包和 Simulink 系列以外,一般应该选择安装 Control System Toolbox(控制系统工具箱)和 Signal Processing Toolbox(信号处理工具箱),其他工具箱可根据需要选择。

MATLAB 安装完成后,在 Windows 桌面上会自动生成 MATLAB 快捷键,不同 MATLAB 版本的安装过程大体是相同的。

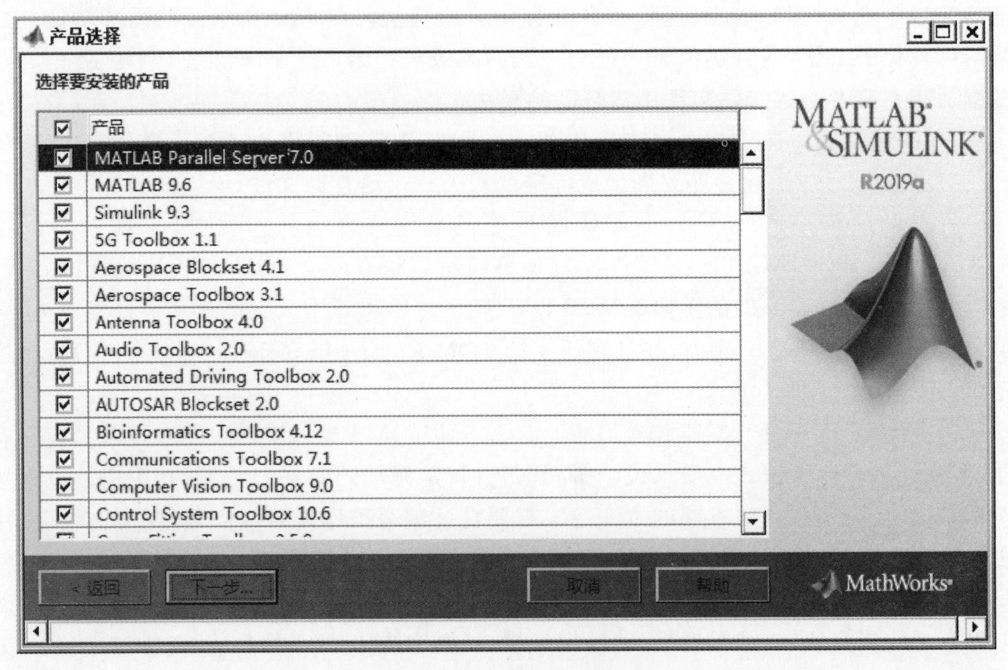


图 2.2.1　MATLAB 的安装选项

# 2.3　MATLAB 的环境

在桌面上双击 MATLAB 快捷键图标或者在开始菜单栏里点击“MATLAB”的选项，即可进入 MATLAB 环境，如图 2.3.1 所示。该环境包括主菜单栏和常用工具栏，在主菜单栏下有三个常用的子窗口：命令窗（Command Window）、当前目录（Current Folder）浏览器、工作区（Workspace）浏览器。

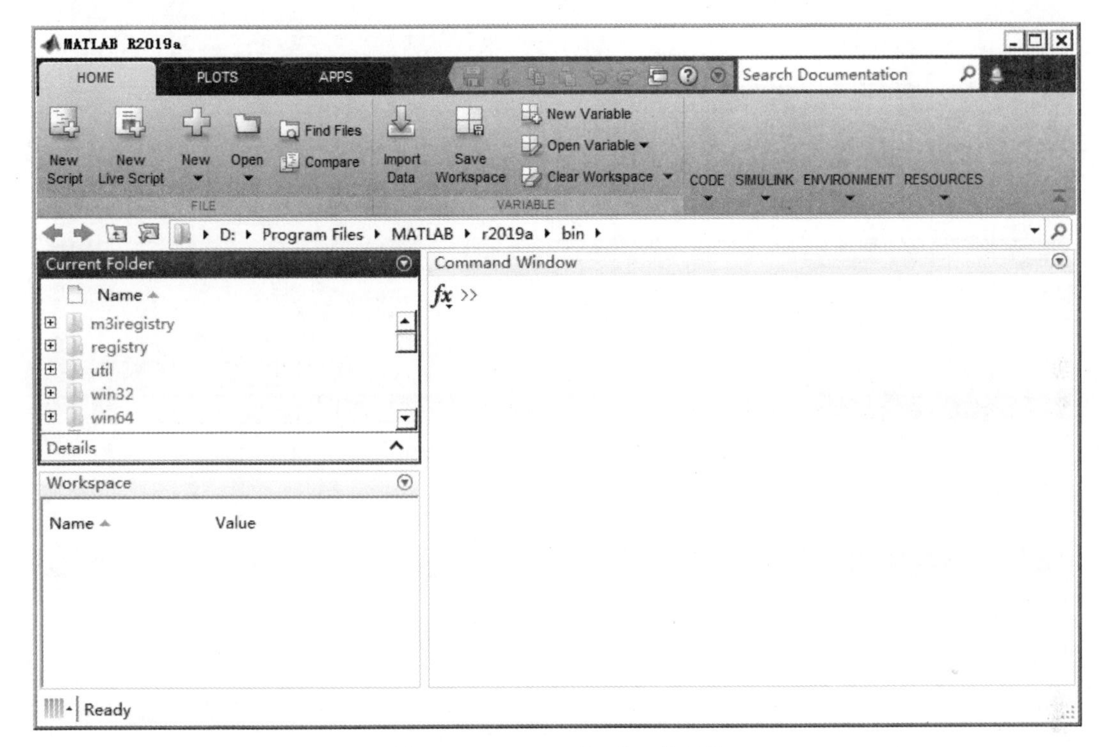


图 2.3.1　MATLAB 的工作环境

## 2.3.1　MATLAB 的主菜单和工具栏

1. MATLAB 的主菜单

MATLAB R2019a 启动后的默认主菜单如图 2.3.2(a)(b)(c)所示，有 HOME、PLOTS 和 APPS 三项。点击菜单，会显示子菜单的内容。MATLAB R2019a 还隐藏了三个主菜单，分别为 EDITOR、PUBLISH 和 VIEW 三项。在打开程序编辑器后，这三项主菜单显示出来。

(1)HOME 菜单。HOME 菜单如图 2.3.2(a)所示，包含基本的“新建脚本”“导入变量”等命令，涉及文件、数据变量、Simulink 仿真、运行设置及帮助等内容。

(2)PLOTS 菜单。PLOTS 菜单如图 2.3.2(b)所示，在此菜单中，MATLAB 提供常用的图形形状，用户可选定工作区中的变量，然后点击相应的图形绘制。

(3)APPS 菜单。APPS 菜单如图 2.3.2(c)所示，包含如“曲线拟合工具箱”“信号处理工具箱”“控制系统工具箱”等应用程序，在该菜单下，可以直接使用已安装产品附带的应用程序。

(4)EDITOR 菜单。EDITOR 菜单如图 2.3.2(d)所示，可以新建、打开和保存 MATLAB

脚本文件，并完成运行、调试等操作。

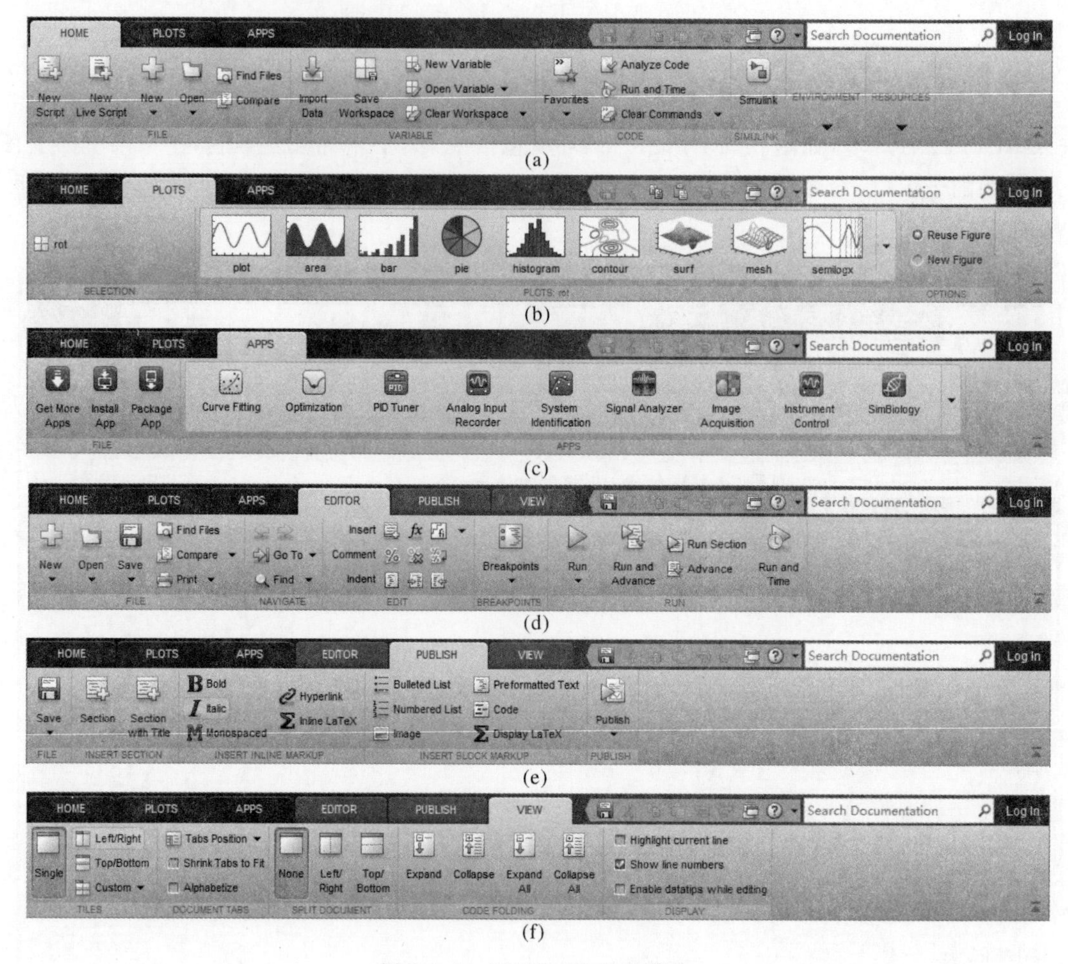


图 2.3.2　MATLAB 的主菜单

(a)HOME 菜单；(b)PLOTS 菜单；(c)APPS 菜单；(d)EDITOR 菜单；(e)PUBLISH 菜单；(f)VIEW 菜单

(5)PUBLISH 菜单。PUBLISH 菜单如图 2.3.2(e)所示，可以对当前的 M 文件的代码注释和格式等内容进行设置修改，创建文档用于教学或演示，或者生成代码可读的外部文档。

(6)VIEW 菜单。VIEW 菜单如图 2.3.2(f)所示，主要实现脚本编辑器的窗口外观设置，如改变它的大小、位置和排版等。

2. MATLAB 的工具栏

MATLAB 的工具栏如图 2.3.3 所示，共有九个按钮和一个搜索项，为用户提供了常用命令的快捷方式。

图 2.3.3　MATLAB R2019a 的工具栏

### 2.3.2　MATLAB 的命令窗口

MATLAB 的命令窗口是 MATLAB 的主要工作区，是完成人机对话的主要环境。在该窗口内，可键入各种 MATLAB 的命令、函数和表达式；显示除图形外的所有运算结果；运行错误时，给出相关的出错提示。下面简要介绍 MATLAB 命令在命令窗中的运行。

**【例 2.3.1】** 求$[12+2\times(7-4)]\div 3^2$的算术运算结果。

**【解】** 在 MATLAB 命令窗中输入以下内容，如图 2.3.4 所示：

```
(12+2*(7-4))/3^2
```

然后按回车键，该命令被执行，并在命令窗中显示如下结果：

```
ans =
  2
```

在图 2.3.4 中，命令行开头的“＞＞”是“命令输入提示符”，它是自动生成的（为了叙述简洁，本书此后的叙述中输入命令前将不再带此提示符）。一条命令输入结束后，必须按[Enter]键，该命令才被执行。由于本例输入命令是“不含赋值号的表达式”，所以计算结果被赋给 MATLAB 的一个默认变量“ans”，它是英文“answer”的缩写。

如果输入命令太长，或出于某种需要，一条输入命令必须分成多行书写时，必须在本行的末尾用英文输入状态下的 3 个或 3 个以上的连续黑点表示“续行”，即表示下一行开始输入的内容是本行尚未输入结束的命令的继续。

**【例 2.3.2】** 命令“续行输入”的演示。

**【解】** 在 MATLAB 命令窗中输入以下内容，如图 2.3.4 所示：

```
S=1-1/2+1/3-1/4+ ...
1/5-1/6+1/7-1/8
```

在命令窗中显示如下结果：

```
S =
  0.6345
```

在输入的命令执行后，变量被保存在 MATLAB 的工作区（Workspace）中。如果用户不用“clear”命令清除它，或对它重新赋值，那么该变量会一直保存在工作区中，直到 MATLAB 的命令窗被关闭。

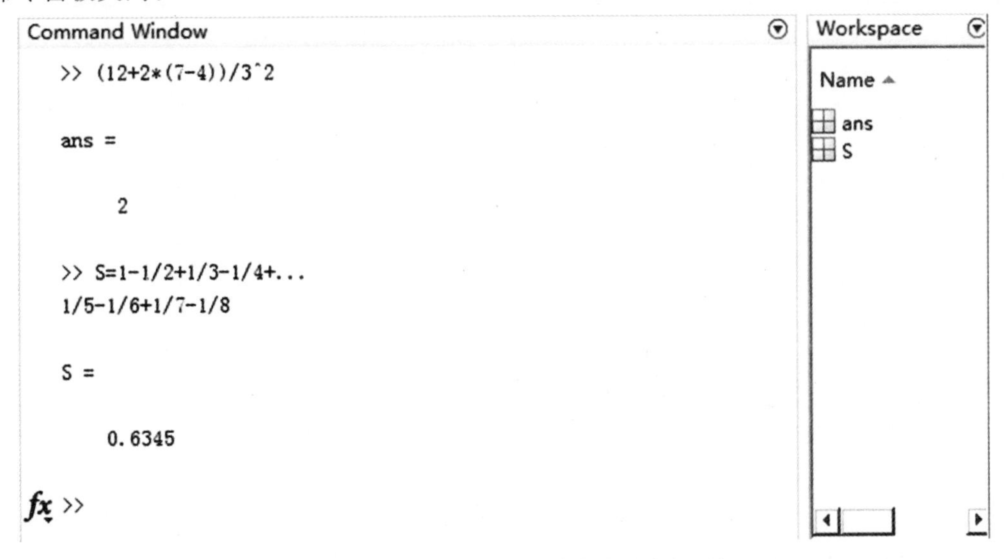


图 2.3.4　例 2.3.1 和例 2.3.2 在命令窗中的运行显示

为能够熟练使用命令窗，表 2.3.1 和表 2.3.2 简要地介绍命令窗的操作、标点使用及命令编辑的要点。

**表 2.3.1　命令窗常见的操作命令**

| 命令 | 含义 | 命令 | 含义 |
|---|---|---|---|
| cd | 设置当前工作目录 | exit | 关闭/退出 MATLAB |
| clf | 清除图形窗 | quit | 关闭/退出 MATLAB |
| clc | 清除命令窗中显示内容 | more | 使其后的显示内容分页进行 |
| clear | 清除 MATLAB 工作区中保存的变量 | return | 返回到上层调用程序；结束键盘模式 |
| dir | 列出指定目录下的文件和子目录清单 | type | 显示指定 M 文件的内容 |
| edit | 打开 M 文件编辑/调试器 | which | 显示某一文件的路径 |
| demo | 打开 MATLAB 的例子 | delete | 删除一个文件 |
| disp | 显示变量的值或字符串的内容 | format | 设定输出格式 |
| dir | 显示目录 | ! | 运行 dos 命令 |
| diary | 保存 MATLAB 会话的文本 | help | 查询命令 |
| info | 显示 MATLAB 有关信息 | lookfor | 搜索 MATLAB 文件的关键字 |
| length | 求出一个矢量的长度 | load | 加载程序 |
| save | 保存程序 | path | 显示路径 |
| unix | 执行 unix 命令并返回结果 | what | 显示 MATLAB 某一目录下的文件 |

**表 2.3.2　命令行编辑的常用操作键**

| 键名 | 作用 | 键名 | 作用 |
|---|---|---|---|
| ↑ | 前寻式调回已输入过的命令行 | Home | 使光标移到当前行的首端 |
| ↓ | 后寻式调回已输入过的命令行 | End | 使光标移到当前行的尾端 |
| ← | 在当前行中左移光标 | Delete | 删去光标右边的字符 |
| → | 在当前行中右移光标 | Backspace | 删去光标左边的字符 |
| Page Up | 前寻式翻阅当前窗中的内容 | Esc | 清除当前行的全部内容 |
| Page Down | 后寻式翻阅当前窗中的内容 | | |

### 2.3.3　MATLAB 的工作区

MATLAB 的工作区是暂时存放 MATLAB 命令或者程序运行结果以及程序（或者命令）中出现的常数和变量的一个空间。在进入 MATLAB 时，工作区同时自动打开。在运行 MATLAB 程序时，程序中的变量就会存放入工作区，程序运行的结果也以变量的形式保存在其中。

工作区中的变量可以从窗口查询和处理，也可以通过在命令窗中输入命令实现同样的功能，表 2.3.3 为管理工作区的常用命令。如图 2.3.5 所示，在命令窗口中用“who”和“whos”命令查看工作区中 A、B 两个变量的值。

**表 2.3.3　管理工作区的常用命令**

| 命令 | 含义 |
| --- | --- |
| who | 查看当前工作区中的所有变量 |
| whos | 查看当前工作区中的变量名、变量的大小和数据类型 |
| clear | 清除工作区中的所有变量 |
| clear var1 var2 | 清除工作区中的 var1 和 var2 变量 |
| clear fun1 fun2 | 清除工作区中名为 fun1 和 fun2 的函数 |

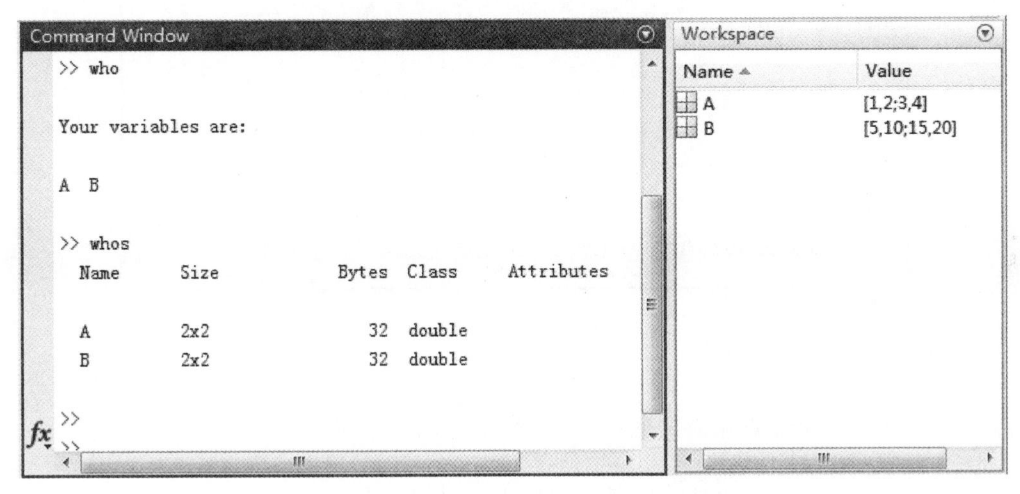


图 2.3.5　在命令窗口中查看工作区变量

双击工作区中的变量图标，将弹出如图 2.3.6 所示的变量编辑器。该编辑器可以用来查看、编辑数组元素。可以对数组中指定的行或列选择 PLOTS 中的图形形状画图。

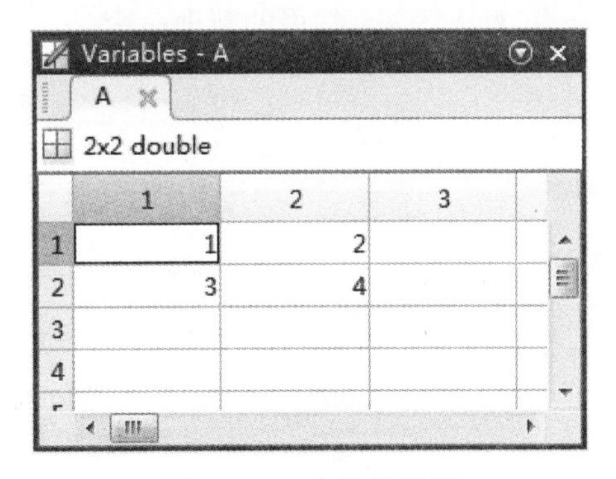


图 2.3.6　变量编辑器

## 2.3.4　文件编辑器

采用在 MATLAB 命令窗口输入命令并运行的方式，可以完成一定的运算。然而当需要完成的运算比较复杂，需要几十行甚至成百上千行命令来完成时，在命令窗口中输入命令就不再适用了。

为了替代在命令窗口中输入 MATLAB 命令的语句，MATLAB 提供了文件编辑器，用于创建一个 M 文本文件来写入这些命令，如图 2.3.7 所示。M 文件的扩展名为.m。一个 M 文件包含许多连续的 MATLAB 命令，这些命令完成的操作还可以是引用其他 M 文件，也可以是引用自身文件，还可以完成循环和递归功能等。

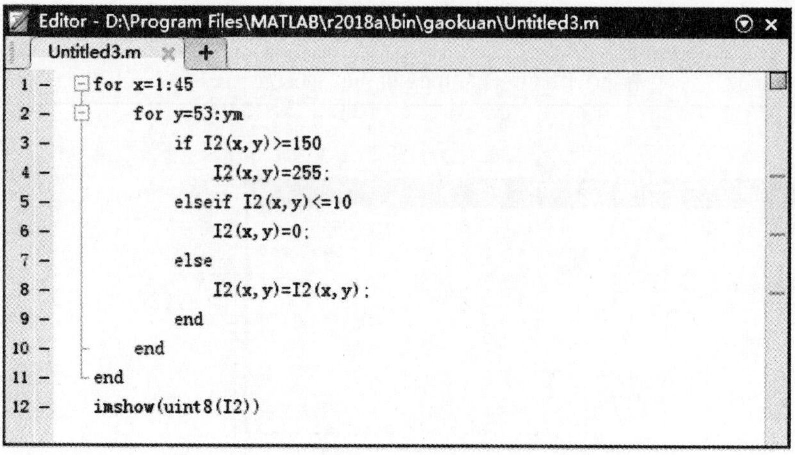

```
Editor - D:\Program Files\MATLAB\r2018a\bin\gaokuan\Untitled3.m
Untitled3.m
1 -  for x=1:45
2 -      for y=53:ym
3 -          if I2(x,y)>=150
4 -              I2(x,y)=255;
5 -          elseif I2(x,y)<=10
6 -              I2(x,y)=0;
7 -          else
8 -              I2(x,y)=I2(x,y);
9 -          end
10 -     end
11 - end
12 - imshow(uint8(I2))
```

图 2.3.7　文件编辑器

### 2.3.5　MATLAB 帮助系统的使用

MATLAB 具有便捷且体系完备的帮助系统，能够满足各类用户的不同需求。如命令窗帮助子系统、帮助导航系统、典型算例演示系统、视频演示系统、PDF 文件帮助系统及 Web 网上帮助系统。其中，在命令窗口中使用帮助命令，可以查询函数的帮助文件，也是用户使用最多的一种帮助方式。表 2.3.4 介绍了常用的帮助命令。

**表 2.3.4　常用的帮助命令**

| 命令 | 含义 |
| --- | --- |
| help | 列出所有函数分组名(Topic Name) |
| help　TopicName | 列出指定名称函数组中的所有函数 |
| help　FunName | 给出指定名称函数的使用方法 |
| doc　ToolboxName | 列出指定名称工具包中的所有函数名 |
| doc　FunName | 给出指定名称函数的使用方法 |
| lookfor　KeyWord | 对 M 文件帮助注释区中的第一行进行单词条检索 |
| docsearch('KeyWord1 @ KeyWord2') | 在帮助浏览器中进行两个或更多词条检索 |

**【说明】**

(1)可以用 helpwin 代替 help 命令。此时，搜索出的资源的显示形式不再是简单的文本形式，而被自动转换成比较方便的超文本形式。

(2)如果只记得函数名前几个字母甚至只记得首字母，可以采用函数名称的模糊查找方法。其具体步骤如下：

先在命令提示符“>>”后面输入这几个字母或首字母，然后按下键盘上的 Tab 键，则会弹出一个窗口，列出以这几个字母为开头的所有函数名称；用户先从中选择所需的函数命令，然后再按下 Tab 键，该函数命令即出现在命令提示符“>>”后面。用户只要在该命令前面加上函数搜索命令(两条命令中间必须加上空格)，即可以搜索出该函数命令的用法。如果以这几个字母为开头的函数命令只有一个，则不会弹出窗口，用户再次按下 Tab 键后，MATLAB 会自动补写上该函数名称里所缺的其余字母。

(3)KeyWord，KeyWord1，KeyWord2 分别是待检索的词条。而 @ 表示逻辑运算符。在实际使用中，该 @ 应写成 OR，AND，NOT 中的任意一个。在待检索词条和逻辑符之间用“空格”分隔。

**【例 2.3.3】** 用 help 命令查询函数 fibfun。

**【解】** 在 MATLAB 命令窗中输入以下内容：

```
help fibfun
```

然后按回车键，该命令被执行，并在命令窗中显示如下结果：

```
fitfun Used by FITDEMO.
fitfun(lambda,t,y) returns the error between the data and the values
computed by the current function of lambda.
fitfun assumes a function of the form
y = c(1) * exp(-lambda(1) * t) + ... + c(n) * exp(-lambda(n) * t)
with n linear parameters and n nonlinear parameters.
```

## 2.4 MATLAB 计算基础

MATLAB 的计算主要是数组和矩阵的计算，并且定义的数值元素是复数，这是 MATLAB 的重要特点。函数是计算中必不可少的，MATLAB 函数的变量不需要事先定义，它在命令语句中首次出现时自动被定义，这降低了编程的难度，用户在使用中十分方便。

### 2.4.1 常量和变量

MATLAB 数值计算的数据有常量和变量两种。

1. 常量

MATLAB 的常量有实数和复数两类，复数又有实部和虚部两部分，MATLAB 定义的数值元素是复数，因此实数是复数虚部为零的特殊情况。常量可以是十进制数，可以带小数点或负号。以下记述都合法：

3　−99　0.001　9.456　2.2e−3　4.5e33

在 MATLAB 中，虚数单位为“i”($i=\sqrt{-1}$)，复数的生成语句为

$$z=a+bi$$

式中，$a$,$b$ 为实数；$z$ 为复数名，或写为

$$z = r * \exp(\theta * i)$$

式中，$r$ 为复数的模；$\theta$ 为复数的复角（弧度）。

MATLAB 常量的存储格式是 16 位长型格式，数值的有效范围是 $10^{-308} \sim 10^{+308}$。

2. 变量

变量可以用标识符来表示和辨别，这些标识符也就是变量名，变量在数值计算前必须首先赋值。

MATLAB 变量的命名规则：

(1)变量名对字母大小写是敏感的，如变量 myvar 和 MyVar 表示两个不同的变量。sin 是 MATLAB 定义的正弦函数名，但 SIN，Sin 都不是。

(2)变量名的第一个字符必须是英文字母，最多可包含 63 个字符（英文、数字和下画线）。如 myvar201 是合法的变量名。

(3)变量名中不得包含空格、标点、运算符，但可以包含下画线。如变量名 my_var_201 是合法的，且读起来更方便。而 my，var201 由于逗号的分隔，表示的是两个变量名。

(4)如果在变量名前添加了关键词“global”，该变量就成为全局变量，全局变量不仅在主程序中起作用，在调用的子程序和函数中也起作用。定义全局变量必须在主程序的首行，这是一般惯例。

MATLAB 中有一些预定义的变量，如表 2.4.1 所示。每当 MATLAB 启动时，这些变量就会自动产生。这些变量都有特殊含义和用途。因此，用户在编写命令和程序时，尽量不要对表 2.4.1 所列预定义变量名重新赋值，以免混淆。

**表 2.4.1　常用的预定义变量**

| 预定义变量 | 含义 | 预定义变量 | 含义 |
| --- | --- | --- | --- |
| ans | 计算结果的默认变量名 | NaN 或 nan | 不定值（如 0/0） |
| eps | 浮点数的相对误差 | nargin | 函数输入变量数目 |
| Inf 或 inf | 无穷大，如 1/0 | nargout | 函数输出变量数目 |
| i 或 j | 虚数单位，$i=j=\sqrt{-1}$ | realmax | 最大正实数 |
| pi | 圆周率 $\pi$ | realmin | 最小正实数 |

### 2.4.2　数组和矩阵

数组是指按一定次序排列的数，矩阵是由 $m \times n$ 个数，按 $m$ 行和 $n$ 列排列而成的“表”。数组可以是一维的，也可以是 $n$ 维的，因此一维数组可以看成是一行多列的矩阵，是矩阵的特殊情况，一般也称为行向量，而一列多行的矩阵称为列向量，$n$ 维数组一般也就是矩阵了。单个的数或标量可以看成是 $1 \times 1$ 的矩阵，所以数、数组都可以用矩阵表示，MATLAB 也以矩阵作为运算的基本单元。MATLAB 既支持数组的运算也支持矩阵的运算，但是数组与矩阵的运算有很大的不同，数组的运算对数组中每个元素都执行相同的操作，而矩阵的运算则按照线性代数的法则进行。本节介绍一维和二维数组的创建及运算。

1. 一维数组的创建

一维数组是用方括号括起的一组元素（或数），元素之间用空格或逗号分隔，组成数组的元素可以是具体的数值、变量名或算式。表 2.4.2 举例说明了一维数组常用的创建方法。

**表 2.4.2　一维数组常用创建方法举例**

| 举例 | 说明 |
| --- | --- |
| **X**=[1 2 3 4] | 数组元素之间以空格分隔 |
| **X**=[7,8,1+2i,3+4i] | 数组元素包含复数，元素间以逗号分隔 |
| **X**=[1,2,3,*a*] | 包含变量的数组，*a* 为变量名 |
| **X**=[pi,2 * pi,1.3 * sqrt(3),(1+2)/5 * 4] | 以算式表示的数组 |
| **X**=*a*:inc:b | 递增/递减型数组。*a* 是第一个元素，inc 是步长，若(*b*−*a*)是 inc 的整数倍，则最后一个元素是 *b* |
| **X**=linspace(*a*,*b*,*n*) | 以 *a*,*b* 为左右端点，产生线性等间隔的数组 |
| **X**=logspace(*a*,*b*,*n*) | 以 *a*,*b* 为左右端点，产生对数等间隔的数组 |

2. 二维数组、矩阵的创建

二维数组或矩阵的创建主要通过以下三种方式：

(1) 对于小规模数组而言，可以采用直接输入法，即将矩阵或数组的元素列入方括号中，每行的元素间用空格或逗号分隔，行与行之间用分号或回车键隔开。比如：**A**=[1 2 3;4 5 6;7 8 9]，**A** 表示矩阵名，方括号内表示一个 3×3 的矩阵；**B**=[1,2,3;*a*,*b*,(*a*+*b*)/2]，矩阵内的元素可以是数值、变量或者表达式。

(2) 当数组规模较大时，可以打开一空白变量编辑器，按照“行、列”次序输入数据并保存。如果该数组要供以后调用，可以把此数组保存为.mat 文件。

(3) 利用 MATLAB 函数创建一些特殊形式的数组/矩阵。表 2.4.3 列出了常用的标准矩阵生成函数。

**表 2.4.3　常用标准矩阵生成函数**

| 函数 | 含义 |
| --- | --- |
| diag | 产生对角矩阵 |
| eye | 产生单位矩阵 |
| magic | 产生魔方矩阵 |
| rand | 产生均匀分布随机矩阵 |
| randn | 产生正态分布随机矩阵 |
| ones | 产生全 1 矩阵 |
| zeros | 产生全 0 矩阵 |
| random | 生成各种分布随机矩阵 |

3.“非数”和“空”数组

这是 MATLAB 中特有的两个概念和“预定义变量”。

(1)非数 NaN。按 IEEE 规定，0/0，∞/∞，0×∞等运算都会产生非数(Not a Number)。该非数在 MATLAB 中用 NaN 或 nan 记述。

根据 IEEE 数学规范，非数具有以下性质：

1)非数参与运算，所得的结果也是非数，即具有传递性；

2)非数没有“大小”概念，因此不能比较两个非数的大小。

非数的功能：

1)真实记述 0/0，∞/∞，0×∞运算的结果；

2)避免可能因 0/0，∞/∞，0×∞而造成程序执行的中断；

3)在测量数据处理中，可以用来标识“野点(非正常点)”。

(2)“空”数组。“空”数组是 MATLAB 为操作和表述需要而专门设计的一种数组。二维“空”数组用一对方括号表示。至于其他高维数组，只要数组的某维长度为 0 或若干维长度均为 0，则该数组就是“空”数组。

“空”数组的功能：

1)在没有“空”数组参与运算时，计算结果中的“空”可以合理解释“所得结果的含义”；

2)运用“空”数组对其他非空数组赋值，可以使数组变小，但不能改变那个数组的维数。

**【注意】** 不要把“空”数组与全零数组混淆。这是两个不同的概念。也不要把“空”数组看成“虚无”，它确实存在。利用 which，who，whos 以及工作区都可以验证它的存在。唯一能正确判断一个数组是否是“空”数组的命令是 isempty。“空”数组在运算中不具备传递性。

4. 数组元素的标识和寻访

二维数组元素及子数组的标识和寻访最具典型性。它既适用于一维数组，又不难推广到高维数组。对二维数组子数组进行标识和寻访的最常见格式如表 2.4.4 所示。

**表 2.4.4 常见数组寻访格式**

| 寻访方式 | 格式 | 使用说明 |
|---|---|---|
| 全下标法 | $\mathbf{A}(r,c)$ | 由 **A** 的“$r$ 指定行”和“$c$ 指定列”上的元素组成 |
| | $\mathbf{A}(r,:)$ | 由 **A** 的“$r$ 指定行”和“全部列”上的元素组成 |
| | $\mathbf{A}(:,c)$ | 由 **A** 的“全部行”和“$c$ 指定列”上的元素组成 |
| 单下标法 | $\mathbf{A}(:)$ | “单下标全元素”寻访，由 **A** 的各列按自左到右的次序，首尾相接而生成“一维长列”数组 |
| | $\mathbf{A}(s)$ | “单下标”寻访，生成“$s$ 指定的”一维数组，$s$ 若是“行数组”(或“列数组”)，则 $\mathbf{A}(s)$ 就是长度相同的“行数组”(或“列数组”) |
| 逻辑标识法 | $\mathbf{A}(L)$ | “逻辑 1”寻访，生成一维列数组：由与 **A** 同样大小的“逻辑数组”$L$ 中的“1”元素选出 **A** 的对应元素，按“单下标”次序排成长列数组 |

5. 常用数组的操作函数

为了生成比较复杂的数组，或者为了对已生成的数组进行修改、扩展，MATLAB 提供了诸如反转、插入、提取、收缩和重组等操作。最常用的操作函数如表 2.4.5 所示。

**表 2.4.5　常用数组的操作函数**

| 函数 | 含义 |
| --- | --- |
| repmat | 按指定的"行数、列数"铺放模块数组，以形成更大的数组 |
| reshape | 在总元素数不变的前提下，改变数组的"行数、列数" |
| flipud | 以数组"水平中线"为对称轴，交换上下对称位置上的数组元素 |
| fliplr | 以数组"垂直中线"为对称轴，交换左右对称位置上的数组元素 |

6. 数组/矩阵运算

MATLAB 的数组/矩阵运算的运算符及其数学含义列于表 2.4.6 中。其中，$a_{ij}$ 和 $b_{ij}$ 分别是数组(或矩阵)**A** 和 **B** 的第$(i,j)$个元素。为了避免数组运算和矩阵运算的混淆，把两种运算符对照列出。

**表 2.4.6　数组/矩阵运算符及其数学含义**

| 数组运算 | | 矩阵运算 | |
| --- | --- | --- | --- |
| 数学模型描述 | 程序表达 | 数学模型描述 | 程序表达 |
| **A** 的非共轭转置 | **A**'. | **A** 的共轭转置 | **A**' |
| $a_{ij}+b_{ij}$ | **A**+**B** | **A**+**B** | **A**+**B** |
| $a_{ij}-b_{ij}$ | **A**−**B** | **A**−**B** | **A**−**B** |
| $a_{ij}$. * $b_{ij}$ | **A**. * **B** | **AB** | **A** * **B** |
| $a_{ij}/b_{ij}$ 或 $b_{ij}\backslash a_{ij}$ | **A**. /**B** 或 **B**. **A** | $\mathbf{AB}^{-1}$ | **A**/**B** |
| | | $\mathbf{B}^{-1}\mathbf{A}$ | **B****A** |
| $a+b_{ij}$ | $a$+**B** 或 $a$. +**B** | $a+b_{ij}$ | $a$+**B** |
| $a-b_{ij}$ | $a$−**B** 或 $a$. −**B** | $a-b_{ij}$ | $a$−**B** |
| $a\times b_{ij}$ | $a$. * **B** | $a\mathbf{B}$ | $a$ * **B** |
| $a\backslash b_{ij}$ 或 $b_{ij}/a$ | $a$. **B** 或 **B**. /$a$ | $\frac{1}{a}\mathbf{B}$ | **B**/$a$ 或 $a$ **B** |
| $a^{b_{ij}}$ | $a$. ^ **B** | (**B** 为方阵时)$a^{\mathbf{B}}$ | $a$ ^ **B** |
| $b_{ij}^{a}$ | **B**. ^ $a$ | (**B** 为方阵时)$\mathbf{B}^{a}$ | **B** ^ $a$ |
| $a_{ij}$ ^ $b_{ij}$ | **A**. ^ **B** | | |
| $a/b_{ij}$ 或 $b_{ij}\backslash a$ | $a$. /**B** 或 **B**. \\$a$ | | |

**【说明】**

1)数组运算程序表达运算符中的". "是英文状态下的小黑点。

2)数组运算若在两个数组间进行，那么这两个数组维数必须相同。

3)凡 MATLAB 程序中出现 $a$+**B**，$a$−**B** 的形式，可理解为"数组加、减"。换句话说，在 MATLAB 中，算符". +"等同于"+"，算符". −"等同于"−"。

4)矩阵除法是 MATLAB 专门设计的一种运算。它有"左除\"和"右除/"的区别。

### 2.4.3 表达式、运算符和函数

MATLAB 表达式由变量名、运算符和函数名组成，其书写规则与“手写算式”几乎完全相同，其运算次序的优先级规定也与“手写算式”完全相同。MATLAB 的运算符包含算术运算符、关系运算符、逻辑运算符以及特殊运算符。

1. MATLAB 的算术运算

MATLAB 的算术运算符如表 2.4.7 所示。

**表 2.4.7 算术运算符**

| 算术运算符 | 说明 | 算术运算符 | 说明 |
|---|---|---|---|
| + | 加 | \ | 矩阵左除 |
| - | 减 | .\ | 数组左除 |
| * | 矩阵乘 | / | 矩阵右除 |
| .* | 数组乘 | ./ | 数组右除 |
| ^ | 矩阵乘方 | ' | 矩阵转置 |
| .^ | 数组乘方 | .' | 数组转置 |

2. MATLAB 的关系运算

关系运算是指两个元素之间的比较，关系运算的结果只可能是 0 或 1。0 表示该关系式不成立，即为“假”；1 表示该关系式成立，即为“真”。MATLAB 的关系运算符有六种，如表2.4.8 所示。

**表 2.4.8 关系运算符**

| 关系运算符 | 说明 | 关系运算符 | 说明 |
|---|---|---|---|
| == | 等于 | < | 小于 |
| ~= | 不等于 | >= | 大于等于 |
| > | 大于 | <= | 小于等于 |

3. MATLAB 的逻辑运算

逻辑量只有“0(假)”和“1(真)”两个值，逻辑量的基本运算有“与”“或”“非”三种。有时也包括异或运算，异或运算可以通过三种基本运算组合而成。MATLAB 的基本逻辑运算符如表 2.4.9 所示。

**表 2.4.9 逻辑运算符**

| 逻辑运算符 | A&B | A \| B | ~A | Xor(A,B) |
|---|---|---|---|---|
| 说明 | 与 | 或 | 非 | 异或 |

4. MATLAB 的常用逻辑函数

MATLAB 中能给出“逻辑数组”类型计算结果的函数有很多。它们包括含 0 元素数组判

断函数、逻辑数组创建函数、数据对象判断函数和数据类型判断函数等，如表2.4.10所示。

**表2.4.10　常用逻辑函数**

| 分类 | 函数 | 具体描述 |
|---|---|---|
| 含0元素数组判断 | all | 数组不含0元素，返回1 |
| | any | 数组不是全0元素，返回1 |
| 生成逻辑数组 | false | 按指定大小，创建全0逻辑数组 |
| | true | 按指定大小，创建全1逻辑数组 |
| | logical | 创建逻辑数组：1对应输入数组中的非0元素，其余都为0 |
| 数据对象判断 | isemty | 是否空阵 |
| | isprime | 是否质数 |
| | isfinite | 是否有限数 |
| | isreal | 是否实数 |
| | isinf | 是否无穷大 |
| | isletter | 是否字母（用于字符串） |
| | isnan | 是否非数 |
| | isspace | 是否空格（用于字符串） |
| 数据类型判断 | isa | 是否指定类别 |
| | ishandle | 是否图柄 |
| | ischar | 是否字符串 |
| | islogical | 是否逻辑类型 |
| | isglobal | 是否全局变量 |
| | isnumeric | 是否数值类型 |

5. MATLAB的复数运算

MATLAB的所有运算都是定义在复数域上的。这样，在进行运算时，不必像其他程序语言那样把实部、虚部分开处理。为描述复数，虚数单位用预定义变量i或j表示。

复数 $z=a+b\mathrm{i}=re^{i\theta}$ 的直角坐标表示与极坐标表示之间转换的复数运算符如表2.4.11所示。

**表2.4.11　复数运算符**

| 复数运算符 | 说　明 |
|---|---|
| real($z$) | 复数 $z$ 的实部 $a=r\cos\theta$ |
| imag($z$) | 复数 $z$ 的虚部 $b=r\sin\theta$ |
| abs($z$) | 复数 $z$ 的模 $\sqrt{a^2+b^2}$ |
| angle($z$) | 以弧度为单位算出复数 $z$ 的幅角 $\arctan\frac{b}{a}$ |

6. MATLAB的特殊运算

MATLAB的命令中有一些特殊运算符，如表 2.4.12 所示。

**表 2.4.12 特殊运算符**

| 特殊运算符 | 名称 | 使用说明 |
|---|---|---|
|  | 空格 | (为机器辨认)用作输入量与输入量之间的分隔符；<br>数组元素分隔符 |
| , | 逗号 | 用于要显示计算结果的命令与其后命令之间的分隔；<br>输入量与输入量之间的分隔符；<br>数组元素分隔符号 |
| . | 黑点 | 在数值表示中，用作小数点；<br>用于运算符号前，构成“数组”运算符 |
| ; | 分号 | 用于命令的“结尾”，抑制计算结果的显示；<br>用于不显示计算结果命令与其后命令的分隔；<br>数组的行间分隔符 |
| : | 冒号 | 用于生成一维数值数组；<br>单下标援引时，表示全部元素构成的长列；<br>多下标援引时，表示那一维上的全部元素 |
| % | 注释号 | 由它开始的所有物理行部分被看作非执行的注释 |
| '' | 单引号对 | 字符串记述符 |
| ( ) | 圆括号 | 改变运算次序；<br>在数组援引时用；<br>函数命令输入变量列表时用 |
| [ ] | 方括号 | 输入数组时用；<br>函数命令输出变量列表时用 |
| { } | 花括号 | 单元数组记述符；<br>图形中的特殊字符 |
| _ | 下画线 | (为使人易读)用作一个变量、函数或文件名中的连字符；<br>图形中下脚标的前导符 |
| = | 等号 | 用于赋值 |
| ! | 感叹号 | 用于调用操作系统命令 |

【说明】为确保命令正确执行，以上符号一定要在英文状态下输入

7. MATLAB常用的数学函数

MATLB用于运算的函数十分丰富，这里仅列举一些常用的数学函数，如表 2.4.13 所示。

**表 2.4.13　常用的数学函数**

| 分类 | 函数 | 说明 | 分类 | 函数 | 说明 |
| --- | --- | --- | --- | --- | --- |
| 三角函数 | sin | 正弦 | 指数函数 | exp | 以 e 为底的指数 |
| | cos | 余弦 | | log | 自然对数 |
| | tan | 正切 | | log2 | 以 2 为底的对数 |
| | asin | 反正弦 | | log10 | 以 10 为底的对数 |
| | acos | 反余弦 | | pow2 | 2 的幂 |
| | atan | 反正切 | | sqrt | 求二次方根 |
| | atan2($x$,$y$) | 4 象限反正切 | | nextpow2 | 求比输入数大而最接近 2 的幂 |
| | sinh | 双曲正弦 | 复数 | abs | 求绝对值和复数模 |
| | cosh | 双曲余弦 | | angle | 求相角 |
| | tanh | 双曲正切 | | real | 实部 |
| | asinh | 反双曲正弦 | | imag | 虚部 |
| | acosh | 反双曲余弦 | | conj | 求共轭复数 |
| | atanh | 反双曲正切 | | isreal | 是实数时为真 |
| | sec | 正割 | | unwrap | 去掉相角突变 |
| | csc | 余割 | | cplxpair | 按共轭复数对排序 |
| | cot | 余切 | 取整函数 | round | 四舍五入取整数 |
| | asec | 反正割 | | fix | 向 0 方向取整数 |
| | acsc | 反余割 | | floor | 向 $-\infty$ 方向取整数 |
| | acot | 反余切 | | ceil | 向 $+\infty$ 方向取整数 |
| | sech | 双曲正割 | | sign | 符号函数 |
| | csch | 双曲余割 | | rem($a$,$b$) | $a$ 整除 $b$，求余数 |
| | coth | 双曲余切 | | mod($x$,$m$) | $x$ 整除 $m$，取正余数 |
| | asech | 反双曲正割 | | | |
| | acsch | 反双曲余割 | | | |
| | acoth | 反双曲余切 | | | |

## 2.5　MATLAB 中的单元、结构与字符串

### 2.5.1　字符串

MATLAB 作为高性能的科学计算平台，不仅提供高精度的数值计算功能，而且还提供对多种数据类型的支持。如 double 类型表示双精度浮点数，char 表示字符，unit8 表示无符号 8 位整型数，等等。除此之外，MATLAB 还提供对字符串的支持，在 MATLAB 中字符串由英

文状态下的单引号对来定义，如：

```
Strname='Simulation 仿真'    %表示 Strname 为一字符串，其值为"Simulation 仿真"
```

在 MATLAB 中可以定义字符(串)数组，其方法与定义数值数组类似。字符串还可以进行某些与数值数组类似的操作，并且可以用一些转换函数实现它与数值数组的相互转换(以字符的 ASCII 码值为媒介)。

### 2.5.2 单元数组

在前面所介绍的数值数组和字符串数组中，所有元素的数据类型均为单一的类型。MATLAB 还有一种复合数据类型的数组，就是单元数组。例如，许多大银行都有一个管理十分完善的保险箱库。这保险箱库的最小单位是箱柜，可以存放任何东西(如珠宝、债券、现金、文件等)。每个箱柜被编号，一个个编号的箱柜组合成排，一排排编号的箱柜排组合成室，一个个编号的室便组合成那家银行的保险箱库。单元数组就如同银行里的保险箱库一样。该数组的基本元素是单元(如同保险箱库的"箱柜")。每个单元本身在数组中是平等的，它们只能以下标区分。同一个单元数组中不同单元可以存放不同类型和不同大小的数据，如任意维数值数组、字符串数组等。

### 2.5.3 结构数组

如今的程序设计语言中，大都提供了对结构变量的支持功能。MATLAB 也同样具有结构数组这种数据类型，而且其生成与使用都非常容易和直观。结构数组是一个很有用的，具有某种相关性记录的集合体，它使一系列相关记录集合到一个统一的数组中，从而使这些记录能够被有效地管理、组织与引用。

在 MATLAB 中，结构数组是按照域的方式生成存储数组中的每个记录；一个域中可以包括任何 MATLAB 支持的数据类型，如双精度数值、字符、单元及结构数组等类型。下面简单介绍结构数组的生成与引用。

1. 结构数组的生成

结构数组生成方式：

```
struct_name(record_number).field_name=data;
```

如某个班级学生花名册的建立：

```
student(1).name='Li Yang';
student(1).number='0134';
student(2).name='Ma Lei';
student(2).number'0135';
……
student(33).name='Yao Hui';
student(33).number='0166';
```

student 是具有 33 个结构变量的数组，表示某个班级所有 33 个同学的姓名与学号。每一个记录对应一个学生的姓名与学号。

2. 结构数组的引用

在 MATLAB 中，对结构数组变量的引用也很简单，如对上述学生花名册中的第二个学生记录的引用如下：

```
Name2 = student(2).name
Number2 = student(2).number
```

其执行结果为

```
Name2 =
    Ma Lei
Number2 =
    0135
```

## 2.6　MATLAB 程序设计基础

MATLAB 是一种解释性的高级程序设计语言，对程序中的语言边解释边执行。MATLAB 与其他高级语言一样，是由顺序、选择和循环三种基本控制结构组成的。MATLAB 的语句有表达语句、控制语句、调试语句和空语句等。控制语句还包括条件、循环和一些转移语句。在命令窗口中，MATLAB 的语句键入后按回车键即可执行，因此一般也把语句称为命令。

MATLAB 程序的基本结构如下：

```
%说明
清除语句
定义变量
逐行执行的语句
……
    循环或者判断语句
    逐行执行的语句
    ……
    end
逐行执行的语句
……
```

### 2.6.1　表达式、表达式语句和赋值语句

1. 表达式

由运算符连接的常量、变量和函数构成 MATLAB 的表达式，因此在 MATLAB 中有算术表达式、函数表达式、关系表达式和逻辑表达式等。

2. 表达式语句

单个的表达式就是表达式语句，一行可以只有一个表达式语句，也可以有多个表达式语句，这时语句间用分号“;”或逗号“,”分隔，语句以回车换行结束。以分号结束的语句执行后不显示运行结果，以逗号和回车键结束的语句执行后即显示运行结果。如果一条语句需要占用多行，这时需要使用连续符“…”。

3. 赋值语句

将表达式的值赋与变量即为赋值语句，如：

```
A=3+7*8
X=10*sin(2*pi*f*t)
Z=2*x+5*y
```

### 2.6.2 程序流程控制语句

MATLAB语句一般是逐条执行的，如果需要中途改变执行的次序，就需要流程控制。MATLAB常用的流程控制语句有if、for、while和switch四种。

1. if语句

if语句有三种形式，命令格式如表2.6.1所示。

**表2.6.1 if语句分支结构的用法**

| 单分支 | 双分支 | 多分支 |
| --- | --- | --- |
| if 表达式<br>(语句组)<br>end | if 表达式1<br>(语句组A)<br>else<br>(语句组B)<br>end | if 表达式1<br>(语句组A)<br>elseif 表达式2<br>(语句组B)<br>……<br>else<br>(语句组C)<br>end |

三种形式都以"if"开始，以"end"结束。最后的"end"是必不可少的，否则在if语句执行完后，就会找不到后续程序的入口。语句中的表达式的真"1"和假"0"表明了语句转移的条件。if语句的三种形式的程序结构如图2.6.1所示，其中第三种形式中的"elseif "语句可以有多个。

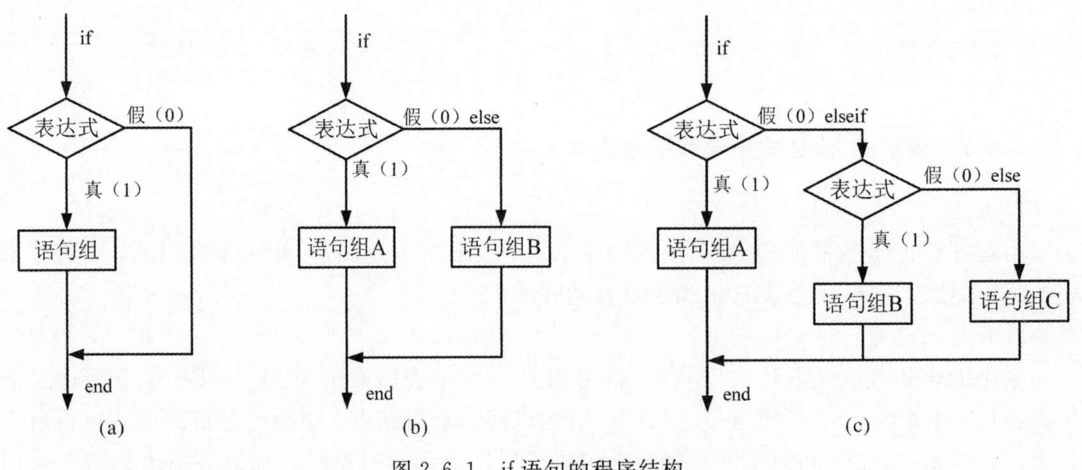


图2.6.1 if语句的程序结构

(a)单分支； (b)双分支； (c)多分支

**【例2.6.1】** 采用if语句完成B样条函数的判断。

**【解】** MATLAB程序代码如下：

```
y= pdline(1.5)
function f = pdline(x)
```

```
if x<0
    f = 0;
elseif x < 1
    f = x;
elseif x < 2
    f = 2 - x;
else
    f = 0;
end
end
```

此程序可以完成多路判断选择，程序运行结果为

```
y =
      0.5000
```

2. for 循环语句

for 循环的最大待点是，它的循环判断条件通常是对循环次数的判断。也就是说，在一般情况下，循环语句的循环次数是预先设定好的。

for 语句的格式为：

```
for k=初始值:增量:终止值
    语句组
end
```

for 语句将循环体中的语句组循环执行 $n$ 次，每执行一次，$k$ 值就增加一个增量，所以循环的次数 $n$ 为

$$n=1+(终值 - 初值)/增量$$

当 $k$ 值等于终值后，循环结束，程序转向 end 以后的语句。for 语句可以嵌套使用。在循环执行中，如果满足一定条件需要跳出循环，可以使用 break 命令终止循环。

**【例 2.6.2】** 使用 for 循环求 1+3+5+…+9 的值。

**【解】** MATLAB 程序代码如下：

```
sum=0;
for n=1:2:9
    sum=sum+n;
end
sum
```

程序运行结果为

```
sum =
    25
```

3. while 循环语句

while 语句的格式为

```
while 表达式
    循环体
end
```

while 循环语句的流程如图 2.6.2 所示。语句的执行规则是：当表达式为真“1”时，则执行

循环体的语句组，并再次计算表达式的值，如果表达式还是为真，则继续循环，直到表达式的值为假“0”后，才跳出循环，继续向下执行。

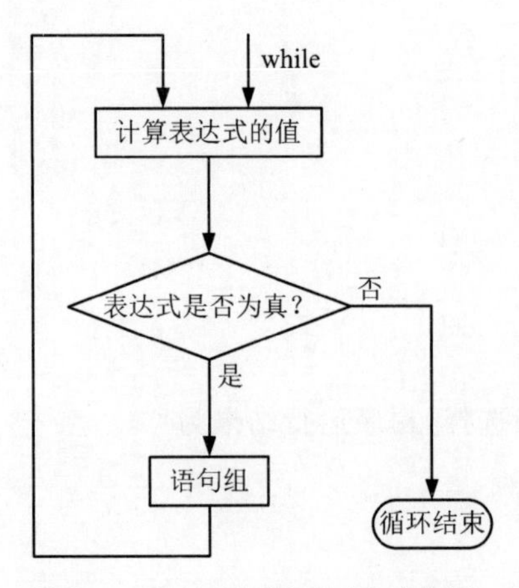


图 2.6.2　while 循环语句流程图

**【例 2.6.3】** 使用 while 循环语句求 1＋3＋5＋…＋9 的值。

**【解】** MATLAB 程序代码如下：

```
sum=0;
n=1;
while n<=9
    sum=sum+n;
    n=n+2 ;
end
n
sum
```

程序运行结果为

```
n =
    11
sum =
    25
```

由运行结果可知，最终 $n=11$。因为 while 循环体的循环次数不像 for 循环那样是事先确定的，其循环次数由表达式值的真假来决定。

4. switch－case 语句

switch－case 语句是一种多分支语句，语句的格式为

```
switch 表达式
case 值 1
    语句组 A
case 值 2
    语句组 B
……
otherwise
```

```
语句组N
end
```

在 switch－case 语句中，当表达式的值(或字符串)与某个 case 值(或字符串)相同时，就执行该 case 值以下的语句组。如果表达式的值(或字符串)与任何一个 case 值(或字符串)都不相同，则执行 otherwise 后的语句组 $N$。

**【例2.6.4】** 用 switch－case 语句求5月的季节。

**【解】** MATLAB程序代码如下：

```
month=5
    switch month
    case{3,4,5}
        season='spring'
    case{6,7,8}
        season='summer'
    case{9,10,11}
        season='autumn'
    otherwise
        season='winter'
end
```

程序运行结果为

```
month =
    5
season =
    'spring'
```

### 2.6.4 MATLAB程序文件类型

MATLAB程序类型包括三种：一种是在命令窗口下执行的脚本M文件；另一种是可以存取的M文件，即程序文件；最后一种是函数(function)文件。脚本M文件和程序文件中的变量都将保存在工作区中，这一点与函数文件是截然不同的。

1. 脚本M文件

脚本M文件也称命令文件，它在命令窗口中输入并执行。没有输入参数，也不返回输出参数，只是一些命令行的组合。脚本M文件可以对工作区中的变量进行操作，也可以生成新的变量。脚本M文件运行结束后，脚本M文件产生的变量仍将保留在工作区中，直到关闭MATLAB或用相关命令删除。

2. 程序文件

程序文件以.m格式进行存取，包含一连串的MATLAB命令和必要的注解。由于程序文件就是命令行的简单叠加，MATLAB会自动按顺序执行文件中的命令。这样就解决了用户在命令窗中运行许多条命令的麻烦，还可以避免用户做许多重复性的工作。另外，程序文件在运行过程中可以调用MATLAB工作区内的所有数据，而且产生的变量均为全局变量。也就是说，这些变量一旦生成，就一直保存在内存空间中，直到用户执行 clear 或 quit 命令时为止。

由于程序文件的运行相当于在命令窗口中逐行输入并运行命令，因此，用户在编制此类文件时，只需要把所要执行的命令按行编辑到指定的文件中。而且变量不需要预先定义，也不存在文件名对应问题。程序文件以 ASCII 编码形式存储，在命令窗口中直接键入文件名就可执行程序文件。

【例 2.6.5】 建立一程序文件，绘制 logo 图。

【解】 MATLAB 程序代码如下：

```
clear
clc
load logo
surf(L,R), colormap(M)
n=size(L,1)
```

程序运行结果为

```
n=
   43
```

同时在图形窗口中显示图形，如图 2.6.3 所示。

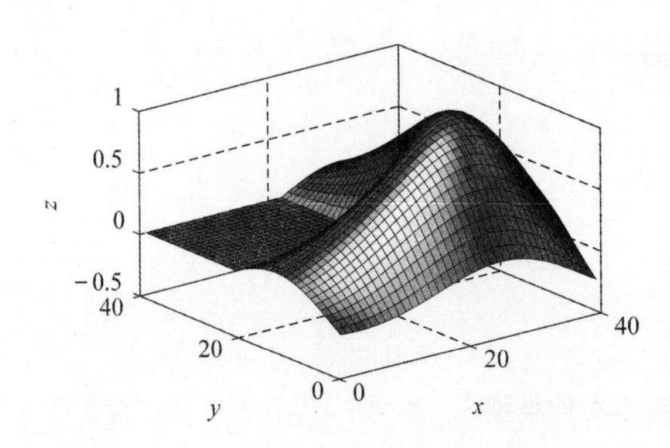


图 2.6.3 例 2.6.5 程序运行结果图形

3. 函数文件

函数文件主要用以解决参数传递和函数调用的问题，函数文件具有标准的基本结构。它的第一句以 function 语句为引导，最后一句以 end 结束。函数定义行写成如下形式：

```
Function[outl, out2, ...]=filename(inl, in2, ...)
```

函数的第 1 行为帮助行，即 H1 行，以%开头，作为 lookfor 命令搜索的行。也可以用 help 命令显示它的注释说明。函数文件可以有返回值，也可以只执行操作而无返回值，大多数函数文件有返回值。此外，MALAB 所提供的绝大多数功能函数都是由函数文件实现的，函数文件执行之后，只保留最后结果，不保留任何中间过程，函数体内使用的所有变量都是局部变量，即在该函数返回之后，在 MATLAB 的工作区中这些变量会自动清除。如果希望这些中间变量成为在整个程序中都起作用的变量，则需要将它们设置为全局变量。

【例 2.6.6】 计算第 $n$ 个 Fibonnaci 数。

【解】 MATLAB 程序代码如下：

```
%计算第 n 个 Fibonnaci 数
function f=fibfun(n)
```

```
%fibfun for calculating Fibonacci numbers.
%Incidengtally, the name Fibonacci comes from Filius Bonassi , or "son of Bonassus".
if n>2
    f = fibfun(n-1) + fibfun(n-2);
else
    f = 1;
end
```

编写完毕后，以 fibfun.m 文件名存盘。然后在 MATLAB 命令窗口输入如下命令：

```
>> fibfun(17)
```

程序运行结果为

```
ans =
    1597
```

**【注意】** 文件名要与函数名一一对应，这样才能保证调用成功。在函数被调用过程中，是按照 function 后的语句定义函数名和输入输出格式执行的。

### 2.6.5　函数调用和参数传递

使用函数可以把一个比较大的任务分解成多个较小的任务，使程序模块化，每个函数完成特定功能，通过函数的调用完成整个程序。

1. 主函数和子函数

在一个 M 文件中，可以包含多个函数，但只有一个主函数，其他为子函数。

(1)在 M 文件中，主函数必须出现在最上方，后面是子函数(次序无任何限制)；

(2)子函数不能被其他文件的函数调用，只能被同一文件中的函数(主函数或子函数)调用；

(3)同一文件中主函数和子函数变量的工作区相互独立；

(4)用 help 等指令不能提供子函数的帮助信息。

**【例 2.6.7】** 将一个二阶系统时域曲线的函数作为子函数，编写画多条曲线的程序。

**【解】** MATLAB 程序代码如下：

```
%调用函数绘制二阶系统时域响应
subplot(1,2,1)
Ex01(0.3);                %调用 Ex01
subplot(1,2,2)
Ex01(0.5);                %调用 Ex01
function y=Ex01(zeta) %子函数，画二阶系统时域曲线
x=0:0.1:20;
y=1-1/sqrt(1-zeta^2)*exp(-zeta*x).*sin(sqrt(1-zeta^2)*x+acos(zeta));
plot(x,y)
xlabel('x')
ylabel('y')
grid on                   %在图形窗口加虚线分格线
end
```

程序两次调用子函数 Ex01。运行结果在图形窗口中如图 2.6.4 所示。

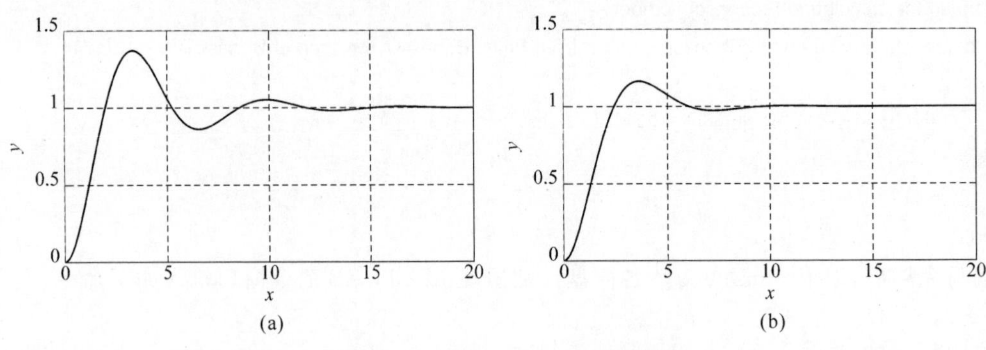


图 2.6.4　例 2.6.7 运行结果图形

2. 函数的参数

函数的参数传递格式如下：

[输出参数 1,输出参数 2,...]=函数名(输入参数 1,输入参数 2,...)

(1)参数传递规则。函数具有自己的工作区,函数内变量与外界的唯一联系就是通过函数输入/输出参数,输入参数的任何变化都仅在函数内进行,不会传递出去。

(2)函数参数的个数。MATLAB 函数调用有一个与其他语言不同的特点:函数的输入/输出参数数目可以变化,用户可以根据参数个数来编程。

**【例 2.6.8】** 将例 2.6.7 变为双参数传递函数调用绘制二阶系统时域响应。

**【解】** MATLAB 程序代码如下：

```
%采用双参数传递函数调用绘制二阶系统时域响应
clear
clc
z1=0.3;
[x1,y1]=Ex01(z1);                    %调用 Ex01
subplot(1,2,1)
plot(x1,y1)
xlabel('x')
ylabel('y')
grid on
z1=0.5;
[x2,y2]=Ex01(z1);                    %调用 Ex01
subplot(1,2,2)
plot(x2,y2)
xlabel('x')
ylabel('y')
grid on;
function [x,y]=Ex01(zeta)            %子函数,求二阶系统时域曲线数据
x=0:0.1:20;
y=1-1/sqrt(1-zeta^2)*exp(-zeta*x).*sin(sqrt(1-zeta^2)*x+acos(zeta));
end
```

程序运行结果与例 2.6.7 相同。

# 2.7 MATLAB的基本绘图功能

MATLAB有非常强大的绘图功能,尤其擅长各种科学运算结果的数据可视化。而且,用户可以通过对MATLAB内置绘图函数的简单调用,便捷地绘制出具有专业水平的图形。尤其在采用Simulink进行动态系统仿真时,图形输出可以使设计者快速地对系统性能进行定性分析,大大缩短系统开发时间。

MATLAB的图形系统是面向对象的。图形的要素,如坐标轴、标签和观察点等都是独立的图形对象。一般情况下,用户不需要直接操作图形对象,只需要调用绘图函数就可以得到理想的图形。MATLAB有很强的绘图功能,可以绘制二维图形、三维图形、直方图和饼图等,本节仅以绘制二维与三维曲线为例,介绍MATLAB的基本绘图功能。

## 2.7.1 基本绘图命令

在X-Y直角坐标系上画平面二维曲线是最常用的绘图方法,MATLAB绘制平面曲线的基本命令是plot命令。在平面上画一条或者多条曲线时,常用命令如表2.7.1所示。

**表2.7.1 画曲线时常用命令**

| 命令 | 说明 |
|---|---|
| plot(x) | 绘制以 $x$ 为纵坐标的二维曲线 |
| plot(x,y) | 绘制以 $x$ 为横坐标,$y$ 为纵坐标的二维曲线 |
| plot(x1,y1,x2,y2,...,xn,yn) | 在一张图上画 $n$ 条曲线,$x1,y1,x2,y2,\cdots,xn,yn$ 为 $n$ 组数据,每一组数据可以画一条曲线,在每组数据中,$x$、$y$ 的数据长度必须相同 |
| plot (x,[y1,y2,...,yn]) | 多条曲线有共同的 $x$ 轴变量,则多个 $y$ 轴变量可以用方括号括起来 |
| Plotyy(x,y1,y2) | 可以用两种 $y$ 轴比例画图,但是 $x$ 轴比例仍是一个 |
| plot(x,y,'s') | $s$ 可以是线段类型、颜色和数据点形三种类型的符号之一或者组合 |
| plot3(x,y,z,'s') | 绘制三维曲线 |
| plot3(x1,y1,z1,'s1',x2,y2,z2,'s2',...) | 绘制多条三维曲线 |

**【例2.7.1】** 用plot(x)命令画曲线。

**【解】** MATLAB程序代码如下:

```
y=[0 1 0];
plot(y)
xlabel('x')
ylabel('y')
grid on
```

程序运行结果如图2.7.1所示。

【例 2.7.2】 绘制三维曲线图。

【解】 MATLAB 程序代码如下：

```
x=0:0.1:20*pi;
plot3(x,sin(x),cos(x))                %绘制三维曲线图
xlabel('x')
ylabel('y')
zlabel('z')
grid on
```

程序运行结果如图 2.7.2 所示。

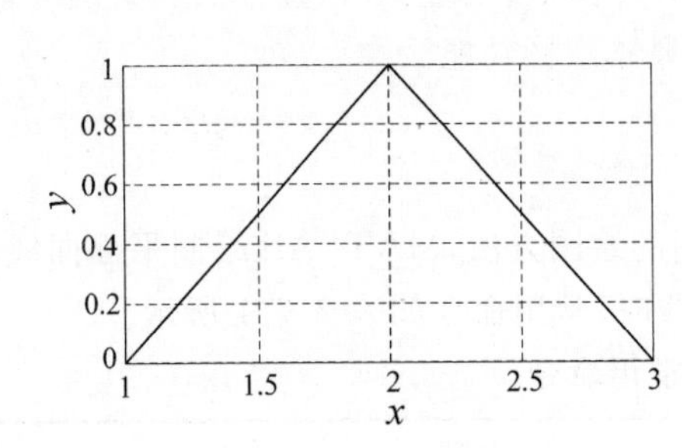


图 2.7.1　例 2.7.1 绘制曲线图

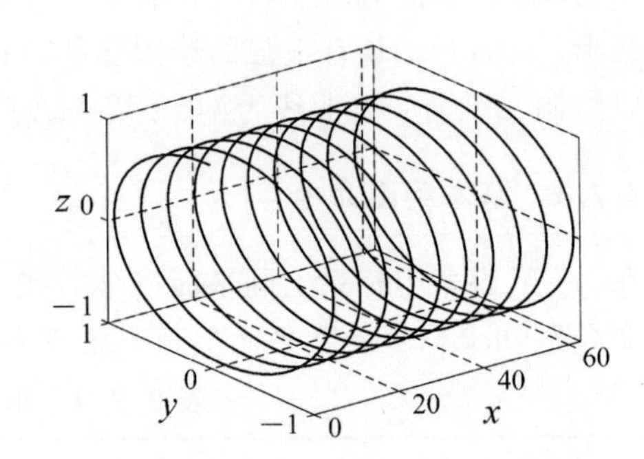


图 2.7.2　例 2.7.2 绘制三维曲线图

## 2.7.2　多个图形绘制

多个图形绘制的相关命令如表 2.7.2 所示。

**表 2.7.2　多个图形绘制命令**

| 命令 | 说明 |
| --- | --- |
| figure(n) | 指定图形窗口，产生第 $n$ 个图形窗口 |
| subplot(m,n,k) | 同一窗口多个子图，使($m\times n$)幅子图中的第 $k$ 幅成为当前图 |
| hold on | 同一窗口多次叠绘，保留当前坐标系和图形 |
| hold off | 同一窗口多次叠绘，不保留当前坐标系和图形 |
| clf | 清除图形窗口 |

【例 2.7.3】 用 subplot 命令画四个子图。

【解】 MATLAB 程序代码如下：

```
x=0:0.1:2*pi;
subplot(2,2,1)          %分割为2*2个子图，左上方为当前图
plot(x,sin(x))
xlabel('x')
ylabel('sin(x)')
```

```
grid on
subplot(2,2,2)          %右上方为当前图
plot(x,cos(x))
xlabel('x')
ylabel('cos(x)')
grid on
subplot(2,2,3)          %左下方为当前图
plot(x,sin(3 * x))
xlabel('x')
ylabel('sin(3x)')
grid on
subplot(2,2,4)          %右下方为当前图
plot(x,cos(3 * x))
xlabel('x')
ylabel('cos(3x)')
grid on
```

程序运行结果如图 2.7.3 所示。

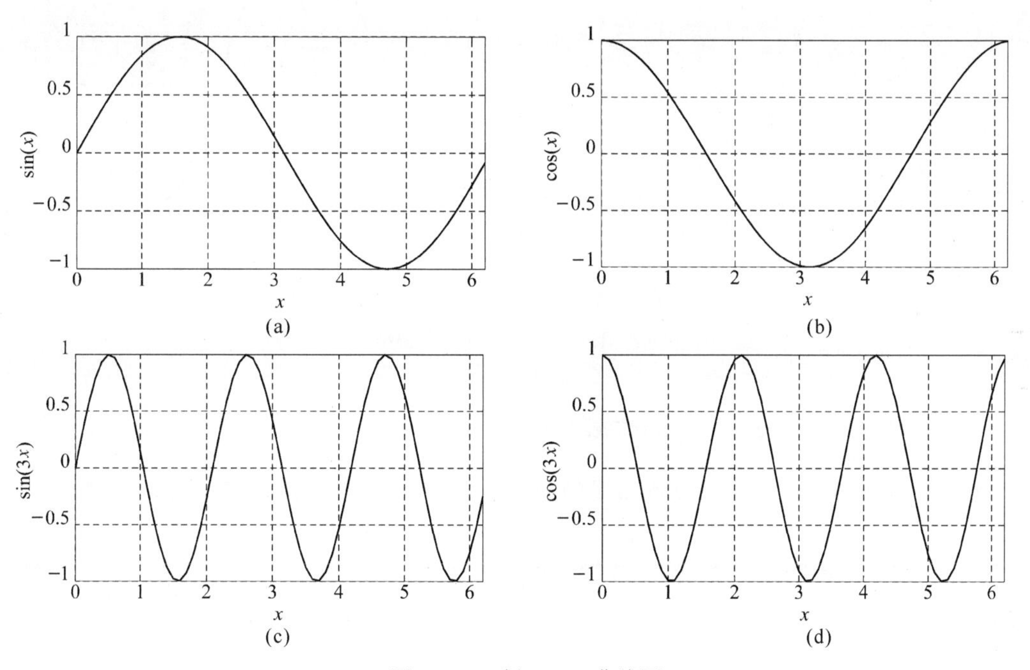


图 2.7.3　例 2.7.3 曲线图

**【例 2.7.4】**　在同一窗口画出函数 $\sin x$ 在区间$[0,2\pi]$的曲线和 $\cos x$ 在区间$[-\pi,\pi]$的曲线。

**【解】**　MATLAB 程序代码如下：

```
clc
clear
clf
```

```
subplot(2,2,1)
x1=0:0.1:2*pi;
plot(x1,sin(x1))
hold on
x2=-pi:0.1:pi;
plot(x2,cos(x2))                %坐标系的范围由0～2π自动转变为-π～π。
xlabel('x')
ylabel('y')
grid on
subplot(2,2,2)
plotyy(x1,sin(x1),x2,cos(x2))
xlabel('x')
ylabel('y')
grid on
```

程序运行结果如图 2.7.4 所示。可以看出,采用两种指令方式画出的图形相同。

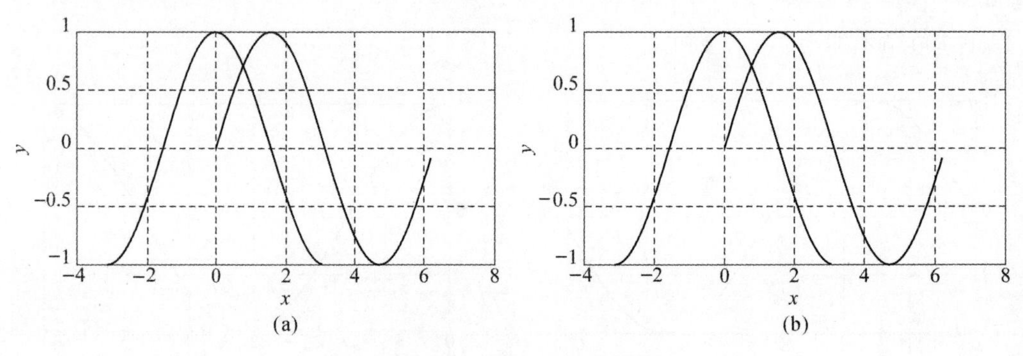

(a)　　　　(b)

图 2.7.4　例 2.7.4 曲线图

(a)plot 绘图结果；(b)plotyy 绘图结果

### 2.7.3　曲线的线段类型、颜色和数据点形

采用命令 plot(x,y,'s')可以设置曲线的线段类型、颜色和数据点形等,类型设置的符号如表 2.7.3 所示。

**【例 2.7.5】** 用不同线段类型、颜色和数据点形画出 $\sin x$ 和 $\cos x$ 曲线。

**【解】** MATLAB 程序代码如下:

```
x=0:0.1:2*pi;
plot(x,sin(x),'r-.')            %用红色点画线画出曲线
hold on
plot(x,cos(x),'b:o')            %用蓝色圆圈画出曲线,用点线连接
xlabel('x')
ylabel('y')
```

程序运行结果如图 2.7.5 所示。

**表 2.7.3　线段、颜色与数据点形的设置**

| 颜色 | | 数据点间连线 | | 数据点形 | |
|---|---|---|---|---|---|
| 类型 | 符号 | 类型 | 符号 | 类型 | 符号 |
| 黄色 | y | 实线(默认) | - | 实点标记 | . |
| 品红色(紫色) | m | 点线 | : | 圆圈标记 | o |
| 青色 | c | 点画线 | -. | 叉号形× | x |
| 红色 | r | 虚线 | -- | 十字形+ | + |
| 绿色 | g | | | 星号标记* | * |
| 蓝色 | b | | | 方块标记□ | s |
| 白色 | w | | | 钻石形标记◇ | d |
| 黑色 | k | | | 向下的三角形标记 | ∨ |
| | | | | 向上的三角形标记 | ∧ |
| | | | | 向左的三角形标记 | < |
| | | | | 向右的三角形标记 | > |
| | | | | 五角星标记☆ | p |
| | | | | 六边形标记 | h |

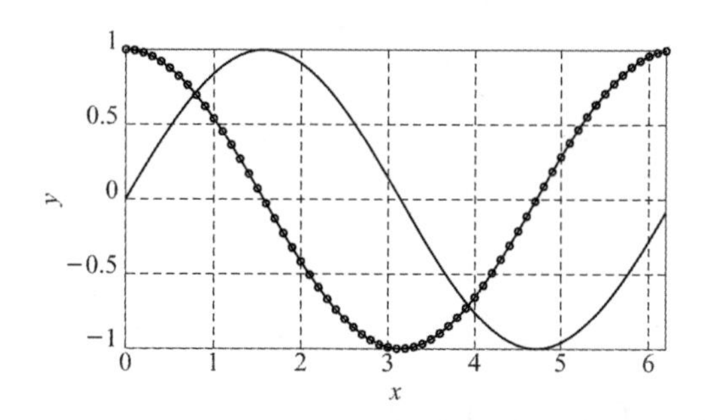


图 2.7.5　例 2.7.5 在同一窗口画出两条曲线

## 2.7.4　设置坐标轴和文字标注

常用的设置坐标轴和文字标注命令如表 2.7.4 所示。

**表 2.7.4　常用的设置坐标轴和文字标注命令**

| | | |
|---|---|---|
| 坐标轴 | axis auto | 使用默认设置 |
| | axis manual | 当前坐标范围不变 |
| | axis off | 取消轴背景 |
| | axis on | 使用轴背景 |
| | axis ij | 矩阵式坐标,原点在左上方 |
| | axis xy | 普通直角坐标,原点在左下方 |
| | axis([xmin,xmax,ymin,ymax]) | 设定坐标范围 |
| | axis equal | 纵、横轴采用等长刻度 |
| | axis fill | 在 manual 方式下起作用,使坐标充满整个绘图区 |
| | axis image | 纵、横轴采用等长刻度,且坐标框紧贴数据范围 |
| | axis normal | 默认矩形坐标系 |
| | axis square | 产生正方形坐标系 |
| | axis tight | 把数据范围直接设为坐标范围 |
| | axis vis3d | 保持高宽比不变,用于三维坐标 |
| 分格线 | grid on | 显示分格线 |
| | grid off | 不显示分格线 |
| 文字标注 | title('s') | 添加图名,$s$ 为图名 |
| | xlabel('s') | 添加横坐标轴名 |
| | ylabel('s') | 添加纵坐标轴名 |
| | legend({'s1','s2'},'location','p') | 在指定位置建立图例,$p$ 取值不同位置不同 |
| | legend off | 擦除当前图中的图例 |
| | text(x,y, 's') | 在图形的$(x,y)$坐标处书写文字注释 |

**【例 2.7.6】** 在两个子图中使用坐标轴、分格线和坐标框控制。

**【解】** MATLAB 程序代码如下:

```
x=0:0.1:2*pi;
subplot(2,1,1)
plot(sin(x),cos(x))
axis equal                %纵、横轴采用等长刻度
xlabel('sin(x)')
ylabel('cos(x)')
grid on
subplot(2,1,2)
plot(x,exp(-x))
axis([0,3,0,2])           %改变坐标轴范围
```

```
xlabel('x')
ylabel('e^-x')
grid on
```

程序运行结果如图 2.7.6 所示。

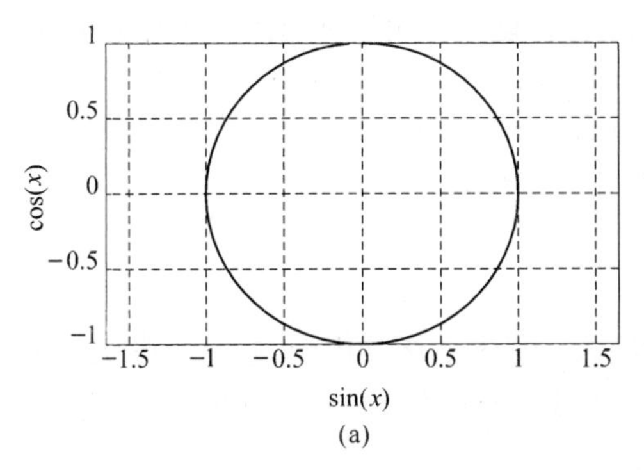


(a)

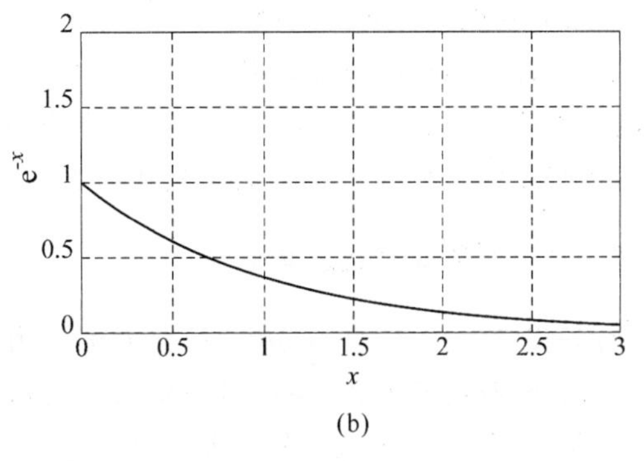


(b)

图 2.7.6　例 2.7.6 用坐标轴、分格线和坐标框控制画图

**【例 2.7.7】**　在图形窗口中添加文字注释。

**【解】**　MATLAB 程序代码如下：

```
x=0:0.1:2*pi;
plot(x,sin(x))
hold on
plot(x,cos(x),'ro')
title('y1=sin(x),y2=cos(x)')                         %添加标题
xlabel('x')                                          %添加横坐标名
ylabel('y')
legend({'sin(x)','cos(x)'},'location','southeast')%在右下角添加图例
text(pi,sin(pi),'x=\pi')                             %在(π,sinπ)处添加文字注释"x=π"
```

程序运行结果如图 2.7.7 所示。

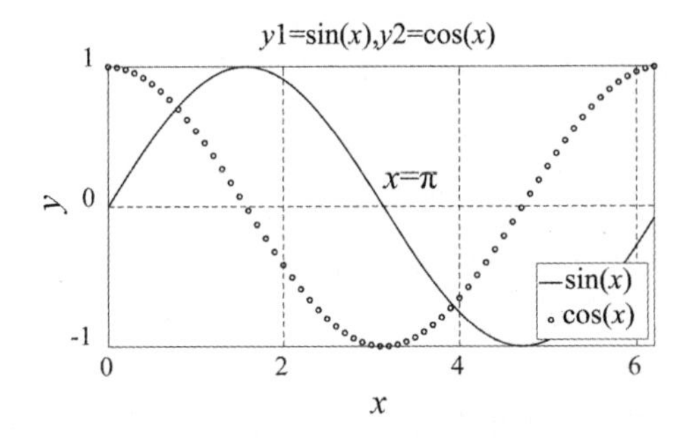


图 2.7.7　例 2.7.7 添加图形标注

除了绘制曲线外，MATLAB 还具有绘制三维网线图、曲面图、特殊图形（如饼形图、条形图、面积图、实心图和直方图）、离散数据图、等高线图、对数坐标图和极坐标图等功能，限于篇幅，这里不再赘述，感兴趣的读者可以参考相关的 MATLAB 资料。

# 2.8 MATLAB在系统建模和仿真中常用的数值计算

随着MATLAB在符号运算和图形处理方面的进一步完善,其已经成为集数值计算、符号运算和图形处理为一体的超级科学计算语言。除此之外,随着应用工具箱的扩展和更新,它的应用面越来越广,功能也越来越强大。它的科学计算及其可视化,以及它在计算方法、复变函数、概率统计、优化处理和偏微分方程求解等领域中的优势,使得它广泛地用于系统建模和仿真中,本节介绍几种常用于系统建模和仿真中的数值计算方法。

## 2.8.1 多项式表达及其运算

动态系统建模、仿真与分析时,会大量使用多项式。许多系统的模型描述(如系统的传递函数)都需要使用多项式,并在多项式描述的基础上对系统进行仿真分析。本小节将简单介绍MATLAB中的多项式表示及其基本运算。

1. 多项式的表示方法

对于多项式

$$p(x)=a_n x^n + a_{n-1} x^{n-1} + \cdots + a_2 x^2 + a_1 x + a_0$$

在MATLAB中用以下行向量表示:

$$\boldsymbol{p}=[a_n \quad a_{n-1} \quad \cdots \quad a_2 \quad a_1 \quad a_0]$$

这样就把多项式的问题转化为向量问题,多项式中系数为0的项不能忽略,$\boldsymbol{p}$中相应元素应置为0。

2. 多项式的运算函数

多项式运算函数的主要命令及其含义如表2.8.1所示。

**表2.8.1 多项式运算函数的主要命令及其含义**

| 命令 | 含义 |
| --- | --- |
| poly2sym(p) | 将多项式向量$\boldsymbol{p}$表示成为符号多项式形式 |
| conv(a,b) | 表示多项式$a$,$b$的乘积,一般也指$a$,$b$的卷积 |
| plogder(p) | 对多项式$p$进行微分运算 |
| [q,r]=deconv(b,a) | 求出$b(x)/a(x)=q(x)+r(x)*1/a(x)$运算中商多项式$q(x)$和余数多项式$r(x)$的系数向量$\boldsymbol{q}$和$\boldsymbol{r}$ |
| [r,p,k]=residue(b,a) | 当$a(x)$不含重根时计算部分分式展开式;<br>$b(s)/a(s)=r_1/(s-p_1)+r_2/(s-p_2)+\cdots+r_n/(s-p_n)+k(s)$的极点、留数和直项;<br>输出量$r$是由“各分子”构成的$[r_1,r_2,\cdots,r_n]$一维数组;<br>输出量$p$是由“各极点”构成的$[p_1,p_2,\cdots,p_n]$一维数组;<br>输出量$\boldsymbol{k}$是多项式的系数行向量 |
| roots(a) | 求方程$a(x)=0$的根,可以为复数 |

续 表

| 命令 | 含义 |
| --- | --- |
| a=poly(r) | 若 $r$ 是一维数组，则该命令完成“根据多项式根求多项式各系数”的运算。此时，输入量 $r$ 的各元素表示多项式的根，输出量 $\boldsymbol{a}$ 表示多项式的系数向量<br>若 $\boldsymbol{r}$ 是矩阵，则该命令完成“计算矩阵特征多项式”的运算。此时，$\boldsymbol{a}$ 表示矩阵 $\boldsymbol{r}$ 所对应的特征多项式的系数向量 |
| polyval(p,x) | 若 $x$ 为一数值，则计算多项式在 $x$ 处的值；若 $x$ 为向量，则计算多项式在 $x$ 中每一元素处的值 |
| V=polyvalm(p,x) | 计算矩阵多项式的值 $\boldsymbol{V}=p_1\boldsymbol{X}^n+\cdots+p_n\boldsymbol{X}+p_{n+1}\boldsymbol{I}$。换句话说，按矩阵运算规则计算多项式值。$p$ 为多项式，$\boldsymbol{X}$ 为矩阵 |

**【例 2.8.1】** 输入多项式 $p(x)=5x^3+10x^2+4x+5$。

**【解】** 在命令窗中输入以下内容：

```
>> p=[5 10 4 5];
>> poly2sym(p)
```

按回车键后，在命令窗中显示结果如下：

```
ans =
    5*x^3 + 10*x^2 + 4*x + 5
```

**【例 2.8.2】** 求解方程 $3x^3+2x+3=0$ 的所有根。

**【解】** 在命令窗中输入以下内容：

```
>> p=[3 0 2 3 ];
>> roots(p)
```

按回车键后，在命令窗中显示方程的所有根如下：

```
ans =
    0.3911 + 1.0609i
    0.3911 - 1.0609i
   -0.7822 + 0.0000i
```

**【例 2.8.3】** 求 $\dfrac{(s^2+2)(s+4)(s+1)}{s^3+s+1}$ 的“商”及“余”多项式。

**【解】** MATLAB 程序代码如下：

```
format rat                                   %为避免浮点显示，采用有理式格式
p1=conv([1,0,2],conv([1,4],[1,1]));          %计算分子多项式
p2=[1 0 1 1];                                %定义分母多项式的系数向量。注意缺项补零
[q,r]=deconv(p1,p2);                         %求商多项式和余数多项式
%利用计算所得“商”和 “余”检验分子多项式
qp2=conv(q,p2);                              %计算“商”与“分母”的乘积
pp1=qp2+r;                                   %重算得到的分子多项式
pp1==p1                                      %对应系数相等则结果为全 1
```

程序运行结果为

```
ans =
    1         1         1         1         1
```

### 2.8.2 线性方程组求解

在采用系统建模与仿真方法解决自然科学和工程技术问题时，常常需要解线性代数方程组，而这些方程组的系数矩阵大致可分为两种，一种为低阶稠密矩阵，另一种是大型稀疏矩阵(即矩阵阶数高且零元素多)。

关于线性方程组的解法一般可分为两类：一是直接法，通过矩阵的变形、消去直接得到方程的解，这类方法是解低阶稠密矩阵方程组的有效方法；二是迭代法，就是用某种极限过程去逐渐逼近方程组精确解的方法，迭代法是解大型稀疏矩阵的重要方法。

1. 线性方程组的直接解法

线性方程组的直接解法，大多数采用 Gauss 消元法、列主元消去法、二次方根法、追赶法等。在 MATLAB 中，形如 $\boldsymbol{A}_{m\times n}\boldsymbol{X}_{n\times 1}=\boldsymbol{B}_{m\times 1}$ 的线性方程组可以用左除运算符(\)求解，形如 $\boldsymbol{X}_{1\times m}\boldsymbol{A}_{m\times n}=\boldsymbol{B}_{1\times n}$ 的线性方程组可以用右除运算符(/)求解。待求解的线性方程组可以是恰定方程($m=n$)、欠定方程($m<n$)或超定方程($m>n$)。虽然表面上只是一个简单的方程，但它的内部却包含着许多自适应算法，如对超定方程用最小二乘法，对欠定方程给出范数最小的一个解，解对角阵方程组时用追赶法等。

**【例 2.8.4】** 分别求解下面两个线性方程组。

(1) $\begin{bmatrix}5 & 3 & 4\\2 & 10 & 7\\6 & 7 & 3\end{bmatrix}\boldsymbol{x}=\begin{bmatrix}2\\7\\4\end{bmatrix}$　　(2) $\boldsymbol{x}\begin{bmatrix}5 & 3 & 4\\2 & 10 & 7\\6 & 7 & 3\end{bmatrix}=\begin{bmatrix}2 & 7 & 4\end{bmatrix}$

**【解】** MATLAB 程序代码如下：

```
A=[5 3 4;2 10 7;6 7 3];
b=[2 7 4]';              %输入系数矩阵
x1=A\b                   %使用左除求解第 1 个方程组
x2=b'/A                  %使用右除求解第 2 个方程组
```

程序运行结果为

```
x1 =
    -0.1111
    0.5789
    0.2047
x2 =
    -0.1754    0.5439    0.2982
```

2. 线性方程组的几种迭代解法

(1)Jacobi 迭代法。

方程组 $\boldsymbol{A}x=b$，其中 $\boldsymbol{A}\in\boldsymbol{R}_{n\times n}$，$b\in\mathbf{R}_n$，且 $\boldsymbol{A}$ 为非奇异，则 $\boldsymbol{A}$ 可以写成 $\boldsymbol{A}=\boldsymbol{D}-\boldsymbol{L}-\boldsymbol{U}$。

其中，$\boldsymbol{D}=\mathrm{diag}[a_{11},a_{22},\cdots,a_{nn}]$，而 $-\boldsymbol{L}$、$-\boldsymbol{U}$ 分别为 $\boldsymbol{A}$ 的严格下三角部分(不包括对角线元素)。

则 $x=\boldsymbol{D}^{-1}(\boldsymbol{L}+\boldsymbol{U})x+\boldsymbol{D}^{-1}b$，由此可构造迭代法：$x^{(k+1)}=\boldsymbol{B}x^{(k)}+f$。

其中：$\boldsymbol{B}=\boldsymbol{D}^{-1}(\boldsymbol{L}+\boldsymbol{U})=\boldsymbol{I}\boldsymbol{D}^{-1}\boldsymbol{A}$，$f=\boldsymbol{D}^{-1}b$。

**【例 2.8.5】** 用 Jacobi 方法求解下列方程组，设 $x\,(0)=0$，精度为 $10^{-6}$。

$$\begin{cases}10x_1 - x_2 = 9 \\ -x_1 + 10x_2 - 2x_3 = 7 \\ -2x_2 + 10x_3 = 6\end{cases}$$

【解】　MATLAB 程序代码如下：

```
a=[10 -1 0; -1 10 -2; 0 -2 10];
b=[9;7;6];
jacobi (a, b, [0; 0; 0]);
%构建 jacobi 函数
function x=jacobi (a, b,x0)
D=diag (diag (a));
U=-triu (a,1);
L=-tril (a,-1);
B=D\(L+U);
f=D\b;
x=B*x0+f;
n=1;
while norm(x-x0) >1.0e-6
    n=n+1;
    x0=x;
    x=B*x0+f;
end
x
n
end
```

程序运行结果为

```
x =
    0.9958
    0.9579
    0.7916
n=
    11
```

(2)Gauss - Seidel(G - S)方法。

由原方程构造迭代方程

$$x^{(k+1)} = \boldsymbol{G}x^{(k)} + f$$

其中，$\boldsymbol{G}=(\boldsymbol{D}-\boldsymbol{L})^{-1}\boldsymbol{U}$，$f=(\boldsymbol{D}-\boldsymbol{L})^{-1}b$。

【例 2.8.6】　对例 2.8.5 的方程组，采用 Gauss - Seidel 方法求解。

【解】　MATLAB 程序代码如下：

```
a=[10 -1 0; -1 10 -2; 0 -2 10];
b=[9;7;6];
seidel(a, b, [0; 0; 0]);
%构建 Gauss-Seidel 函数
function x=seidel (a,b,x0)
```

```
D=diag (diag(a));
U=-triu (a, 1);
L=-tril (a, -1);
G=(D-L) \U;
f=(D-L)\b;
x=G * x0+f;
n=1;
while norm (x-x0)>1.0e-6
    x0=x;
    x=G * x0+f;
    n=n+1;
end
x
n
end
```

程序运行结果为

```
y =
  0.9958
  0.9579
  0.7916
n =
  7
```

一般情况下,Gauss - Seidel 迭代法比 Jacobi 迭代法要收敛得快一些。但这也不是绝对的,在某些情况下,采用 Jacobi 迭代法收敛,而采用 Gauss - Seidel 迭代法却可能不收敛。

**【例 2.8.7】** 试分别采用 Jacobi 迭代法和 Gauss - Seidel 迭代法求解以下方程组。

$$\begin{bmatrix} 1 & 2 & -2 \\ 1 & 1 & 1 \\ 2 & 1 & 1 \end{bmatrix} \begin{bmatrix} x_1 \\ x_2 \\ x_3 \end{bmatrix} = \begin{bmatrix} 9 \\ 7 \\ 6 \end{bmatrix}$$

**【解】** MATLAB 程序代码如下(Jacobi 迭代法和 Gauss - Seidel 迭代法的 MATLAB 函数构建方法参考例 2.8.5 和例 2.8.6):

```
%采用 Jacobi 迭代法
a=[1,2,-2;1,1,1;2,2,1];
b=[9;7;6];
jacobi(a,b,[0;0;0]);
```

程序运行结果为

```
x=
   -27
   26
   8
n=
   4
```

```
%采用 Gauss - Seidel 迭代法
```

```
seidel(a, b, [0; 0; 0]);
```

程序运行结果为

```
x =
  NaN
  NaN
  NaN
n =
  1012
```

可见,解此方程组,采用Jacobi迭代法收敛,但采用Gauss-Seidel迭代法却不收敛。

3.稀疏矩阵技术

在实际数值计算中所应用到的矩阵往往是从各种微分方程中离散出来的,通常只是某些对角线的元素有非零值,大多数的矩阵元素为零。对于这种情况,MATLAB提供了一种高级的储存方式,即稀疏矩阵方法。所谓的稀疏矩阵就是不储存矩阵中的零元素,而只对非零元素进行操作,这样可以大量减少存储空间和运算时间。

在MATLAB中,稀疏矩阵首先要用特殊的命令创建,采取不同于满矩阵的算法进行运算。用于创建稀疏矩阵的函数如表2.8.2所示。

**表2.8.2 常用的稀疏矩阵函数及其功能**

| 函数名 | 功能 |
|---|---|
| sparse | 创建稀疏矩阵 |
| spdiajs | 稀疏对角阵 |
| spconyert | 载入稀疏矩阵 |
| find | 非零元素索引 |
| speye | 稀疏单位阵 |
| sprand | 稀疏均匀分布随机矩阵 |
| sprandn | 稀疏正态分布随机矩阵 |
| sprandsym | 稀疏对称随机矩阵 |
| full | 从稀疏矩阵转化为满阵 |

**【例2.8.8】** 以$n$等于5为例,建立稀疏矩阵。

$$\boldsymbol{A}=\begin{bmatrix}4 & 1 & & \\ 1 & 4 & \ddots & \\ & \ddots & \ddots & 1 \\ & & 1 & 4\end{bmatrix}_{n\times n}$$

**【解】** MATLAB程序代码如下:

```
n=5;
a1=sparse(1: n, 1: n, 4 * ones(1, n), n, n);
a2= sparse(2:n,1:n-1,ones(1,n-1),n,n);
a =a1+a2+a2'
```

```
b=full(a)          %显示成满阵
```

程序运行结果为

```
a =
   (1,1)        4
   (2,1)        1
   (1,2)        1
   (2,2)        4
   (3,2)        1
   (2,3)        1
   (3,3)        4
   (4,3)        1
   (3,4)        1
   (4,4)        4
   (5,4)        1
   (4,5)        1
   (5,5)        4
b =
    4    1    0    0    0
    1    4    1    0    0
    0    1    4    1    0
    0    0    1    4    1
    0    0    0    1    4
```

同满矩阵相比较，稀疏矩阵在运算上所需要的存储空间小，计算时间也较短。

**【例 2.8.9】** 比较采用稀疏矩阵和满矩阵求解下面方程组 $n=1\,000$ 时的差别。

$$\begin{bmatrix} 4 & 1 & & \\ 1 & 4 & \ddots & \\ & \ddots & \ddots & 1 \\ & & 1 & 4 \end{bmatrix}_{n\times n} \begin{bmatrix} x_1 \\ x_2 \\ x_3 \\ x_4 \end{bmatrix} = \begin{bmatrix} 1 \\ 1 \\ \vdots \\ 1 \end{bmatrix}$$

**【解】** MATLAB 程序代码如下：

```
n=1000;
a2=sparse (2: n, 1: n-1, ones (1, n-1),n, n);
a1=sparse (1: n, 1: n, 4 * ones (1, n), n,n);
a=a1+a2+a2';
b=ones(1000,1);
tic;
x=a\b;                %采用稀疏矩阵求解
t1=toc
a=full(a);
tic;
x=a\b;                %采用满矩阵求解
t2=toc
```

程序运行结果为

```
t1 =
    1.5084e-04
t2 =
    0.0155
```

可见，采用稀疏矩阵求解方程组，计算时间远短于采用满矩阵进行计算的时间。

### 2.8.3 非线性方程求解

对于非线性方程，一般可以采用遍历法、二分法和迭代法求解。在 MATLAB 的 Symbolic Toolbox 中还提供了用于求解非线性方程组的函数 fsolve，而一元代数方程还可以采用 fzero 函数求解，计算十分简便。

**【例 2.8.10】** 求一元实值方程 $e^{-0.5t}\sin(t+\pi/6)=0$ 在 $t=10$ 附近的解。

**【解】** 编写如下函数文件并保存：

```
%esin.m
function y=esin(t)                    %定义函数的输入、输出及函数名
y=exp(-0.5 *t).*sin(t+pi/6);          %描述待求解的一元实值函数
end
```

在命令窗中输入如下命令：

```
fzero('esin',10)                      %调用 fzero 函数求解
```

按下回车键后得到如下结果：

```
ans =
    8.9012
```

**【例 2.8.11】** 求解非线性方程组

$$\begin{cases}\sin x+y^2+\lg z=7\\3x+2^y-z^3+1=0\\x+y+z=5\end{cases}$$

**【解】** MATLAB 程序代码如下：

```
xyz0=ones(1,3);                       %指定求解的初值
xyz=fsolve(@myxyz,xyz0)               %用 fsolve 求解非线性方程组
function q=myxyz(p)                   %定义函数的输入、输出及函数名
x=p(1);y=p(2);z=p(3);                 %定义方程中变量的顺序
q=zeros(3,1);                         %初始化输出参量
q(1)=sin(x)+y^2+log(z)-7;             %分别将方程赋给输出参量(与顺序无关)
q(2)=3*x+2^y-z^3+1;
q(3)=x+y+z-5;
end
```

程序运行结果为

```
xyz =
    0.5991    2.3959    2.0050
```

### 2.8.4 矩阵特征值的求解

物理、力学和工程技术中的很多系统最终在数学上都归结为求矩阵的特征值问题。例如，

振动问题、物理学中的某些临界值的确定等。在 MATLAB 中，给出了几个求解特征值、特征向量以及相关变换的功能函数。表 2.8.3 介绍了几种常用的特征值求解的函数。

**表 2.8.3　常用的特征值求解函数**

| 函数 | 说明 | 命令举例 |
|---|---|---|
| eig | 计算矩阵的特征值向量 | [V,d] = eig(A) |
| qz | 广义特征值的 qz 分解 | [AA,BB,Q,Z] = qz(A,B) |
| schur | 生成矩阵的 Schur 形式 | T = schur(A) |
| hess | 生成矩阵的 Hessenberg 形式 | [P,H] = hess(A) |
| qr | 将矩阵正交三角分解 | [Q,R] = qr(A) |
| lu | 将矩阵分解为下三角阵和上三角阵 | [L,U] = lu(A) |

**【例 2.8.12】**　将下面矩阵转换为 Hessenberg 阵。

$$\boldsymbol{A}=\begin{bmatrix}-4 & -3 & -7\\ 2 & 3 & 2\\ 4 & 2 & 7\end{bmatrix}$$

**【解】**　MATLAB 程序代码如下：

```
a=[-4 -3 -7; 2 3 2; 4 2 7];
b=hess(a)
```

程序运行结果如下：

```
b=
    -4.0000    7.6026   -0.4472
    -4.4721    7.8000   -0.4000
          0   -0.4000    2.2000
```

**【例 2.8.13】**　对矩阵 **A** 做 QR 分解。

$$\boldsymbol{A}=\begin{bmatrix}1 & 1 & 1\\ 2 & -1 & -1\\ 2 & -4 & 5\end{bmatrix}$$

**【解】**　MATLAB 程序代码如下：

```
a=[1 1 1; 2 -1 -1; 2 -4 5];
[q r]=qr(a)
```

程序运行结果如下：

```
q=
  -0.3333   -0.6667   -0.6667
  -0.6667   -0.3333    0.6667
  -0.6667    0.6667   -0.3333

r=
  -3     3    -3
   0    -3     3
   0     0    -3
```

**【例 2.8.14】** 求矩阵 $\boldsymbol{B}$ 的最大特征值及所对应的特征向量。

$$\boldsymbol{B}=\begin{bmatrix} 1 & \frac{1}{3} & 3 & 1 \\ 3 & 1 & 7 & 3 \\ \frac{1}{3} & \frac{1}{7} & 1 & \frac{1}{5} \\ 1 & \frac{1}{3} & 5 & 1 \end{bmatrix}$$

**【解】** MATLAB 程序代码如下：

```
b=[1 1/3 3 1; 3 1 7 3;1/3 1/7 1 1/5; 1 1/3 5 1];
[v d]=eig(b);
r=abs(sum(d));
n=find(r= =max(r));
max_d_b=d(n,n)                    %最大特征根
max_v_b=v(:,n)                    %最大特征根所对应的特征向量
```

程序运行结果为

```
max_d_b =
        4.0571
max_v_b =
        0.3083
        0.8765
        0.0979
        0.3565
```

### 2.8.5　常微分方程的数值解

科学技术和工程中很多问题是用微分方程的形式建立数学模型。因此，微分方程的求解有很实际的意义。在 MATLAB 中，通常采用欧拉法和 Runge - Kutta 法求常微分方程的数值解。其中，欧拉法要比 Runge - Kutta 法耗费时间多，计算步骤相对比较多。因此，通常采用 Runge - Kutta 方法求解微分方程。MATLAB 中有几个专门用于解常微分方程的功能函数，如 ode23，ode45 等，它们主要采用 Runge - Kutta 方法。其中 ode23 采用二阶、三阶 Runge - Kutta 法，ode45 系列则采用四阶、五阶 Runge - Kutta 法。由于 Runge - Kutta 法的推导是基于 Taylor 展开的方法，因此，它要求所求的解具有较好的连续性；反之，如果解的连续性差，那么使用 Runge - Kutta 法求得的数值解，精度可能反而不如欧拉法。实际计算时应当针对问题的具体特点选择合适的算法。

在此，通过算例介绍最常用的采用四阶 Runge - Kutta 法解微分方程的数值解函数 ode45 的基本使用方法。ode45 函数的格式如下：

[t，Y]=ode45(odefun，tspan， y0)

其中，第一个输入量 odefun 是待解微分方程的函数文件名称。该函数文件的输出必须是待解函数的一阶导数。不管原问题是不是一阶微分方程组，当使用 ode45 求解时，必须转化成(假设由 $n$ 个方程组成)形如 $\dot{y}=f(y,t)$ 的一阶微分方程组；tspan 为二元向量$[t_0,\cdots,t_f]$，用来定义求数值解的时间区间；$y_0$ 是一阶微分方程组的初值列向量，由 $n$ 个数值组成；输出量 $t$ 是

所求数值解的自变量数据列向量(假定其数据长度为 $N$),而 $\boldsymbol{Y}$ 则是 $(N\times n)$ 矩阵。输出量 $\boldsymbol{Y}$ 中第 $k$ 列 $\boldsymbol{Y}(:,k)$,就是上述一阶微分方程组中 $\boldsymbol{Y}$ 的第 $k$ 个分量的解。

**【例 2.8.15】** 用经典 Runge - Kutta 法求解 $\dot{y}=-2y+2x^2+2x$。其中,$0\leqslant x\leqslant 0.5$,$y(0)=1$。

**【解】** MATLAB 程序代码如下:

```
[x1,y1] = ode23(@fun,[0,0.5],1);
[x2,y2] = ode45(@fun,[0,0.5],1);
plot(x1,y1,'o',x2,y2,'^')
xlabel('x')
ylabel('y')
function f = fun(x,y)
f=-2*y+2*x.^2+2*x;
end
```

程序运行结果如图 2.8.1 所示。

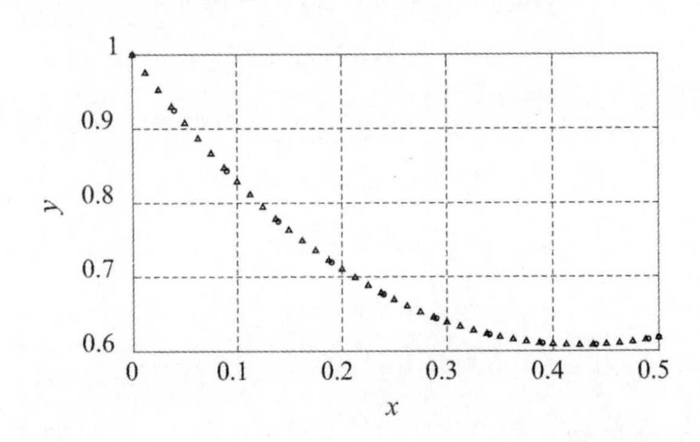


图 2.8.1　例 2.8.15 图形

由图 2.8.1 可知,采用 ode23 和 ode45 可得到相同的结果,只是 ode45 解的数量更多一些。

**【例 2.8.16】** 求 van der Pol 微分方程 $\frac{\mathrm{d}^2x}{\mathrm{d}t^2}-\mu(1-x^2)\frac{\mathrm{d}x}{\mathrm{d}t}+x=0$,$\mu=2$,在初始条件 $x(0)=1.5$,$\frac{\mathrm{d}x(0)}{\mathrm{d}t}=3$ 情况下的解,并图示出来。

**【解】** (1)把高阶微分方程改写成如下的一阶微分方程组:

$$y_1=x,\quad y_2=\frac{\mathrm{d}x}{\mathrm{d}t},$$

于是,原二阶微分方程可改写成如下一阶微分方程组:

$$\begin{bmatrix}\frac{\mathrm{d}y_1}{\mathrm{d}t}\\ \frac{\mathrm{d}y_2}{\mathrm{d}t}\end{bmatrix}=\begin{bmatrix}y_2\\ \mu(1-y_1^2)y_2-y_1\end{bmatrix}\quad\begin{bmatrix}y_1(0)\\ y_2(0)\end{bmatrix}=\begin{bmatrix}1.5\\ 3\end{bmatrix}$$

(2)根据上述一阶微分方程组编写 MATLAB 程序代码如下:

```
tspan=[0,30];                %求解的时间区间
```

```
y0=[1.5;3];                    %初值向量
[tt,yy]=ode45(@DyDt,tspan,y0);
subplot(1,2,1)
plot(tt,yy(:,1))
grid on
xlabel('t')
ylabel('位移')
title('x(t)')
subplot(1,2,2)
plot(yy(:,1),yy(:,2))
grid on
xlabel('位移')
ylabel('速度')
title('相平面轨迹')
% DyDt
function ydot=DyDt(t,y)
ydot=[y(2);2*(1-y(1)^2)*y(2)-y(1)];
end
```

程序运行结果如图 2.8.2 所示。

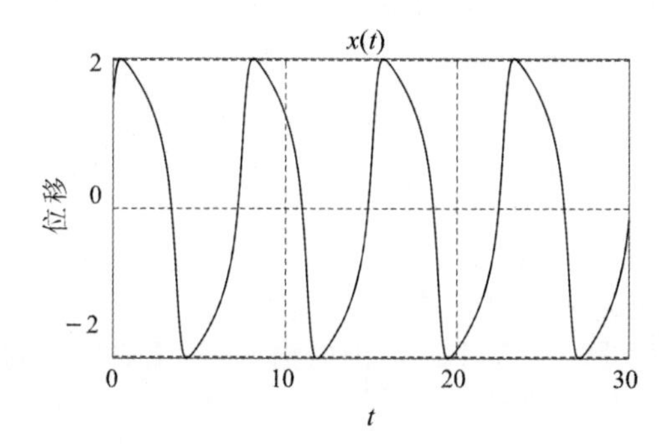


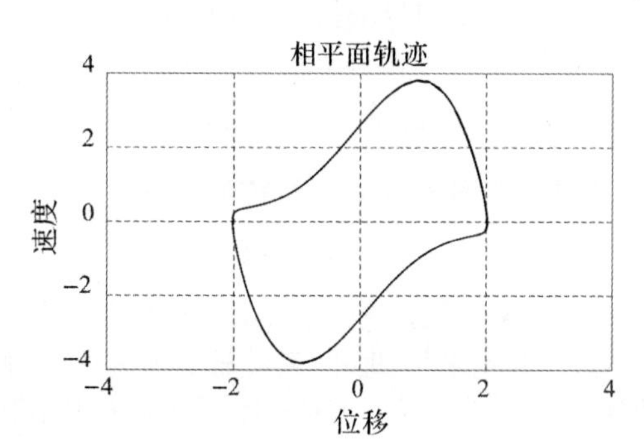


图 2.8.2　例 2.8.16 微分方程的解及相轨迹图

# 第 3 章　常用系统的数学模型及 MATLAB实现

从第 1 章可知，根据系统的分类可以构建的模型有多种形式，而多数情况下是采用数学模型进行系统建模的。本章主要介绍在工程应用领域中常用系统的数学模型，如：即时系统、连续系统、离散系统及连续离散混合系统。这些系统模型一般是通过数学方程式来描述，例如用微分方程来描述连续系统，用差分方程来描述离散系统，或者用微分方程和差分方程联合来描述混合系统等。

## 3.1　即 时 系 统

### 3.1.1　即时系统的基本概念

满足下列条件的系统称为即时系统：

(1)系统某一时刻的输出直接且唯一依赖于该时刻的输入；

(2)系统对于同样的输入，其输出响应不随时间的变化而变化；

(3)系统中不存在输入的状态量，所谓的状态量是指系统输入的导数项。

由于即时系统的输入输出关系简单，所以有时也称为简单系统。

### 3.1.2　即时系统的数学描述

即时系统的数学模型可以采用代数方程与逻辑结构相结合的方式进行描述。其中，采用代数方程对即时系统进行描述，可以很容易由系统输入求得系统输出，并且由此可以方便地对系统进行定量分析。此外，系统输入都有一定的范围。对于不同范围的输入，系统输出与输入之间遵从不同的关系。因此，由系统的逻辑结构可以很容易了解系统的基本概况。

设系统输入为 $x$，系统输出为 $y$，$x$ 可以具有不同的物理含义。对于任何系统，都可以将它视为对输入变量 $x$ 的某种变换，因此可以用 $T[x]$ 表示任意一个系统，即

$$y=T[x]$$

对于即时系统，$x$ 一般为时间变量或其他的物理变量，并具有一定的输入范围。系统输出变量 $y$ 仅与 $x$ 的当前值相关，从数学的角度来看，$y$ 是单变量 $x$ 的函数，给出一个 $x$ 值，即有一个 $y$ 值与之对应。

**【例 3.1.1】**　如下分段函数描述的一个系统：

$$y=\begin{cases}u^2, & t\in[0,2]\\ u^{\frac{1}{2}}, & t\in[2,+\infty]\end{cases}$$

设 $u=t/2$，$u$ 为系统的输入变量，$t$ 为时间变量，$y$ 为系统的输出变量。很显然，此系统满足即时系统的条件，是一个采用代数方程与逻辑结构相结合的方式描述的即时系统。系统输出仅由系统当前时刻的输入所决定。

### 3.1.3　即时系统的 MATLAB 实现

**【例 3.1.2】**　将例 3.1.1 所描述的即时系统采用 MATLAB 程序实现，并画图。

【解】　MATLAB 程序代码如下：

```
t=0:0.2:20; u=t/2;                      %设定系统输入范围与仿真步长
leng=length(u);                         %计算系统输入序列长度
for i=1:leng                            %计算系统输出序列
if u(i)<=2                              %逻辑判断
y(i)=u(i).^2;
else
y(i)=sqrt(u(i));
end
end
plot(t,y)                               %绘制系统仿真结果
grid on
xlabel('t')
ylabel('y')
title('即时系统')
```

图 3.1.1 所示为该即时系统在时间 $t\in[0,20]$之内的输出变化曲线，即为系统在此范围内的仿真结果。改变系统输入的时间范围与仿真步长，可以得到不同的仿真结果。

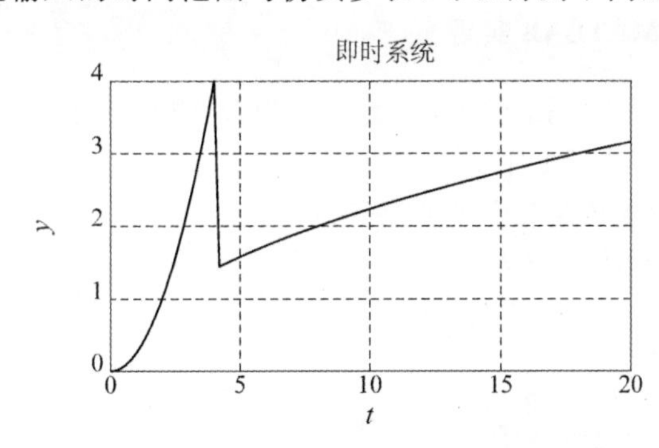


图 3.1.1　例 3.1.2 即时系统的输出曲线

## 3.2　连 续 系 统

### 3.2.1　连续系统的基本概念

满足下列条件的系统称为连续系统：

(1)系统的输出随时间做连续变化，变化的间隔为无穷小量；

(2)系统的数学描述中存在系统输入或输出的导数项；

(3)系统具有连续的状态，即系统的状态为时间连续量。

### 3.2.2　连续系统的数学描述

设连续系统的输入变量为 $u(t)$，输出变量为 $y(t)$，其中 $t$ 为连续取值的时间变量；由连续系统的基本概念可以写出连续系统的一般数学描述，即

$$y(t)=f(u(t),t)$$

系统的实质为输入变量到输出变量的变换，这里系统的输入变量与输出变量既可以是标量(单输入单输出系统)，也可以是向量(多输入多输出系统)。而且，在系统的数学描述中含有系统输入或输出的导数。除了采用一般的数学方程描述连续系统外，还可以使用微分方程对连续系统进行描述，即

$$\dot{x}(t)=f(x(t),u(t),t)\text{—— 微分方程}$$
$$y(t)=g(x(t),u(t),t)\text{—— 输出方程}$$

这里 $x(t)$，$\dot{x}(t)$ 分别为连续系统的状态变量与状态变量的导数。下面举例说明连续系统的数学描述。

**【例 3.2.1】** 某连续系统为

$$y(t)=u(t)+\dot{u}(t)$$

其中
$$u(t)=t+\sin t,\ t\geqslant 0$$

此系统为单输入单输出连续系统，且含有输入变量的导数。由此方程可以得出系统的输出变量为

$$y(t)=t+\sin t+1+\cos t=t+\sin t+\cos t+1,\ t\geqslant 0$$

### 3.2.3 连续系统的 MATLAB 实现

**【例 3.2.2】** 将例 3.2.1 所描述的连续系统采用 MATLAB 程序实现，并画出输出曲线。

**【解】** MATLAB 程序代码如下：

```
t=0:0.1:5;              %系统仿真范围,时间间隔为 0.1 s
ut=t+sin(t);            %系统输入变量
utdot=1+cos(t);         %系统输入变量的导数
yt=ut+utdot;            %系统输出
plot(t,yt)              %绘制系统输出曲线
grid on
xlabel('t')
ylabel('y')
title('连续系统')
```

图 3.2.1 所示为此连续系统在时间[0，5] s 内连续系统的输出曲线。

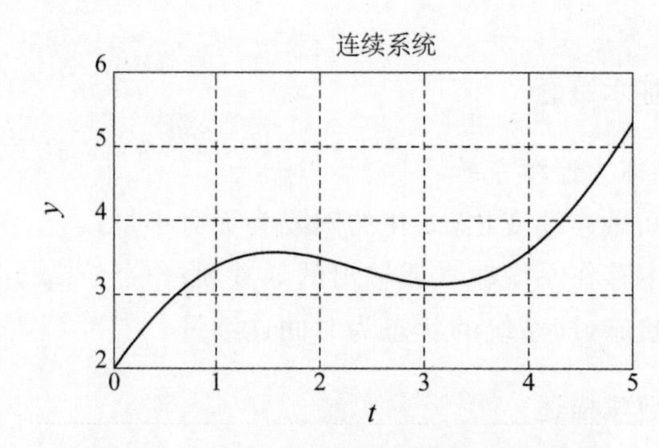


图 3.2.1　例 3.2.2 连续系统的输出曲线

### 3.2.4　线性连续系统与线性时不变连续系统的数学描述

连续系统包含线性连续系统和非线性连续系统，其中线性连续系统的使用范围非常广泛。

如果连续系统用如下的变换来描述：

$$y(t)=T\{u(t)\}$$

则线性连续系统是同时满足以下两个特性的连续系统：

(1) 齐次性。如果系统对于任意的输入变量 $u(t)$ 与给定的任意参数 $\alpha$，恒有

$$T\{\alpha u(t)\}=\alpha T\{u(t)\}$$

(2) 叠加性。如果系统对于任意输入变量 $u_1(t)$ 与 $u_2(t)$，恒有

$$T\{u_1(t)+u_2(t)\}=T\{u_1(t)\}+T\{u_2(t)\}$$

当连续系统同时满足齐次性与叠加性时，即

$$T\{\alpha u_1(t)+\beta u_2(t)\}=\alpha T\{u_1(t)\}+\beta T\{u_2(t)\}$$

则称此连续系统为线性连续系统。

如果系统的参数都是常数，亦即它们不随时间变化，则称该系统为时不变系统或定常系统，否则称为时变系统。线性系统可以是时变的，也可以是时不变的。下面介绍描述线性时不变(Linear Time Invariant，LTI)连续系统的几种常用数学模型。

### 3.2.5　微分方程模型

设单输入单输出线性时不变连续系统的输入信号为 $r(t)$(驱动函数)，输出信号为 $c(t)$(响应函数)，则其微分方程的一般形式为

$$a_0\frac{\mathrm{d}^n c(t)}{\mathrm{d}t^n}+a_1\frac{\mathrm{d}^{n-1} c(t)}{\mathrm{d}t^{n-1}}+\cdots+a_{n-1}\frac{\mathrm{d}c(t)}{\mathrm{d}t}+a_n c(t)=$$

$$b_0\frac{\mathrm{d}^m r(t)}{\mathrm{d}t^m}+b_1\frac{\mathrm{d}^{m-1} r(t)}{\mathrm{d}t^{m-1}}+\cdots+b_{m-1}\frac{\mathrm{d}r(t)}{\mathrm{d}t}+b_m r(t)\tag{3.1}$$

式中，系数 $a_0,a_1,\cdots,a_n,b_0,b_1,\cdots,b_m$ 为实常数，且 $m\leqslant n$。

1. 微分方程建模方法

在构建系统的微分方程时，是由以下条件为出发点的：给定量发生变化或出现扰动瞬间之前，系统(或元件)处于平衡状态。因此，被控量和元件的输出量的各阶导数为零；当出现扰动或给定量发生变化后，被控量和元件的输出量在其平衡点附近仅产生小增量。于是所建立系统的微分方程是以增量为基础的增量方程，而不是列写系统(或元件)的微分方程，目的在于确定系统的输出量和扰动输入量之间的函数关系，而系统是由元件组成的，因此列写微分方程的一般步骤如下：

(1)根据系统(或元件)的工作原理，确定系统(或元件)的输入量和输出量。

(2)从输入端开始，按信号传递顺序，依据各变量间所遵守的运动规律(如电路中的基尔霍夫定律、力学中的牛顿定律、热力学中的热力学定律及能量守恒定律等)，列出在运动过程中各个环节的动态微分方程。列写时按工作条件，忽略一些次要因素，并考虑相邻元件间是否存在负载效应。对非线性项进行线性化处理。

(3)消除所列写的各微分方程的中间变量，得到描述系统(或元件)的输入量、输出量之间关系的微分方程。

(4)整理微分方程，一般将与输出量有关的各项放在方程的左侧，与输入量有关的各项放在方程的右侧，各阶导数按降幂排列。

2.微分方程模型建模实例

**【例 3.2.3】** 图 3.2.2 所示为质量-弹簧-阻尼系统，图(a)为原理图，图(b)为隔离体图，$B_p$ 为阻尼器黏性阻尼系数，$k$ 为弹簧的刚度，$m$ 为运动物体的质量。当外力 $F$ 作用于系统时，物体产生平移运动，位移为 $y$，试列写出系统的运动微分方程。

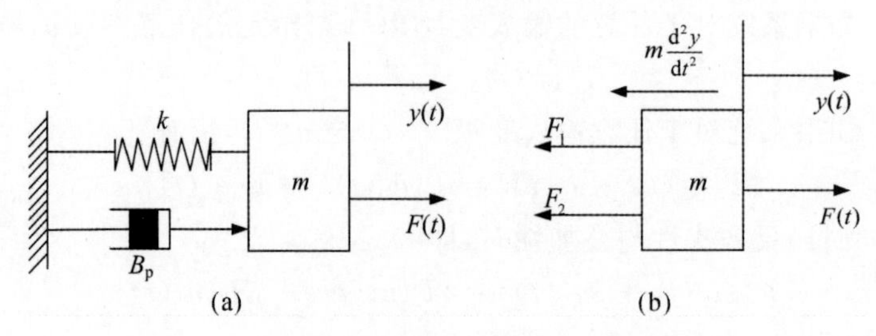


图 3.2.2　质量-弹簧-阻尼系统

(a)原理图；(b)隔离体图

**【解】**

(1) 设系统的输入量为 $F$，输出量为位移 $y$。

(2) 根据牛顿第二定律，列写出系统运动方程，即

$$F - F_1 - F_2 = m\frac{\mathrm{d}^2 y}{\mathrm{d}t^2}$$

式中，$F_1$ 为阻尼器摩擦力，$F_1 = B_p\dfrac{\mathrm{d}y}{\mathrm{d}t}$；$F_2$ 为弹簧力，$F_2 = ky$。

(3) 消去中间变量 $F_1$、$F_2$，整理得

$$m\frac{\mathrm{d}^2 y}{\mathrm{d}t^2} + B_p\frac{\mathrm{d}y}{\mathrm{d}t} + ky = F$$

若式中 $m$、$B_p$、$k$ 都是常数，则上式为线性常系数二阶微分方程，该系统则为线性定常系统。

**【例 3.2.4】** 机械旋转系统。图 3.2.3 所示为一个由惯性负载和黏性负载组成的机械旋转系统。要求列写以外力矩 $M$ 为输入量，角速度 $\omega$ 为输出量的系统运动方程。

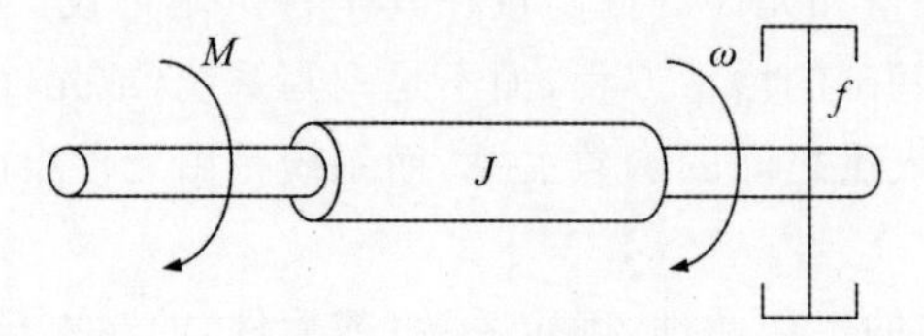


图 3.2.3　机械旋转系统

**【解】** 对于转动系统，由牛顿第二定律，得

$$J\frac{\mathrm{d}\omega}{\mathrm{d}t} = M - f\omega$$

式中，$J$ 为惯性负载的转动惯量；$f$ 为阻尼器的黏性摩擦因数。

整理得

$$J\frac{\mathrm{d}\omega}{\mathrm{d}t}+f\omega=M$$

同一个系统，输入量仍为外作用力矩 $M$，而输出量为转角 $\theta$，由于 $\omega=\frac{\mathrm{d}\theta}{\mathrm{d}t}$，上式变成

$$J\frac{\mathrm{d}^2\theta}{\mathrm{d}t^2}+f\frac{\mathrm{d}\theta}{\mathrm{d}t}=M$$

**【例 3.2.5】** RLC 串联电路。试列出图 3.2.4 所示的 RLC 串联电路以电压 $u_i$ 为输入量，以电容器两端电压 $u_o$ 为输出量的微分方程。

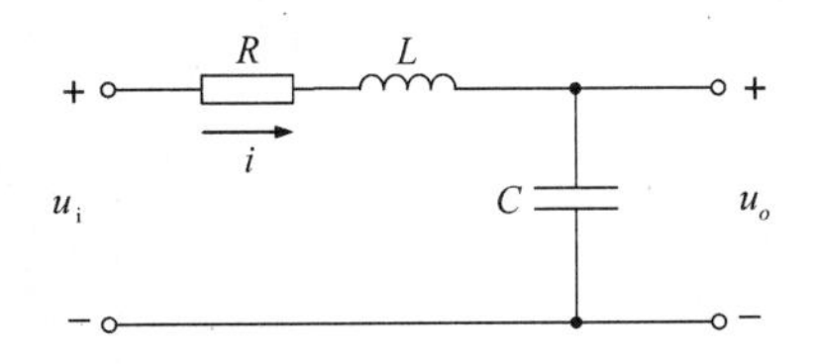


图 3.2.4　RLC 串联电路

**【解】** 根据基尔霍夫定律列写方程

$$u_i=iR+L\frac{\mathrm{d}i}{\mathrm{d}t}+u_o$$

$$u_o=\frac{1}{C}\int i\mathrm{d}t$$

$$i=C\frac{\mathrm{d}u_o}{\mathrm{d}t}$$

合并上述三式，消去中间变量 $i$，得到系统的微分方程

$$LC\frac{\mathrm{d}^2u_o}{\mathrm{d}t^2}+CR\frac{\mathrm{d}u_o}{\mathrm{d}t}+u_o=u_i$$

连续系统本来就是和时间联系在一起的，因此微分方程及其时域解是最基本的描述方式。微分方程描述的系统模型，通过求解微分方程，可以得到系统随时间变化的规律，比较直观。但是当微分方程阶次较高时，微分方程的求解变得十分困难，不易实现，而采用拉普拉斯变换就能把问题的求解从原来的时域变换到频域，把微分方程变成代数方程，代数方程的求解比微分方程求解相对简单得多。

### 3.2.6　传递函数模型

在经典控制理论中，对于单输入-单输出线性定常系统，将零初始条件下输出量的拉普拉斯变换与输入量的拉普拉斯变换之比描述为系统的传递函数。这是一个用系统结构和参数表示的线性系统的输入量和输出量之间的关系式，它表达了系统本身的特性。

对式(3.1)在零初始条件下求拉普拉斯变换，可得 $s$ 域的代数方程为

$$[a_0s^n+a_1s^{n-1}+\cdots+a_{n-1}s+a_n]C(s)=[b_0s^m+b_1s^{m-1}+\cdots+b_{m-1}s+b_m]R(s)$$

根据传递函数的定义可得出系统传递函数的一般形式为

$$G(s)=\frac{L[c(t)]}{L[r(t)]}=\frac{C(s)}{R(s)}=\frac{b_0s^m+b_1s^{m-1}+\cdots+b_{m-1}s+b_m}{a_0s^n+a_1s^{n-1}+\cdots+a_{n-1}s+a_n}=\frac{B(s)}{A(s)} \qquad (3.2)$$

式中，$B(s)=b_0s^m+b_1s^{m-1}+\cdots+b_{m-1}s+b_m$，为传递函数的分子多项式；$A(s)=a_0s^n+a_1s^{n-1}+$

$\cdots + a_{n-1}s + a_n$,为传递函数的分母多项式。

在 MATLAB 中,控制系统的分子多项式系数和分母多项式系数分别用向量 **num** 和 **den** 表示,即

$$\mathbf{num} = [b_0, b_1, \cdots, b_{m-1}, b_m], \quad \mathbf{den} = [a_0, a_1, \cdots, a_{n-1}, a_n]$$

在本书中,分别称其为分子向量和分母向量。

在复数域内对获得的代数方程求解后,再通过拉普拉斯反变换得到时域内微分方程的解,两者的关系及运算过程如图 3.2.5 所示。

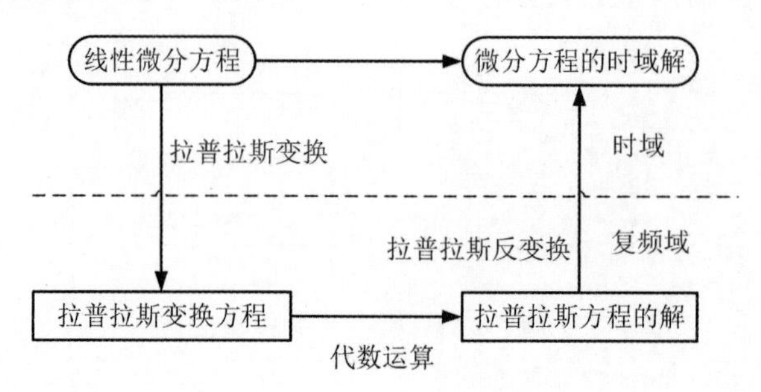


图 3.2.5 微分方程与代数方程的变换

1. 拉普拉斯变换及反变换

拉普拉斯变换是工程数学中常用的一种积分变换,又称拉氏变换。拉氏变换是一个线性变换,可以将一个参数为实数 $t(t \geqslant 0)$ 的函数转换为一个参数为复数 $s$ 的函数。拉普拉斯变换应用领域包括力学系统、电学系统、自动控制系统、可靠性系统以及随机服务系统等系统科学。

时域函数 $f(t)$ 的单边拉普拉斯变换定义为

$$F(s) = \int_0^{\infty} f(t)\mathrm{e}^{-st}\,\mathrm{d}t \tag{3.3}$$

用符号表示为 $F(s) = L[f(t)]$,$s$ 称为拉普拉斯算子,它的单位是频率单位。由于 $s$ 是复数,因此它还可以表示为复频变量。常用函数的拉普拉斯变换见附录 A,拉普拉斯变换的基本性质见附录 B。

拉普拉斯反变换定义为

$$f(t) = \frac{1}{2\pi\mathrm{j}}\int_{\sigma-\mathrm{j}\omega}^{\sigma+\mathrm{j}\omega} F(s)\mathrm{e}^{st}\,\mathrm{d}s \tag{3.4}$$

用符号表示为 $f(t) = L^{-1}[F(s)]$,直接对 $F(s)$ 积分来计算 $f(t)$ 是十分复杂的。因此,由 $F(s)$ 求 $f(t)$ 常用部分分式法。首先,将 $F(s)$ 分解成一些简单有理分式之和。然后,由拉普拉斯变换表(附录 A) 查各有理分式的反变换函数,即得到所求原函数 $f(t)$。

$F(s)$ 通常是复变量 $s$ 的有理分式,其一般表达式为

$$F(s) = \frac{B(s)}{A(s)} = \frac{b_0 s^m + b_1 s^{m-1} + \cdots + b_{m-1}s + b_m}{s^n + a_1 s^{n-1} + \cdots + a_{n-1}s + a_n} \tag{3.5}$$

式中,$m,n$ 为正数,且 $m < n$。$a_i(i = 0,1,2,\cdots,n)$,$b_i(i = 0,1,2,\cdots,m)$ 为实数。

将 $F(s)$ 的分母多项式 $A(s)$ 进行因式分解,得

$$A(s) = (s - s_1)(s - s_2)\cdots(s - s_n)$$

式中,$s_i(i = 1,2,\cdots,n)$ 为 $A(s) = 0$ 的根。

下面分两种情况讨论。

(1)$A(s)=0$ 无重根。此时

$$F(s)=\frac{c_1}{s-s_1}+\frac{c_2}{s-s_2}+\cdots+\frac{c_n}{s-s_n}$$

式中,$c_i(i=1,2,\cdots,n)$ 为待定系数。

由拉普拉斯变换表查得$\frac{c_i}{s-s_i}$ 的反变换为 $c_i e^{s_i t}$,然后相加,得

$$f(t)=L^{-1}(F(s))=\sum_{i=1}^{n}c_i e^{s_i t}$$

待定系数 $c_i$ 可按下式求得:

$$c_i=\lim_{s\to s_i}(s-s_i)F(s)$$

(2)$A(s)=0$ 有重根。设 $s_1$ 为 $r$ 阶重根,$s_{r+1},s_{r+2},\cdots,s_n$ 为单根,则 $F(s)$ 可展开成如下部分分式:

$$F(s)=\frac{c_1}{s-s_1}+\cdots+\frac{c_{r-1}}{(s-s_1)^{r-1}}+\frac{c_r}{(s-s_1)^r}+\frac{c_{r+1}}{s-s_{r+1}}+\frac{c_{r+2}}{s-s_{r+2}}+\cdots+\frac{c_n}{s-s_n}$$

式中, $c_{r+1},c_{r+2},\cdots,c_n$ 为单根部分的待定系数,与无重根的计算方法相同。

重根部分的计算公式如下:

$$c_r=\lim_{s\to s_1}(s-s_1)^r F(s)$$

……

$$c_{r-j}=\frac{1}{j!}\lim_{s\to s_1}\frac{d^j}{ds^j}[(s-s_1)^r F(s)]$$

……

$$c_1=\frac{1}{(r-1)!}\lim_{s\to s_1}\frac{d^{r-1}}{ds^{r-1}}[(s-s_1)^r F(s)]$$

将各待定系数求出后,代入 $F(s)$ 取反变换即可求得原函数 $f(t)$:

$$f(t)=\left[\frac{c_r}{(r-1)!}t^{r-1}+\frac{c_{r-1}}{(r-2)!}t^{r-2}+\cdots+c_2 t+c_1\right]e^{s_1 t}+\sum_{i=r+1}^{n}c_i e^{s_i t}$$

2.典型环节与传递函数模型建模实例

一般控制系统是由许多功能不同的元件按一定的方式耦合而成。按照功能可以把这些元件分成测量、放大、执行等作用的元件。但是如果从数学模型的观点,可以将元件或系统分为若干个环节,再把这些环节归纳为几类典型的类型,分别求出它们的微分方程及传递函数,这样会给系统的分析、综合和模拟带来极大的方便。环节是可以组成独立的运动方程式的一部分。它可以是一个元件,也可以是元件的一部分,还可以是由几个元件共同组成的。而描述它的运动方程式的系数,只取决于环节的参数,与其他环节无关。

已知线性定常系统的传递函数如式(3.5)所示,经过适当的变换,可以写为

$$G(s)=\frac{\prod_{i=1}^{\chi}K_i\prod_{i=1}^{\mu}(\tau_i s+1)\prod_{i=1}^{\eta}(\tau_i{}^2 s^2+2\xi_i\tau_i s+1)}{s^{\upsilon}\prod_{j=1}^{\rho}(\tau_j s+1)\prod_{j=1}^{\sigma}(\tau_{nj}{}^2 s^2+2\xi_j\tau_j s+1)} \tag{3.6}$$

式中,$K_i$ 为放大系数;$\tau_i,\tau_j,\tau_{nj}$ 为时间常数;$\xi_i,\xi_j$ 为阻尼比。

由式(3.6)可以看出,传递函数一般表达式中含有6种因式,每一种因式代表一种环节。因此控制系统一般是由这6种环节按一定方式耦合而成,这6种环节称为典型环节,它们的名称和传递函数如表3.2.1所示。

**表3.2.1　典型环节的名称及传递函数**

| 环节名称 | 传递函数 |
| --- | --- |
| 比例环节 | $K$ |
| 一阶微分环节 | $\tau s+1$ |
| 二阶微分环节 | $\tau^2 s^2+2\xi\tau s+1$ |
| 积分环节 | $\frac{1}{s}$ |
| 惯性环节 | $\frac{1}{\tau s+1}$ |
| 振荡环节 | $\frac{\omega_n^2}{s^2+2\xi\omega_n s+\omega_n^2}$ |

(1)比例环节(或称放大环节、无惯性环节、零阶环节)。凡输出量与输入量成正比,输出不失真也不延迟,按比例地反映输入的环节称为比例环节。其动力学方程为

$$x_o(t)=Kx_i(t)$$

式中,$x_o(t)$为输出信号;$x_i(t)$为输入信号;$K$为环节的放大系数或增益。

其传递函数为

$$G(s)=\frac{X_o(s)}{X_i(s)}=K$$

**【例3.2.6】**　图3.2.6所示由运算放大器组成的放大电路,其中$R_3=R_1 /\!/ R_2$是平衡电阻,试求其传递函数。

**【解】**　图3.2.6所示放大电路的输出电压$u_o(t)$与输入电压$u_i(t)$之间存在如下关系:

$$u_o(t)=-\frac{R_2}{R_1}u_i(t)$$

经过拉普拉斯变换后,得到的传递函数为

$$G(s)=\frac{U_o(s)}{U_i(s)}=-\frac{R_2}{R_1}=K$$

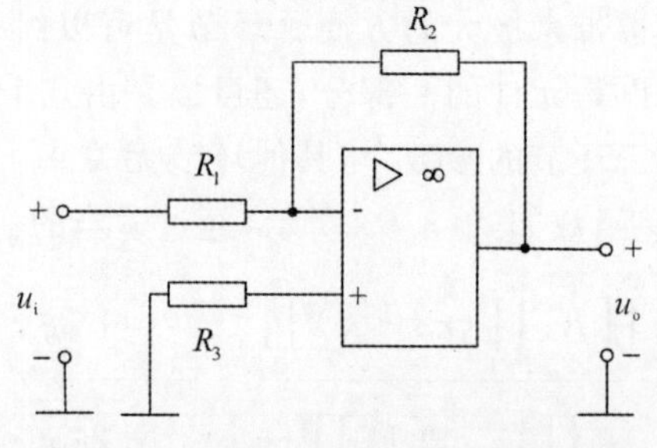


图3.2.6　运算放大器组成的放大电路

**【例 3.2.7】**　图 3.2.7 所示的齿轮传动副，试求其传递函数。

**【解】**　图 3.2.7 所示齿轮传动副的 $x_i$，$x_o$ 分别为输入、输出轴的转速，$z_1$，$z_2$ 分别为输入齿轮和输出齿轮的齿数。

如果传动副无传动间隙、刚性无穷大，那么一旦有了输入 $x_i$ 就会产生输出 $x_o$，且满足

$$z_1 x_i = z_2 x_o$$

此方程经过拉普拉斯变换后，得到的传递函数为

$$G(s) = \frac{X_o(s)}{X_i(s)} = \frac{z_1}{z_2} = K$$

式中，$K$ 为齿轮传动比的倒数，也就是齿轮传动副的放大系数或增益。

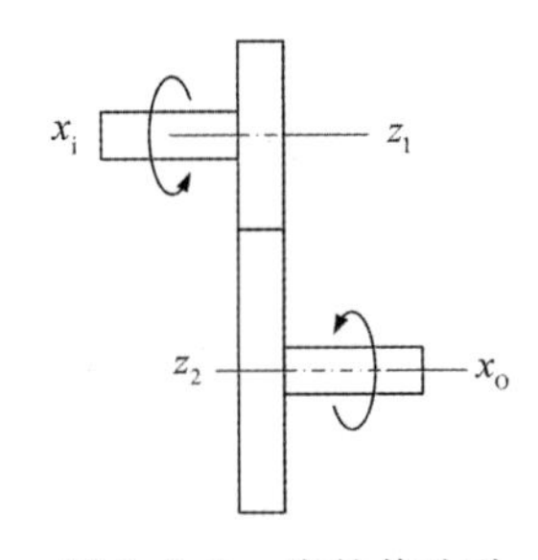

图 3.2.7　齿轮传动副

(2) 惯性环节(或一阶惯性环节)。其动力学方程为一阶微分方程

$$\tau \frac{dx_o(t)}{dt} + x_o(t) = x_i(t)$$

形式的环节为惯性环节，其传递函数为

$$G(s) = \frac{X_o(s)}{X_i(s)} = \frac{1}{\tau s + 1}$$

式中，$\tau$ 为惯性环节的时间常数。

**【例 3.2.8】**　图 3.2.8 所示的弹簧-阻尼系统，试求该系统的传递函数。

**【解】**　根据牛顿定律，有

$$c \frac{dx_o(t)}{dt} + kx_o(t) = kx_i(t)$$

经拉普拉斯变换后，得

$$G(s) = \frac{X_o(s)}{X_i(s)} = \frac{1}{\frac{c}{k}s + 1} = \frac{1}{\tau s + 1}$$

式中，$\tau$ 为惯性环节的时间常数，$\tau = c/k$。

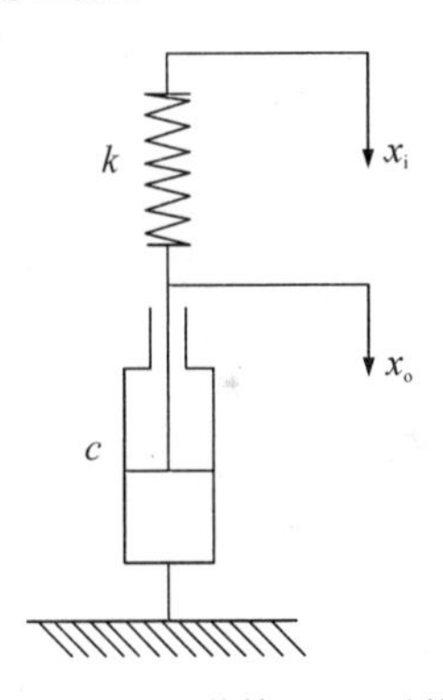

图 3.2.8　弹簧-阻尼系统

(3) 微分环节。凡具有输出正比于输入的微分特性的方程，即具有

$$x_o(t) = \tau \frac{dx_i(t)}{dt}$$

的环节称为微分环节，其传递函数为

$$G(s) = \frac{X_o(s)}{X_i(s)} = \tau s$$

**【例 3.2.9】**　图 3.2.9 所示为一个机械-液压阻尼系统。它相当于一个具有惯性环节和微分环节的系统。其中，$A$ 为活塞右边的面积，$k$ 为弹簧刚度，$R$ 为节流阀液阻；$P_1$、$P_2$ 为液压缸左右两腔的压力；$x_i$ 为活塞位移；$x_o$ 为液压缸位移。求传递函数。

**【解】**　当活塞横向阶跃位移为 $x_i$ 时，液压缸瞬时位移 $x_o$ 在初始时刻与 $x_i$ 相等，但当弹簧被压缩时，弹力加大，液压缸的右腔压力 $P_2$ 增大，迫使液体流量 $q$ 通过节流阀反流到液压缸左腔，从而使液压缸左移，弹力最终使 $x_o$ 减到零，即液压缸返回到初始位置。

液压缸的静力平衡方程式为

$$A(P_2-P_1)=kx。$$

通过节流阀的流量为

$$q=A(\dot{x}_{\mathrm{i}}-\dot{x}_{\mathrm{o}})=\frac{P_2-P_1}{R}$$

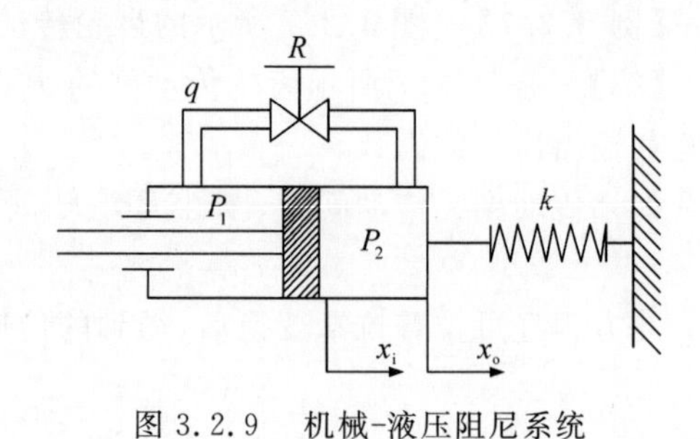


图 3.2.9　机械-液压阻尼系统

由上两式，得

$$(\dot{x}_{\mathrm{i}}-\dot{x}_{\mathrm{o}})=\frac{k}{A^2R}x。$$

将方程进行拉普拉斯变换，有

$$sX_{\mathrm{i}}(s)-sX_{\mathrm{o}}(s)=\frac{1}{\tau}X_{\mathrm{o}}(s)$$

整理得传递函数为

$$G(s)=\frac{X_{\mathrm{o}}(s)}{X_{\mathrm{i}}(s)}=\frac{\tau s}{\tau s+1}$$

式中，$\tau$ 为时间常数，$\tau=\dfrac{A^2R}{k}$。

此阻尼系统包含惯性环节和微分环节。仅当 $|\tau s|$ 远远小于1时，才近似成微分环节。在实际系统中，微分特性总是含有惯性的，理想的微分环节只是数学上的假设。

(4) 积分环节。凡是具有输出正比于输入对时间的积分，即具有

$$x_{\mathrm{o}}(t)=\frac{1}{\tau}\int x_{\mathrm{i}}(t)\,\mathrm{d}t$$

的环节称为积分环节。其传递函数为

$$G(s)=\frac{X_{\mathrm{o}}(s)}{X_{\mathrm{i}}(s)}=\frac{1}{\tau s}$$

式中，$\tau$ 为积分环节的时间常数。

当输入为单位阶跃信号时，有

$$X_{\mathrm{o}}(s)=\frac{1}{\tau s}X_{\mathrm{i}}(s)=\frac{1}{\tau s^2}$$

**【例 3.2.10】**　图 3.2.10 所示为运算放大器组成的积分电路，试求该电路的传递函数。

**【解】**　由于引入了负反馈，此时运算放大器工作在放大区，满足

$$u_+=u_-=0$$
$$i_+=i_-=0$$

则可列出方程

$$i_1=i_{\mathrm{f}}=\frac{u_{\mathrm{i}}-u_-}{R_1}=\frac{u_{\mathrm{i}}}{R_1}$$

$$u_{\mathrm{o}}-u_-=-u_C=-\frac{1}{C_{\mathrm{f}}}\int i_{\mathrm{f}}\,\mathrm{d}t$$

故

$$u_{\mathrm{o}}=-\frac{1}{C_{\mathrm{f}}R_1}\int u_{\mathrm{i}}\,\mathrm{d}t$$

则传递函数为

$$G(s)=\frac{U_{\mathrm{o}}(s)}{U_{\mathrm{i}}(s)}=-\frac{1}{C_{\mathrm{f}}R_1 s}$$

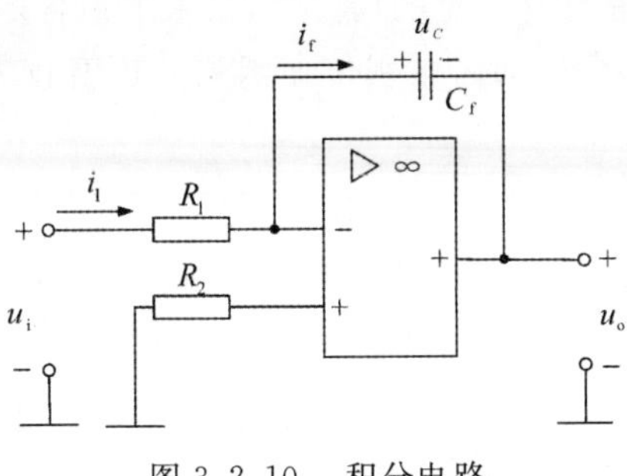


图 3.2.10　积分电路

(5) 振荡环节(或二阶振荡环节)。振荡环节是二阶环节,其传递函数为

$$G(s)=\frac{\omega_n^2}{s^2+2\xi\omega_n s+\omega_n^2}$$

式中,$\omega_n$ 为无阻尼固有频率;$\xi$ 为阻尼比,$0\leqslant\xi\leqslant 1$。

**【例 3.2.11】**　图 3.2.11 所示为电感 $L$、电容 $C$ 与电阻 $R$ 的串并联电路,$u_i$ 为输入电压,$u_o$ 为输出电压,试求该电路的传递函数。

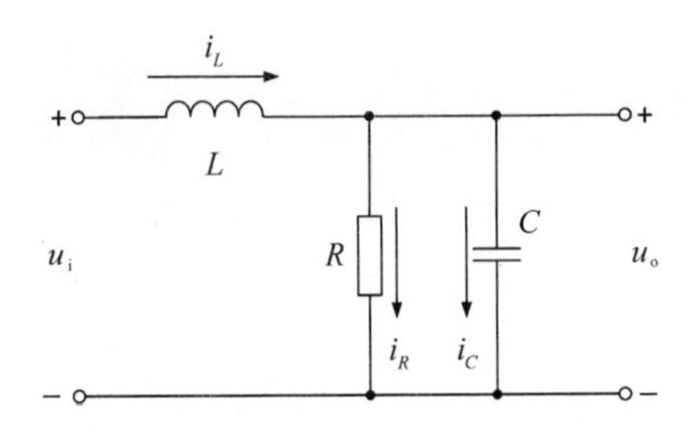


图 3.2.11　RLC 组成的串并联电路

**【解】**　根据基尔霍夫定律,有

$$u_i=L\frac{\mathrm{d}i_L}{\mathrm{d}t}+u_o$$

$$u_o=Ri_R=\frac{1}{C}\int i_C\,\mathrm{d}t$$

$$i_L=i_R+i_C$$

消去中间变量,可得微分方程

$$LC\ddot{u}_o+\frac{L}{R}\dot{u}_o+u_o=u_i$$

经拉普拉斯变换得到传递函数

$$G(s)=\frac{U_o(s)}{U_i(s)}=\frac{1}{LCs^2+\frac{L}{R}s+1}=\frac{\frac{1}{LC}}{s^2+\frac{s}{RC}+\frac{1}{LC}}=\frac{\omega_n^2}{s^2+2\xi\omega_n s+\omega_n^2}$$

式中,$\omega_n=\sqrt{\frac{1}{LC}}$,为电路的谐振频率;$\xi=\frac{1}{2R}\sqrt{\frac{L}{C}}$,为电路的阻尼比。

传递函数是经典控制理论研究的主要工具,它是在 $s$ 域或复频域内研究控制系统的自动控制问题。然而，在 $s$ 域中研究具有一定的局限性，当系统包含多个输入量和多个输出量以及系统参数随时间变化(即时变系统)时，采用传递函数分析就较为困难，而且，对于高阶系统，方程的求解难度同样较大。

### 3.2.7 零极点增益模型

式(3.2)所示传递函数的分子多项式和分母多项式经因式分解后，可写为

$$G(s)=K\frac{(s-z_1)(s-z_2)\cdots(s-z_m)}{(s-p_1)(s-p_2)\cdots(s-p_n)}=K\frac{\prod_{i=1}^{m}(s-z_i)}{\prod_{j=1}^{n}(s-p_j)} \tag{3.7}$$

对于单输入单输出系统，$z_1, z_2, \cdots, z_m$ 为 $G(s)$ 的零点，$p_1, p_2, \cdots, p_n$ 为 $G(s)$ 的极点，$K$ 为系统的增益。

在 MATLAB 中，控制系统的零点和极点分别用向量 $\boldsymbol{Z}$ 和 $\boldsymbol{P}$ 表示，即

$$\boldsymbol{Z}=[z_0, z_1, \cdots, z_{m-1}, z_m], \quad \boldsymbol{P}=[p_0, p_1, \cdots, p_{n-1}, p_n]$$

系统的模型将由向量 $\boldsymbol{Z}$、$\boldsymbol{P}$ 及增益 $K$ 确定，故称为零极点增益模型。

### 3.2.8 状态空间模型

随着对控制系统的性能指标要求的提高，系统的复杂程度越来越高，这就要求将控制过程的研究回归到时域中进行，并且要求适合于计算机运算，就引入了状态空间模型。

状态空间是现代控制理论分析和设计系统的一个主要方法。它将一个复杂的系统归结为一个一阶线性微分方程组，然后运用矩阵运算，借助于计算机求解。

对于多输入多输出系统而言，采用状态空间是目前唯一方便的模型描述方法。由于它是基于系统的不可见的状态变量，所以又称为系统的内部模型。传递函数和微分方程都只描述了系统输入与输出之间的关系，而没有描述系统内部的情况，所以这些模型称为外部模型。

从仿真的角度来看，为在计算机上对系统的数学模型进行试验，就要在计算机上复现这个系统，有时仅仅复现输入量及输出量是不够的，还必须复现系统的内部状态变量。

对于多输入多输出系统，系统的状态空间模型的一般形式为

$$\left.\begin{aligned}\dot{\boldsymbol{x}}(t)&=\boldsymbol{A}\boldsymbol{x}(t)+\boldsymbol{B}\boldsymbol{u}(t)\\ \boldsymbol{y}(t)&=\boldsymbol{C}\boldsymbol{x}(t)+\boldsymbol{D}\boldsymbol{u}(t)\end{aligned}\right\} \tag{3.8}$$

式中，$\boldsymbol{x}(t)$ 为状态向量($n$ 维)；$\boldsymbol{u}(t)$ 为输入向量($p$ 维)；$\boldsymbol{y}(t)$ 为输出向量($q$ 维)；$\boldsymbol{A}$ 为系统矩阵或状态矩阵或系数矩阵($n\times n$ 维)；$\boldsymbol{B}$ 为控制矩阵或输入矩阵($n\times p$ 维)；$\boldsymbol{C}$ 为观测矩阵或输出矩阵($q\times n$ 维)；$\boldsymbol{D}$ 为前馈矩阵或输入/输出矩阵($q\times p$ 维)。状态空间模型适用于多输入多输出系统，并且容易推广到时变系统和非线性系统。

**【例 3.2.12】** 试确定图 3.2.2 所示的质量-弹簧-阻尼系统的状态变量与状态方程。

**【解】** 根据例 3.2.3 所得到的系统微分方程

$$m\frac{\mathrm{d}^2y}{\mathrm{d}t^2}+B_{\mathrm{p}}\frac{\mathrm{d}y}{\mathrm{d}t}+ky=F$$

引入状态变量 $\boldsymbol{X}=[x_1, x_2]^{\mathrm{T}}$，令状态变量为

$$x_1 = y$$

$$x_2 = \frac{dy}{dt} = \frac{dx_1}{dt} = \dot{x}_1$$

则系统微分方程可以写为

$$\frac{d^2 y}{dt^2} = \frac{dx_2}{dt} = \dot{x}_2 = \frac{F}{m} - \frac{B_p}{m}x_2 - \frac{k}{m}x_1$$

整理,得

$$x_1 = y$$

$$\dot{x}_1 = x_2$$

$$\dot{x}_2 = \frac{F}{m} - \frac{B_p}{m}x_2 - \frac{k}{m}x_1$$

写成矩阵形式为

$$\begin{bmatrix} \dot{x}_1 \\ \dot{x}_2 \end{bmatrix} = \begin{bmatrix} 0 & 1 \\ -\frac{k}{m} & -\frac{B_p}{m} \end{bmatrix} \begin{bmatrix} x_1 \\ x_2 \end{bmatrix} + \begin{bmatrix} 0 \\ \frac{1}{m} \end{bmatrix} F$$

令

$$\dot{\boldsymbol{X}} = \begin{bmatrix} \dot{x}_1 \\ \dot{x}_2 \end{bmatrix}, \quad \boldsymbol{X} = \begin{bmatrix} x_1 \\ x_2 \end{bmatrix}, \quad \boldsymbol{A} = \begin{bmatrix} 0 & 1 \\ -\frac{k}{m} & -\frac{B_p}{m} \end{bmatrix}, \quad \boldsymbol{B} = \begin{bmatrix} 0 \\ \frac{1}{m} \end{bmatrix}$$

则上式可转化为

$$\dot{\boldsymbol{X}} = \boldsymbol{AX} + \boldsymbol{B}F$$

一般地,采用输入函数 $u$ 表示 $F$,则

$$\dot{\boldsymbol{X}} = \boldsymbol{AX} + \boldsymbol{B}u$$

输出 $y$ 与状态变量 $x_1$ 之间的函数关系为

$$y = x_1$$

写成矩阵的形式为

$$y = [1,0] \begin{bmatrix} x_1 \\ x_2 \end{bmatrix}$$

令

$$\boldsymbol{C} = [1,0]$$

则

$$\boldsymbol{Y} = \boldsymbol{CX}$$

### 3.2.9　采用 MATLAB 构建连续系统的数学模型

MATLAB 的控制系统工具箱、信号处理工具箱和滤波器设计工具箱提供了丰富的建立和转换线性时不变系统数学模型的函数。在采用 MATLAB 构建微分方程模型时,通常是将高阶微分方程改写成一阶微分方程组进行分析的,这部分内容在上一章已经介绍。本章介绍其他的采用 MATLAB 构建连续系统的方法。常用构建连续系统模型的函数如表 3.2.2 所示。

**表 3.2.2　常用构建连续系统模型的函数**

| 函数 | 说明 |
| --- | --- |
| tf | 连续系统生成传递函数模型,离散系统生成脉冲传递函数模型 |
| zpk | 建立或转换系统的零极点增益模型 |
| ss | 建立或转换系统的状态空间模型 |

1. 传递函数模型

**【例 3.2.13】**　已知控制系统的传递函数为

$$G(s)=\frac{s^2+3s+2}{s^3+5s^2+7s+3}$$

试采用 MATLAB 建立传递函数模型。

**【解】**　MATLAB 程序代码如下:

```
num=[1 3 2];
den=[1 5 7 3];
sys1=tf(num,den)                                          %生成系统的模型
sys2=tf(num,den,'variable','p')                           %生成系统的模型并指定自变量为 p
sys3=tf(num,den,'InputName','输入端','OutputName','输出端')
%生成系统的模型并指定输入输出变量名称
```

程序运行结果为

```
sys1 =
      s^2 + 3 s + 2
   -------------
   s^3 + 5 s^2 + 7 s + 3
Continuous-time transfer function.
sys2 =
      p^2 + 3 p + 2
   -------------
   p^3 + 5 p^2 + 7 p + 3
Continuous-time transfer function.
sys3 =
From input "输入端" to output "输出端":
      s^2 + 3 s + 2
   -------------
   s^3 + 5 s^2 + 7 s + 3
Continuous-time transfer function.
```

**【例 3.2.14】**　设多输入多输出系统的传递函数矩阵为

$$\boldsymbol{G}(s)=\begin{bmatrix}\dfrac{s+1}{s^2+2s+2}\\[2ex]\dfrac{1}{s}\end{bmatrix}$$

试采用 MATLAB 建立其数学模型。

【解】 MATLAB 程序代码如下：

```
num={[1,1];1};
den={[1,2,2];[1,0]};
G=tf(num,den)
```

程序运行结果为

```
G =
From input to output...
        s + 1
1:--------
   s^2 + 2 s + 2


       1
2: --
       s
Continuous-time transfer function.
```

2. 零极点增益模型

【例 3.2.15】 已知 LTI 连续系统的传递函数为

$$G(s)=\frac{10(s+1)}{s(s+2)(s+5)}$$

试采用 MATLAB 建立其零极点增益模型。

【解】 MATLAB 程序代码如下：

```
z=[-1];
p=[0,-2,-5];
k=10;
G=zpk(z,p,k)
```

程序运行结果为

```
Zero/pole/gain:
  10 (s+1)
---------
s (s+2) (s+5)
```

在建立系统的零极点增益模型时，其零点向量 $\boldsymbol{Z}$ 和极点向量 $\boldsymbol{P}$ 既可以为行向量，也可以为列向量，得到的结果相同。如在本例中生成连续系统模型时，还可以将极点向量写成列向量形式：$\boldsymbol{P}=[0;-2;-5]$，会得到相同的结果。

【例 3.2.16】 已知 LTI 连续系统的传递函数为

$$G(s)=\frac{-10s^2+20s}{s^5+7s^4+20s^3+28s^2+19s+5}$$

试采用 MATLAB 建立其零极点增益模型。

【解】 MATLAB 程序代码如下：

```
G=tf([-10,20,0],[1,7,20,28,19,5]);          %建立传递函数模型
sys=zpk(G)
```

程序运行结果为

```
Zero/pole/gain:
```

```
  -10 s (s-2)
--------------
(s+1)^3 (s^2 + 4s + 5)
```

3.状态空间模型

**【例 3.2.17】** 已知 LTI 系统的状态空间表达式为

$$\dot{\boldsymbol{x}}=\begin{bmatrix}-2 & -1\\ 1 & -1\end{bmatrix}\boldsymbol{x}+\begin{bmatrix}1 & 1\\ 2 & -1\end{bmatrix}\boldsymbol{u}$$

$$\boldsymbol{y}=\begin{bmatrix}1 & 0\end{bmatrix}\boldsymbol{x}$$

试采用 MATLAB 建立其状态空间模型。

**【解】** MATLAB 程序代码如下：

```
a=[-2,-1;1,-1];
b=[1,1;2,-1];
c=[1,0];
d=0;
sys1=ss(a,b,c,d)
```

程序运行结果为

```
sys1 =
A =
         x1    x2
    x1   -2    -1
    x2    1    -1
B =
         u1    u2
    x1    1     1
    x2    2    -1
C =
         x1   x2
    y1    1    0
D =
         u1   u2
    y1    0    0
Continuous-time state-space model.
```

**【例 3.2.18】** 已知 LTI 系统状态空间表达式为

$$\dot{\boldsymbol{x}}=\begin{bmatrix}-2 & -1\\ 1 & -1\end{bmatrix}\boldsymbol{x}+\begin{bmatrix}1 & 1\\ 2 & -1\end{bmatrix}\boldsymbol{u}$$

$$\boldsymbol{y}=\begin{bmatrix}1 & 0\end{bmatrix}\boldsymbol{x}+\begin{bmatrix}0 & 1\end{bmatrix}\boldsymbol{u}$$

试采用 MATLAB 建立其传递函数模型。

**【解】** MATLAB 程序代码如下：

```
a=[-2,-1;1,-1];
b=[1,1;2,-1];
c=[1,0];
```

```
d=[0,1];
sys1=ss(a,b,c,d)
sys2=tf(sys1)                    %将状态空间模型 sys1 转换为传递函数矩阵
```

程序运行结果为

```
sys1 =
  A =
         x1    x2
   x1   -2    -1
   x2    1    -1
  B =
        u1    u2
   x1    1     1
   x2    2    -1
  C =
        x1   x2
   y1    1    0
  D =
        u1   u2
   y1    0    1
Continuous-time state-space model.
sys2 =
  From input 1 to output:
      s - 1
  ---------
  s^2 + 3 s + 3
  From input 2 to output:
  s^2 + 4 s + 5
  -------
  s^2 + 3 s + 3
Continuous-time transfer function.
```

因此,此系统有两个输入变量,一个输出变量,其传递函数矩阵为

$$\boldsymbol{G}(s)=\begin{bmatrix}\dfrac{s-1}{s^2+3s+3} & \dfrac{s^2+4s+5}{s^2+3s+3}\end{bmatrix}$$

### 3.2.10　MATLAB 在连续系统时域、频域分析中的应用

对于线性定常系统,常用的工程方法有时域分析法、根轨迹法和频率分析法。系统的时域分析,就是对一个特定的输入信号,通过拉普拉斯变换,求取系统的输出响应。由于系统的输出量一般是时间 $t$ 的函数,故称这种响应为时域响应。一个稳定的控制系统,对输入信号的时域响应由两部分组成:瞬态响应和稳态响应。瞬态响应描述系统的动态性能,而稳态响应则反映系统的稳态精度。时域分析,尤其是高阶系统的时域分析,其困难主要表现在系统极点的获取上,以及在已知响应表达式的基础上,如何绘制响应波形和求取性能指标等一系列问题上,这些均涉及大量的数值计算,MATLAB 为此提供了强有力的工具。这里举例说明 MATLAB

是如何实现系统的时域、频域分析的。

**【例 3.2.19】** 已知系统的闭环传递函数 $G(s)=\dfrac{1}{s^2+0.6s+1}$，试求系统的单位阶跃响应曲线和脉冲响应曲线。

**【解】** MATLAB 程序代码如下：

```
num =1;
den=[1 0.6 1];
sys=tf(num, den);
subplot(1,2,1)
step(sys)
ylabel('x_o(t)')
grid on
subplot(1,2,2)
impulse( sys)
ylabel('x_o(t)')
grid on
```

程序运行结果如图 3.2.12 所示。

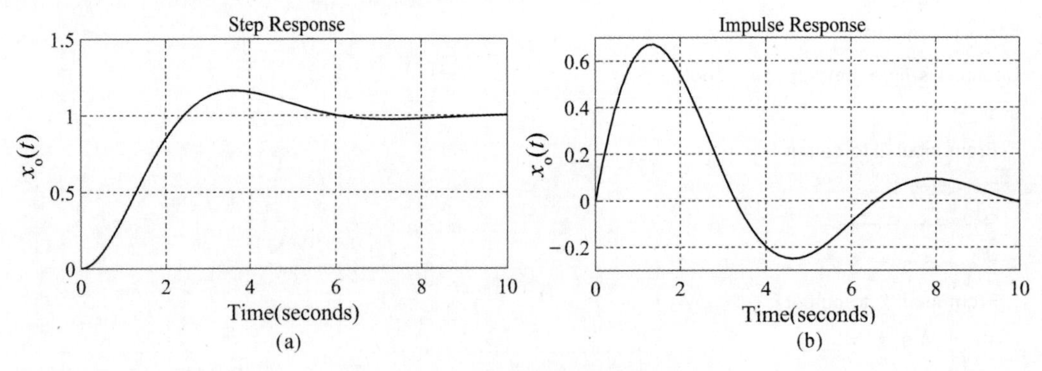


图 3.2.12 例 3.2.19 中的响应曲线

(a)阶跃响应曲线； (b)脉冲响应曲线

**【例 3.2.20】** 已知一个典型环节传递函数

$$G(s)=\frac{\omega_n^2}{s^2+2\xi\omega_n s+\omega_n^2}$$

其中，$\omega_n=0.6$，试分别绘制 $\xi=0.2,0.4,1.0,1.6,2.0$ 时的 Bode 图。

**【解】** MATLAB 程序代码如下：

```
w=[0, logspace(-2,2,200)];
wn=0.6;
tou=[0.2,0.4,1.0,1.6,2.0];
for j=1:5;
sys =tf([wn * wn], [ 1, 2 tou( j) * wn, wn * wn]);
bode( sys, w);
hold on
end
```

```
grid on
gtext('\xi =0.2');
gtext('\xi =0.4');
gtext('\xi =1.0');
gtext('\xi =1.6');
gtext('\xi =2.0');
```

运行程序得到响应曲线如图 3.2.13 所示。

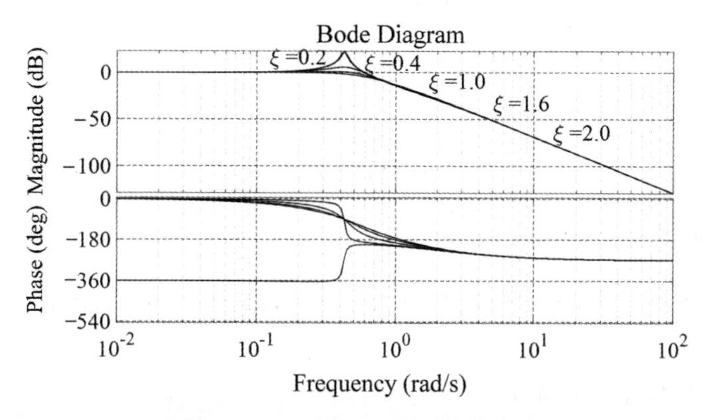


图 3.2.13　例 3.2.20 系统的 Bode 图

## 3.3　离散时间系统

### 3.3.1　离散时间系统的基本概念

凡是满足如下条件的系统均为离散时间系统：

(1)系统每隔固定的时间间隔才“更新”一次，即系统的输入与输出每隔固定的时间间隔便改变一次。固定的时间间隔称为系统的“采样周期”。

(2)系统的输出依赖于系统当前时刻的输入、过去的输入与输出，即系统的输出是它们的某种函数。

(3)离散时间系统具有离散的状态。

### 3.3.2　离散时间系统的数学描述

设系统输入变量为 $u(nT_s)$，$n=0,1,2,\cdots$，其中 $T_s$ 为系统的采样周期，$n$ 为采样时刻。显然，系统的输入变量每隔固定的时间间隔改变一次。由于 $T_s$ 为一固定的值，因而系统输入 $u(nT_s)$ 常被简记为 $u(n)$。设系统输出为 $y(nT_s)$，$n=0,1,2,\cdots$，同样也可简记为 $y(n)$。由离散时间系统的定义可知，其数学描述应为

$$y(n)=f(u(n),u(n-1),\cdots;y(n-1),y(n-2),\cdots)$$

**【例 3.3.1】**　对于如下离散时间系统模型：

$$y(n)=u(n)^2+2u(n-1)+3y(n-1)$$

其中，系统的初始状态为 $y(0)=3$，系统输入为 $u(n)=2n$，$n=0,1,2,\cdots$，则系统在时刻 0，1，

2,⋯ 的输出分别为

$$y(0)=3$$
$$y(1)=u^2(1)+2u(0)+3y(0)=4+0+9=13$$
$$y(2)=u^2(2)+2u(1)+3y(1)=16+4+39=59$$
……

离散时间系统还可以采用差分方程描述。使用差分方程描述的方程形式如下：

设系统的状态变量为 $x(n)$，离散时间系统差分方程由以下两个方程构成：

状态更新方程

$$x(n+1)=f_{\mathrm{d}}(x(n),u(n),n)$$

系统输出方程

$$y(n)=g(x(n),u(n),n)$$

### 3.3.3　离散时间系统的 MATLAB 实现

**【例 3.3.2】** 将例 3.3.1 所描述的离散时间系统采用 MATLAB 程序实现，并画出输入与输出的关系曲线。

**【解】** MATLAB 程序代码如下：

```
y(1)=3;                            %表示离散时间系统初始状态为 3
u(1)=0;                            %表示离散时间系统初始输入为 0
for i=2:11                         %设定离散时间系统输入范围为时刻 0 到时刻 10
u(i)=2*(i-1);                      %离散时间系统输入向量
y(i)=u(i).^2+2*u(i-1)+3*y(i-1);    %离散时间系统输出向量
end
plot(u,y)                          %绘制系统仿真结果
xlabel('u')
ylabel('y')
grid on
```

系统输入与输出的关系如图 3.3.1 所示。这里并没有指定离散时间系统的采样周期，而仅仅举例说明离散时间系统的求解分析。在实际的系统中，必须指定系统的采样周期，才能获得离散时间系统的动态性能。

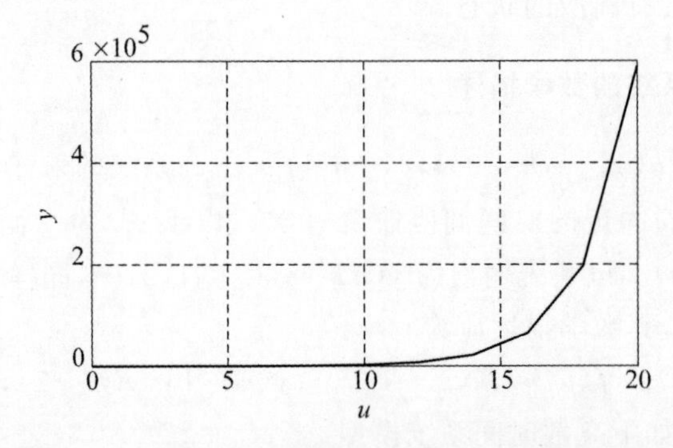


图 3.3.1　例 3.3.2 离散时间系统的输入输出关系

### 3.3.4 线性离散时间系统与线性时不变离散时间系统的数学描述

离散时间系统可以由下述变换描述：

$$y(n)=T\{u(n)\},\quad n=0,1,2,3,\cdots$$

与线性连续系统的定义类似，线性离散时间系统必须同时满足齐次性与叠加性，即：如果对任意的输入 $u_1(n)$、$u_2(n)$ 和给定的任意参数 $\alpha$、$\beta$，恒有

$$T\{\alpha u_1(n)+\beta u_2(n)\}=\alpha T\{u_1(n)\}+\beta T\{u_2(n)\}$$

则称此离散时间系统为线性离散时间系统。

例如，对于如下的离散时间系统：

$$y(n)=u(n)^2+2u(n-1)$$

因为

$$T\{\alpha u(n)\}=\alpha^2u^2(n)+2\alpha u(n-1)$$

而

$$\alpha T\{u(n)\}=\alpha u^2(n)+2\alpha u(n-1)$$

显然

$$T\{\alpha u(n)\}\neq\alpha T\{u(n)\}$$

所以系统不满足齐次性。故此系统不是线性离散时间系统。

而对于下面的离散时间系统：

$$y(n)=u(n)+u(n-1)$$

因

$$T\{\alpha u(n)\}=\alpha u(n)+\alpha u(n-1)$$

$$\alpha T\{u(n)\}=\alpha u(n)+\alpha u(n-1)$$

故系统满足齐次性。又因

$$\begin{aligned}T\{u_1(n)+u_2(n)\}=&u_1(n)+u_2(n)+u_1(n-1)+u_2(n-1)=\\&\{u_1(n)+u_1(n-1)\}+\{u_2(n)+u_2(n-1)\}=\\&T\{u_1(n)\}+T\{u_2(n)\}\end{aligned}$$

故系统满足叠加性。因此，此系统为线性离散时间系统。

同理，离散系统中的参数如果是常数，则称该系统为时不变离散系统。下面介绍线性时不变(Linear Time Invariant，LTI)离散系统的几种常用数学模型。

### 3.3.5 线性时不变离散时间系统的数学模型

1. *差分方程模型*

设单输入单输出线性时不变离散系统的输入序列为 $r(k)$，输出序列为 $c(k)$，其差分方程的一般形式为

$$\begin{aligned}&a_0c(k+n)+a_1c(k+n-1)+\cdots+a_{n-1}c(k+1)+a_nc(k)=\\&\quad b_0r(k+m)+b_1r(k+m-1)+\cdots+b_{m-1}r(k+1)+b_mr(k)\end{aligned}\tag{3.9}$$

式中，系数 $a_0,a_1,\cdots,a_n,b_0,b_1,\cdots,b_m$ 为实常数，且 $m\leqslant n$。

**【例3.3.3】** 假设 $y(n)$ 表示一个国家在第 $n$ 年的人口数，$a$（常数）表示出生率，$b$（常数）表示死亡率。$x(n)$ 是移民的净增数，试求该国在第 $n+1$ 年的人口总数。

**【解】** 该国在第 $n+1$ 年的人口总数可由以下差分方程表示：

$$y(n+1)=y(n)+ay(n)-by(n)+x(n)=(a-b+1)y(n)+x(n)$$

**【例 3.3.4】** 假设在信道上传输信息仅用由三个字母 $a,b,c$ 组成且长度为 $n$ 的词表示，规定有两个 $a$ 连续出现的词不能传输，试确定这个信道容许传输的词的个数。

**【解】** 设 $h(n)$ 表示容许传输且长度为 $n$ 的词的个数，$n=1,2,\cdots$。通过计算可得 $h(1)=3,h(2)=8$，当 $n\geqslant 3$ 时，若词的第一个字母是 $b$ 或 $c$，则词可按 $h(n-1)$ 种方式完成传输；若词的第一个字母是 $a$，则第二个字母是 $b$ 或 $c$，该词剩下的部分可按 $h(n-2)$ 种方式完成传输。

于是，得到差分方程

$$h(n)=2h(n-1)+2h(n-2),\quad n=3,4,\cdots$$

差分方程的解可以提供线性定常离散系统在给定输入序列作用下的输出序列响应特性，但不便于研究系统参数变化对离散系统性能的影响。

2. 脉冲传递函数模型

在线性时不变离散系统中，把初始值为零时，系统输出脉冲序列的 $z$ 变换与输入脉冲序列的 $z$ 变换之比，定义为脉冲传递函数，也称为 $z$ 传递函数。如图 3.3.2 所示，采样系统中 $c^*(t)$ 为系统输出采样信号，$r^*(t)$ 为输入采样序列，系统脉冲传递函数的一般形式为

$$G(z)=\frac{Z[c^*(t)]}{Z[r^*(t)]}=\frac{C(z)}{R(z)}=\frac{b_0z^m+b_1z^{m-1}+\cdots+b_{m-1}z+b_m}{a_0z^n+a_1z^{n-1}+\cdots+a_{n-1}z+a_n}\tag{3.10}$$

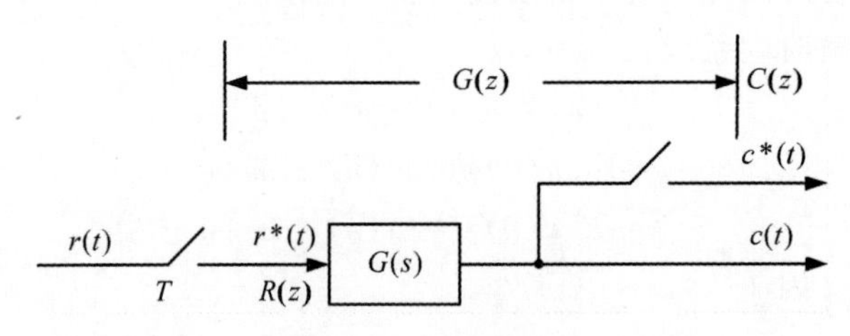


图 3.3.2　采样系统

求解出系统的脉冲传递函数后，再通过 $z$ 反变换（$z$ 变换参考附录 C），即可求出系统输出采样信号为

$$c^*(t)=Z^{-1}[C(z)]=Z^{-1}[G(z)R(z)]$$

离散系统构建脉冲传递函数的方法通常有两种：

(1) 已知系统的差分方程，对差分方程求 $z$ 变换即可得脉冲传递函数。

(2) 已知系统连续部分的传递函数 $G(s)$，则对 $G(s)$ 进行 $z$ 变换，可求得

$$G(z)=\frac{C(z)}{R(z)}=Z[g^*(t)]=Z[L^{-1}(G(s))]$$

求脉冲传递函数时应注意：

(1) $G(z)$ 表示脉冲传递函数，$G(s)$ 表示连续传递函数，但 $G(z)$ 不是简单地将 $G(s)$ 中的 $s$ 换成 $z$ 得到的。

(2) 已知系统的传递函数 $E(s)$，求脉冲传递函数 $E(z)$ 的步骤为

$$E(s)\rightarrow e(t)=L^{-1}[E(s)]\rightarrow e^*(t)\rightarrow E(z)=Z[e^*(t)]=\sum_{k=0}^{\infty}e(nT)z^{-n}$$

此外，在式(3.10)所表示的脉冲传递函数中，分子向量和分母向量的系数是以 $z$ 的正幂次

方降幂排列的，有时根据需要（如在数字信号处理中），也采用下述以 $z$ 的负幂次方升幂排列形式的脉冲传递函数：

$$G(z)=\frac{C(z)}{R(z)}=\frac{b_0+b_1z^{-1}+\cdots+b_{m-1}z^{-m+1}+b_mz^{-m}}{a_0+a_1z^{-1}+\cdots+a_{n-1}z^{-n+1}+a_nz^{-n}} \tag{3.11}$$

MATLAB 函数默认的形式是式(3.10)，但涉及与数字滤波器相关的内容时一般采用式(3.11)所示的形式。注意：当(3.10)与(3.11)两式中的分子分母多项式系数完全相等时，两式并不相等。

**【例 3.3.5】** 离散系统结构图如图 3.3.3 所示，采样周期 $T$ 为 1 s，试确定：

(1)系统的脉冲传递函数；

(2)系统的差分方程。

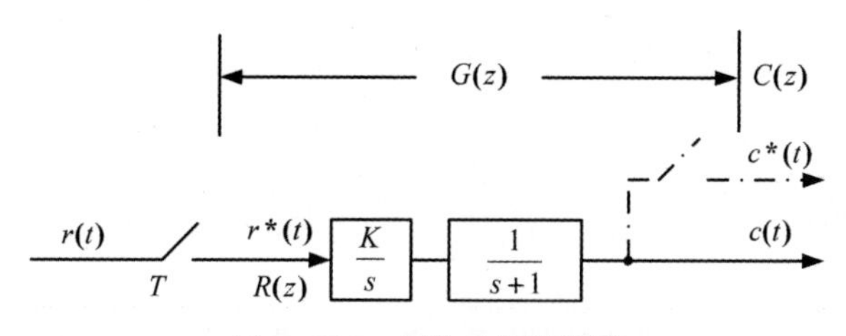


图 3.3.3　离散系统结构图

**【解】** (1) 系统的脉冲传递函数如下：

$$G(z)=\frac{C(z)}{R(z)}=Z\left[\frac{K}{s(s+1)}\right]=KZ\left[\frac{1}{s}-\frac{1}{s+1}\right]=K\left[\frac{z}{z-1}-\frac{z}{z-\mathrm{e}^{-T}}\right]=$$

$$\frac{(1-\mathrm{e}^{-T})Kz}{(z-1)(z-\mathrm{e}^{-T})}=\frac{(1-\mathrm{e}^{-T})Kz}{z^{-2}(1+\mathrm{e}^{-T})z+\mathrm{e}^{-T}}=\frac{0.632Kz^{-1}}{1-1.368z^{-1}+0.368z^{-2}}$$

(2) 将系统的脉冲函数进行 $z$ 反变换，即可求出差分方程如下：

$$(1-1.368z^{-1}+0.368z^{-2})C(z)=0.632Kz^{-1}R(z)$$

$$c(k)-1.368c(k-1)+0.368c(k-2)=0.632Kr(k-1)$$

**【例 3.3.6】** 求图 3.3.4 所示闭环系统的脉冲传递函数，采样周期 $T=0.07$ s。

**【解】** 因为

$$T=0.07\ \mathrm{s}$$

所以

$$\mathrm{e}^{-10T}=\mathrm{e}^{-0.7}\approx 0.5$$

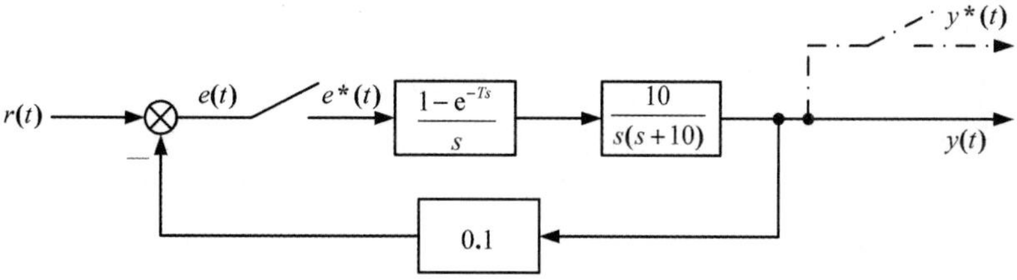

图 3.3.4　闭环系统

开环系统传递函数为

$$G_1G_2(z)=Z\left[\frac{1-\mathrm{e}^{-Ts}}{s}\frac{10}{s(s+10)}\right]=(1-z^{-1})Z\left[\frac{10}{s^2(s+10)}\right]=$$
$$\frac{(10T-1+\mathrm{e}^{-10T})z+(1-\mathrm{e}^{-10T}-10T\mathrm{e}^{-10T})}{10(z-1)(z-\mathrm{e}^{-10T})}=\frac{0.2z+0.15}{10z^2-15z+5}$$

闭环系统的传递函数为

$$G(z)=\frac{G_1G_2(z)}{1+G_1G_2F(z)}=\frac{0.2z+0.15}{10z^2-14.98z+5.015}$$

在 MATLAB 中，脉冲传递函数模型中的分子向量和分母向量的建立方法与式(3.2)相同，只是以 MATLAB 命令中是否包含了采样周期选项来区分所建立的模型是传递函数模型还是脉冲传递函数模型。

3. 零极点增益模型

线性时不变离散时间系统也可以用零极点增益模型描述，即

$$G(z)=K\frac{(z-z_1)(z-z_2)\cdots(z-z_m)}{(z-p_1)(z-p_2)\cdots(z-p_n)} \tag{3.12}$$

式中，$z_1, z_2,\cdots, z_m$ 为 $G(z)$ 的零点；$p_1, p_2,\cdots, p_n$ 为 $G(z)$ 的极点；$K$ 为系统的增益。

4. 状态空间模型

多输入多输出线性时不变离散时间系统状态空间模型的一般形式为

$$\left.\begin{aligned}\boldsymbol{x}(k+1)&=\boldsymbol{Ax}(k)+\boldsymbol{Bu}(k)\\ \boldsymbol{y}(k)&=\boldsymbol{Cx}(k)+\boldsymbol{Du}(k)\end{aligned}\right\} \tag{3.13}$$

式中，$\boldsymbol{x}(k)$ 为状态向量序列($n$ 维)；$\boldsymbol{u}(k)$ 为输入向量序列($p$ 维)；$\boldsymbol{y}(k)$ 为输出向量序列($q$ 维)；矩阵 $\boldsymbol{A,B,C,D}$ 的维数和意义与式(3.8)相同，此处不再赘述。

**【例 3.3.7】** 某个国家人口普查统计结果如下：2016 年城乡人口的分布为城市人口 1 000 万，乡村人口 9 000 万；每年有 2% 上一年城市人口迁移到乡村，同时有 4% 上一年乡村人口迁移到城市；整个国家人口的自然增长率为 1%；激励性政策控制手段的作用为，一个单位正控制措施可激励 5 万城市人口迁移去乡村，而一个单位负控制措施会导致 5 万乡村人口流向城市。试建立反映这个国家城乡人口分布，以政策控制 $u$ 为输入变量，全国人口数为输出变量的状态空间模型。

**【解】** (1) 定义变量。$k$ 为离散时间变量，取 $k=0$ 代表 2016 年；$x_1(k)$ 为第 $k$ 年的城市人口；$x_2(k)$ 为第 $k$ 年的乡村人口；$u(k)$ 为第 $k$ 年所采取的激励性政策控制手段；$y(k)$ 为第 $k$ 年的全国人口数。

(2) 选取变量。城市人口 $x_1$ 和乡村人口 $x_2$ 存在极大线性无关性，可取城市人口 $x_1$ 和乡村人口 $x_2$ 为状态变量。

(3) 建立状态变量方程。基于定义的变量，及第 $k+1$ 年相比于第 $k$ 年的人口迁移、自然增长和政策控制等关系，则第 $k+1$ 年城市人口和乡村人口分布的状态变量方程为

$$x_1(k+1)=1.01\times(1-0.02)x_1(k)+1.01\times0.04x_2(k)+1.01\times5\times10^4u(k)$$
$$x_2(k+1)=1.01\times0.02x_1(k)+1.01\times(1-0.04)x_2(k)-1.01\times5\times10^4u(k)$$

其中，$k=0,1,2,\cdots$。

(4) 建立输出变量方程。反映全国人口变化态势的输出变量方程为

$$y(k)=x_1(k)+x_2(k)$$

(5) 将方程转换为状态空间模型。

$$\begin{bmatrix} x_1(k+1) \\ x_2(k+1) \end{bmatrix} = \begin{bmatrix} 0.9898 & 0.0404 \\ 0.0202 & 0.9696 \end{bmatrix} \begin{bmatrix} x_1(k) \\ x_2(k) \end{bmatrix} + \begin{bmatrix} 5.05 \times 10^4 \\ -5.05 \times 10^4 \end{bmatrix} \boldsymbol{u}(k)$$

$$\boldsymbol{y}(k) = [1 \quad 1] \begin{bmatrix} x_1(k) \\ x_2(k) \end{bmatrix}$$

（6）表示成矩阵形式为

$$\boldsymbol{x}(k+1) = \boldsymbol{A}\boldsymbol{x}(k) + \boldsymbol{B}\boldsymbol{u}(k)$$
$$\boldsymbol{y}(k) = \boldsymbol{C}\boldsymbol{x}(k) + \boldsymbol{D}\boldsymbol{u}(k)$$

其中

$$\boldsymbol{x}(k) = \begin{bmatrix} x_1(k) \\ x_2(k) \end{bmatrix}, \quad \boldsymbol{u}(k) = [u(k)], \quad \boldsymbol{y}(k) = [y(k)]$$

$$\boldsymbol{A} = \begin{bmatrix} 0.9898 & 0.0404 \\ 0.0202 & 0.9696 \end{bmatrix}, \quad \boldsymbol{B} = \begin{bmatrix} 5.05 \times 10^4 \\ -5.05 \times 10^4 \end{bmatrix}, \quad \boldsymbol{C} = [1 \quad 1], \quad \boldsymbol{D} = [0]$$

上述建立人口分布的离散状态空间模型是以地区人口分布及自然增长率来建立的。实际上也可以采用年龄段人口数及育龄妇女生育率来建立人口分布的离散状态空间模型，或者结合两种方法来建立更精确、更完善的人口分布模型。

以所建立的模型为基础，就可以进行人口分布演变的计算机仿真、分析与控制（制定与实施人口政策）。

### 3.3.6　采用 MATLAB 构建离散时间系统的数学模型

在 MATLAB 中，建立或转换线性时不变离散时间系统数学模型的函数与上述建立或转换线性时不变连续系统数学模型的函数相同。区别只是在建立或转换线性时不变离散时间系统数学模型时，需要增加采样周期 $T_s$ 这个输入参量。如果离散时间系统的采样周期未定义，则设置 $T_s = -1$ 或者 $T_s = [\ ]$。

**【例 3.3.8】**　已知控制系统的传递函数为

$$G(s) = \frac{s^2 + 3s + 2}{s^3 + 5s^2 + 7s + 3}$$

试采用 MATLAB 构建其离散系统脉冲传递函数模型。

**【解】**　MATLAB 程序代码如下：

```
num=[1 3 2];
den=[1 5 7 3];
%指点采样周期为 0.1，缺省自变量为 z
sys1=tf(num,den,0.1)
%生成未指定采样周期的脉冲传递函数模型
sys2=tf(num,den,-1)
%指定采样周期为 0.1s 且按照 z^-1 排列
sys3=tf(num,den,0.1,'variable','z^-1')
%指定采样周期为 0.1s，按照 z^-1 排列且延迟时间为 2s
sys4=tf(num,den,0.1,'variable','z^-1','inputdelay',2)
```

程序运行结果为

```
sys1 =
```

```
      z^2 + 3 z + 2
  -------------
    z^3 + 5 z^2 + 7 z + 3
Sample time：0.1 seconds
Discrete-time transfer function.
sys2 =
       z^2 + 3 z + 2
  -------------
    z^3 + 5 z^2 + 7 z + 3
Sample time：unspecified
Discrete-time transfer function.
sys3 =
         1 + 3 z^-1 + 2 z^-2
  -------------------
    1 + 5 z^-1 + 7 z^-2 + 3 z^-3
Sample time：0.1 seconds
Discrete-time transfer function.
sys4 =
                   1 + 3 z^-1 + 2 z^-2
  z^(-2) *  -------------------
              1 + 5 z^-1 + 7 z^-2 + 3 z^-3
Sample time：0.1 seconds
Discrete-time transfer function.
```

**【例 3.3.9】** 已知系统的零极点增益模型为

$$G(s)=\frac{10(s+1)}{s(s+2)(s+5)}$$

试用 MATLAB 构建其离散时间系统零极点增益模型。

**【解】** MATLAB 程序代码如下：

```
z=[-1];
p=[0,-2,-5];
k=10;
G1=zpk(z,p,k,0.1)                          %指定采样周期为 0.1s
G2=zpk(z,p,k,0.1,'variable','z^-1')  %指定采样周期为 0.1s,且自变量按照 z^-1 排列
G3=zpk(z,p,k,-1,'variable','q')       %不指定采样周期,且设定自变量为 q
```

程序运行结果为

```
G1 =
    10 (z+1)
  --------
   z (z+2) (z+5)
Sample time：0.1 seconds
Discrete-time zero/pole/gain model.
G2 =
```

```
        10 z^-2 (1+z^-1)
  -----------------------
   (1+2z^-1) (1+5z^-1)
Sample time: 0.1 seconds
Discrete-time zero/pole/gain model.
G3 =
        10 (q+1)
   ---------------
    q (q+2) (q+5)
Sample time: unspecified
Discrete-time zero/pole/gain model.
```

【例 3.3.10】 已知离散时间系统的脉冲传递函数矩阵为

$$G(z)=\begin{bmatrix}\dfrac{1}{z-0.3}\\ \dfrac{2(z+0.5)}{(z-0.1+\mathrm{j})(z-0.1-\mathrm{j})}\end{bmatrix}$$

试用 MATLAB 建立其零极点增益模型(不指定采样周期)。

【解】 MATLAB 程序代码如下:

```
z={[ ];-0.5};
p={0.3;[0.1+i,0.1-i]};
k=[1;2];
G=zpk(z,p,k,-1)
```

程序运行结果为

```
G =
  From input to output...
          1
   1:  -------
       (z-0.3)

            2 (z+0.5)
   2:  -------------------
       (z^2 - 0.2z + 1.01)
Sample time: unspecified
Discrete-time zero/pole/gain model.
```

【例 3.3.11】 已知系统的状态空间表达式为

$$\dot{x}=\begin{bmatrix}-2 & -1\\ 1 & -1\end{bmatrix}x+\begin{bmatrix}1 & 1\\ 2 & -1\end{bmatrix}u$$

$$y=\begin{bmatrix}1 & 0\end{bmatrix}x$$

系统的采样周期为 0.1s,要求:

(1)用 MATLAB 建立其离散时间系统的状态空间模型;

(2)建立离散时间系统状态空间模型,并指定状态变量、输入变量及输出变量的名称。

【解】 MATLAB 程序代码如下:

```
a=[-2,-1;1,-1];
b=[1,1;2,-1];
c=[1,0];
d=[0,0];
sys1=ss(a,b,c,d,0.1)
sys2=ss(a,b,c,d,0.1,'stateName',{'位移','速率'},'inputname',{'油门位移','舵偏角'},...
'outputname','俯仰角')
```

程序运行结果为

```
sys1 =
A =
          x1    x2
    x1    -2    -1
    x2     1    -1
B =
          u1    u2
    x1     1     1
    x2     2    -1
C =
          x1    x2
    y1     1     0
D =
          u1    u2
    y1     0     0
Sample time: 0.1 seconds
Discrete-time state-space model.
Sys2 =
A =
          位移   速率
    位移    -2    -1
    速率     1    -1
B =
          油门位移   舵偏角
    位移        1        1
    速率        2       -1
C =
            位移   速率
    俯仰角     1      0
D =
            油门位移   舵偏角
    俯仰角        0        0
Sample time: 0.1 seconds
Discrete-time state - space model.
```

### 3.3.7　MATLAB 在离散系统分析中的应用

一般来说，在不同的条件下使用不同的离散系统模型对系统进行分析。

**【例 3.3.12】**　已知 LTI 离散时间系统的脉冲传递函数为

$$G(z)=\frac{2z^2-z-5}{z^3+3z^2+6z+2}$$

要求用 MATLAB 绘制出此系统的 Bode 图。

**【解】**　MATLAB 程序代码如下：

```
num=[2  -1  -5];
den=[1  3  6  2];
[mag,phase]=dbode(num,den,1);
dbode(num,den,1)
grid
```

程序运行后，系统的 Bode 图如图 3.3.5 所示。其中 dbode 命令中的第 3 个参数为采样周期 $T_s$。mag 和 phase 的计算结果为系统对应频率下的幅值与相位。

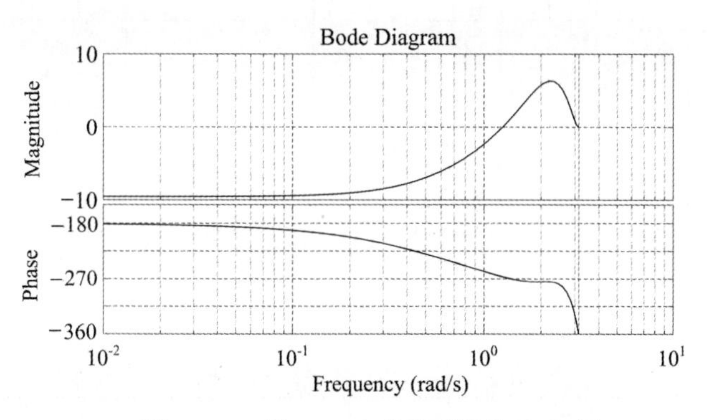


图 3.3.5　例 3.3.12 离散系统的 Bode 图

**【例 3.3.13】**　已知离散系统的状态方程为

$$\begin{bmatrix}x_1(k+1)\\x_2(k+1)\end{bmatrix}=\begin{bmatrix}0.5 & 0\\0.25 & 0.25\end{bmatrix}\begin{bmatrix}x_1(k)\\x_2(k)\end{bmatrix}+\begin{bmatrix}1\\0\end{bmatrix}\boldsymbol{f}(k)$$

其中，初始条件为 $\boldsymbol{x}(0)=\begin{bmatrix}-1\\0.5\end{bmatrix}$，激励为 $f(k)=0.5\varepsilon(k)$，确定该状态方程 $\boldsymbol{x}(k)$ 前 10 步的解，并画出波形。

**【解】**　MATLAB 程序代码如下：

```
clear all
A=[0.5 0; 0.25 0.25];
B=[1;0];
x0=[-1;0.5] ;
n=10;
f=[0 0.5 * ones(1,n-1)];
```

```
x(:, 1) = x0;
for i = 1: n
x(:, i+1) = A * x(:, i) + B * f(i);
end
subplot(2,2,1)
stem([0:n],x(1,:))
xlabel('k')
ylabel('x1')
subplot(2,2,2)
stem([0:n],x(2,:))
xlabel('k')
ylabel('x2')
```

程序运行后,离散系统状态方程的解如图 3.3.6 所示。

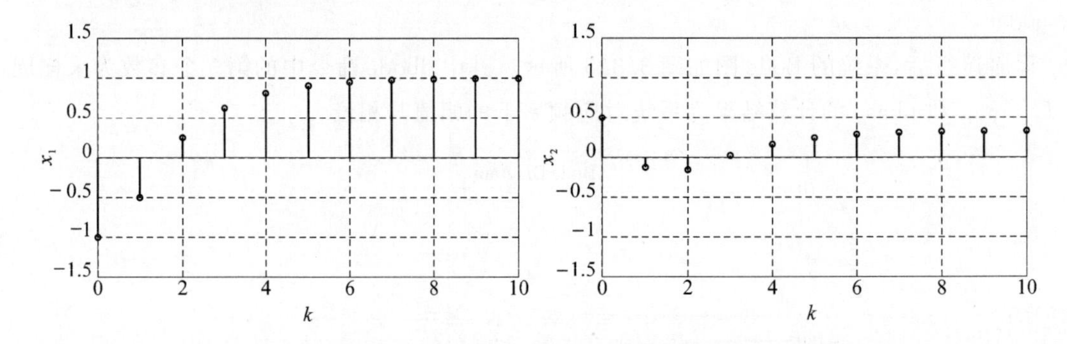


图 3.3.6　例 3.3.13 离散系统状态方程的解

# 3.4　混合系统模型

在实际系统中,系统结构一般比较复杂,并且往往由不同类型的系统构成,这样的系统称之为混合系统,它通常是由离散时间系统与连续系统共同构成的。虽然混合系统比较复杂,但是只要将系统进行合理的划分,将系统分解为不同的部分,分别对每一部分进行分析,最后再对整个系统进行综合研究,则会大大减小系统仿真分析的复杂度。

### 3.4.1　混合系统的数学描述

由于混合系统的复杂性,一般难以用单一的数学模型进行描述。因此,混合系统一般都是由系统各部分输入与输出间的数学方程共同描述的,下面举例说明。

**【例 3.4.1】**　设一个混合系统构成如下:系统由离散时间子系统与连续子系统串联构成,系统的输入为一离散变量 $u(n)$,$n=1,2,3,\cdots$,离散时间子系统的输出经过一个零阶保持器后作为连续子系统的输入。

离散时间子系统的输入输出方程为

$$x(n)=u(n)+1 \quad 且 \quad u(n)=n/2$$

连续子系统的输入输出方程为

$$y(t)=\sqrt{v(t)}+\sin v(t)$$

由于此混合系统中离散时间子系统的输出 $x(n)$ 经过一零阶保持器后作为连续系统的输入，因而 $v(t)$ 与 $x(n)$ 的数学关系为

$$v(t)=x(n),\quad nT_s \leqslant t<(n+1)T_s$$

其中 $T_s=1$ s，为离散时间子系统的采样周期。因此，混合系统的输入与输出之间的关系可以由下面的方程描述：

$$\begin{cases} u(n)=n/2, \quad n=1,2,3,\cdots \\ x(n)=u(n)+1 \\ y(t)=\sqrt{x(n)}+\sin(x(n)), \quad n<t<n+1 \end{cases}$$

### 3.4.2　混合系统的 MATLAB 实现与分析

在对单一离散时间系统或连续系统进行描述时，由于系统结构一般比较简单，因而可以采用诸如差分方程、传递函数及状态空间等模型表示。但对于混合系统，由于系统本身的复杂性，即使是很简单的混合系统，如例 3.4.1 给出的例子，都难以用一个简单的模型进行描述。因此，这里采用简单的数学方式对系统进行描述与分析。

**【例 3.4.2】**　对例 3.4.1 所描述的混合系统采用 MATLAB 程序实现，并画出输出曲线。

**【解】**　MATLAB 程序代码如下：

```
clear all
t=1:0.1:299.9;           %在时间[1,299.9] s 范围内分析系统。时间间隔 0.1 s
n=1:300;                 %系统输入时刻为 1～300 s
un=0.5*n;                %系统输入 u(n)
xn=un+1;                 %系统中离散部分的输出，即连续部分的输入
for i=1:length(n)-1
    for j=1:length(t)
        if t(j)>=n(i) & t(j)<n(i+1)                    %判断连续部分的输入时间范围
            y(j)=sqrt(xn(n(i)))+sin(xn(n(i)));         %计算系统输出
        end
    end
end
plot(t,y)                                              %绘制系统输出曲线图
xlabel('t')
ylabel('y')
grid on
```

运行程序，系统输出曲线如图 3.4.1 所示。

从系统输出曲线中可以看出，由于系统中离散部分的输出经过零阶保持器后作为连续部分的输入，而零阶保持器具有阶跃的特性，因此，在系统仿真结果中出现阶跃现象。另外，系统呈现类似正弦发散的特征，表明系统为一发散不稳定系统。

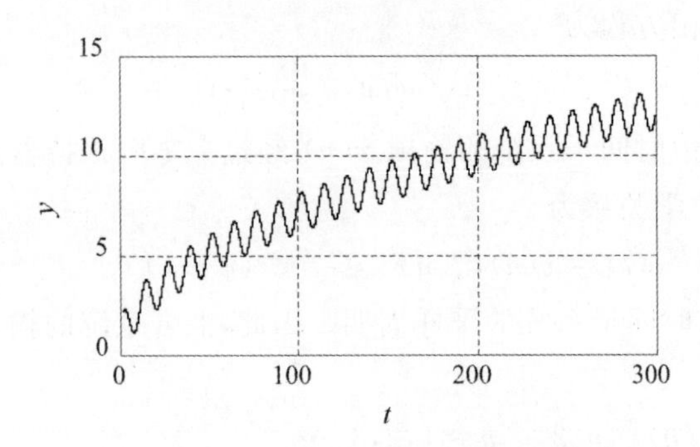


图 3.4.1　例 3.4.2 混合系统的输出曲线

## 3.5　线性时不变系统模型的相互转换

MATLAB 的控制系统工具箱和信号处理工具箱提供了丰富的模型转换函数，以便于用户将线性时不变系统的各种模型进行相互转换。常用的模型转换函数如表 3.5.1 所示。

**表 3.5.1　常用模型转换函数**

| 函数 | 功能 |
| --- | --- |
| d2d | 离散时间系统重新采样 |
| ss2ss | 状态空间模型的线性变换 |
| c2d | 由连续时间模型转换为离散时间模型 |
| d2c | 由离散时间模型转换为连续时间模型 |
| c2dm | 按照指定方式将连续时间模型转换为离散时间模型 |
| d2cm | 按照指定方式将离散时间模型转换为连续时间模型 |
| tf | 将状态空间模型或零极点增益模型转换为传递函数模型 |
| tf2ss | 将传递函数模型转换为状态空间模型 |
| ss2tf | 将状态空间模型转换为传递函数模型 |
| tf2zp | 将传递函数模型转换为零极点增益模型 |
| zp2tf | 将零极点增益模型转换为传递函数模型 |
| ss2zp | 将状态空间模型转换为零极点增益模型 |
| zp2ss | 将零极点增益模型转换为状态空间模型 |
| tf2sos | 将传递函数模型转换为二阶因子之积模型 |
| sos2tf | 将二阶因子之积模型转换为传递函数模型 |
| sos2zp | 将二阶因子之积模型转换为零极点增益模型 |
| zp2sos | 将零极点增益模型转换为二阶因子之积模型 |
| ss2sos | 将状态空间模型转换为二阶因子之积模型 |
| sos2ss | 将二阶因子之积模型转换为状态空间模型 |

### 3.5.1　传递函数模型与零极点增益模型的相互转换

**【例 3.5.1】** 已知系统的零极点增益模型为

$$G(s)=\frac{(s+0.1)(s+0.2)}{(s+0.3)^2}$$

试采用 MATLAB 建立其传递函数模型。

**【解】** MATLAB 程序代码如下：

```
z=[-0.1,-0.2];
p=[-0.3,-0.3];
k=1;
sys1=zpk(z,p,k)                    %建立系统的零件极点增益模型
sys2=tf(sys1)                      %将零极点增益模型转换为传递函数模型
```

程序运行结果为

```
sys1 =
     (s+0.1) (s+0.2)
     -----------
       (s+0.3)^2
Continuous-time zero/pole/gain model.
sys2 =
      s^2 + 0.3 s + 0.02
     -------------
       s^2 + 0.6 s + 0.09
Continuous-ime transfer function.
```

**【例 3.5.2】** 已知线性时不变离散时间系统脉冲传递函数为

$$G(z)=\frac{2+3z^{-1}}{1+0.4z^{-1}+z^{-2}}$$

试采用 MATLAB 将其转换为零极点增益模型。

**【解】** 在 MATLAB 命令窗口中输入：

```
[z,p,k]=tf2zp([2,3],[1,0.4,1])            %得到零极点增益模型
```

程序运行结果为

```
z=
  -1.5000
p=
  -0.2000+0.9798i
  -0.2000-0.9798i
k=
  2
```

**【例 3.5.3】** 已知线性时不变系统的零极点增益模型为

$$G(s)=\frac{s(s+6)(s+5)}{(s+3+4\mathrm{i})(s+3-4\mathrm{i})(s+1)(s+2)}$$

试将其转换为传递函数模型。

**【解】** MATLAB 程序代码如下：

```
z=[0,-6,-5]';
k=1;
p=[-3-4i,-3+4i,-1,-2]';                                    % p和z为列向量
[num,den]=zp2tf(z,p,k)
```

程序运行结果为

```
num =
     0     1    11    30     0
den =
     1     9    45    87    50
```

即传递函数模型为

$$G(s)=\frac{s^3+11s^2+30s}{s^4+9s^3+45s^2+87s+50}$$

### 3.5.2 状态空间模型与零极点增益模型的相互转换

**【例 3.5.4】** 已知线性时不变系统的状态空间模型为

$$\dot{\boldsymbol{x}}=\begin{bmatrix}-0.7524 & -0.7268\\ 0.7268 & 0\end{bmatrix}\boldsymbol{x}+\begin{bmatrix}1 & -1\\ 0 & 2\end{bmatrix}\boldsymbol{u}$$

$$\boldsymbol{y}=[2.8776\quad 8.9463]\boldsymbol{x}$$

试将其转换为零极点增益模型。

**【解】** MATLAB程序代码如下：

```
A=[-0.7524,-0.7268;0.7268,0];
B=[1,-1;0,2];
C=[2.8776,8.9463];
D=[0,0];
[z,p,k]=ss2zp(A,B,C,D,1)          %得到第1个输入到输出之间的零极点增益模型
[z1,p1,k1]=ss2zp(A,B,C,D,2)       %得到第2个输入到输出之间的零极点增益模型
```

程序运行结果为

```
z =
  -2.2596
p =
  -0.3762 + 0.6219i
  -0.3762 - 0.6219i
k =
  2.8776
z1 =
  -0.1850
p1 =
  -0.3762 + 0.6219i
  -0.3762 - 0.6219i
k1 =
  15.0150
```

即第1个输入变量至输出变量间的零极点增益模型为

$$G_1(s)=\frac{2.8776(s+2.2596)}{(s+0.3762-0.6219\mathrm{i})(s+0.3762+0.6219\mathrm{i})}$$

第 2 个输入变量至输出变量间的零极点增益模型为

$$G_2(s)=\frac{15.0150(s+0.1850)}{(s+0.3762-0.6219\mathrm{i})(s+0.3762+0.6219\mathrm{i})}$$

**【例 3.5.5】**　已知线性时不变系统的零极点增益模型为

$$G(s)=\frac{(s+6)(s+5)}{(s+3+4\mathrm{i})(s+3-4\mathrm{i})(s+1)(s+2)}$$

试将其转换为状态空间模型。

**【解】**　在 MATLAB 命令窗口中输入：

```
[a,b,c,d]=zp2ss([-6,-5]',[-3+4i,-3-4i,-2,-1]',1)
```

程序运行结果为

```
a =
  -6.0000  -5.0000        0        0
   5.0000        0        0        0
   5.0000   1.0000  -3.0000  -1.4142
        0        0   1.4142        0
b =
  1
  0
  1
  0
c =
  0        0        0   0.7071
d =
  0
```

### 3.5.3　传递函数模型与状态空间模型的相互转换

**【例 3.5.6】**　已知线性时不变连续系统传递函数为

$$\boldsymbol{G}(s)=\frac{\begin{bmatrix}2s+3\\s^2+2s+1\end{bmatrix}}{s^2+0.4s+1}$$

试用 MATLAB 将其转换为状态空间模型。

**【解】**　MATLAB 程序代码如下：

```
%分子矩阵中必须加 0,使该矩阵两行元素的元素个数相等
num=[0,2,3;1,2,1];
den=[1,0.4,1];
[a,b,c,d]=tf2ss(num,den)
```

程序运行结果为

```
a=
  -0.4000    -1.000
   1.0000         0
```

```
b=
  1
  0
c=
  2.0000      3.0000
  1.6000           0
d=
  0
  1
```

**【例 3.5.7】** 已知线性时不变系统的状态空间模型为

$$\dot{x}=\begin{bmatrix}-0.7524 & -0.7268\\ 0.7268 & 0\end{bmatrix}x+\begin{bmatrix}1 & -1\\ 0 & 2\end{bmatrix}u$$

$$y=\begin{bmatrix}2.8776 & 0\\ 0 & 8.9463\end{bmatrix}x$$

试将其转换为传递函数模型。

**【解】** MATLAB 程序代码如下：

```
A=[-0.7524,-0.7268;0.7268,0];
B=[1,-1;0,2];
C=[2.8776,0;0,8.9463];
D=[0,0;0,0];
[num1,den1]=ss2tf(A,B,C,D,1)          %第 1 个输入至输出之间的传递函数模型
[num2,den2]=ss2tf(A,B,C,D,2)          %第 2 个输入至输出之间的传递函数模型
```

程序运行结果为

```
num1 =
     0    2.8776         0
     0         0    6.5022
den1 =
     1.0000    0.7524    0.5282
num2 =
     0    -2.8776    -4.1829
     0    17.8926     6.9602
den2 =
     1.0000    0.7524    0.5282
```

即第 1 个输入变量至输出变量之间的传递函数矩阵为

$$G(s)=\frac{\begin{bmatrix}2.8776s\\ 6.5022\end{bmatrix}}{s^2+0.7524s+0.5282}$$

第 2 个输入变量至输出变量之间的传递函数矩阵为

$$G(s)=\frac{\begin{bmatrix}-2.8776s-4.1829\\ 17.8926s+6.9602\end{bmatrix}}{s^2+0.7524s+0.5282}$$

### 3.5.4　连续系统模型与离散时间系统模型的相互转换

在 MATLAB 中，在将连续系统模型转换为离散时间系统模型时，所采用的离散化方法有零阶保持器法、一阶保持器法、图斯汀变换法以及零极点匹配法。当未指定离散化方法时，默认采用零阶保持器离散化方法。此外，除零极点匹配法仅支持单输入单输出系统外，其他离散化方法既支持单输入单输出系统，也支持多输入多输出系统。

**【例 3.5.8】**　已知连续系统的传递函数为

$$G(s)=\frac{s+1}{s^2+2s+5}e^{-0.35s}$$

将其按照采样周期 $T_s=0.1$ s 进行离散化。

**【解】**　MATLAB 程序代码如下：

```
sys=tf([1,1],[1,2,5],'inputdelay',0.35)          %建立传递函数模型
Gd=c2d(sys,0.1)                                   %得到离散化模型
Gd1=c2d(sys,0.1,'foh')                            %以一阶保持器方法离散化
```

程序运行结果为

```
sys=

                  s + 1
  exp(-0.35*s) * -----------
                 s^2 + 2 s + 5

Gd=

          0.04869 z^2 + 0.002242 z - 0.04191
  z^(-4) * ------------------------
               z^2 - 1.774 z + 0.8187

Gd1=

          0.01228 z^3 + 0.05996 z^2 - 0.05282 z - 0.0104
  z^(-3) * --------------------------------
               z^3 - 1.774 z^2 + 0.8187 z
```

**【例 3.5.9】**　已知线性时不变离散系统的脉冲传递函数为

$$G(z)=\frac{z-1}{z^2+z+0.3}$$

试将其转换成连续时间模型，采样周期 $T_s=0.1$ s。

**【解】**　MATLAB 程序代码如下：

```
sysd=tf([1,-1],[1,1,0.3],0.1);           %建立脉冲传递函数模型
sysc1=d2c(sysd)                          %得到连续时间模型
sysc2=d2c(sysd,'tustin')                 %采用图斯汀方法离散化
```

程序运行结果为

```
sysc1=
    121.7 s - 6.485e-013
  -------------
    s^2 + 12.04 s + 776.7

sysc2=
```

```
-6.667 s^2 + 133.3 s
-----------
s^2 + 93.33 s + 3067
```

## 3.6 MATLAB中系统模型连接的实现

一个完整的控制系统通常都是由两个或更多的简单系统(或称为环节)采用串联、并联或反馈的形式连接而构成的。MATLAB的控制系统工具箱提供了大量的控制系统或环节数学模型的连接函数,可以进行系统的串联、并联和反馈等连接。

### 3.6.1 串联连接

两个系统sys1,sys2进行连接时,如果sys1的输出量作为sys2的输入量,则sys1和sys2称为串联连接,如图3.6.1所示。它分为单输入单输出系统和多输入多输出系统两种形式。图3.6.2所示为系统模型串联连接的一般形式。MATLAB使用函数series( )实现模型的串联连接。

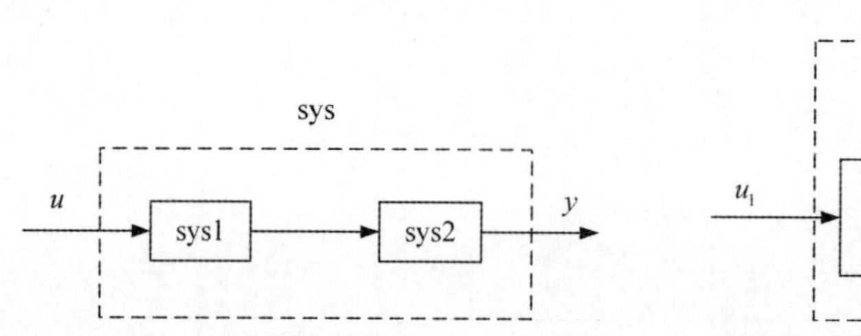


图3.6.1 系统模型串联连接的基本形式

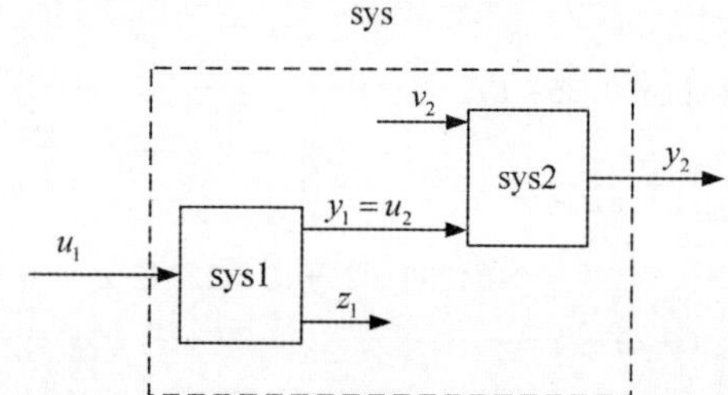


图3.6.2 系统模型串联连接的一般形式

**【例3.6.1】** 设两个采样周期均为 $T_s=0.1$ s 的离散时间系统脉冲传递函数分别为

$$G_1(z)=\frac{z^2+3z+2}{z^4+3z^3+5z^2+7z+3},\quad G_2(z)=\frac{10}{(z+2)(z+3)}$$

试求将它们串联连接后得到的脉冲传递函数。

**【解】** 根据优先规则,传递函数模型和零极点增益模型两种形式的系统连接时,得到的系统数学模型的形式为零极点增益模型形式(因为零极点增益模型优先级高)。

MATLAB程序代码如下:

```
G1=tf([1,3,2],[1,3,5,7,3],0.1);
G2=zpk([ ],[-2,-3],10,0.1);
G3=series(G1,G2)
```

程序运行结果为

```
G3 =

                    10 (z+2) (z+1)
  ----------------------------------
  (z+2) (z+1.869) (z+3) (z+0.6245) (z^2 + 0.5063z + 2.57)
Sample time: 0.1 seconds
```

Discrete-time zero/pole/gain model.

### 3.6.2　并联连接

两个系统 sys1 和 sys2 连接时，如果它们具有相同的输入量，且输出量是 sys1 输出量和 sys2 输出量的代数和，则 sys1 和 sys2 称为并联连接，如图 3.6.3 所示。它分为单输入单输出系统和多输入多输出系统两种形式。图 3.6.4 所示为系统模型并联连接的一般形式。MATLAB 使用函数 parallel( )实现模型的并联连接。

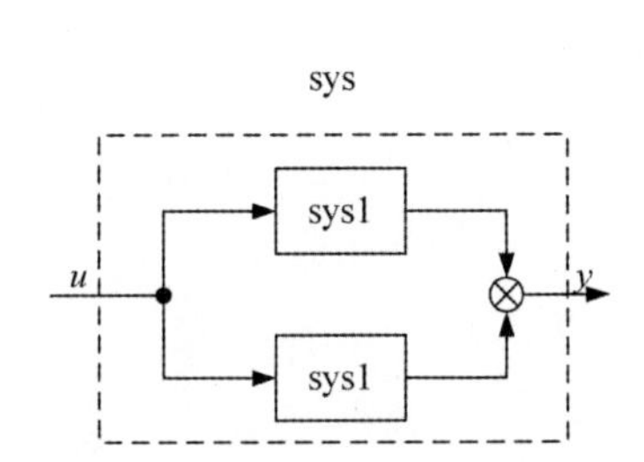


图 3.6.3　系统模型并联连接的基本形式

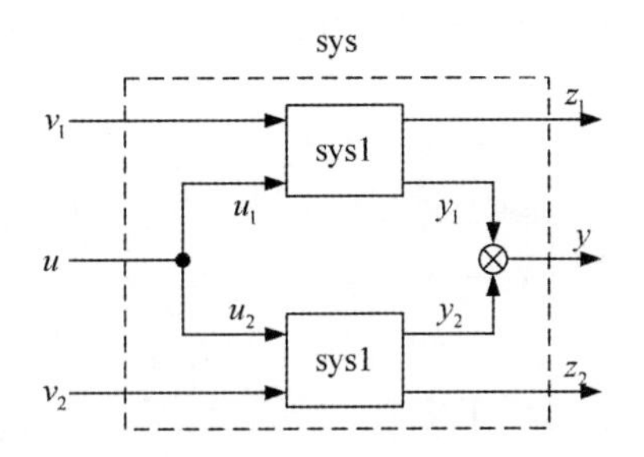


图 3.6.4　系统模型并联连接的一般形式

**【例 3.6.2】**　设两个采样周期均为 $T_s=0.1$ s 的离散时间系统的脉冲传递函数分别为

$$G_1(z)=\frac{z^2+3z+2}{z^4+3z^3+5z^2+7z+3},\quad G_2(z)=\frac{10}{(z+2)(z+3)}$$

试求将它们并联连接后得到的脉冲传递函数。

**【解】**　MATLAB 程序代码如下：

```
G1=tf([1 3 2],[1 3 5 7 3],0.1);
G2=zpk([ ],[-2 -3],10,0.1);
G=parallel(G1,G2)
```

程序运行结果为

```
G =
        11 (z+1.869) (z+0.6673) (z^2 + 0.9178z + 3.061)
    -----------------------------------------------
    (z+1.869) (z+2) (z+3) (z+0.6245) (z^2 + 0.5063z + 2.57)
Sample time: 0.1 seconds
Discrete-time zero/pole/gain model.
```

**【例 3.6.3】**　设系统的传递函数矩阵分别为

$$\boldsymbol{G}_1(s)=\begin{bmatrix}\dfrac{s+2}{s^2+2s+1} & \dfrac{s+1}{s+2}\\ \dfrac{1}{s^2+3s+2} & \dfrac{s+2}{s^2+5s+6}\end{bmatrix},\quad \boldsymbol{G}_2(s)=\begin{bmatrix}\dfrac{1.2}{(s+1)(s+3)} & \dfrac{s+1}{(s+2)(s+4)}\\ \dfrac{s+1}{(s+2)(s+3)} & \dfrac{s+2}{(s+3)(s+4)}\end{bmatrix}$$

试求将它们进行并联连接后的状态空间模型。

**【解】**　MATLAB 程序代码如下：

```
num={[1 2],[1 1];[1],[1 2]};
den={[1 2 1],[1 2];[1 3 2],[1 5 6]};
G1=tf(num,den);                    %建立 G1(s)的传递函数模型
```

```
z={[ ],[-1];[-1],[-2]};
p={[-1 -3],[-2 -4];[-2 -3],[-3 -4]};
k=[1.2,1;1,1];
G2=zpk(z,p,k);                      %建立G2(s)的零极点增益模型
G=parallel(G1,G2,2,2,1,1)           %将系统G1(s)和G2(s)进行并联
```

程序运行结果为

```
G =
  From input 1 to output...
              1
   1:   ---------
        (s+2) (s+1)
          (s+2)
   2:   -----
        (s+1)^2
   3:  0
  From input 2 to output...
          (s+2)
   1:  --------
       (s+3) (s+2)
       (s+5) (s+2) (s+1)
   2:  --------------
         (s+2)^2 (s+4)
          (s+2)
   3:  --------
       (s+3) (s+4)
  From input 3 to output...
   1:  0
             1.2
   2:  --------
       (s+1) (s+3)
             (s+1)
   3:  ---------
         (s+2) (s+3)
Continuous-time zero/pole/gain model.
```

### 3.6.3 反馈连接

两个系统按照图 3.6.5 所示的形式连接称为反馈连接，它分为单输入单输出系统和多输入多输出系统两种形式。图 3.6.6 所示为系统模型反馈连接的一般形式。MATLAB 使用函数 feedback( )实现模型的反馈连接。

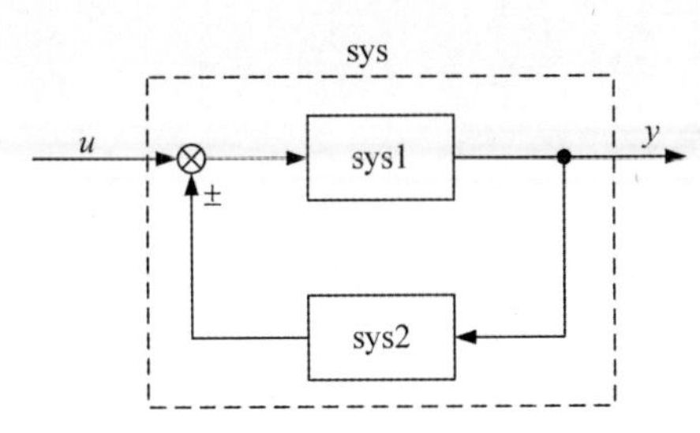


图3.6.5　系统模型反馈连接的基本形式

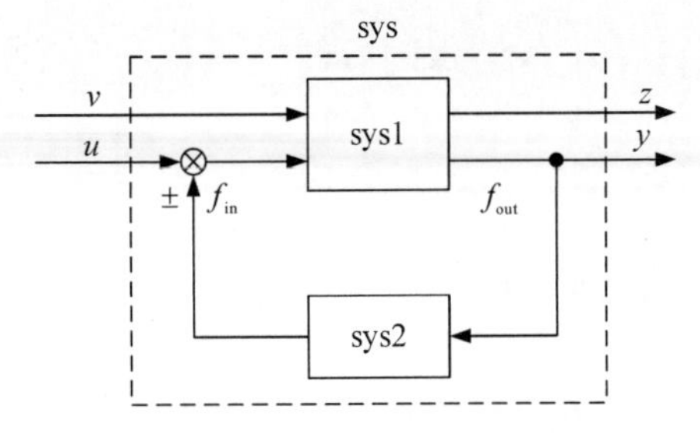


图3.6.6　系统模型反馈连接的一般形式

**【例3.6.4】** 设两个线性时不变系统的传递函数分别为

$$G_1(s)=\frac{1}{s^2+2s+1},\quad G_2(s)=\frac{1}{s+1}$$

试求将它们反馈连接后的传递函数。

**【解】** MATLAB程序代码如下：

```
G1=tf(1,[1 2 1]);
G2=zpk([ ],[-1],1);
G=feedback(G1,G2)                          %负反馈连接
```

程序运行结果为

```
G =

          (s+1)
   ------------
   (s+2)(s^2 + s + 1)
Continuous-time zero/pole/gain model.
```

求解本例时，还可以按照传递函数形式建立$G_2(s)$的数学模型，请读者自己完成，并比较得到的结果。

**【例3.6.5】** 设系统的状态空间模型分别为

$$\text{sys1}:\boldsymbol{A}_1=\begin{bmatrix}1 & 2\\3 & 4\end{bmatrix},\quad \boldsymbol{B}_1=\begin{bmatrix}0\\1\end{bmatrix},\quad \boldsymbol{C}_1=[0\quad 1]$$

$$\text{sys2}:\boldsymbol{A}_2=\begin{bmatrix}0 & 1\\-2 & -3\end{bmatrix},\quad \boldsymbol{B}_2=\begin{bmatrix}0\\1\end{bmatrix},\quad \boldsymbol{C}_2=[1\quad 1]$$

试求两个系统按照图3.6.6所示反馈形式连接后的状态空间模型。

**【解】** MATLAB程序代码如下：

```
sys1=ss([1 2;3 4],[0;1],[0 1],0);          %建立sys1的状态空间模型
sys2=ss([0 1;-2 -3],[0;1],[1 1],0);        %建立sys2的状态空间模型
G=feedback(sys1,sys2)
```

程序运行结果为

```
G =
```

```
A =
        x1  x2  x3  x4
   x1    1   2   0   0
   x2    3   4  -1  -1
   x3    0   0   0   1
   x4    0   1  -2  -3
B =
        u1
   x1    0
   x2    1
   x3    0
   x4    0
C =
        x1  x2  x3  x4
   y1    0   1   0   0
D =
        u1
   y1    0
Continuous-time state-space model.
```

除了上述串联、并联和反馈3种常用的连接方式以外，在MATLAB中，还可以使用函数append( )将两个以上线性时不变系统的模型进行添加连接，形成增广系统；也可以使用函数connect( )实现多个模型的连接，以便根据线性时不变系统的结构图得到状态空间模型。另外，如果已经建立了系统的Simulink模型，还可以用函数linmod( )求该系统的状态空间模型。使用函数linmod( )还能求取非线性系统模型在其平衡工作点附近的近似线性化模型(状态空间模型)。限于篇幅，关于这些函数此处不再赘述，感兴趣的读者可以参阅MATLAB帮助系统或相关文献。

# 第4章 Simulink 仿真基础

Simulink 是一种图形化仿真工具包，是 MATLAB 最重要的组件之一，它向用户提供了一个动态系统建模、仿真和综合分析的交互式集成环境。在这个环境中，用户无须书写多少程序，只需要通过简单直观的操作，就可以构造出复杂的仿真模型。具体来讲，为了创建动态系统模型，Simulink 提供了一个建立模型框图的图形用户接口(GUI)，这个创建过程只需要单击和拖动鼠标操作就能完成。利用这个接口，用户可以像用笔在稿纸上绘制模型一样，只要构建出系统的框图即可，而且用户可以立即看到系统的仿真结果。

## 4.1 Simulink 仿真概述

Simulink 是一个用来对动态系统进行建模、仿真和分析的软件包。Simulink 中的"Simulation"一词表示可用于计算机仿真，而"Link"一词表示它能进行系统连接，即把一系列模块连接起来，构成复杂的系统模型。Simulink 不但支持线性系统仿真，也支持非线性系统仿真，既可以进行连续系统仿真，也可以进行离散系统仿真或者混合系统仿真，同时它支持具有多种采样速率的系统仿真。

### 4.1.1 Simulink 的特点

Simulink 作为面向系统框图的仿真平台，它的主要特点：

(1)交互建模。Simulink 提供了大量的功能模块，以调用模块代替程序的编写，以模块连成的框图表示系统，点击模块即可以输入模块参数。以框图表示的系统应包括输入(激励源)、输出(观测仪器)和组成系统的模块。它方便用户快速地建立动态系统模型，建模时只需要使用鼠标拖放库中的功能块，并将它们连接起来。

(2)交互仿真。Simulink 框图提供了交互性很强的非线性仿真环境。系统框图画完后，设置了仿真参数，即可以启动仿真。这时会自动完成仿真系统的初始化过程，将系统的框图转换为仿真的数学方程，建立仿真的数据结构并计算系统在给定激励下的响应。用户可以通过下拉菜单执行仿真，或者用命令行进行批处理，仿真结果可以同时显示出来。

(3)在线直观仿真。系统运行的状态和结果可以通过波形和曲线观察，这与在实验室中用示波器观察的效果几乎一致。此外，用户利用示波器模块或者其他的显示模块，可以在仿真运行的同时观察仿真结果，而且还可以在仿真运行期间在线改变仿真参数，并同时观察改变后的仿真结果。

(4)与 MATLAB 主包和工具箱集成。由于 Simulink 可以直接利用 MATLAB 的数学、图形和编程功能，因此用户可以直接在 Simulink 下完成数据分析、过程自动化、优化参数等工作。系统仿真的数据可以用.mat 为后缀的文件保存，并且可以用其他数据处理软件处理。最后的结果数据也可以输出到 MATLAB 工作区进行后续处理，或利用命令在图形窗口中绘制仿真曲线。

(5)专用模型库。Simulink 的模型库可以通过专用元件集进一步扩展。框图形式的仿真控制系统是 Simulink 的最早功能,后来又开发了数字信号处理、通信系统、电力系统、动力学系统、生物系统和金融系统等数十种模型库。

(6)能够扩充和定制。Simulink 的开放式结构允许用户扩充仿真环境的功能。Simulink 中包括了许多实现不同功能的模块库,用户也可以定义和创建自己的模块,利用这些模块,创建层次化的系统模型,可以自上而下或者自下而上地阅读模型,即用户可以查看最顶层的系统,然后通过双击模块进入下层的子系统查看模型,这不仅方便了工程人员的设计,而且可以使自己的模型功能更清晰,结构更合理。

### 4.1.2 Simulink 模型的基本结构

一个典型的 Simulink 模型由三种类型的模块构成,其结构图如图 4.1.1 所示。

(1)信号源模块。信号源为系统的输入,它包括常数信号源、函数信号发生器(如正弦波和阶跃函数等),以及用户在 MATLAB 中创建的自定义信号。

(2)被模拟的系统模块。系统模块作为仿真的核心模块,它是 Simulink 仿真模型的主要部分。

(3)输出显示模块。系统的输出由显示模块接收。输出显示的形式包括图形显示、示波器显示、输出到文件或 MATLAB 工作区等。

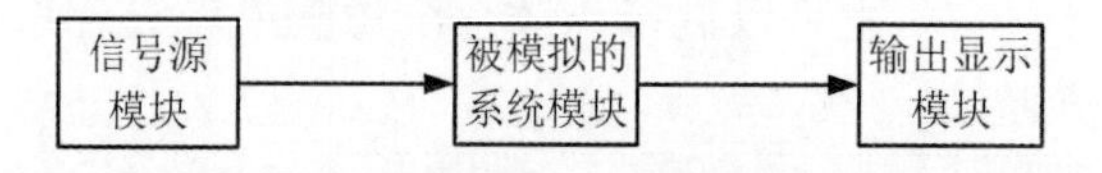


图 4.1.1 构成 Simulink 模型的模块结构图

Simulink 功能强大又非常实用,所以应用领域很广,可使用的领域包括航空航天、电气电子、控制、经济、金融、力学、数学、通信与影视等。因此,Simulink 已经被诸多领域的工程技术人员用来作为对实际问题建模、仿真、分析和优化设计的重要工具。

### 4.1.3 Simulink 建模仿真的基本过程

利用 Simulink 模型编辑器对系统进行建模仿真的基本过程如下:

(1)启动。打开一个空白的 Simulink 模型编辑器窗口的操作方法可以参考第 4.2 节内容。

(2)构建仿真模型。进入 Simulink 模块库浏览器,在模块库中选择所需要的模块,拖拉到编辑窗口里,然后将各模块按照给定的框图连接起来,搭建所需要的系统模型。模块的操作方法可参考第 4.3.3 小节和 4.3.4 小节内容。

(3)设置模块参数。在 Simulink 中绘制模块时,有时还需要对模块参数进行赋值设置。双击模块图标,打开此模块的参数对话框,在此对话框中,既可以查看模块的各项默认参数设置,又可以根据需要修改各项参数设置。此步骤也可以在放置模块的同时完成。

(4)设置仿真参数。在对绘制好的模型进行仿真前,还需要确定仿真的步长、时间和选取仿真的算法等,也就是设置仿真参数。设置仿真参数的方法可参考第 4.4 节内容。

(5)仿真。在模块参数和仿真参数设置完毕后即可以开始仿真,在“Simulation”菜单中点击“Run”或者点击工具栏中的运行按钮，所设计的模型即进入仿真状态。也可以选择“Simulation”菜单中的“step forward”或者点击工具栏中的按钮，进入单步调试仿真状态。在模型的仿真计算过程中，窗口下方的状态栏会提示计算的进程，对简单的模型来说，这仅在一瞬间就完成了。在仿真过程中，如果需要修改模块参数或仿真时间等，可以点击“Simulation”菜单中的“Pause”命令或点击工具栏中的按钮暂停仿真。暂停之后要恢复仿真，则可以点击“Simulation”菜单中的“continue”命令或点击工具栏中的按钮，仿真就可以继续进行下去。如果中途要结束仿真，可以点击按钮或使用“Simulation”菜单中的“Stop”命令来终止仿真。

(6)观测仿真结果。在模型仿真计算完毕后，可以观测仿真结果，Simulink 中最常用的观测仪器是示波器(Scope)，这时只要双击该示波器模块，就可以打开示波器观察到以波形表示的仿真结果，也可以将仿真数据存入 MATLAB 工作区或者存成数据文件进行分析。如果发现有不正确的地方，可以停止仿真，对参数进行修正。如果对结果满意，可以将模型保存打印。

## 4.2　Simulink 的启动

在 MATLAB 操作桌面下，单击“home”菜单下的“Simulink”图标或在命令窗口键入命令“Simulink”，就会弹出一个名为“Simulink Start Page”的浏览器窗口，如图 4.2.1 所示。双击其中的“Blank Model”选项，会弹出一个名为 Untitled(无标题)的空白窗口，如图 4.2.2 所示。这即为 Simulink 模型编辑器，用户可以在此编辑器中构建模型及运行仿真。

在图 4.2.2 所示的 Simulink 模型编辑器中，第一行是菜单栏，包含有 10 项功能，每项功能都含有下拉菜单，用户可以根据需求进行相应的选择；第二行是一些菜单命令的快捷按钮；在最下方是仿真状态的提示栏，启动仿真后，在该栏可以实时观察到仿真的进度和所使用的仿真算法。编辑器中部的空白部分是绘制仿真模型框图的空间，这是系统仿真的工作平台。

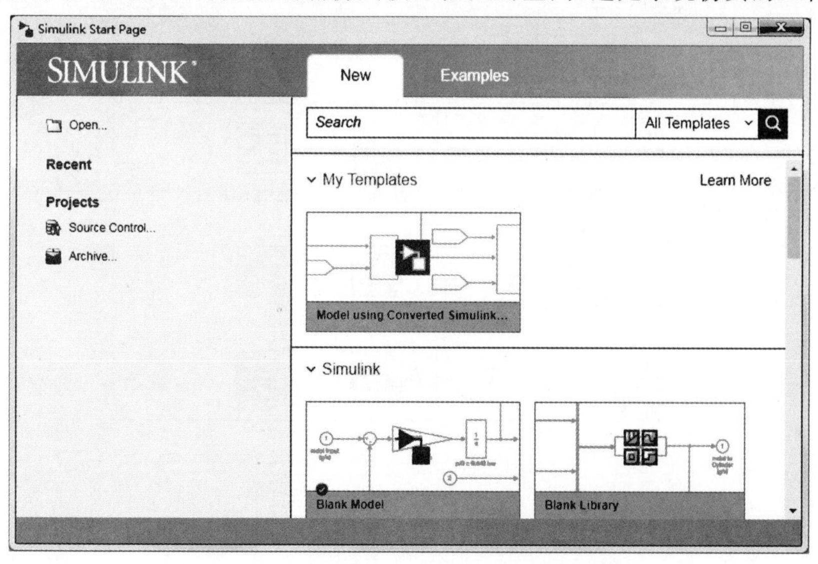


图 4.2.1　Simulink Start Page 浏览器窗口

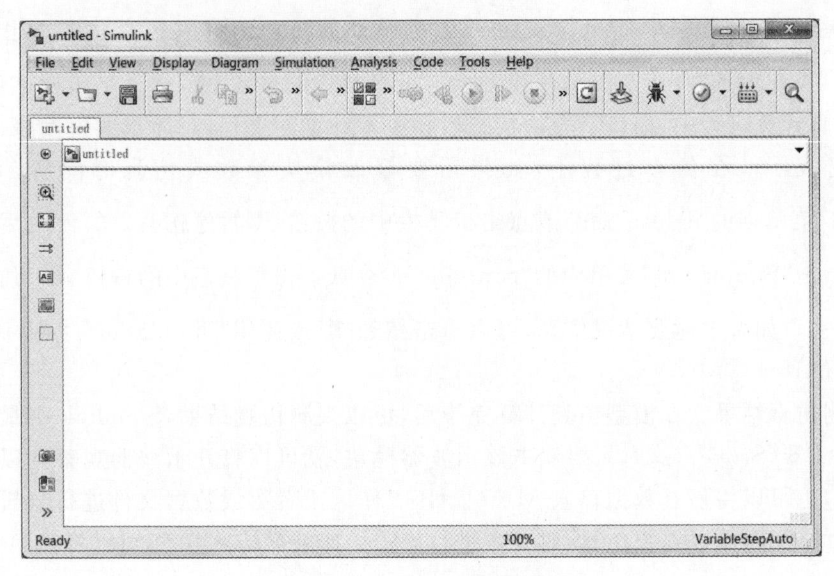


图 4.2.2 Simulink 模型编辑器

## 4.3 Simulink 模块库及模块操作

Simulink 提供了大量的、以框图形式给出的内置系统模块。用户只有熟悉了模块库，才能够快速地建立模型，或者以最少的模块来建立模型，或者建立的模型仿真速度最快，从而快速方便地设计出特定的动态系统。Simulink 模块库包含通用模块库和若干专业模块库。在 Simulink 模型编辑器的工具栏中点击图标 (Library Browser)，弹出 Simulink 模块库浏览器，如图 4.3.1 所示。

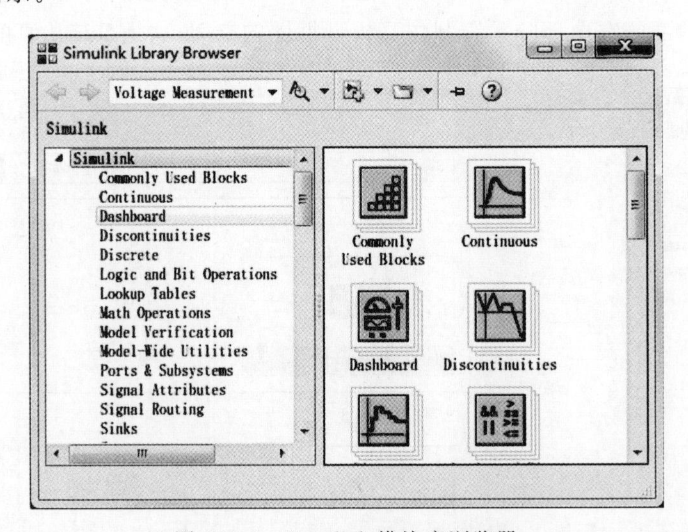


图 4.3.1 Simulink 模块库浏览器

### 4.3.1 Simulink 常用通用模块库

在 Simulink 通用模块库中，激励源模块库(Sources)用来为仿真系统提供各种输入信号，只有输出端口；仪器仪表库(Sink)则用于观测或记录系统在输入信号作用下产生的响应，只有输入端口；其他模块库的模块都同时具有输入和输出两种端口。这些模块用来组成仿真系统的本体。随着 MATLAB 的发展，模块库的内容不断地扩大，各子模块库的内容和名称也有所调整，下面主要介绍一些常用的模块。

1. 常用模块库(Commonly Used Blocks)

常用模块库是从 Simulink 6.0 起新增加的模块库，但是里面并没有增加新的模块，模块均为其他模块库中的模块。用户也可以将自己常用的模块复制到这个库中。增加该模块库的目的主要是为了方便用户能够在其中调用常用的模块，而不必到模块所属的模块库一个一个地寻找，有利于提高建模的速度。本模块库中模块的具体使用方法将在其他模块库中介绍。

2. 连续模块库(Continuous)

连续模块库包含的子模块及其功能如表 4.3.1 所示，该模块库主要用来构建连续系统的仿真模型。

**表 4.3.1　连续模块库的子模块及其功能**

| | | | |
|---|---|---|---|
| $\frac{\Delta u}{\Delta t}$ Derivative | $\frac{1}{s}$ Integrator | $\frac{1}{s^2}$ Integrator Second-Order | $\frac{1}{s^2}$ Integrator Second-Order Limited |
| 微分运算 | 积分运算 | 二阶积分运算 | 二阶有限积分运算 |
| $\frac{1}{s}$ Integrator Limited | PID(s) PID Controller | $\dot{x}=Ax+Bu$ $y=Cx+Du$ State-Space | $\frac{1}{s+1}$ Transfer Fcn |
| 有限积分运算 | PID 控制器 | 线性状态空间模型 | 传递函数模型 |
| Transport Delay | $t_0$ Variable Time Delay | $\frac{(s-1)}{s(s+1)}$ Zero-Pole | |
| 给定的时间量延迟输入 | 按可变时间量延迟输入 | 零极点增益模型 | |

3. 离散模块库(Discrete)

离散模块库包含的子模块及其功能如表 4.3.2 所示，该模块库主要用来构建离散系统的仿真模型。

**表 4.3.2　离散模块库的子模块及其功能**

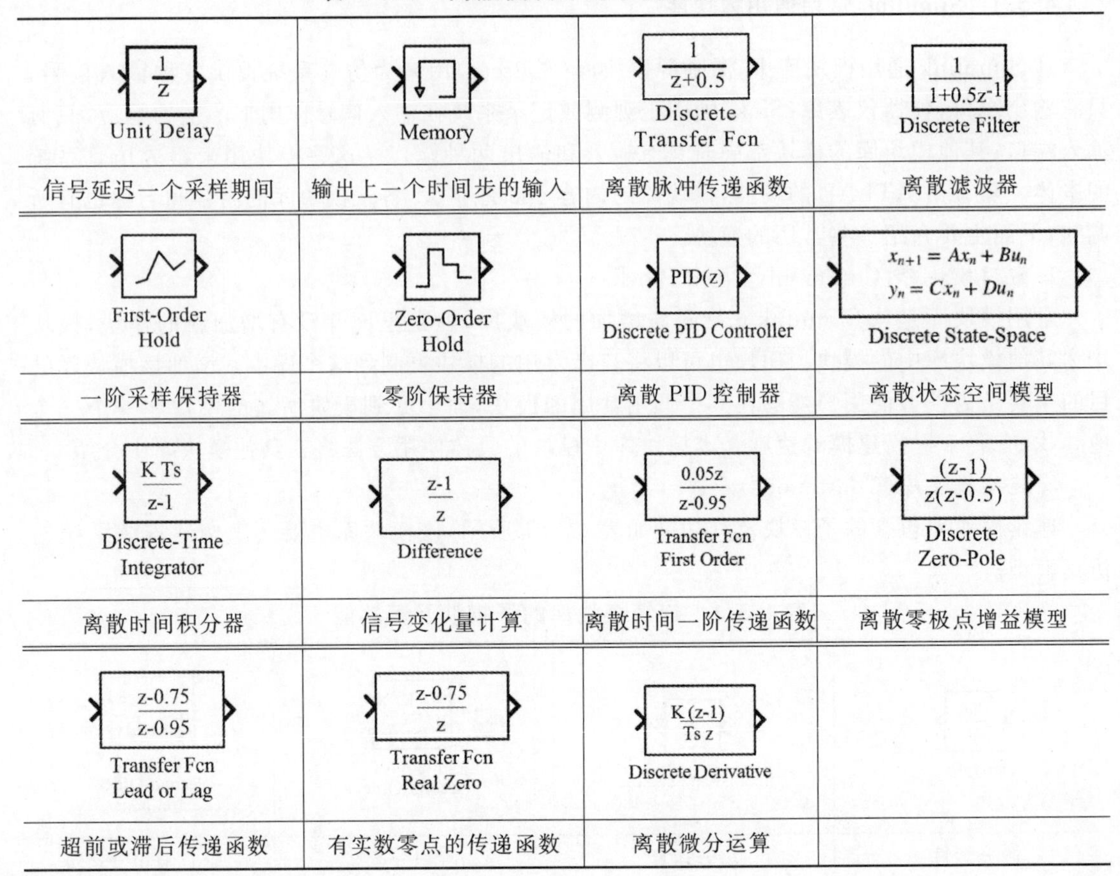

| $\frac{1}{z}$ Unit Delay | Memory | $\frac{1}{z+0.5}$ Discrete Transfer Fcn | $\frac{1}{1+0.5z^{-1}}$ Discrete Filter |
|---|---|---|---|
| 信号延迟一个采样期间 | 输出上一个时间步的输入 | 离散脉冲传递函数 | 离散滤波器 |
| First-Order Hold | Zero-Order Hold | PID(z) Discrete PID Controller | $x_{n+1}=Ax_n+Bu_n$ $y_n=Cx_n+Du_n$ Discrete State-Space |
| 一阶采样保持器 | 零阶保持器 | 离散 PID 控制器 | 离散状态空间模型 |
| $\frac{K\,Ts}{z-1}$ Discrete-Time Integrator | $\frac{z-1}{z}$ Difference | $\frac{0.05z}{z-0.95}$ Transfer Fcn First Order | $\frac{(z-1)}{z(z-0.5)}$ Discrete Zero-Pole |
| 离散时间积分器 | 信号变化量计算 | 离散时间一阶传递函数 | 离散零极点增益模型 |
| $\frac{z-0.75}{z-0.95}$ Transfer Fcn Lead or Lag | $\frac{z-0.75}{z}$ Transfer Fcn Real Zero | $\frac{K(z-1)}{Ts\,z}$ Discrete Derivative | |
| 超前或滞后传递函数 | 有实数零点的传递函数 | 离散微分运算 | |

4. 非连续模块库(Discontinue)

非连续模块库包含的子模块及其功能如表 4.3.3 所示。

**表 4.3.3　非连续模块库的子模块及其功能**

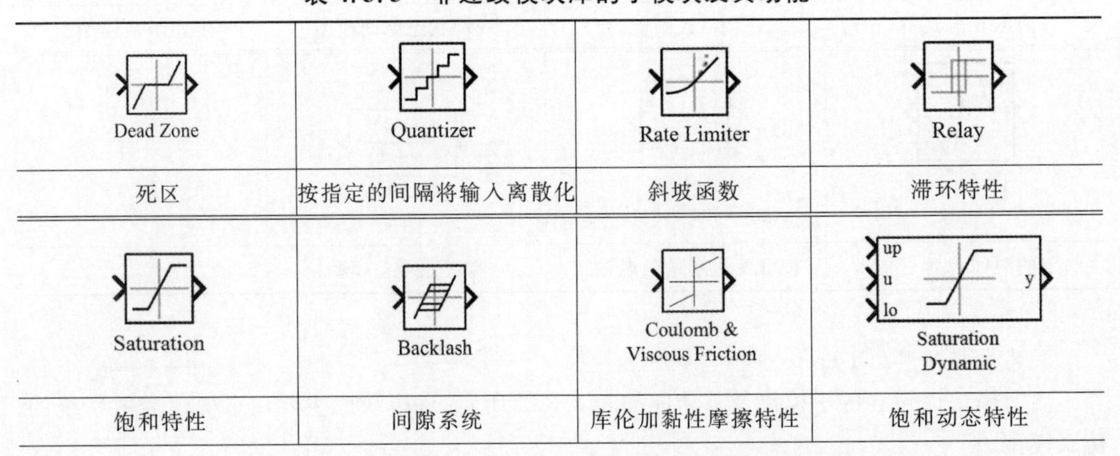

| Dead Zone | Quantizer | Rate Limiter | Relay |
|---|---|---|---|
| 死区 | 按指定的间隔将输入离散化 | 斜坡函数 | 滞环特性 |
| Saturation | Backlash | Coulomb & Viscous Friction | up u lo y Saturation Dynamic |
| 饱和特性 | 间隙系统 | 库伦加黏性摩擦特性 | 饱和动态特性 |

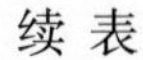

续 表

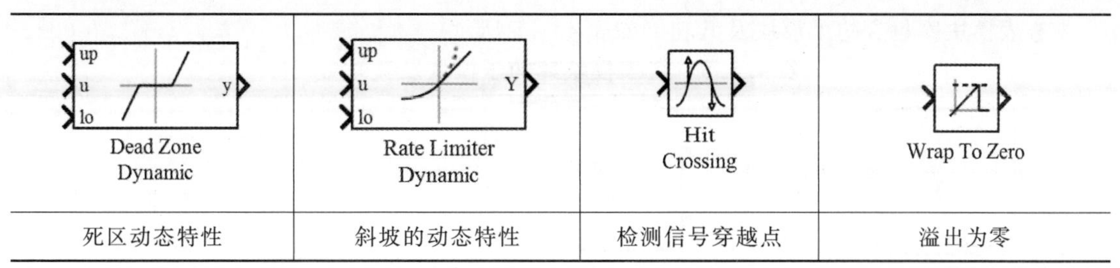

| Dead Zone Dynamic | Rate Limiter Dynamic | Hit Crossing | Wrap To Zero |
|---|---|---|---|
| 死区动态特性 | 斜坡的动态特性 | 检测信号穿越点 | 溢出为零 |

5. 逻辑运算与位操作模块库(Logic and Bit Operations)

逻辑运算与位操作模块库包含的子模块及其功能如表 4.3.4 所示。

**表 4.3.4　逻辑运算与位操作模块库的子模块及其功能**

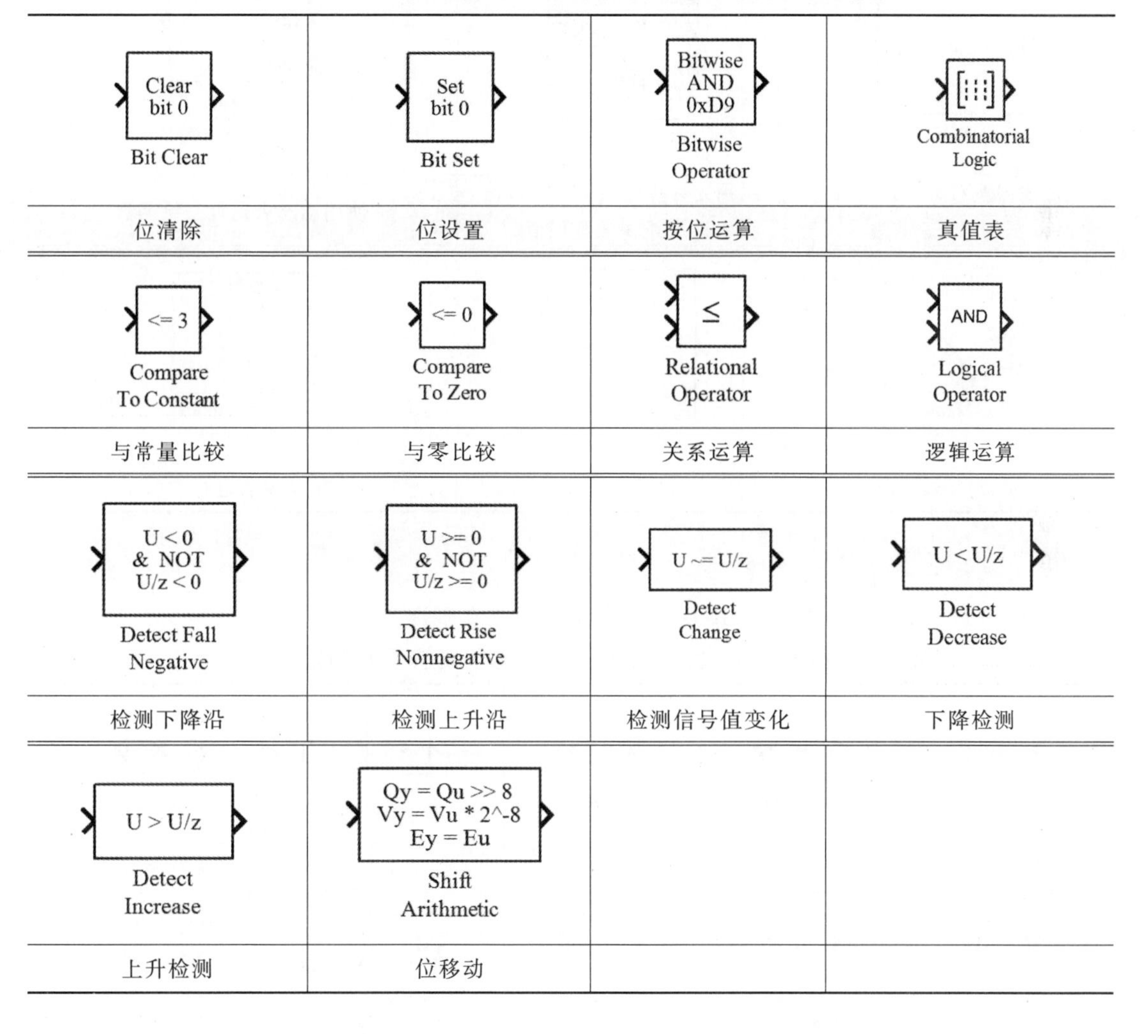

| Bit Clear | Bit Set | Bitwise Operator | Combinatorial Logic |
|---|---|---|---|
| 位清除 | 位设置 | 按位运算 | 真值表 |
| Compare To Constant | Compare To Zero | Relational Operator | Logical Operator |
| 与常量比较 | 与零比较 | 关系运算 | 逻辑运算 |
| Detect Fall Negative | Detect Rise Nonnegative | Detect Change | Detect Decrease |
| 检测下降沿 | 检测上升沿 | 检测信号值变化 | 下降检测 |
| Detect Increase | Shift Arithmetic | | |
| 上升检测 | 位移动 | | |

6. 查表模块库(Lookup Tables)

查表模块库包含的子模块及其功能如表 4.3.5 所示。

**表 4.3.5　查表模块库的子模块及其功能**

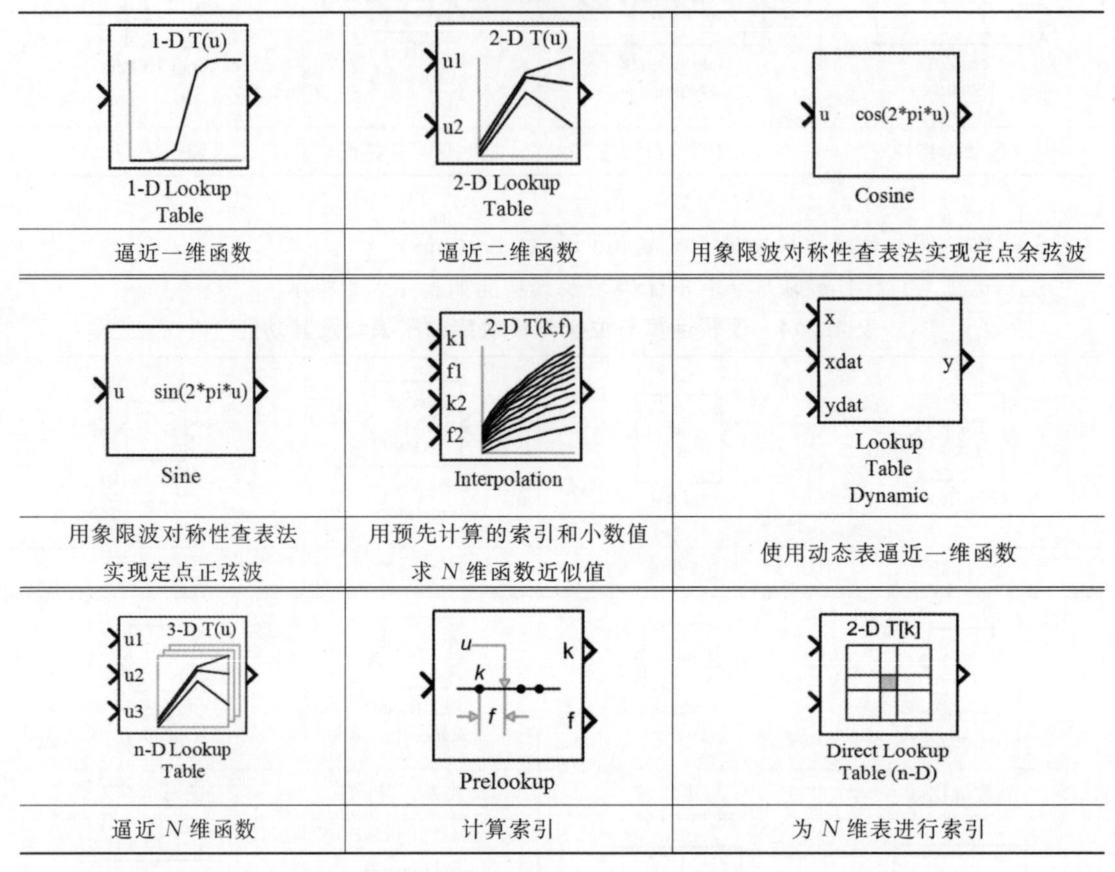

| 1-D Lookup Table | 2-D Lookup Table | Cosine |
|---|---|---|
| 逼近一维函数 | 逼近二维函数 | 用象限波对称性查表法实现定点余弦波 |
| Sine | Interpolation | Lookup Table Dynamic |
| 用象限波对称性查表法实现定点正弦波 | 用预先计算的索引和小数值求 $N$ 维函数近似值 | 使用动态表逼近一维函数 |
| n-D Lookup Table | Prelookup | Direct Lookup Table (n-D) |
| 逼近 $N$ 维函数 | 计算索引 | 为 $N$ 维表进行索引 |

7. 数学运算模块库(Math Operations)

数学运算模块库包含的子模块及其功能如表 4.3.6 所示。

**表 4.3.6　数学运算模块库的子模块及其功能**

| Abs | Dot Product | Gain | Math Function | Product |
|---|---|---|---|---|
| 取绝对值 | 计算点积 | 放大器 | 数学函数 | 乘法运算 |
| Sum | Trigonometric Function | Complex to Magnitude-Angle | Complex to Real-Imag | Magnitude-Angle to Complex |
| 输入信号的加减 | 三角函数 | 计算复数的模和相位角 | 计算复数的实部和虚部 | 将模和相位角以复数表示 |

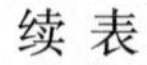

续 表

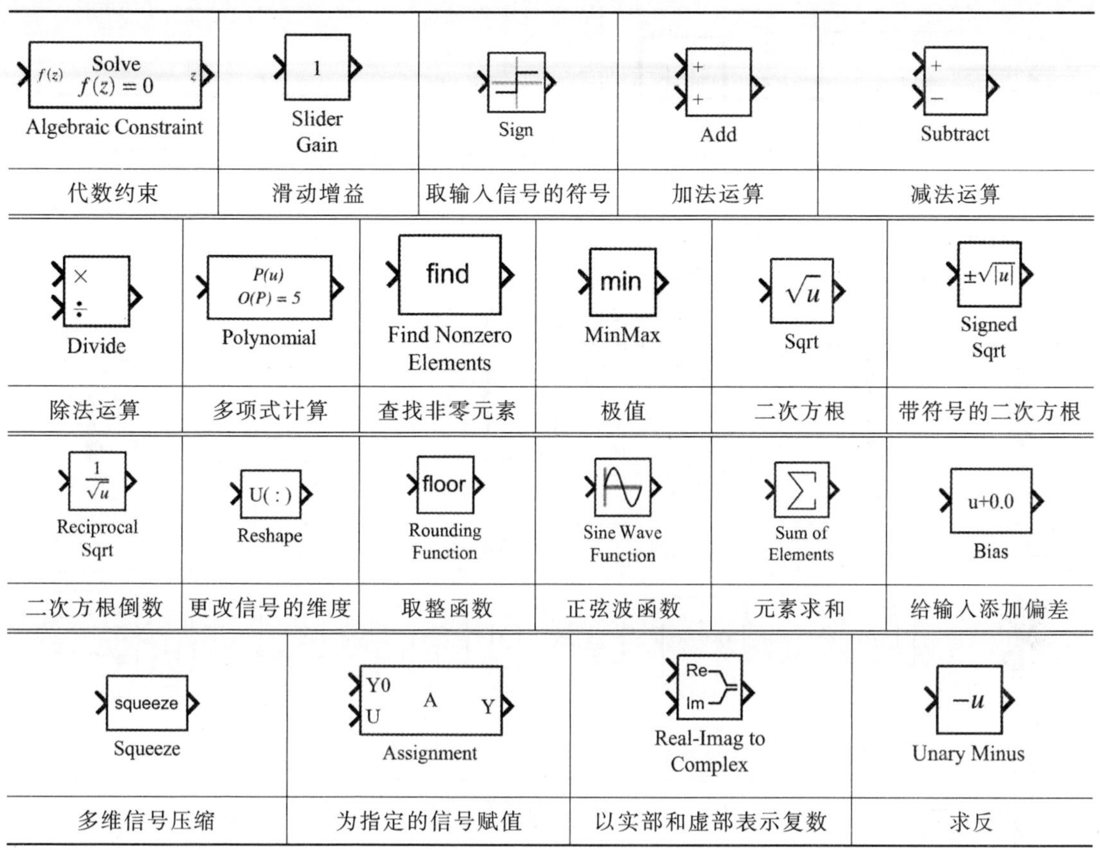

| Algebraic Constraint | Slider Gain | Sign | Add | Subtract |
| --- | --- | --- | --- | --- |
| 代数约束 | 滑动增益 | 取输入信号的符号 | 加法运算 | 减法运算 |

| Divide | Polynomial | Find Nonzero Elements | MinMax | Sqrt | Signed Sqrt |
| --- | --- | --- | --- | --- | --- |
| 除法运算 | 多项式计算 | 查找非零元素 | 极值 | 二次方根 | 带符号的二次方根 |

| Reciprocal Sqrt | Reshape | Rounding Function | Sine Wave Function | Sum of Elements | Bias |
| --- | --- | --- | --- | --- | --- |
| 二次方根倒数 | 更改信号的维度 | 取整函数 | 正弦波函数 | 元素求和 | 给输入添加偏差 |

| Squeeze | Assignment | Real-Imag to Complex | Unary Minus |
| --- | --- | --- | --- |
| 多维信号压缩 | 为指定的信号赋值 | 以实部和虚部表示复数 | 求反 |

8. 端口与子系统模块库(Ports & Subsystems)

端口与子系统模块库包含的子模块及其功能如表 4.3.7 所示。

**表 4.3.7　端口与子系统模块库的子模块及其功能**

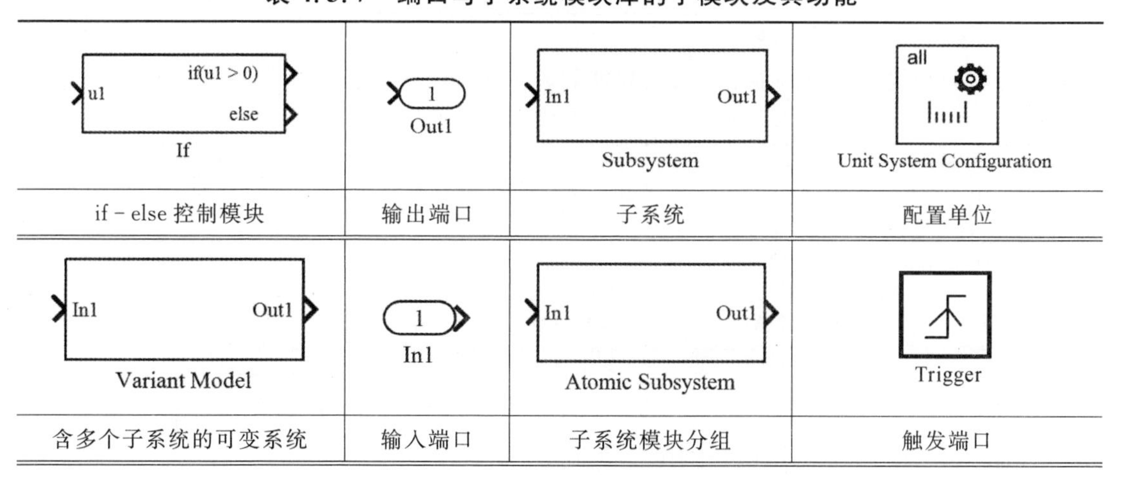

| If | Out1 | Subsystem | Unit System Configuration |
| --- | --- | --- | --- |
| if－else 控制模块 | 输出端口 | 子系统 | 配置单位 |
| **Variant Model** | **In1** | **Atomic Subsystem** | **Trigger** |
| 含多个子系统的可变系统 | 输入端口 | 子系统模块分组 | 触发端口 |

续 表

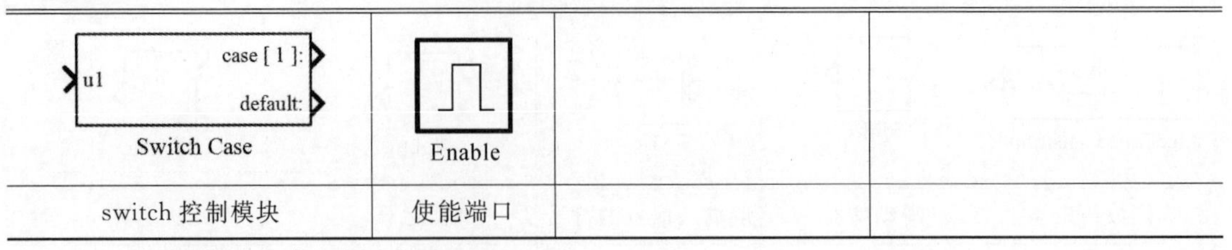

| Switch Case | Enable | | |
|---|---|---|---|
| switch 控制模块 | 使能端口 | | |

9. 信号通道模块库(Signal Routing)

信号通道模块库包含的子模块及其功能如表 4.3.8 所示。

**表 4.3.8　信号通道模块库的子模块及其功能**

| Bus Creator | Bus Selector | Data Store Memory | Data Store Read | Data Store Write | Mux |
|---|---|---|---|---|---|
| 总线输入 | 总线输出 | 数据存储器 | 读取数据 | 写入数据 | 信号合成 |
| Demux | From | Merge | Goto | Goto Tag Visibility | Selector |
| 信号分解 | 接收信号 | 汇合输入信号 | 接收指定信号并发送 | 连接 Goto 和 From 模块 | 选择输入元素 |
| Bus Assignment | Manual Switch | Index Vector | Switch | | |
| 替换指定元素 | 输入切换 | 基于输入值切换输出 | 基于第二个输入值切换输出 | | |

10. 信号接收模块库(Sinks)

信号接收模块库包含的子模块及其功能如表 4.3.9 所示。

**表 4.3.9　信号接收模块库的子模块及其功能**

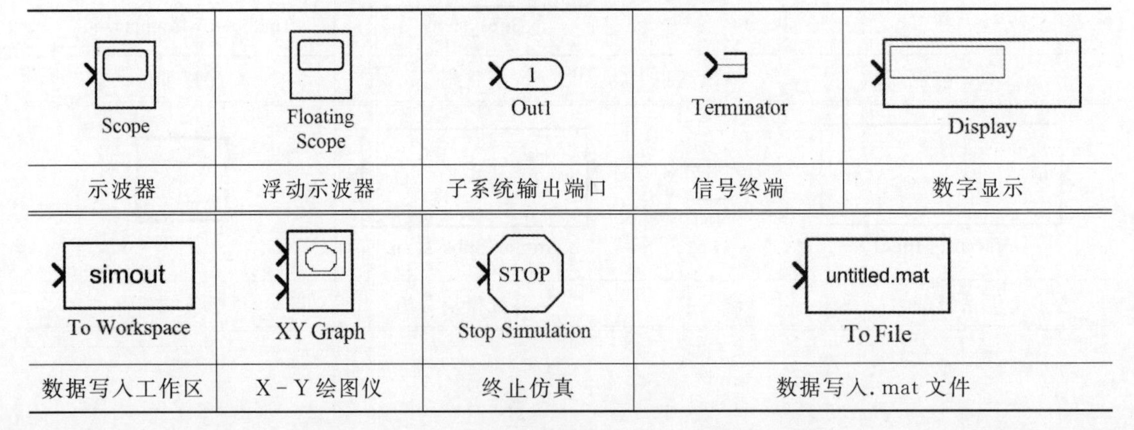

| Scope | Floating Scope | Out1 | Terminator | Display |
|---|---|---|---|---|
| 示波器 | 浮动示波器 | 子系统输出端口 | 信号终端 | 数字显示 |
| To Workspace | XY Graph | Stop Simulation | To File | |
| 数据写入工作区 | X-Y 绘图仪 | 终止仿真 | 数据写入.mat 文件 | |

11. 信号源模块库(Sources)

信号源模块库包含的子模块及其功能如表 4.3.10 所示。

**表 4.3.10　信号源模块库的子模块及其功能**

| 子模块 | 功能 |
|---|---|
| Pulse Generator | 脉冲发生器 |
| Ramp | 斜坡输出 |
| Signal Generator | 信号发生器 |
| Band-Limited White Noise | 白噪声 |
| Random Number | 标准随机信号 |
| Sine Wave | 正弦波信号 |
| Step | 阶跃信号 |
| Repeating Sequence | 锯齿波发生器 |
| Chirp Signal | 调频信号 |
| Uniform Random Number | 均匀分布的随机信号 |
| Clock | 时钟 |
| Digital Clock (12:34) | 数字时钟 |
| From Workspace (simin) | 从工作区读取数据 |
| From File (untitled.mat) | 从.mat 文件加载数据 |
| Ground | 接地模块 |
| In1 | 子系统输入端 |
| Constant | 常量值 |
| From Spreadsheet (untitled.xlsx Sheet:Sheet1) | 从电子表格读取数据 |
| Signal Builder (Group 1, Signal 1) | 生成具有分段线性波形 |
| Counter Limited | 累加计数 |
| Counter Free-Running | 累加并溢出归零 |
| Waveform Generator | 输出波形 |
| Enumerated Constant (SIDemoSign.Positive) | 生成枚举常量值 |
| Repeating Sequence Interpolated | 重复输出可插值的离散信号 |
| Repeating Sequence Stair | 重复输出离散信号 |
| Signal Editor (Scenario, Signal 1) | 信号编辑 |

12. 用户自定义模块库(User - Defined Functions)

用户自定义模块库包含的子模块及其功能如表 4.3.11 所示。

**表 4.3.11　用户自定义模块库的子模块及其功能**

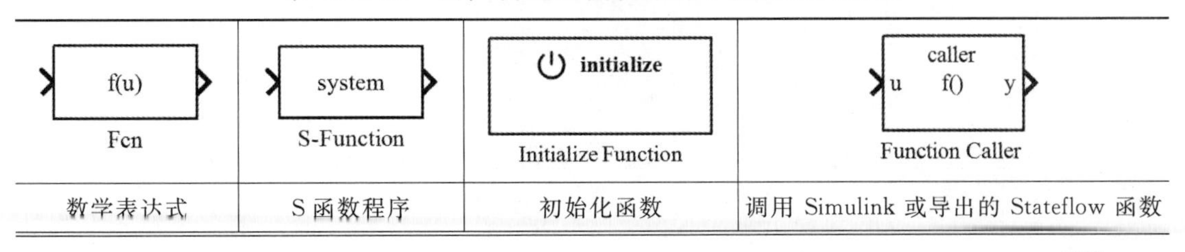

| Fcn (f(u)) | S-Function (system) | Initialize Function (initialize) | Function Caller (caller u f() y) |
|---|---|---|---|
| 数学表达式 | S 函数程序 | 初始化函数 | 调用 Simulink 或导出的 Stateflow 函数 |

续 表

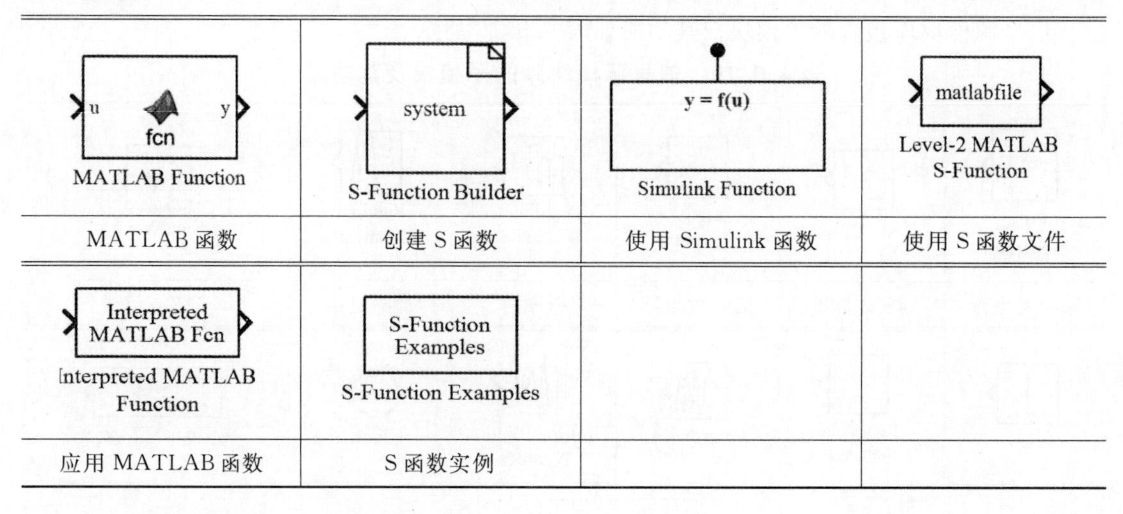

| MATLAB Function | S-Function Builder | Simulink Function | Level-2 MATLAB S-Function |
|---|---|---|---|
| MATLAB 函数 | 创建 S 函数 | 使用 Simulink 函数 | 使用 S 函数文件 |
| Interpreted MATLAB Function | S-Function Examples | | |
| 应用 MATLAB 函数 | S 函数实例 | | |

#### 4.3.2 Simulink 专业模块库

除了上述的通用模块库外，Simulink 中还集成了许多面向不同专业的专业模块库与工具箱，相关领域的科技人员可以利用这些专业的系统模块，便捷地构建自己的系统模型，并在此基础上进行系统的仿真、分析与设计。在 Simulink 模块库浏览器中可看到如表 4.3.12 所示的常用的专业模块库。还有一些专业模块库，没有在 Simulink 中显示，如电气工具箱，神经网络模糊控制工具箱等，这时可以在 MATLAB 的命令窗口输入相关命令打开所需要的工具箱进行建模。

1. 常用专业模块库

Simulink 中列出的常用专业模块库如表 4.3.12 所示。

**表 4.3.12 常用专业模块库**

| 模块库名 | 说明 |
|---|---|
| Aerospace Blockset | 航空航天模块库 |
| Audio System Toolbox | 音频系统工具箱 |
| Automated Driving System Toolbox | 自动驾驶系统工具箱 |
| Communications System Toolbox | 通信系统工具箱 |
| Communications System Toolbox HDL | 可用于 HDL 代码生成的通信系统工具箱 |
| Computer Vision System Toolbox | 计算机视觉工具箱 |
| Control System Toolbox | 控制系统工具箱 |
| Data Acquisition Toolbox | 数据采集工具箱 |
| DSP System Toolbox | 数字信号处理工具箱 |
| DSP System Toolbox HDL Support | 支持 HDL 代码生成的数字信号处理工具箱 |
| Embedded Coder | 嵌入式编码器工具箱 |

续 表

| 模块库名 | 说明 |
| --- | --- |
| Fuzzy Logic Toolbox | 模糊逻辑工具箱 |
| HDL Coder | HDL 代码生成库 |
| HDL Verifier | HDL 代码验证库 |
| Image Acquisition Toolbox | 图像采集工具箱 |
| Instrument Control Toolbox | 仪表控制工具箱 |
| LTE HDL Toolbox | 支持 HDL 代码生成的 LTE 工具箱 |
| Model Predictive Control Toolbox | 模型预测控制工具箱 |
| Neural Network Toolbox | 神经网络工具箱 |
| OPC Toolbox | OPC 工具箱 |
| Phased Array System Toolbox | 相控阵系统工具箱 |
| Powertrain Blockset | 动力总成模块库 |
| Report Generator | 报告生成器 |
| RF Blockset | 射频模块库 |
| Robotics System Toolboxs | 机器人系统工具箱 |
| Robust Control Toolbox | 鲁棒控制工具箱 |
| SimEvents | 离散事件模拟仿真模块库 |
| Simscape | 物理模型仿真模块库 |
| Simulink 3D Animation | Simulink 3D 动画库 |
| Simulink Coder | Simulink 代码库 |
| Simulink Control Design | Simulink 控制设计库 |
| Simulink Design Optimization | Simulink 优化设计库 |
| Simulink Design Verifier | Simulink 设计验证库 |
| Simulink Desktop Real - Time | Simulink 桌面实时仿真库 |
| Simulink Extras | Simulink 附加模块库 |
| Simulink Real - Time | Simulink 实时仿真库 |
| Simulink Requirements | Simulink 需求编写器 |
| Simulink Test | Simulink 模型测试工具箱 |
| Stateflow | 有限状态机的图形工具库 |
| System Identification Toolbox | 系统辨识工具箱 |
| Vehicle Network Toolbox | 车载网络工具箱 |
| Vision HDL Toolbox | 视觉 HDL 工具箱 |

2. 物理模型仿真模块库(Simscape)

在常用的专业模块库中，物理模型仿真模块库包含了一些常用的电子、机械模块，采用物理模型仿真模块库的模块可以构建物理系统模型。这使得系统的仿真过程更为形象，与系统的物理工作状态更为贴合。用户较为容易理解系统的运行情况，进一步完成复杂系统的设计和分析。采用物理模型仿真模块库可以对电动机、桥式整流电路、液压执行器和制冷系统等电子及机械系统进行建模，并进一步开发控制系统和测试系统。表 4.3.13 为物理模型仿真模块库的主要内容及功能介绍。

**表 4.3.13　物理模型仿真基本模块库**

| 子模块库名 | 说明 |
|---|---|
| Foundation Library | 常用的物理模型仿真模块 |
| Driveline | 动力传动系统模块库 |
| Electronics | 电子学系列元件、器件、传感器等模块库 |
| Fluids | 流体相关的元件、接口等模块库 |
| Multibody | 机械装置、元件、相关传感器等模块库 |
| Power Systems | 电力系统模块库 |
| Utilities | 公用模块库 |

### 4.3.3　模块的操作

用户进行系统建模时，首先需要在模块库浏览器的左边选择相应的模块库，再在模块库中选择所需要的模块，将其拖拉到编辑窗口里，搭建系统模型。常用的模块操作包括调整模块大小、旋转模块、复制模块以及对模块进行命名等，这些内容是建立 Simulink 仿真模型时对模块进行的基本操作。

1. 调整模块的大小

通过调整一个模块的大小，能够直接清晰地看到模型的参数，提高模型可读性。有些模块，如增益模块 Gain 等，当参数位数较少时，可以直接显示；当参数位数较多时，则以字母代替，此时可适当地增大模块的大小，使之显示所设置的参数。如：选择信号源模块库 Sources 中的 Constant 模块，并将其拖动到模型窗口，双击此模块，设置 Constant value 文本框中的值为 88.88，如果图标过小，不能显示数据，只显示为"－C－"。为了能够显示常数，可以增大模块，单击 Constant 模块，然后将鼠标指针放在位于四个角的某一方块上，此时鼠标指针会改变形状，然后拖动鼠标，增大图标之后，所设置的数据就可以显示出来。

2. 模块的旋转

模块的旋转通常有以下两种方法：

(1)单击需要旋转的模块，然后点击菜单栏中 Diagram→Rotate & Flip→Clockwise(或者 Counter clockwise)，可以完成顺时针、逆时针旋转等命令。

(2)右击该模块，弹出快捷菜单，再从快捷菜单中选择 Rotate & Flip 中的旋转选项命令。

3. 模块的复制

在建模过程中，经常遇到大量功能重复和设置相同模块的情况，如果把每个模块都从模块库中拖过来，然后进行参数设置，操作非常麻烦和费时，而且容易出错。为了避免这种情况发生，可以直接复制设置好的模块。

有几种方法都可以用来复制内部模块，但最为便捷的是按住鼠标右键拖动要复制的模块，即可实现模块的复制。

4. 模块的删除

当仿真模型中出现了多余的模块，即使不删除，Simulink 也能正常运行，并不会因此而影响仿真结果。但是多余的模块会降低模型的可读性，并会在 MATLAB 命令窗口中出现大量的警告信息，这十分不利于调试程序。

删除模块通常有以下三种方法：

(1)单击需要删除的模块，然后按 Delete 键，比较方便，推荐使用。

(2)单击需要删除的模块，然后点击菜单栏中 Diagram→Delete 命令。

(3)右击需要删除的模块，然后从弹出的快捷菜单中选择 Delete 命令。

5. 多个目标模块的选择

在建模过程中，有时候往往需要对多个模块进行同样的操作，如复制、旋转、删除和移动等。在进行这些操作之前，可以通过一次性选择多个目标模块来加快操作的速度。

选择多个目标模块主要有以下两种方法：

(1)使用 Shift 键。按住此键，然后依次单击需要选择的模块。这种方法适合于多个零散模块的选择。

(2)使用框选。按住鼠标左键或右键均可，从任何方向画方框，使画出来的方框框住要选择的模块。这种方法适合于整片模块的选择。

6. 模块的标签设置

(1)修改标签的名称。每个模块都有一个标签，创建模块的同时系统会自动命名。如果有多个相同模块，系统会自动的依次在模块名后面加上数字，如 Gain1、Gain2 和 Gain3 等。模块的标签不可以相同，这不同于连线标签。但很多情况下，用户希望修改这个系统预定的标签，以增加可读性。

修改模块标签名称的方法为：在需要修改的标签上面单击，标签则处于可编辑的状态。输入要修改的标签名称，然后再在空白区域单击，便完成了标签名称的修改。

(2)修改标签的位置。修改标签的位置主要有以下两种方法：

1)单击所要编辑的模块，然后点击菜单栏中 Diagram→Rotate & Flip→Flip block name 命令，可以调整使标签的位置在模块的上下改变。

2)右击所要编辑的模块，然后从弹出的快捷菜单中选择 Rotate & Flip→Flip block 中的 Left-Right 或者 up-down 命令。

(3)隐藏与显示系统自动编号的标签。有时需要隐藏系统自动编号的标签，使模型的视图清晰。这时，可以单击所要编辑的模块，然后选择 Display→Hide Automatic Names 命令。如果需要显示这些隐藏的标签，只需将 Hide Automatic Names 命令前面的对勾去掉即可。

7. 增加与去除模块的阴影

为提高系统的可读性，或者突出模型中的重点模块，可以通过为模块增加阴影来凸显模块，这样能够增强视觉效果，有助于理解系统模型。为模块增加阴影有以下两种方法：

(1)单击需要编辑的模块，然后选择 Diagram→Format→Shadow 命令。

(2)右击需要编辑的模块,然后从弹出的快捷菜单中选择 Format→Shadow 命令。

如果需要去除模块的阴影,只需将 Shadow 命令前面的对勾去掉即可。

### 4.3.4 模块的连线

模型中不仅有模块,还必须用连线将模块联系起来才能够构成一个有机整体。下面介绍连线的几个基本操作。

1. 绘制连线

(1)绘制两个模块之间的连线。将鼠标指针移动到一个模块的输出端,鼠标指针呈"十"字标记,然后按住鼠标左键,拖动到所要连接模块的输入端后松开即可;或者先用左键点击选中第一个模块,再按住 Ctrl 键,同时左键点击选中需要连接的模块,则 Simulink 会自动绘出该连线。

(2)绘制线与模块之间的连线。将鼠标指针移动到相应连线上,出现一个"十"字标记,按住鼠标右键,并拖动到需要连接的模块的输入端即可。

2. 移动连线

在复杂的模型中,由于有许多连线,而且连线之间往往容易交叉,这就降低了模型的可读性,因此有必要移动连线。移动连线的方法为:将鼠标指针移到连线上,按住鼠标左键并拖动到期望的位置,松开即可。

3. 移动节点

此操作类似于连线移动。将鼠标指针放在连线的转角处,此时鼠标指针的形状会变成圆形,再拖放节点到期望的地方后松开即可。

4. 连线删除

删除连线有 3 种方法:

(1)单击需要删除的连线,然后按 Delete 键。

(2)单击需要删除的连线,然后选择 Edit →Delete 命令。

(3)右击需要删除的连线,然后在弹出菜单中选择 Delete 命令。

5. 添加及删除连线分支

选择要编辑的连线,按住 Shift 键,在要分支的地方单击,其形状就会变成圆形,而连线也就在此被分割成两段。接着就可以拖动新节点到需要的位置,然后放开即可。添加分支之后,还可以取消分支。按住 Shift 键,在已经分支的地方单击,分支点就会消失。

## 4.4 Simulink 仿真参数设置

构建好系统的仿真模型之后,需要对 Simulink 仿真参数进行设置。在 Simulink 模型编辑器中点击菜单栏中的 Simulation→Model Configuration Parameters 命令,弹出仿真参数设置的对话框,如图 4.4.1 所示。从图 4.4.1 的左侧可以看出,仿真参数设置对话框主要包括 Solver(求解器)、Data Import/Export(数据输入输出项)、Diagnostics(诊断)、Math and Data Types、Hardware Implementation、Model Referencing、Simulation Target、Code Generation、Coverage、Real - Time Workshop 和 HDL Code Generation 共十项内容。图 4.4.1 的左侧是对应这十项内容的相应参数设置。这里介绍常用的前三种参数的设置。

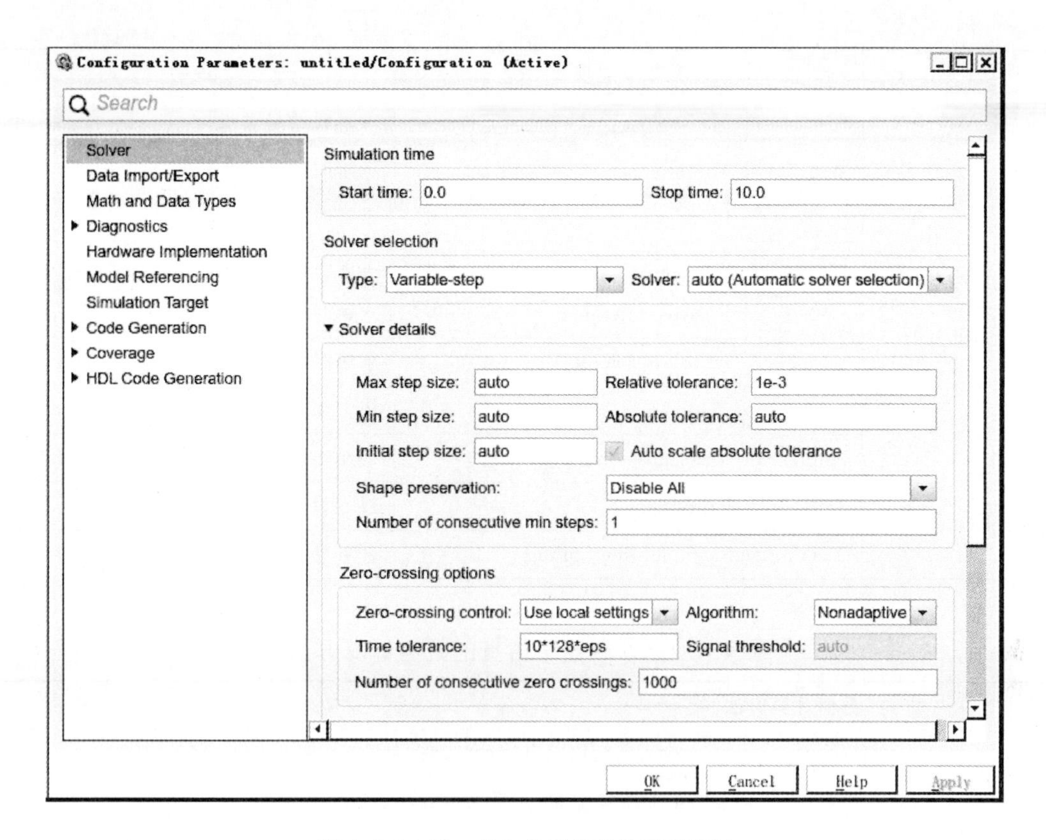


图 4.4.1　Simulink 仿真参数设置对话框

### 4.4.1　求解器(Solver)

仿真模型构建好后，在进行仿真之前，通常需要设置 Solver 参数。Solver 的参数设置说明如表 4.4.1 所示。其中，仿真开始时间一般从零开始，结束时间可以进行预设，仿真过程中如果预设时间不足，可以即时修改，但必须在仿真计算结束前。当仿真计算类型发生改变时，求解器“Solver”的下拉菜单中的数值计算方法的选择项也发生相应改变；对话框“Additional parameters”中的选项通常选为默认值。关于仿真的数值计算方法及特点如表 4.4.2 所示。

**表 4.4.1　Solver 参数设置**

| 选项 | 参数设置项 | | 说明 |
|---|---|---|---|
| Simulation time | Start time | | 仿真开始时间 |
| | Stop time | | 仿真终止时间 |
| Solver selections | Type | Variable - step | 仿真计算类型为变步长 |
| | | Fixed - step | 仿真计算类型为定步长 |
| | Solver | | 仿真的数值计算方法 |

续表

| 选项 | 参数设置项 | | 说明 |
|---|---|---|---|
| Solver details | step size | Max step size | 求解时的最大步长 |
| | | Min step size | 求解时的最小步长 |
| | | Initial step size | 求解时的初始步长 |
| | Fixed step size | | 求解时的固定步长 |
| | Tolerance | Relative tolerance | 求解时的相对误差 |
| | | Absolute tolerance | 求解时的绝对误差 |
| | Shape preservation | | 模型保存 |
| | Number of consecutive min step | | 最小步长的数目 |
| | Zero - crossing option | | 过零设置 |
| | Tasking and sample time options | | 任务处理及采样时间设置 |

**表 4.4.2　求解器中仿真的数值计算方法**

| 仿真计算类型 | 数值计算方法 | 说明 |
|---|---|---|
| 变步长 | Discrete | 检测到模块没有连续状态时使用 |
| | ode45 | 4 阶/5 阶龙格-库塔法，系统默认值，不适用于刚性系统 |
| | ode23 | 2 阶/3 阶龙格-库塔法，误差要求不高或者问题较简单时使用 |
| | ode113 | 阶数可变的 Adams 法，误差要求严格时使用，速度较快 |
| | ode15s | 变阶多步算法，用来求解刚性方程 |
| | ode23s | 基于 Rosenbrok 公式的单步算法，计算效率比 ode15s 高 |
| | ode23t | 梯形规则的一种自由差值法，可求解适度刚性又无数字振荡的系统 |
| | ode23tb | 具有两个阶段的隐式龙格-库塔法 |
| 定步长 | Discrete | 积分的固定步长求解，用于离散系统 |
| | ode1 | 欧拉法 |
| | ode2 | 改进的欧拉法 |
| | ode3 | 固定步长的 2 阶/3 阶龙格-库塔法 |
| | ode4 | 4 阶龙格-库塔法，具有一定计算精度 |
| | ode5 | 固定步长的 5 阶龙格-库塔法，系统默认值，不适用于刚性系统 |
| | ode14x | 外推法 |

### 4.4.2　数据输入/输出(Data Import/Export)

Data Import/Export 设置界面如图 4.4.2 所示，它主要完成在 Simulink 与 MATLAB 工作区交换数值时进行的有关选项设置。通过设置，可以从工作区输入数据、初始化状态模块，也可以把仿真结果、状态变量和时间数据保存到当前工作区。Data Import/Export 的参数设置如表 4.4.3 所示。

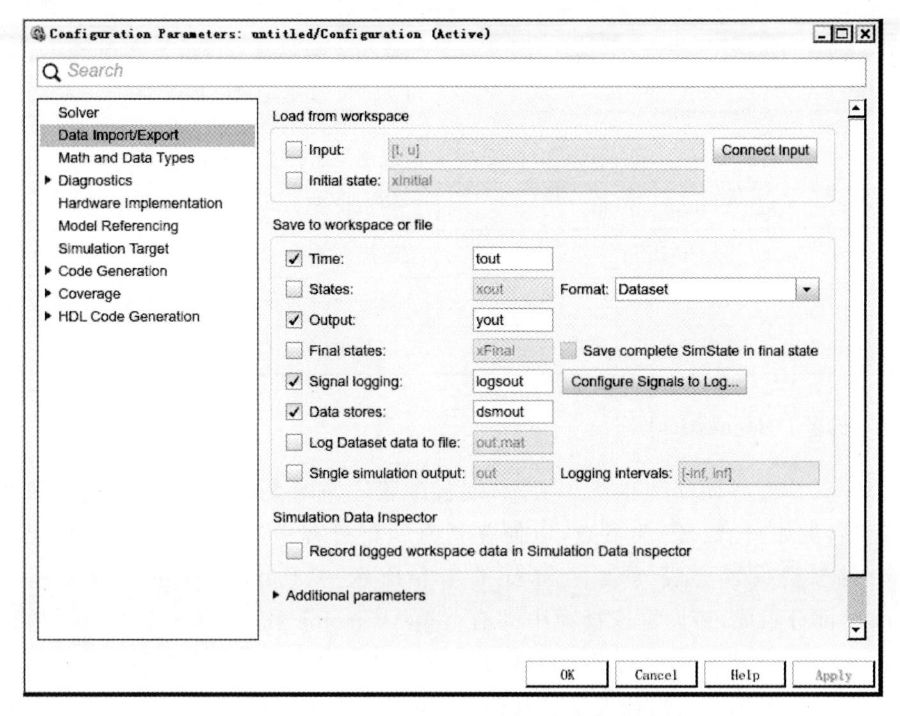


图 4.4.2　Data Import/Export 设置界面

**表 4.4.3　Data Import/Export 参数设置**

| 选项 | 参数设置项 | 说明 |
|---|---|---|
| Load from workspace | Input | 在仿真开始之前从工作区中加载输入数据 |
| | Initial state | 在仿真开始之前从工作区中加载模型初始状态 |
| Save to workspace or file | Time | 在仿真期间将仿真时间数据保存到指定的变量 |
| | States | 在仿真期间将状态数据保存到 MATLAB 变量 |
| | Output | 在仿真期间将输出数据保存到 MATLAB 变量 |
| | Final states | 在仿真结束时记录的模型状态保存到指定的变量 |
| | Signal logging | 将模型的信号保存到工作区 |
| | Data stores | 将模型的数据保存到工作区 |
| | Log dataset data to file | 将数据记录到 mat 文件中 |
| | Single simulation output | 启用 Simulink 命令的单输出格式 |
| | Format | 选择用于保存、输出和最终状态数据的格式 |
| | Save complete SimState in final state | 仿真结束时，Simulink 会将完整的模型状态集（包括记录的状态）保存到指定的 MATLAB 变量 |
| | Logging intervals | 设置日志记录的时间间隔 |

续 表

| 选项 | 参数设置项 | 说明 |
| --- | --- | --- |
| Simulation Data Inspector | Record logged workspace data in Simulation Data Inspector | 在仿真暂停或完成时是否向 Simulation Data Inspector 发送记录的状态 |
| Save options | Limit data points to last | 限制导出到工作区的数据个数 |
| | Output option | 输出设置 |
| | Decimation | 输出的频次 |
| | Refine factor | 指定在时间步长之间生成数据点的数量 |
| Advanced parameters | Dataset signal format | 记录 Dataset 元素的格式 |

### 4.4.3 诊断(Diagnostics)

Diagnostics 诊断界面如图 4.4.3 所示,通过配置适当的参数,检测与求解器和求解器设置相关的问题(例如,代数环)的参数,以便在仿真执行过程中遇到异常情况时诊断出错误。Diagnostics 的参数设置如表 4.4.4 和表 4.4.5 所示。Diagnostics 由 solver 和 advanced parameters 两部分组成,在设置选择项中共有 none、warning 和 error 3 个参数可供选择。选择 error 时,Simulink 将会显示错误信息并高亮显示错误的模块,并中断模型的仿真运行;选择 none 时,Simulink 则不给出任何信息及提示,模型正常运行;选择 warning 时,Simulink 会给出相应的警告而不会中断模型的仿真。

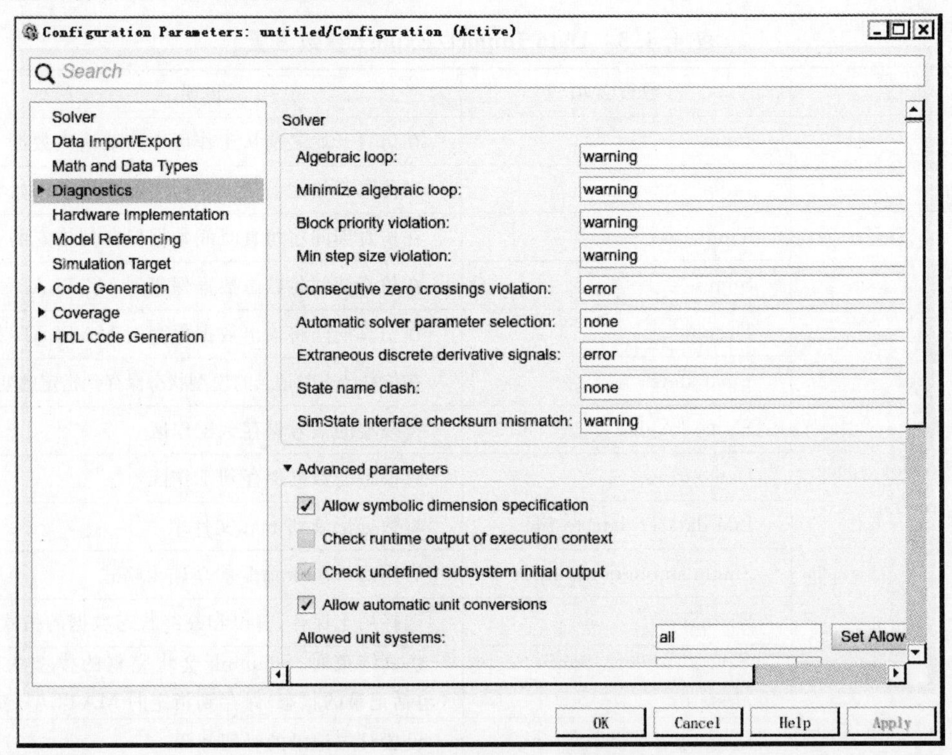


图 4.4.3 Diagnostics 诊断界面

表 4.4.4　Diagnostics 中 Solver 的参数设置

| 参数设置项 | 说明 |
|---|---|
| Algebraic loop | 在编译模型期间检测到代数环时执行 |
| Minimize algebraic loop | 输入端口有直接连通而无法对原子系统或模块执行人为代数环最小化时执行 |
| Block priority violation | 检测到模块优先级指定错误时执行 |
| Min step size violation | 检测到下一个仿真步长小于为模型指定的最小步长时执行 |
| Consecutive zero crossings violation | 检测到连续过零数超出指定的最大值时执行 |
| Automatic solver parameter selection | 更改求解器参数设置时执行 |
| Extraneous discrete derivative signals | 离散信号输出给具有连续状态的模块输入时执行 |
| State name clash | 模型中多个状态使用同一名称时执行 |
| SimState interface checksum mismatch | 检查使在加载 SimState 之前接口校验和与模型校验完全相同 |

表 4.4.5　Diagnostics 中 Advanced parameters 的参数设置

| 参数设置项 | 说明 |
|---|---|
| Allow symbolic dimension specification | 是否在整个模型中传播维度符号,并在传播的信号维度中保留这些符号 |
| Check runtime output of execution context | 当检测到输出可能与以前的版本存在差别时是否显示警告 |
| Check undefined subsystem initial output | 当条件执行子系统中具有指定初始条件的模块所驱动的 Outport 模块未定义初始条件时要执行的诊断操作 |
| Allow automatic unit conversions | 指定模型中允许的自动单位转换 |
| Allowed unit systems | 指定模型中允许使用的单位制 |
| Units inconsistency messages | 指定是否应将单位不一致的情况报告为警告 |
| Solver data inconsistency | 选择当检测到 S－Function 具有连续的采样时间,但多次执行生成的结果不一致时要执行的诊断操作 |
| Ignored zero crossings | 选择忽略的过零点要执行的诊断操作 |
| Masked zero crossings | 选择掩藏的过零点要执行的诊断操作 |
| Initial state is array | 当初始状态为数组时要执行的诊断操作 |
| Insufficient maximum identifier length | 选择最大标识符长度不足时要执行的诊断操作 |
| Block diagram contains disabled library links | 当保存包含已禁用的库链接的模型时要执行的诊断操作 |
| Block diagram contains parameterized library links | 当保存包含已参数化的库链接的模型时要执行的诊断操作 |
| Combine output and update methods for code generation and simulation | 当输出和更新代码在一个函数中时,强制仿真执行顺序与代码生成顺序相同 |

# 4.5 影响模型仿真速度与精度的因素

系统模型的仿真速度和精度受到许多因素的影响，如参数的选择、模型本身的搭建结构。通过4.4节的介绍可知，参数设置对话框中的若干设置可以影响Simulink的仿真速度，如求解器的选择、时间步长的设置、是否检测模型中的匹配问题等。而且速度与精度往往相互矛盾，仿真速度快往往精度低，应该根据具体的仿真对象和环境以及用户的要求来权衡，并由此确定相关参数的设置。

## 4.5.1 求解器及其正确设置

求解器在Simulink仿真过程中起着很重要的作用，是Simulink进行仿真计算的核心。因此，要正确选择它的选项，必须进一步了解它。

在Simulink中所提供的求解器算法都是当今国际上数值计算研究的最新成果，采用的都是速度最快、精度最高的计算方法。即便如此，也没有一个万能的算法，能够非常理想地求解各类微分方程。不同的系统需要利用不同的求解器算法，所以了解系统的特性是非常重要的，如系统方程是否是刚性方程等。

1. 离散时间系统求解器算法

离散时间系统一般都是用差分方程描述的，其输入与输出仅在离散的采样时刻取值，系统的状态每隔一个采样周期才更新一次，而Simulink中离散时间系统仿真的核心，就是对离散时间系统的差分方程求解。因此，除了有限的数据截断误差外，Simulink对离散时间系统仿真的结果可以认为是没有误差的。

用户欲仿真纯粹的离散时间系统，需要选用离散求解器，即在Simulink仿真参数设置对话框的求解器选项卡中选择discrete选项，便可对离散时间系统进行精确的求解和仿真。

2. 连续系统求解器算法

连续系统是用微分方程描述的。使用数字计算机只能求出其数值解(即近似解)，不可能得到系统的精确解。Simulink对连续系统进行仿真，实质上是对系统的常微分方程或者偏微分方程进行求解。微分方程的近似求解方法有多种，因此Simulink的连续求解器有多种不同的算法，如表4.4.2所示。为了能够正确地选择连续求解器的算法，必须了解关于用微分方程描述系统的“刚性”的概念。

所谓刚性系统，是指该系统方程特征值相差很大(有的很大，有的很小)，其物理意义就是描述该动态系统惯性的一组时间常数值大小的差。因此，刚性系统中既包含变化很快的动态模式(分量)，又包含变化很慢的动态模式。

需要说明的是，尽管采用不同的连续系统求解器算法会对系统的仿真结果与仿真速度造成不同的影响，但一般不会对系统的性能分析产生较大的影响，因为用户可以设置绝对误差限、相对误差限、最大步长、最小步长与初始步长等参数，从而对连续求解器的求解过程施加相应的控制。

## 4.5.2 影响Simulink仿真速度的若干因素

影响Simulink仿真速度的原因比较复杂，可能是由某一个原因造成的，也可能是多个原

因共同作用的结果,需要用户不断地调试。下面简述 9 个可能影响仿真速度的因素:

(1)Simulink 模型可能为一个刚性方程。对于默认的 ode45 求解器来说,求解速度非常慢,有时候即使缩小仿真步长仍然得不到想要的结果,此时需要设置为刚性方程求解器,如 ode15s 或者 ode23t 等。

(2)仿真步长太小。有时在仿真时不需要过小的步长就能够满足计算精度,此时就可以适当扩大最小步长设置。在满足精度的情况下,扩大步长能够显著地提高仿真速度。

(3)误差设置过小。有时在仿真时不需要过小的误差限制就能够满足计算精度,此时应该适当扩大误差限制。在满足精度的情况下,扩大误差限制也能够显著地提高仿真速度。

(4)在 Simulink 模型中调用了 MATLAB Fcn 模块。当 Simulink 进行仿真时,每次 MATLAB Fcn 模块都要调用相应的 M 函数,使得仿真速度大受影响。在能够利用 Simulink 模块搭建的情况下,尽量使用模块组合来实现 MATLAB 函数的功能,可以大大加快仿真速度。

(5)在 Simulink 模型中调用了 M 文件的 S 函数。和 MATLAB Fcn 模块一样,这个调用功能同样会导致 MATLAB 解释器的介入,降低仿真速度。在能够利用 Simulink 模块搭建的情况下,尽量使用模块组合来实现 S 函数的功能,可以显著加快仿真速度。

(6)模型中存在有代数环。代数环的存在会大大地降低计算速度,甚至可能导致仿真失败,关于如何消除代数环请参阅第 6 章。

(7)模型中包含有 Memory 模块。当求解器为 ode15s 或者 ode113 等变阶方法时,仿真速度会受到影响。

(8)模型中积分模块的输入为一个随机信号。

(9)模型中有混合系统存在。在混合系统中,不同的采样周期间不是整数倍时,往往会导致计算速度下降。

### 4.5.3　提高 Simulink 仿真精度的若干措施

对于提高 Simulink 的仿真精度,有一个比较笼统的方法就是缩小仿真步长,或者设置较小的相对误差,或者选择合理的求解器,操作步骤如下:

(1)选择适当的求解器。判断系统是否是刚性的,如果是则选择 ode15s 或者 ode23t 等求解器,如果不是则选择 ode45 等。

(2)确定误差。首先设置一个相对误差值,然后依次缩小相对误差,看仿真结果是否有明显变化,如果没有,则说明相对误差设置接近理想范围。绝对误差设置过程与此大致类似。

(3)调整仿真步长,方法类似于相对误差的调整。有时候需要将仿真步长与相对误差结合起来调整,需要经过反复多次才能够得到理想的精度。

如果仿真结果不稳定,可能的原因如下:

(1)系统本身不稳定,可能出现异常现象。

(2)如果使用的求解器为 ode15s,可以将最大阶数设定为 2,或者将求解器调整为 ode23s 进行尝试。

(3)可能是相对误差或者绝对误差的设置不够理想。

Simulink 仿真和 MATLAB 计算是密不可分的,由于 MATLAB 语言是一种解释性语言,所以有时 MATLAB 程序的执行速度不够快,也会影响到仿真速度的提高。建议读者采用以下方法来提高 MATLAB 程序的执行速度：

(1)尽量避免使用循环。循环语句及循环体经常被认为是 MATLAB 编程的瓶颈问题，应当尽量用向量化的运算来代替循环操作。在必须使用多重循环的情况下，如果这些循环执行的次数不同，则应该将循环次数最少的循环放在最外一层，循环次数最多的放到靠近最内一层，这可以明显提高仿真速度。

(2)预先确定大型矩阵的维数。尽管 MATLAB 并不要求必须在使用数组(矩阵)前先确定维数，但因为让系统程序自动给大型矩阵动态定维是很费时间的，所以在使用较大数组(矩阵)时，首先用 MATLAB 的特殊数组生成函数[如 zeros( )]，然后再进行赋值处理，这样会显著减少执行用户程序所需的时间。

(3)优先考虑内部函数。矩阵运算应该尽量采用 MATLAB 的内部函数，因为内部函数是由 C 语言构造的，其执行速度显然快于使用循环的矩阵运算。

另外，采用更加有效的算法，如应用 MEX 技术，遵守 Performance Acceleration 的规则，也是加快 MATLAB 程序执行速度的有效措施。有关这些内容，此处从略，读者可参阅相关文献。

# 第 5 章　Simulink 系统建模和仿真举例

本章将通过一些具有代表性的实例，介绍如何使用 Simulink 来构建一个动态系统模型，然后进行仿真与系统分析。主要内容包括连续系统的建模与仿真，离散时间系统的建模与仿真，混合系统的建模与仿真。

## 5.1　连续系统的建模与仿真

连续系统既包含线性系统也包含非线性系统，在使用 Simulink 模块库对连续系统建模时，除了需要信号源模块库和信号接收模块库外，还要用到连续模块库、非连续模块库和数学运算模块库。

### 5.1.1　微分方程模型

**【例 5.1.1】**　利用 Simulink 计算例 2.8.16 中 van der Pol 方程

$$\frac{d^2x}{dt^2}-\mu(1-x^2)\frac{dx}{dt}+x=0,\quad \mu=2$$

的解。并用示波器 Scope 显示状态量 $x_1$ 和 $x_2$。

**【解】**　这是一个非线性连续系统的例子。

首先，将系统降为一阶系统

$$\begin{cases}\dot{x}_1=x_2\\ \dot{x}_2=-2(x_1^2-1)x_2-x_1\end{cases}$$

然后进行拉氏变换

$$\begin{cases}sX_1(s)=X_2(s)\\ sX_2(s)=-2(X_1(s)^2-1)X_2(s)-X_1(s)\end{cases}$$

构建系统的模型。

(1)系统模型构建。

构建系统模型需要的模块及其参数如表 5.1.1 所示，没有进行设置的模块采用系统默认值。构建系统 Simulink 模型如图 5.1.1 所示。

**表 5.1.1　系统模型模块及参数设置**

| 模块库 | 模块 | 模块名 | 参数设置 |
|---|---|---|---|
| Sources | Constant | Constant | Value:1 |
| Math | Gain | Gain | Gain:2 |
| | Add | Add | List of signs:−− |
| | | Add1 | List of signs:+− |
| | Product | Product | 无须设置 |
| | | Product1 | |

续 表

| 模块库 | 模块 | 模块名 | 参数设置 |
| --- | --- | --- | --- |
| Continuous | Integrator | Integrator | Initial condition:3 |
| | | Integrator1 | Initial condition:1.5 |
| Signal Routing | Mux | Mux | 无须设置 |
| Sinks | Scope | Scope | |
| | XY Graph | XY Graph | X-min:$-5$;X-max:5 |
| | | | Y-min:$-5$;Y-max:5 |

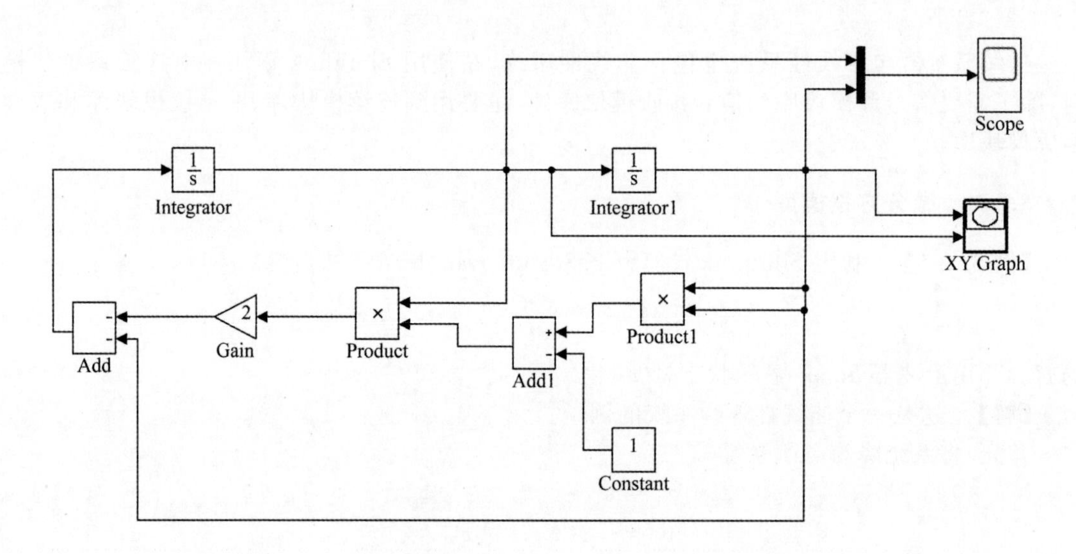


图 5.1.1　求解 van der Pol 方程的 Simulink 模型

(2)求解器设置。

求解器中仿真结束时间设置为 30 s,其他参数采用默认设置即可。

(3)模型仿真及分析。

构建好模型后点击仿真开始图标,启动仿真。仿真结束后,系统输出的仿真结果由 Scope 和 XY Graph 模块显示,如图 5.1.2 所示。其中,Scope 中的虚线是 $x_2$ 的时间响应曲线,实线是 $x_1$ 的时间响应曲线。

**【例 5.1.2】** 假设从自然界(力学、电学、生态等)或社会中,抽象出有初始状态为 0 的二阶微分方程 $x''+0.2x'+0.4x=0.2u(t)$,$u(t)$是单位阶跃函数,求方程的解。

**【解】** 本例可以采用积分模块直接构建微分方程求解模型。

(1)系统模型的构建。

系统的微分方程可改写为 $x''=0.2u(t)-0.2x'-0.4x$,构建该模型所需要的模块及其参数如表 5.1.2 所示。根据上述微分方程,搭建系统仿真框图如图 5.1.3 所示。

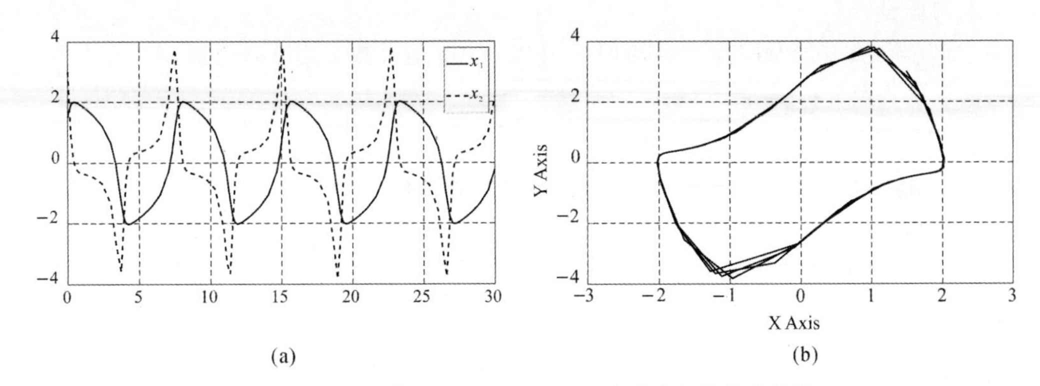


图 5.1.2　例 5.1.1 van der Pol 方程求解的仿真结果

(a)scope 显示时间响应曲线；（b)XY plot 显示相平面曲线

**表 5.1.2　系统模型模块及参数设置**

| 模块库 | 模块 | 模块名 | 参数设置 |
|---|---|---|---|
| Sources | Step | u(t) | 无须设置 |
| | Clock | Clock | |
| Math | Gain | Gain | Gain：0.2 |
| | | Gain1 | Gain：0.2 |
| | | Gain2 | Gain：0.4 |
| | Add | Add | List of signs：+−− |
| Continuous | Integrator | Integrator | Initial condition：0 |
| | | Integrator1 | Initial condition：0 |
| Signal Routing | Mux | Mux | 无须设置 |
| Sinks | Scope | Scope | |
| | To Workspace | To Workspace | Variable name：x_t |

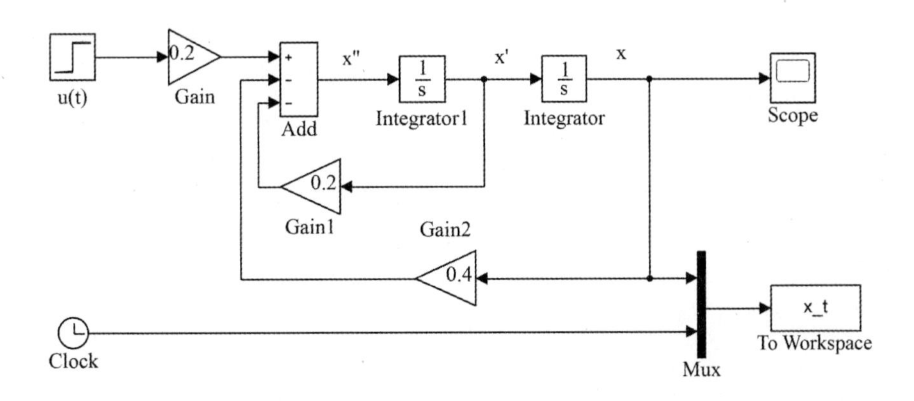


图 5.1.3　例 5.1.2 线性二阶微分方程求解的 Simulink 模型

(2) 求解器设置。

设置求解器仿真开始时间为 0,结束时间为 20 s。其他参数采用默认设置。

(3) 模型仿真及分析。

点击仿真开始图标，启动仿真，结果如图 5.1.4 所示。此外，在模型中还采用“To Workspace”模块，将仿真系统的某些信息、数据输出到 MATLAB 工作区中，并用一个名为“x_t”的变量保存起来，在本例中，x_t 保存的内容是 $t$ 和 $x(t)$。该变量的名称可以通过双击“To Workspace”模块，打开模块参数对话框进行设置。

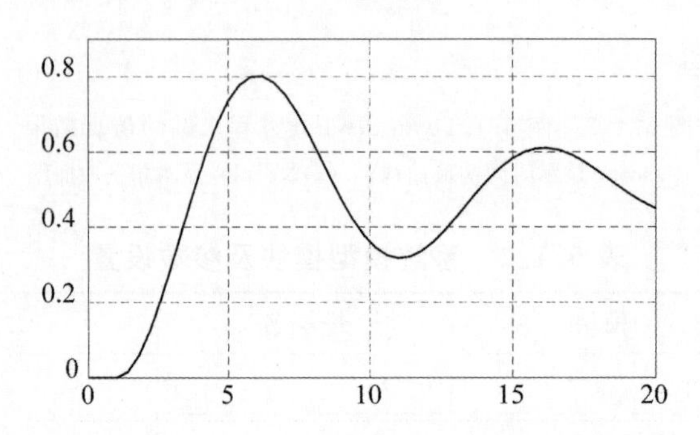


图 5.1.4　例 5.1.2 线性二阶微分方程求解的仿真结果

### 5.1.2　传递函数模型构建

**【例 5.1.3】** 已知传递函数如下：

$$G(s)=\frac{X(s)}{U(s)}=\frac{0.2}{s^2+0.2s+0.4}$$

试直接利用传递函数模块求解其阶跃响应。

**【解】** (1)系统模型构建。

建立该模型所需模块如表 5.1.3 所示，搭建的 Simulink 仿真模型如图 5.1.5 所示。

**表 5.1.3　系统模型模块及参数设置**

| 模块库 | 模块 | 模块名 | 参数设置 |
| --- | --- | --- | --- |
| Sources | Step | U(s) | 无须设置 |
| Continuous | Transfer Fcn | G(s) | Numerator coefficients：[0.2] |
| | | | Denominator coefficients：[1 0.2 4] |
| Sinks | Scope | Scope | 无须设置 |

(2)求解器设置。

设置仿真结束时间为 10 s，其他参数均采用默认值。

(3)仿真。

点击仿真开始图标，启动仿真，系统输出的仿真结果由 Scope 模块显示，结果如图 5.1.6所示。可见，输入的阶跃信号是从 $t=1$ s 开始的，这是 Step 模块的默认设置，如果需要

阶跃信号从 $t=0$ s 开始，则必须点击该模块，修改其默认的参数设置。

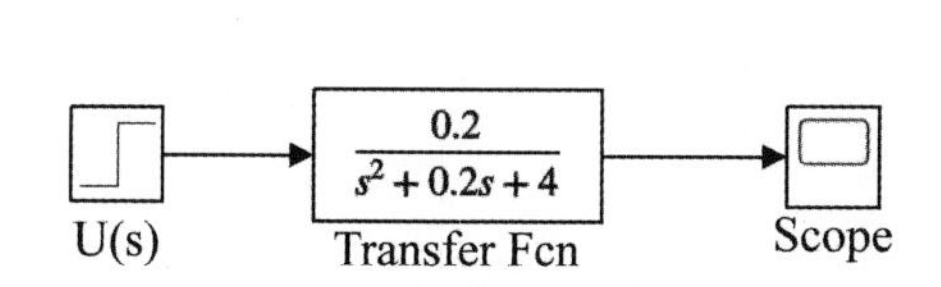


图 5.1.5　例 5.1.3 传递函数的 Simulink 模型

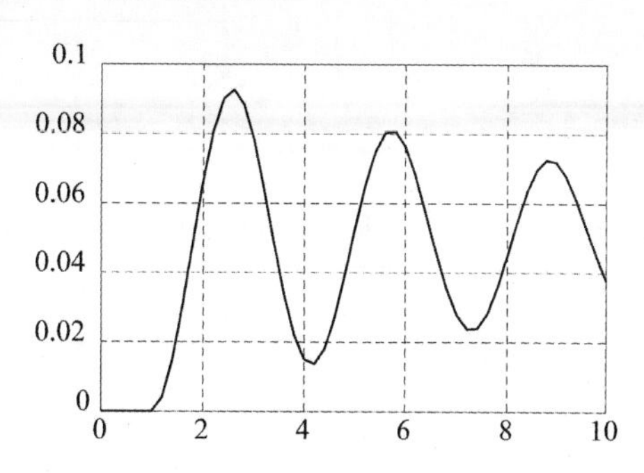


图 5.1.6　例 5.1.3 传递函数模型仿真结果

### 5.1.3　零极点增益模型构建

**【例 5.1.4】** 单位反馈的二阶系统如图 5.1.7 所示。因为该系统的阻尼比较小，动态性能差，实际使用时须加入调节器以改善其性能。如采用比例加微分控制，可以在系统出现位置误差之前，提前对系统产生修正作用，最终达到改善系统动态性能的目的。

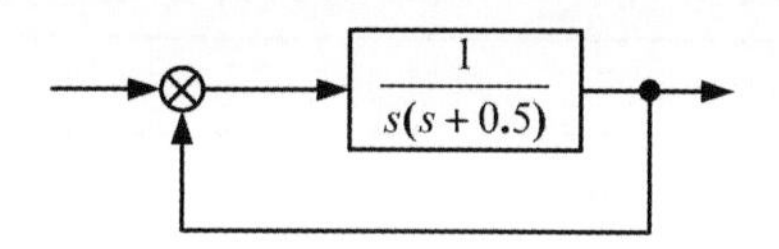


图 5.1.7　单位反馈的二阶系统框图

**【解】** (1)系统模型构建。

构建本系统模型需用的模块及其参数如表 5.1.4 所示。搭建系统的 Simulink 模型如图 5.1.8 所示。

**表 5.1.4　系统模型模块及参数设置**

| 模块库 | 模块 | 模块名 | 参数设置 |
| --- | --- | --- | --- |
| Sources | Step | Step | 无须设置 |
| Math | Gain | Gain | Gain：1 |
| | | Gain1 | Gain：0.2 |
| | Sum | Sum | 无须设置 |
| Continuous | Derivatives | Derivatives | |
| | Zero-Pole | Zero-Pole | Zeros：[ ] |
| | | | Poles：[0　−0.5] |
| | | | Gain：1 |
| Sinks | Scope | Scope | 无须设置 |

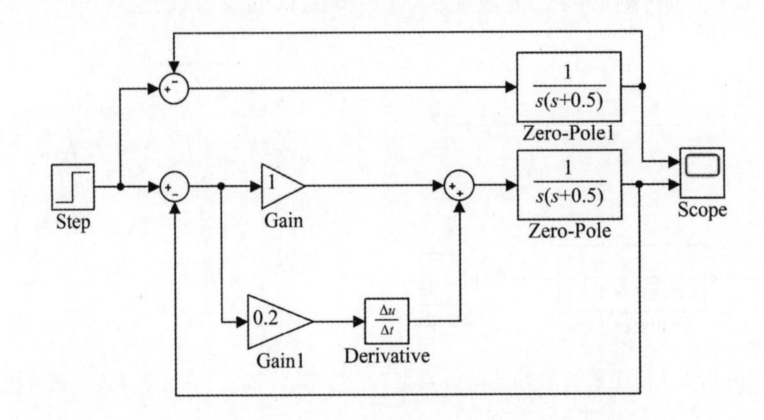


图 5.1.8　例 5.1.4 比例加微分控制系统模型

(2)求解器参数设置。

系统求解器的仿真参数设置如表 5.1.5 所示。

**表 5.1.5　求解器的仿真参数设置**

| 选　项 | 设置项 | 参数设置 |
|---|---|---|
| Simulation time | Stop time | 20 |
| Solver options | Type | Variable - step |
| | Solver | ode45 |
| Additional options | Max step size | 0.01 |
| | Absolute tolerance | 1e−6 |

(3)系统仿真及分析。

点击仿真开始图标，启动仿真，系统输出的仿真波形由 Scope 模块显示，结果如图 5.1.9 所示。其中，虚线为未加入 PI 控制时的输出波形曲线，实线为 PI 控制后的输出波形曲线。可以看出，PI 控制能有效地改善二阶系统的动态性能。

### 5.1.4　状态空间模型构建

**【例 5.1.5】** 已知系统

$$\dot{\boldsymbol{x}}=\begin{bmatrix}-1 & -2 & -2\\ 0 & -1 & 1\\ 1 & 0 & -1\end{bmatrix}\boldsymbol{x}+\begin{bmatrix}2\\0\\1\end{bmatrix}\boldsymbol{u}$$

$$\boldsymbol{y}=\begin{bmatrix}1 & 0 & 0\end{bmatrix}\boldsymbol{x}$$

是完全能观的，试以

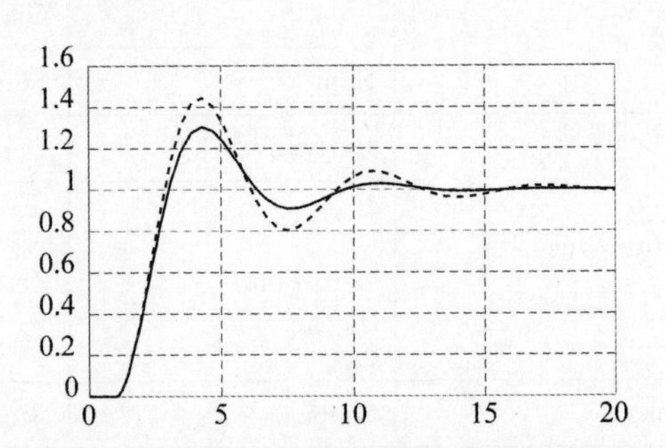


图 5.1.9　例 5.1.4 比例加微分控制系统仿真结果

$$\boldsymbol{L}=\begin{bmatrix}15\\1.872\\-25.2592\end{bmatrix}$$

为增益矩阵构建观察器,并分析该观察器的跟踪能力。

**【解】** (1) 系统模型分析。

根据已有参数,可得观察器的系统模型为

$$\left.\begin{aligned}\dot{\tilde{\boldsymbol{x}}}&=(\boldsymbol{A}-\boldsymbol{LC})\tilde{\boldsymbol{x}}+\boldsymbol{Bu}+\boldsymbol{Ly}\\\tilde{\boldsymbol{y}}&=\boldsymbol{Cx}\end{aligned}\right\}\tag{5.1.1}$$

其中,$\boldsymbol{A}=\begin{bmatrix}-1&-2&-2\\0&-1&1\\1&0&-1\end{bmatrix}$,$\boldsymbol{B}=\begin{bmatrix}2\\0\\1\end{bmatrix}$,$\boldsymbol{C}=[1\quad 0\quad 0]$。

将式(5.1.1)改写为状态方程标准形式,得

$$\begin{cases}\dot{\tilde{\boldsymbol{x}}}=(\boldsymbol{A}-\boldsymbol{LC})\tilde{\boldsymbol{x}}+[\boldsymbol{B},\boldsymbol{L}]\begin{bmatrix}\boldsymbol{u}\\\boldsymbol{y}\end{bmatrix}\\\tilde{\boldsymbol{y}}=\boldsymbol{Cx}+[0\quad 0]\begin{bmatrix}\boldsymbol{u}\\\boldsymbol{y}\end{bmatrix}\end{cases}$$

基于该模型进行 Simulink 建模。

(2)系统仿真所需模块及参数设置。

构建本系统模型需用的模块及其参数如表 5.1.6 所示。

**表 5.1.6　系统模型模块及参数设置**

| 模块库 | 模块 | 模块名及说明 | 参数设置 |
|---|---|---|---|
| Sources | Sine Wave | Sine Wave:作为输入信号源 | 无须设置 |
| Continuous | State-Space | State-Space:原系统状态方程 | A:A<br>B:B<br>C:C<br>D:D<br>其他设置缺省 |
| | | State-Space1:观察器系统状态方程 | A:A1<br>B:B1<br>C:C1<br>D:D<br>Initial conditions:1 |
| Signal Routing | Mux | Mux:合并观察器的两个输入信号 | 无须设置 |
| | | Mux1:合并两个系统的输出信号 | |
| Sinks | Scope2 | 显示输出 | |

求解器使用系统默认设置即可,仿真时长设置为 5 s。在仿真开始之前,需将模块清单中的 A、B、C 等参数提前写入 MATLAB 的工作区中。

在 MATLAB 命令行输入以下命令：

```
A=[-1 -2 -2;0 -1 1;1 0 -1];
B=[2;0;1];
C=[1 0 0];
D=0;
L=[15;1.872;-25.2592];
A1=A-L*C;
B1 = [B L];
C1 = C;
D1 = [D 0];
```

构建系统的 Simulink 模型如图 5.1.10 所示。

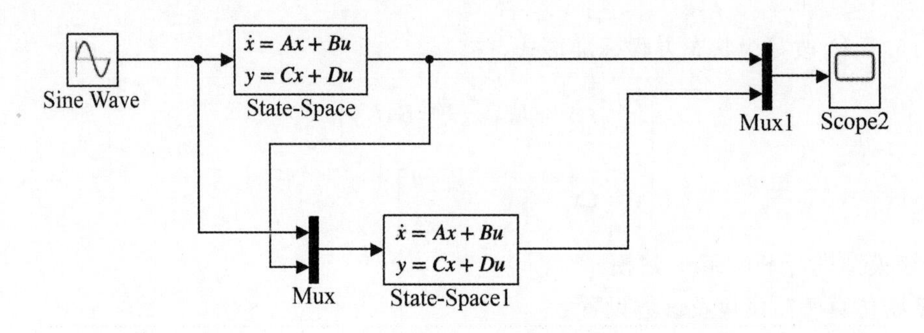


图 5.1.10　例 5.1.5 状态空间系统及观察器系统模型

(3)系统仿真及分析。

点击仿真开始图标，启动仿真，系统输出的仿真结果由 Scope 模块显示，结果如图 5.1.11所示。其中实线为原系统输出变化情况，虚线为观察器结果的变化情况，由图 5.1.11 可以看出，观察器跟踪效果较好。

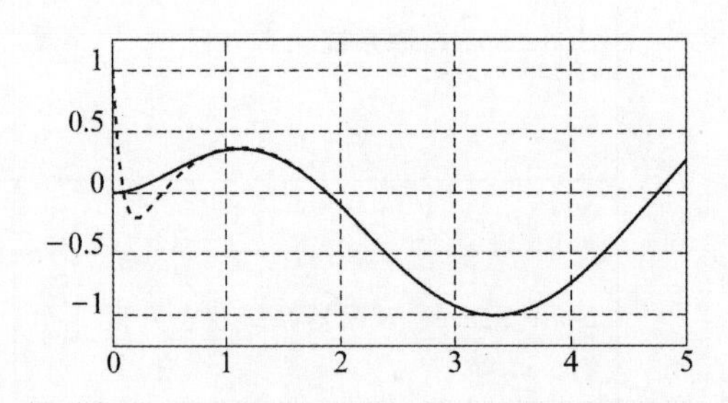


图 5.1.11　状态空间系统及观察器仿真结果

## 5.2　离散时间系统的建模与仿真

在 Simulink 模块库中，离散模块库 Discrete 专门用于离散时间系统的建模，此外，其他一些模块库，如 Math Operations，Sources 和 Sinks 模块库中的几乎所有模块都能应用于离散时间系统建模。

采样周期是所有离散模块中最重要的参数，在所有离散模块的参数设置对话框里，在 Sample time（采样周期）栏中可以填写标量 $T_s$ 或二元向量[$T_s$，offset]。其中，$T_s$是指定的采样周期，offset 是时间偏移量，它可正可负，但绝对值小于 $T_s$，实际的采样时刻 $t=T_s+\text{offset}$。

### 5.2.1　差分方程模型

许多离散时间系统中包含多种不同的采样速率。通常在离散时间控制系统中，控制器的更新速率一般要低于控制对象本身的工作频率，显示系统的更新速率比控制器更低。

**【例 5.2.1】**　假设某离散时间系统的状态方程为

$$\begin{cases} x_1(k+1)=x_1(k)+0.1x_2(k) \\ x_2(k+1)=-0.05\sin(x_1(k))+0.094x_2(k)+u(k) \end{cases}$$

其中，$u(k)$ 是输入，$u(k)=0.75-x_1(k)$。该系统的采样周期是 0.1 s。控制器的采样周期为 0.25 s，显示系统的更新周期为 0.5 s。试设计此采样系统。

**【解】**　(1)系统模型构建。

构建该系统所需的模块及其参数如表 5.2.1 所示。

**表 5.2.1　系统模型模块及参数设置**

| 模块库 | 模块 | 模块名 | 参数设置 |
|---|---|---|---|
| Sources | Constant | Constant | Value:0.75 |
| Math | Gain | Gain | Gain:0.1 |
| | | Gain1 | Gain:0.094 |
| | | Gain2 | Gain:1 |
| | Sum | Sum | List of signs:－＋＋ |
| | Add | Add | 无须设置 |
| | Subtract | Subtract | |
| Discrete | Unit Delay | Unit Delay | Sample time:0.1 |
| | Zero-Order Hold | Zero-Order Hold | Sample time:0.5 |
| | | Zero-Order Hold1 | Sample time:0.25 |
| Use-Defined Function | Fcn | Fcn | Expression: 0.05 * sin(u(1)) |
| Sinks | Scope | Scope | 无须设置 |
| | Display | Display | |

求解器算法设置为离散求解器算法 discrete，其余参数均采用 Simulink 的默认值，构建的系统模型如图 5.2.1 所示。

在多采样周期的复杂系统中，为了分清各部分信号的采样周期，可用不同的颜色标记不同采样周期的信号。具体的方法是在 Display-Format 菜单下，点击 Sample Time Display/Colors 即可。

(2)系统仿真与分析。

点击仿真开始图标,启动仿真,系统输出的仿真结果由 Scope 模块显示,结果如图 5.2.2所示。

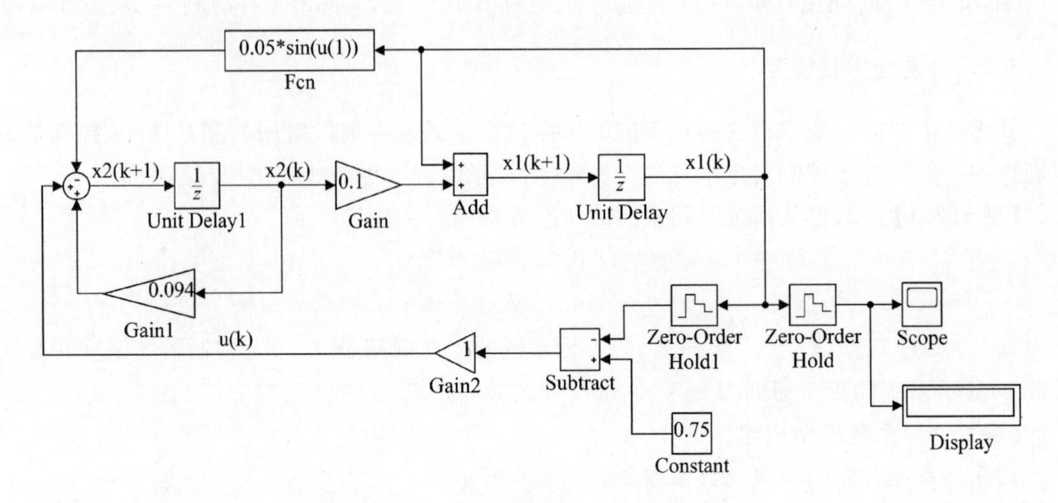


图 5.2.1 例 5.2.1 离散时间系统仿真模型

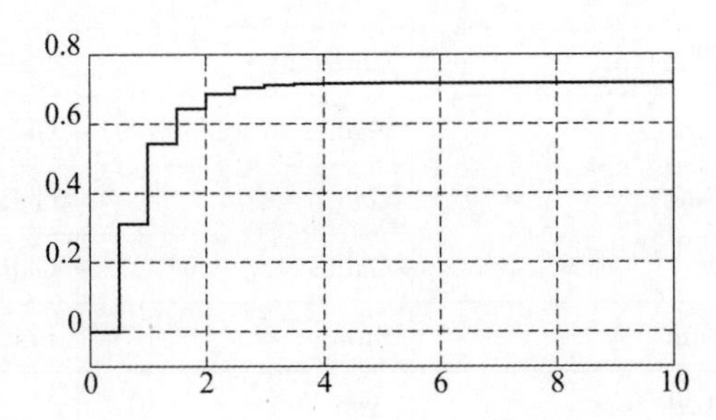


图 5.2.2 例 5.2.1 离散时间系统仿真结果

### 5.2.2 脉冲传递函数模型

**【例 5.2.2】** 设某系统的开环传递函数为

$$G_c(s)=\frac{1\,500s+100\,000}{63s^2+1\,835s+100}$$

试搭建该系统离散化的 Simulink 仿真框图,并通过相关 PID 整定方法选择合适的控制器,使该系统稳定。

**【解】** (1)系统的离散化。

利用 MATLAB 中的 c2d 函数,可以将 $s$ 域的传递函数转化为 $z$ 域的脉冲传递函数。

在命令窗口中输入以下程序:

```
sys=tf([15000 100000],[63 1835 1000]);
ts=1;
```

```
dsys = c2d(sys,ts,'z')
```

仿真输出结果为

```
dsys =
        46.36 z - 3.738
   ----------------
     z^2 - 0.5738 z + 2.24e-13
```

故 $z$ 域的脉冲传递函数为

$$G_c(z)=\frac{46.36z-3.738}{z^2-0.5738z+2.24\times10^{-13}}$$

(2)系统模型构建。

通过脉冲传递函数,构建该系统所需的模块如表 5.2.2 所示,构建离散化 Simulink 仿真模型如图 5.2.3 所示。设置求解器仿真时长为 50 s,其余参数采用默认值。

**表 5.2.2　系统模型模块及参数设置**

| 模块库 | 模块 | 模块名 | 参数设置 |
|---|---|---|---|
| Sources | Step | Step | 无须设置 |
| Discrete | Discrete PID Controller | PID | 后节介绍 |
| | Discrete Transfer Fcn | Fcn | Numerator:[46.36　−3.738] |
| | | | Denominator:[1　−0.573 9　2.24e−13] |
| Math | Gain | Gain | Gain:1 |
| Sinks | Scope | Scope | 无须设置 |

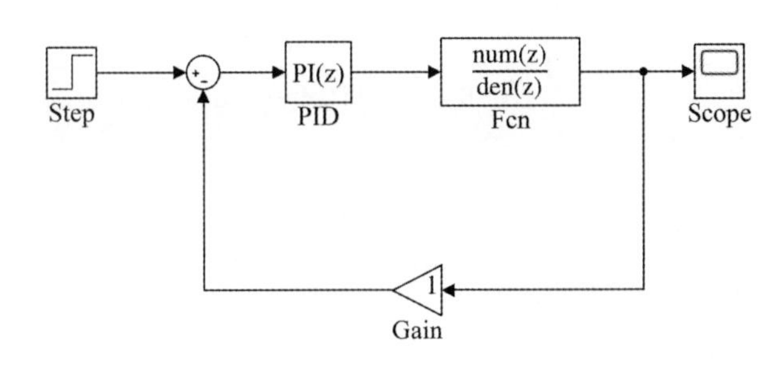


图 5.2.3　例 5.2.2 离散传递函数系统仿真模型

(3)PID 整定。

常用的 PID 整定方法有稳定边界法、4∶1 衰减法、鲁棒法以及 ISTE 最优参数整定法。其中,稳定边界法和 4∶1 衰减法调节时间快,上升时间短。鲁棒法和 ISTE 最优参数整定法超调量小,调节过程平衡,鲁棒性好。但是 4∶1 衰减法有一定局限性,鲁棒性差。ISTE 法调节时间长,调节参数偏保守。

因此,本例使用稳定边界法来整定 PID 参数。在图 5.2.3 中,首先设置 PID 模块为纯 $P$ 调节器,通过调节参数 $P$,观察输出波形如图 5.2.4 所示。

由图 5.2.4 可知,此时输出等幅振荡周期 $T=2$ s,PID 调节器的 $P$ 值取 0.031 41。根据

Ziegler－Nichols 整定法，得

$$K_P = 0.455P = 0.455 \times 0.031\,41 = 0.014\,291\,55$$

$$K_I = 0.535\,\frac{P}{T} = 0.535 \times \frac{0.031\,41}{2} = 8.4e^{-3}$$

在 PID 调节器中调节参数，输出波形如图 5.2.5 所示。可以看出，经过 PID 调节器的调节，系统最终处于稳定状态。此时超调量 $\delta=6\%$，上升时间 $T_r=4$ s，调节时间 $T_s=10$ s，系统设计满足要求。

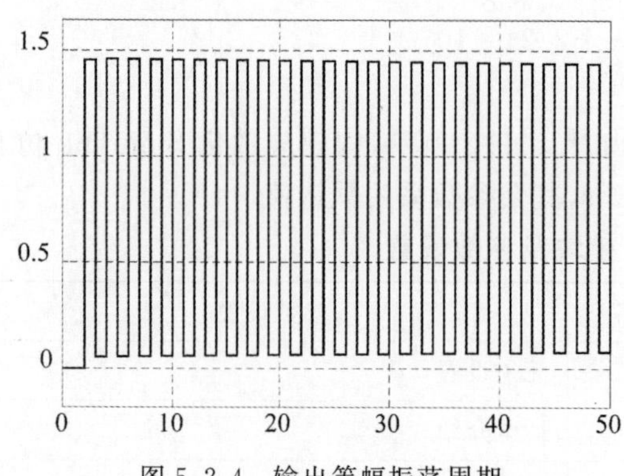


图 5.2.4　输出等幅振荡周期

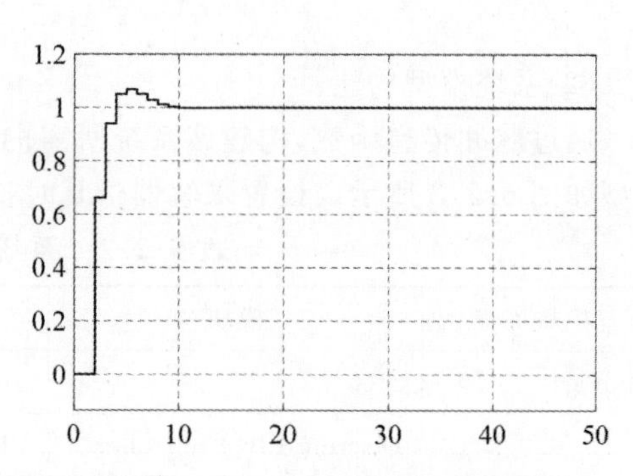


图 5.2.5　PID 控制的系统输出波形

### 5.2.3　零极点增益模型

**【例 5.2.3】** 已知系统的零极点增益模型分别如下：

$$H_1(z) = \frac{z-0.3}{(z+0.5-0.7i)(z+0.5+0.7i)}$$

$$H_2(z) = \frac{z-0.3}{(z+0.6-0.8i)(z+0.6+0.8i)}$$

$$H_3(z) = \frac{z-0.3}{(z+1-i)(z+1+i)}$$

试求这些系统的零极点分布图，并利用 Simulink 分析其稳定性。

**【解】** (1)绘制系统的零极点图。

MATLAB 程序如下：

```
z1=0.3
p1 = [-0.5+0.7i -0.5-0.7i];
k=1
[b1 a1] = zp2tf(z1,p1,k);
figure(1);zplane(b1,a1)
ylabel('极点在单位圆内');
z2=0.3
p2 = [-0.6+0.8i -0.6-0.8i];
[b2 a2] = zp2tf(z2,p2,k);
figure(2);zplane(b2,a2)
ylabel('极点在单位圆上');
```

```
z3=0.3
p3 = [-1+i -1-i];
[b3 a3] = zp2tf(z3,p3,k);
figure(3);zplane(b3,a3)
ylabel('极点在单位圆外');
```

(2)系统模型构建。

构建该系统所需的模块及参数设置如表 5.2.3 所示，构建的系统 Simulink 仿真模型如图 5.2.6 所示，设置求解器仿真时长为 30 s，其余参数采用默认值。

**表 5.2.3　系统模型模块及参数设置**

| 模块库 | 模块 | 模块名 | 参数设置 |
| --- | --- | --- | --- |
| Sources | Step | Step | 无须设置 |
| Discrete | Discrete Zero-Pole | Discrete Zero-Pole | Zeros:z1<br>Poles:p1<br>Gain:k<br>Sample time:1 |
| | | Discrete Zero-Pole1 | Zeros:z2<br>Poles:p2<br>Gain:k<br>Sample time:1 |
| | | Discrete Zero-Pole2 | Zeros:z3<br>Poles:p3<br>Gain:k<br>Sample time:1 |
| Sinks | Scope | Scope | 无须设置 |
| | | Scope1 | |
| | | Scope2 | |

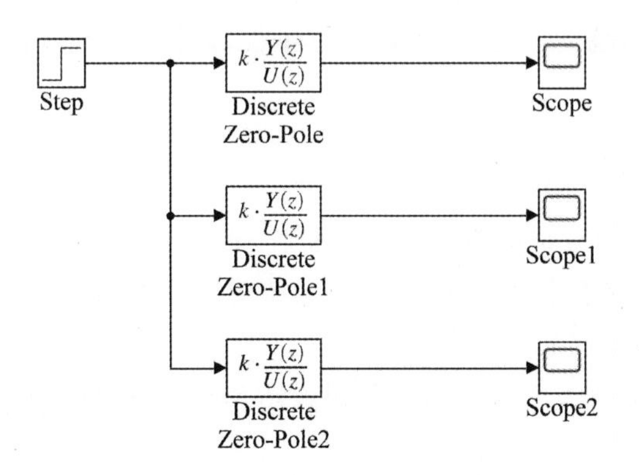


图 5.2.6　例 5.2.3 零极点增益模型

(3)系统仿真结果。

系统的零极点图与阶跃响应图如图 5.2.7 所示。

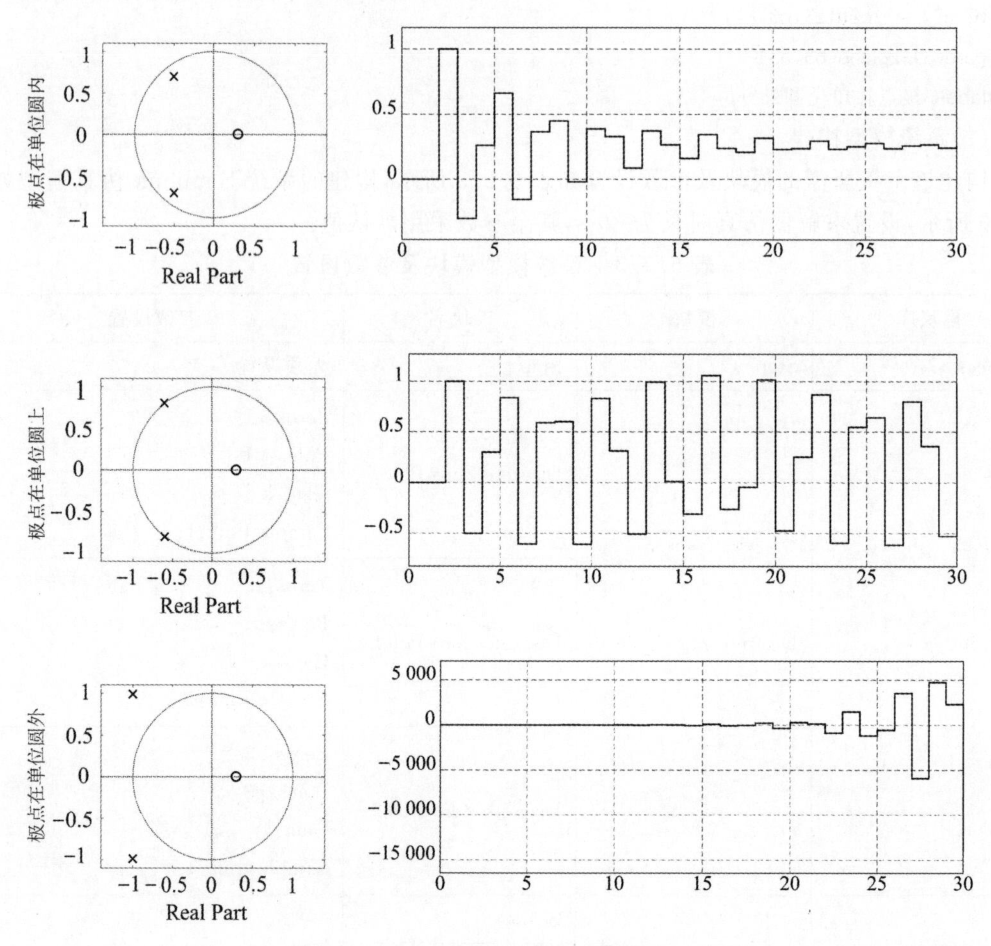


图 5.2.7　系统的零极点图与阶跃响应图

这三个系统的极点均为实数且处于 $z$ 平面的左半平面。由图 5.2.7 可知,当极点处于单位圆内时,随着时间增加,系统的阶跃响应曲线最终收敛;当极点处于单位圆上时,系统的阶跃响应曲线最终处于等幅振荡的状态;当极点处于单位圆外时,随着时间增加,系统的阶跃响应曲线最终发散。

### 5.2.4　状态空间模型

**【例 5.2.4】** 离散时间系统框图如图 5.2.8 所示,要求构建其 Simulink 模型,并求出其状态空间矩阵,再采用离散状态空间模块,求出该系统的阶跃响应。

**【解】** (1)构建时域系统的 Simulink 模型。

构建该时域系统模型所需的模块及参数如表 5.2.4 所示,构建系统的 Simulink 模型如图 5.2.9 所示。

**表 5.2.4　系统模型模块及参数设置**

| 模块库 | 模块 | 模块名 | 参数设置 |
|---|---|---|---|
| Sources | In | In1 | 无须设置 |
| Sinks | Out | Out1 | |
| Discrete | Unit Delay | Unit Delay | |
| | | Unit Delay1 | |
| Math | Gain | Gain | Gain:1/3 |
| | | Gain1 | Gain:1/4 |
| | Sum | 无 | 参考图 5.2.9 |

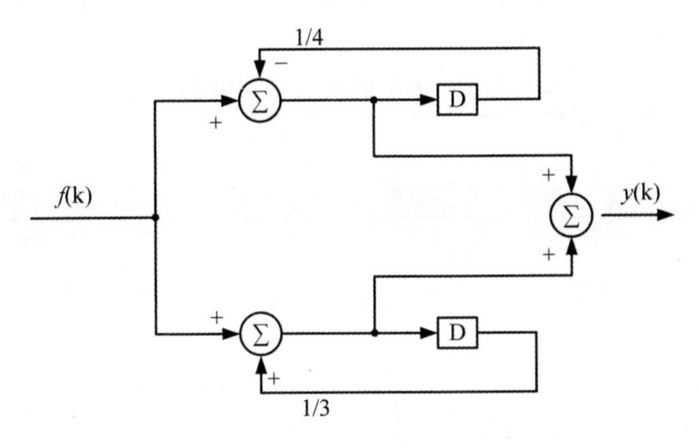


图 5.2.8　离散时间系统框图

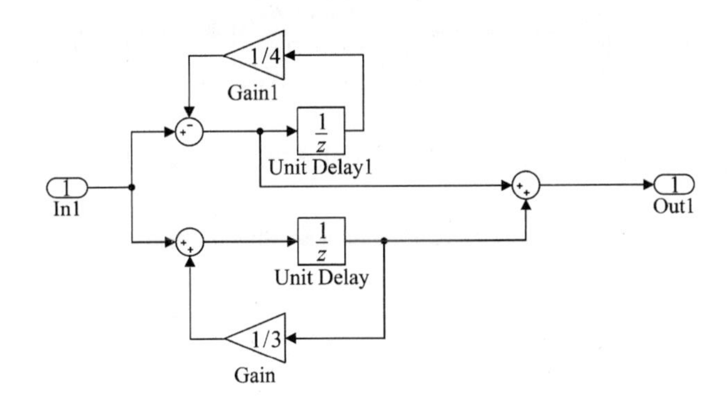


图 5.2.9　例 5.2.4 系统状态空间仿真模型

(2)计算系统的状态空间矩阵。

使用 MATLAB 中的 dlinmod 函数，计算模型的状态空间矩阵。先保存上述 Simulink 模型到当前文件夹，命名为 eg524.slx。然后在 MATLAB 命令窗中输出以下程序：

```
[A B C D] = dlinmod('eg524')
```

得到系统的状态空间矩阵为

```
A =
  -0.2500        0
        0   0.3333
B =
  1
  1
C =
  -0.2500    1.0000
D =
  1
```

(3)建立系统的离散状态空间的模型。

构建该离散系统模型所需的模块及参数如表 5.2.5 所示,构建系统的 Simulink 模型如图 5.2.10 所示,设置仿真时长为 10 s。

**表 5.2.5 系统模型模块及参数设置**

| 模块库 | 模块 | 模块名 | 参数设置 |
|---|---|---|---|
| Sources | Step | Step | Step time:0 |
| Discrete | Discrete State-Space | Discrete State-Space | A:A<br>B:B<br>C:C<br>D:D |
| Sink | Scope | Scope | 无须设置 |

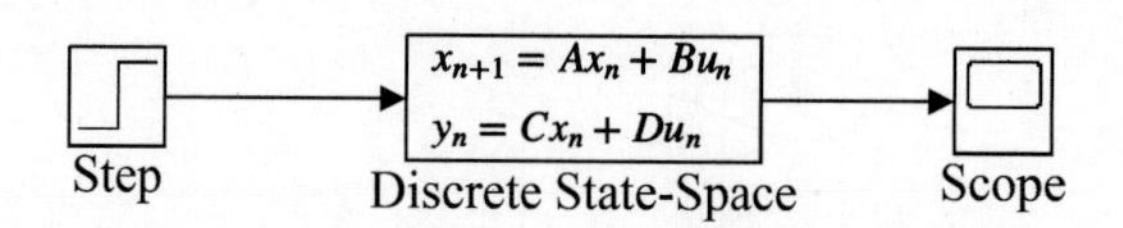


图 5.2.10 系统离散状态空间的仿真模型

仿真结果如图 5.2.11 所示,为离散系统的阶跃响应曲线。

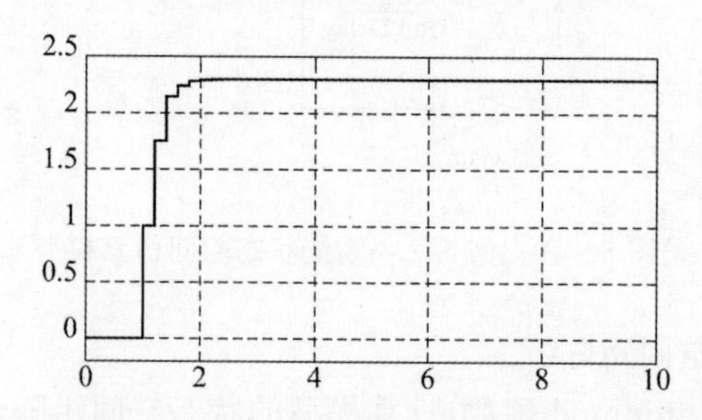


图 5.2.11 例 5.2.4 离散系统的阶跃响应曲线

# 5.3　混合系统的建模与仿真

实际的系统往往是混合系统。在对这类系统进行仿真时，必须考虑连续信号的仿真步长和离散信号采样周期之间的匹配问题。Simulink 中的变步长连续求解器充分考虑了上述问题。所以在对混合系统进行仿真时，应该使用变步长连续求解器。

## 5.3.1　汽车行驶控制系统

1. 控制系统模型建立

汽车行驶控制系统是应用很广的控制系统之一，该系统的功能是对汽车速度进行合理的控制。它是一个典型的反馈控制系统，其工作原理如下：

采用汽车速度操纵机构的位置变化量来设置汽车的指定速度，这是因为操纵机构的不同位置对应着不同的速度；测量汽车的当前速度，求取它与指定速度的差值；由差值信号产生控制信号驱动汽车产生相应的牵引力以改变并控制汽车速度直至达到指定速度。在对这个系统进行建模与仿真前，需要先对此系统做简单的介绍。

汽车行驶控制系统包含三部分机构：

(1)速度操纵机构的位置变换器。位置变换器是汽车行驶控制系统的输入，其作用是将速度操纵机构的位置转换为相应的速度。速度操纵机构的位置和设定速度间的关系为

$$v=50x+45,\quad x\in[0,1]$$

式中，$x$ 为速度操纵机构的位置；$v$ 是计算所得的设定速度。

(2)离散 PID 控制器。离散 PID 控制器是汽车行驶控制系统的核心部分。其作用是根据汽车当前速度与设定速度的差值，产生相应的牵引力。其数学模型为

积分环节：　$x(n)=x(n-1)+u(n)$

微分环节：　$d(n)=u(n)-u(n-1)$

系统输出：　$y(n)=Pu(n)+Ix(n)+Dd(n)$

其中，$u(n)$ 是控制器输入，是汽车当前速度与设定速度的差值；$y(n)$ 是控制器输出，即汽车的牵引力；$x(n)$ 是控制器中的状态变量；$P$、$I$ 和 $D$ 分别是控制器的比例、积分与微分控制参数，在本例中取值分别为 $P=1, I=0.01, D=0$。

(3) 汽车动力机构。汽车动力机构是行驶控制系统的执行机构。其功能是在牵引力的作用下改变汽车速度，使其达到设定的速度。牵引力与速度之间的关系为

$$F=m\dot{v}+bv$$

式中，$v$ 为汽车速度；$F$ 为汽车的牵引力；$m=1\ 000$ kg，为汽车的质量；$b=20\ \mathrm{N\cdot s\cdot m^{-1}}$，是阻力因子。

2. 构建系统模型

按照前面给出的汽车行驶系统的数学模型，构建系统的 Simulink 仿真模型所需的系统模块及参数设置如表 5.3.1 所示。设置求解器的仿真参数如表 5.3.2 所示。其他仿真参数均使用系统的默认值。构建系统模型如图 5.3.1 所示。

**表 5.3.1　系统模型模块及参数设置**

| 模块库 | 模块 | 模块名及说明 | 参数设置 |
| --- | --- | --- | --- |
| Sources | Constant | Constant1:作为机构位置的输入 | Value:1 |
| | | Constant 用于速度计算 | Value:45 |
| Math | Slider Gain | Slider Gain:作为机构位置的输入 | Value:0.498 |
| | Gain | Gain:增益(Gain1－Gain6) | 参考图 5.3.1 |
| | Add | Add:加减运算 | |
| | Sum | Sum:加减运算 | |
| Continuous | Integrator | Integrator:积分运算 | Initial condition:0 |
| Discrete | Unit Delay | Unit Delay:延迟<br>(Unit Delay1、Unit Delay2) | Sample time:0.02 |
| Sinks | Scope | Scope:显示输出 | 无须设置 |

**表 5.3.2　求解器的仿真参数设置**

| 选项 | 设置项 | 参数设置 |
| --- | --- | --- |
| Simulation time | Stop time | 800 |
| Solver options | Type | variable-step |

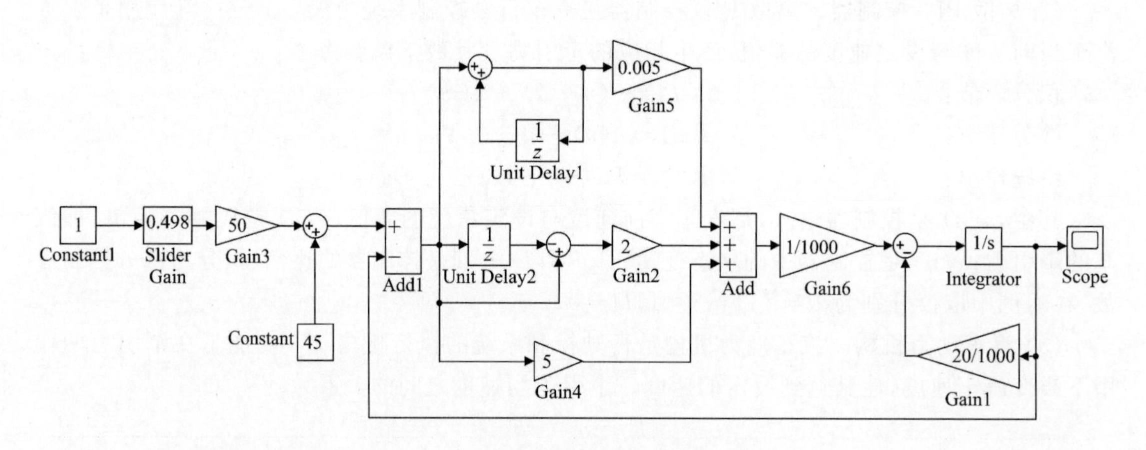


图 5.3.1　汽车行驶控制系统仿真模型

3. 系统仿真与分析

对系统进行仿真,系统的仿真结果如图 5.3.2 所示。图中的横坐标为时间,纵坐标表示汽车的速度。

从图 5.3.2 不难看出:当取 $D=0$ 时,由于没有微分环节的作用,而系统的阻尼又不大,故系统的输出即汽车速度 $v$ 在动态过程中有一次振荡,超调量在 10%以上。而当把参数 $D$ 修改为 2 以后,加入了适当大小的微分作用,由于它的超前修正作用能够抑制振荡,提高系统的动态稳定性,故 $v$ 的振荡基本消除,基本实现了无超调量,系统的过渡过程结束较早,从而提高了系统的动态性能。

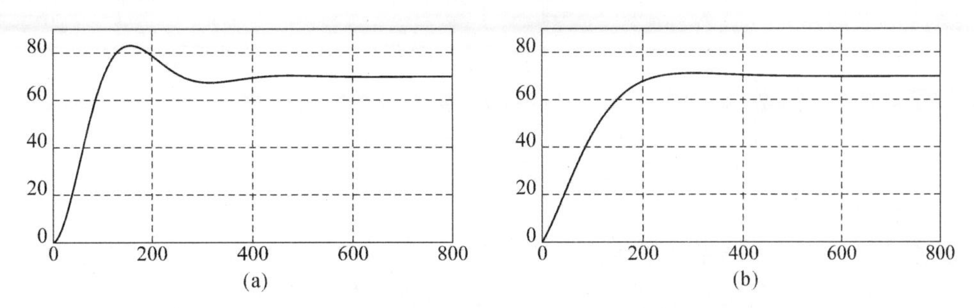


图 5.3.2 不同 PID 参数下的汽车行驶控制系统仿真结果

(a) $P=1, I=0.01, D=0$; (b) $P=5, I=0.005, D=2$

### 5.3.2 通信系统的数字滤波

通信系统是将来自信源的消息(语言、文字、图像或数据)在发信端先由末端设备(如电话机、电传打字机、传真机或数据末端设备等)变换成电信号,然后经发端设备编码、调制、放大或发射后,把基带信号变换成适合在传输媒介中传输的形式。信号经过传输媒介传输,在收信端经收端设备进行反变换,将信号恢复成消息后提供给收信者。这种点对点的通信大都采用双向传输方式。因此,通信对象的两端均具备发端和收端设备。在实际的通信系统中,所有的信道都存在着不同程度的信道噪声,会使信道所传递的信号受到一定的损失。下面对一个实际的通信系统进行仿真分析。

1. 系统的模型与数学描述

通信系统主要由以下 4 部分组成:

(1)通信系统的信源。

设置通信系统的信源为单位幅值与单位频率的低频锯齿波信号源,也就是通信系统所要传递的信号。

(2)通信系统的调制与解调。

在此通信系统中,调制信号为正弦连续信号(幅值为 1,频率为 100 rad/s),解调信号为正弦离散信号(幅值为 1,频率为 100 rad/s,采样时间为 0.005 s),并且采用双边带抑制载波调制与解调。由于高频信号更容易受到噪声的干扰,使信号出现了较大的失真,故这里正弦信号的频率选择为 100 rad/s。

(3)通信信道。

通信信道动态方程为

$$10^{-9}\ddot{y}+10^{-3}\dot{y}+y=u$$

其中,$u$ 为信道输入;$y$ 为信道输出。显然,此信道为一线性连续信道,信道的传递函数描述如下:

$$G(s)=\frac{Y(s)}{U(s)}=\frac{1}{10^{-9}s^2+10^{-3}s+1}$$

信道噪声:信道受到服从高斯正态分布的随机性噪声的干扰,噪声均值为 1,方差为 0.01。

信道延迟:信道经过缓冲区为1024的延迟。

(4)数字滤波器。

数字滤波器的差分方程为

$$y(n)-1.6y(n-1)+0.7y(n-2)=0.04u(n)+0.08u(n-1)+0.04u(n-2)$$

此数字滤波器为线性离散时间系统,转换成脉冲传递函数模型为

$$G(z)=\frac{Y(z)}{U(z)}=\frac{0.04+0.08z^{-1}+0.04z^{-2}}{1-1.6z^{-1}+0.7z^{-2}}$$

2. 系统模型构建

构建系统模型所需要的系统模块及参数设置如表5.3.2所示。还需设置求解器的仿真参数如表5.3.3所示。其他仿真参数均使用系统的默认值。构建系统模型如图5.3.3所示。

**表5.3.2　通信系统模型模块及参数设置**

| 模块库 | 模块 | 模块名称及说明 | 参数设置 |
|---|---|---|---|
| Sources | Sine Wave | Sine Wave:高频载波信号 | Frequency:100 rad/sec<br>Amplitude:1 |
| | | Sine Wave1:解调信号 | Frequency:100 rad/sec<br>Amplitude:1<br>Sample time:0.005 s |
| | Signal Generator | Signal Generator:产生低频锯齿波信号 | Wave form:sawtooth<br>Frequency:1 Hz |
| | Random Number | Random Number:产生信道噪声 | Mean:0<br>Variance:0.01 |
| Math | Product | Product:用于信号的调制与解调 | 无须设置 |
| Continuous | Transfer Fcn | Transfer Fcn:描述通信信道 | Numerator:[1]<br>Denominator:[ le−9　1e−3　1 ] |
| | Transport Delay | Transport Delay:产生信道延迟 | Initial butter size:1024 |
| Discrete | Discrete Filter | Discrete Filter:离散滤波器 | Numerator:[0.04　0.08　0.04]<br>Denominator:[1　−1.6　0.7] |
| Sinks | Scope | Scope:显示输出 | 无须设置 |

**表5.3.3　求解器的仿真参数设置**

| 选项 | 设置项 | 参数设置 |
|---|---|---|
| Simulation time | Stop time | 10 |
| Solver options | Type | variable-step |
| | Max step size | 0.01 |
| | Absolute tolerance | 1e−6 |

3. 系统仿真与分析

系统仿真结果如图5.3.4所示。图中,横坐标为时间,纵坐标表示输出信号的幅值。为了对通信系统的整体性能有一个直观的认识,这里将系统仿真结果(通信系统的输出信号)与原

始的锯齿波信号(通信系统所要传递的信号)进行比较。从图 5.3.4 可以看出,由于通信信道的延迟以及加随机噪声的干扰,使得通信系统的输出信号比原始锯齿波信号的起始时间慢 1 s,而且波形存在一定的失真,但只要失真小于一定的阈值,就不会对锯齿波信号的使用造成太大的影响。

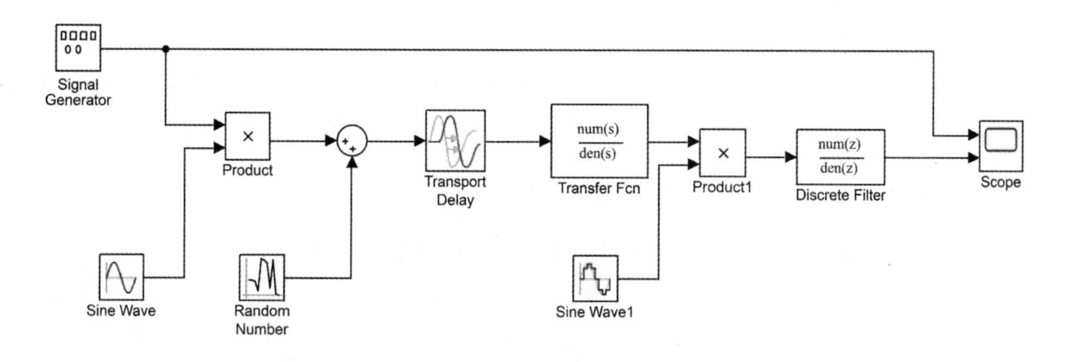


图 5.3.3　通信系统模型

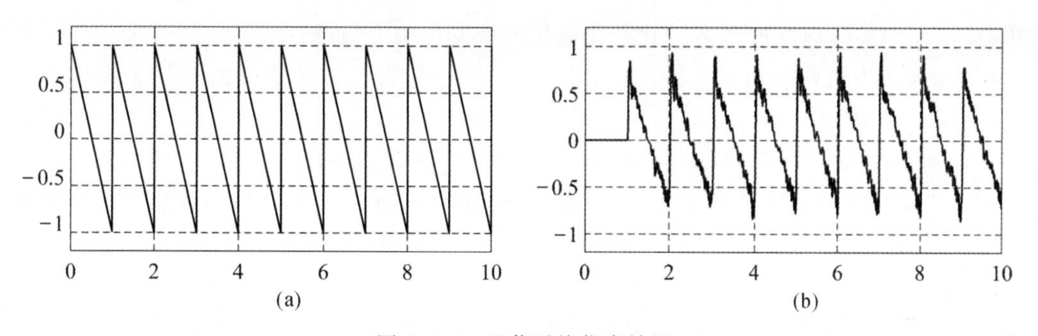


图 5.3.4　通信系统仿真结果

(a)原始锯齿波信号；(b)通信系统的输出

# 第 6 章　Simulink 仿真技术进阶

通过前面几章的学习，读者已经能够对比较简单的动态系统进行仿真研究，但对于复杂系统的建模与仿真分析，这些知识还不够。要想灵活高效地使用 Simulink，还须进一步深入地学习一些 Simulink 的应用技术，了解其中比较高级的仿真方法。

## 6.1　Simulink 仿真调试技术

创建好 Simulink 模型后，往往不可能一次就仿真成功。因为创建的 Simulink 模型中可能存在这样或那样的错误。如果只是纯粹的模型错误（模块连接错误或模块参数设置不合法等）且错误数量较少，用户可以根据弹出的仿真诊断对话框（参见第 4.4 节）提供的相关信息查找出错误并加以排除。否则，就需要利用 Simulink 的模型调试技术，一步一步地运行仿真，并且在调试过程中实时地监控模型的状态和模块的数据传输等信息。

Simulink 作为高性能的系统仿真和分析平台，给用户提供了功能强大的模型调试器。用户可以利用它对系统模型进行调试，一个模块接一个模块或者一种“方法”接一种“方法”地运行仿真（此处的“方法”表示 Simulink 仿真开始时的一个最底层动作，如模块函数中的一个加、减等）。一个模块可能会包括很多“方法”，这与模块的函数编写有关。可以检查每个模块和每种“方法”的仿真结果，发现其中可能存在的错误并予以更正。

不同领域的不同系统模型复杂程度相差甚远，对模型进行调试的复杂程度也不尽相同。Simulink 的调试方式分为窗口界面调试和 MATLAB 命令调试方式。窗口调试适合于初级用户，能够满足大多数应用领域模型的调试需求。命令调试方式能够让用户随心所欲地显示调试中的任何信息，适用于 Simulink 的高级用户。限于篇幅，本书只介绍窗口界面的调试技术。本节以著名的 van der Pol 微分方程的 Simulink 模型（参见例 5.1.1）为例来介绍在窗口界面调试模型的方法。

### 6.1.1　调试器窗口

在 MATLAB 命令窗口输入：vdp，则会自动弹出 vdp 模型窗口，如图 6.1.1 所示。在 Simulink 模型窗口选择工具栏“Simulation”子菜单中的“Debug”中的“Debug Model”就会启动 Simulink 调试器，如图 6.1.2 所示。

整个调试器窗口分成三部分：窗口上部的快捷工具栏、左边的控制选项框以及右边的信息显示框，这三部分的功能简介如下：

1. 快捷工具栏

窗口上部的快捷工具栏主要是一些经常使用的调试命令按钮，主要包括仿真的执行与暂停，仿真运行设置，断点设置以及帮助等功能。

2. 控制选项框

在 Simulink 调试器窗口左边的控制选项框中有四个复选框和一个文本框，主要用于条件断点的设置。这五个框的作用如表 6.1.1 所示。

**表 6.1.1　Simulink 调试器控制选项框**

| 选项框 | 说明 |
| --- | --- |
| Zero crossings | 遇到过零检测时产生断点 |
| Step size limited by state | 状态限制了步长时产生断点 |
| Solver Error | 遇到求解器设置错误时产生断点 |
| NaN values | 仿真过程中遇到无限大，或者超过机器的最大表示范围，或者遇到一个非数时产生断点 |
| Break at time | 设置具体的时刻值，仿真到此时刻产生断点 |

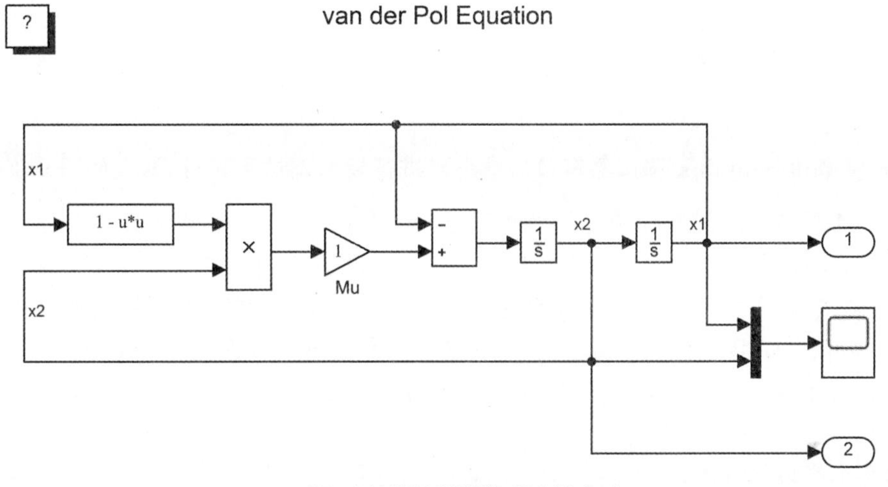


图 6.1.1　Simulink 中自带的 vdp 模型

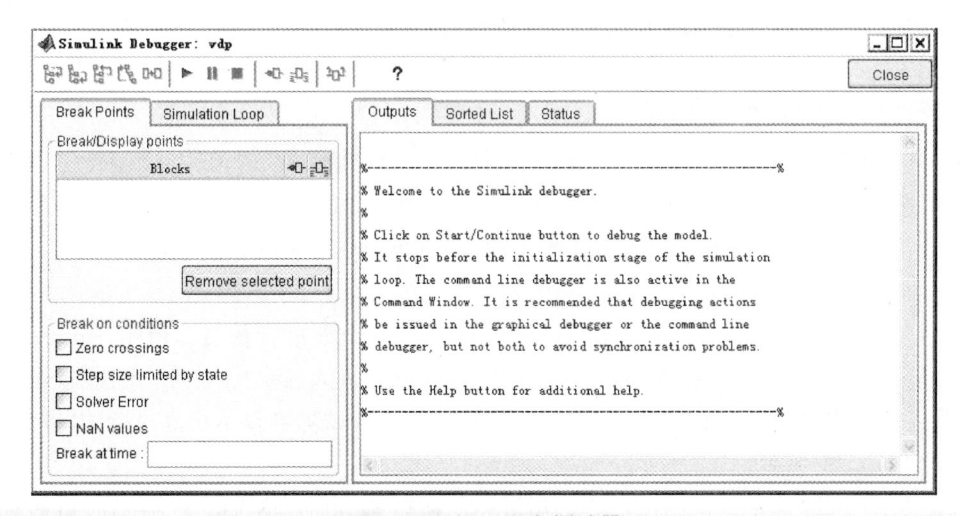


图 6.1.2　Simulink 调试器

3.信息显示框

在 Simulink 调试器窗口右边信息显示框中含有三个选项卡，这三个选项卡的功能如表 6.1.2 所示。

**表 6.1.2 Simulink 调试器选项**

| 选项卡 | 说明 |
|---|---|
| Outputs | 调试器输出选项卡，显示调试后的输出结果，其内容与 MATLAB 命令窗口中的显示内容相同 |
| Sorted List | 调试器类型选项卡，显示模型的根系统及其子系统模块类型及执行顺序 |
| Status | 调试器状态选项卡，显示调试器中各种选项的值及其他一些状态信息。包括当前仿真时间、缺省调试命令(执行至下一个模块或执行至下一时刻)、调试断点设置及断点数等状态信息 |

### 6.1.2 模型的调试

1.调试方法

打开模型和 Simulink 调试器窗口后就可以进行模型调试了。首先，在如图 6.1.2 所示调试窗口单击【开始/继续】按钮，开始调试运行。利用 Simulink 模型窗口进行调试的过程中，在 MATLAB 命令窗口会同时出现相应的命令调试信息，但是应该尽量避免在 MATLAB 命令行中调试，防止由于 Simulink 模型窗口与 MATLAB 命令窗口之间异步而导致的错误。

Simulink 允许用户在一个仿真步长内，从一个模块执行到另外一个模块，即采用逐个模块调试法；也允许用户从当前执行的“方法”处逐个“方法”地运行仿真，即采用逐个“方法”调试法。下面简单介绍这两种方法。

(1)逐个模块调试法。

首先，使用“运行到下一个模块”按钮进行调试。当此模块执行完毕时，调试器的输出窗口将显示当前运行的模块名称及系统仿真时刻，点击按钮可显示当前模块的输入和输出(只有在调试一个循环周期后按钮才可以被点击)。

图 6.1.3 与图 6.1.4 显示了采用逐个模块法对图 6.1.1 所示 vdp 模型进行调试的步骤。系统进入调试模式后，模块 x1 首先运行，此时在调试器输出窗口中显示系统的仿真时刻 TM=0，如图 6.1.3 所示。单击一次调试器工具栏的按钮后，调试器运行完 x1 模块。在每次单击按钮后，在调试器输出窗口中显示当前模块运行结束后输入输出的结果，如图 6.1.4 所示。按照以上步骤，逐次单击按钮，便可以对每个模块进行仿真调试。

(2)逐个“方法”调试法。

Simulink 调试器允许用户从当前执行的“方法”处逐个地运行仿真。使用 Simulink 调试器快捷工具栏中左边的 4 个按钮，用户在每步调试时可以进入、跨过下一个“方法”或退出当前“方法”，还可以直接跳到仿真的开始。每一步调试结束，调试器会显示仿真进行的“方法”以及进行到此“方法”的结果。

首先，点击调试器工具栏中的“开始运行仿真”按钮，进入调试模式，对 vdp 模型进行调试。然后，点击一次调试器工具栏“进入当前方法”按钮或者其他 3 个逐个调试按钮，即执行一步命令。在每步命令执行后，调试器在仿真循环(Simulink Loop)窗口中显示当前调用堆栈的“方法”，并用黄底色标记下一步要执行的“方法”，如图 6.1.5 所示。

在调试过程中，Simulink 调试器按照一定的顺序对系统模块进行调试。使用调试器输出窗口的类型选项卡 Sorted list 可以显示系统模块的执行顺序及其类型。此功能对于简单系统调试的作用不大，但对于大型复杂的多速率的动态系统来说是非常重要的。此外，如果系统中包含代数环，在 Sorted list 窗口中也会显示相关的系统模块。在调试过程中，用户还可以随时对调试器所处的状态进行观察，此时需要打开调试器输出窗口中的状态选项卡 Status 进行观察。

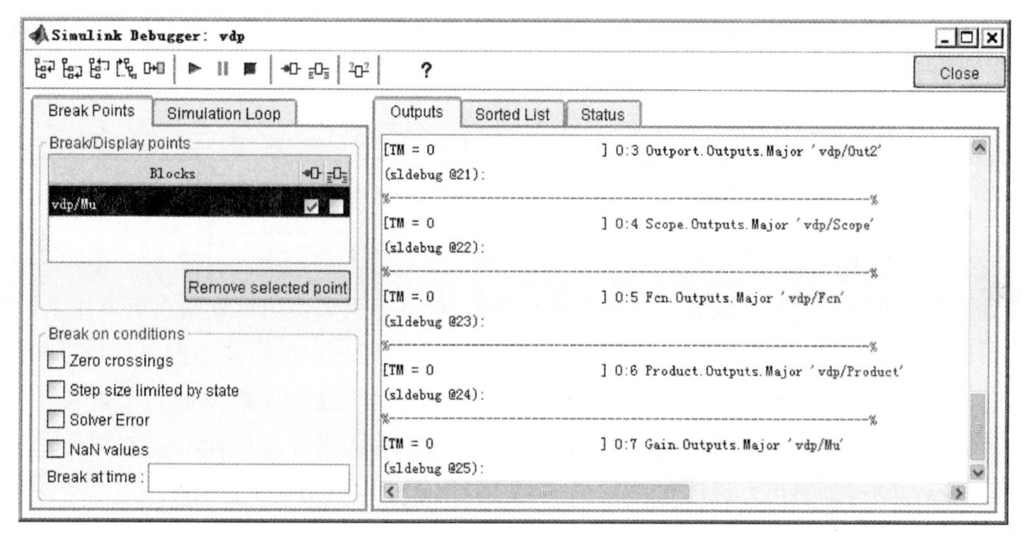


图 6.1.3　进入调试模式后运行 x1 模块前的调试器窗口

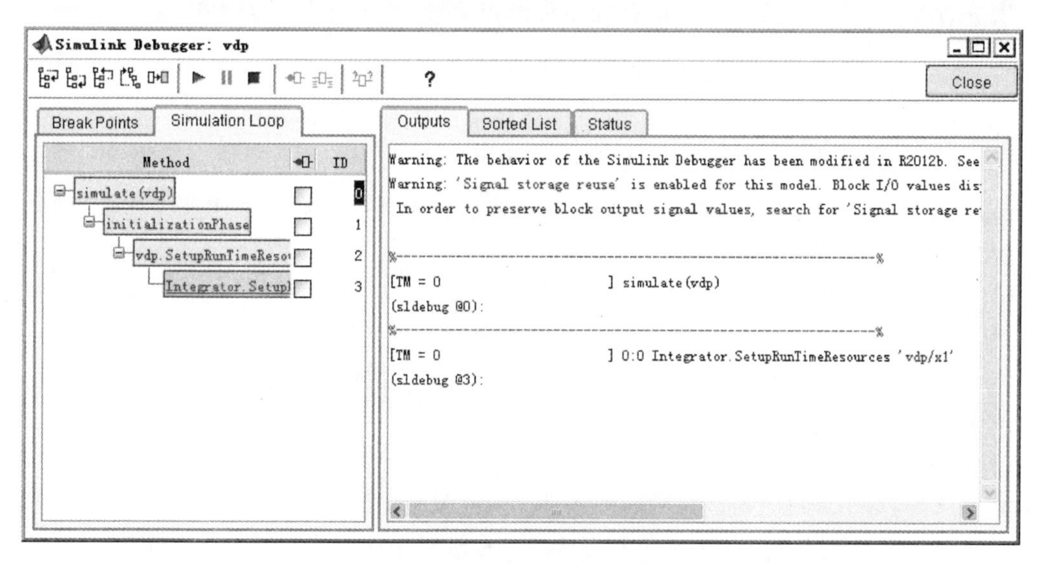


图 6.1.4　运行 x1 模块后的调试器窗口

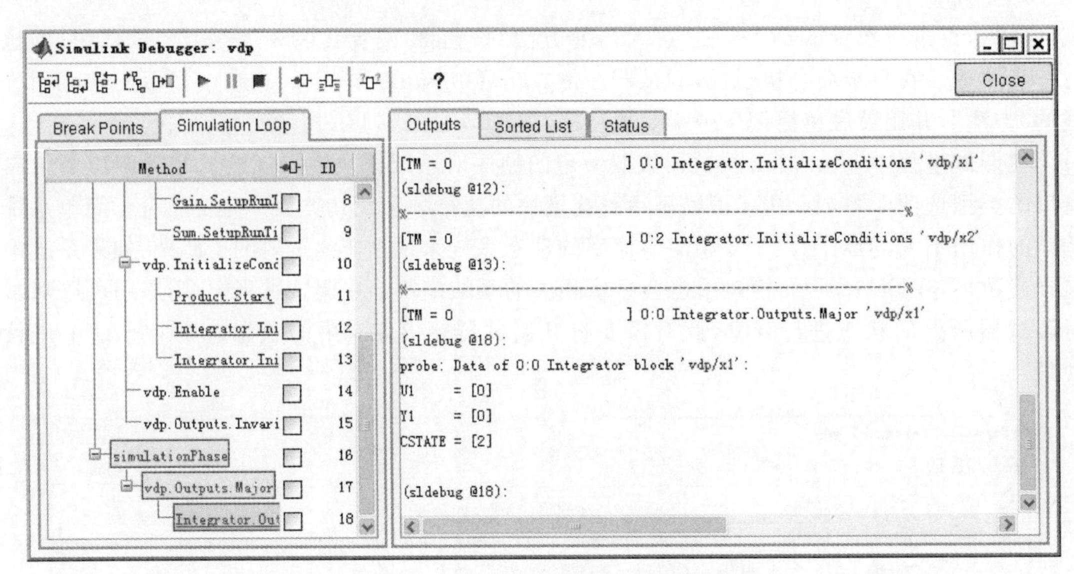


图 6.1.5　逐个“方法”调试时的调试器窗口

2. 设置系统调试断点

如果预计在模型中某处或者在某种条件下会出现错误，就需要用设置断点的方法来诊断。设置了断点之后，仿真运行到断点处就会中断运行，用户此时可以根据显示的有关信息排查错误。查错以后可以从头开始重新运行，也可以单击【开始/继续】按钮从断点处继续往下运行。Simulink 提供了两种类型的断点设置方法：无条件断点和有条件断点。所谓无条件断点，就是不考虑任何条件，只要仿真到达断点处就会暂停；而有条件断点是在满足一定条件的情况下，仿真到达断点处才会暂停。

(1)无条件断点设置。

无条件断点设置的方法如下：设置无条件断点之前，需要在调试器中将模型运行一个循环，然后通过单击按钮添加当前运行模块的断点。例如，要在模型 vdp 中的 Mu 模块前设置断点，先采用逐个模块调试法运行，当一个循环中的所有模块都被执行过一次后，图标变亮，即可以进行断点设置，然后再通过逐个模块调试法，将当前执行模块切换为 Mu 模块，点击按钮，即设置 Mu 模块的断点，然后停止调试。在下一次的调试中便可以实现该断点的调试功能，如图 6.1.6 所示。

如果用户又想临时取消该断点，可以通过再次单击图 6.1.6 中 vdp/Mu 模块后边的断点复选框(即去掉复选框中的“√”)来实现。如果要删除设置的断点，可以先选中图 6.1.6 中的 vdp/Mu 模块，然后单击该图中的“Remove selected point”按钮。

(2)条件断点设置。

条件中断与非条件中断的不同在于：在条件中断的情况下，模型在仿真运行中是否发生中断，取决于运行时的状况是否满足中断的条件。每次发生中断的情况也不一定相同，但这些不会改变断点。条件断点的设置方法是在图 6.1.6 中选择相应的控制选项复选框。

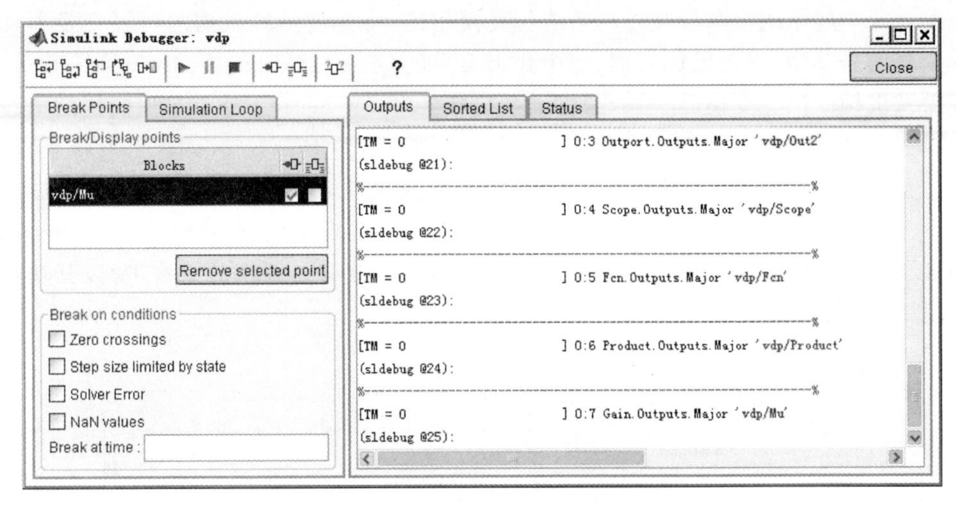


图 6.1.6　在 vdp 模型的 Mu 模块前设置断点

# 6.2　子系统技术

对于简单的系统来说，可以直接建立系统的模型，并分析模块之间的相互关系以及模块的输入输出关系。但是对于复杂系统，因为这类系统的 Simulink 模型中包含的功能模块很多，使得各模块之间的相互关系显得非常复杂，不利于分析，因而应该采用适当的策略建立系统的模型。而 Simulink 的子系统技术则正是为此而设计的，它可以将联系比较紧密的模块或者归属于一个子系统的模块进行封装，这样就能够显著地提高复杂系统 Simulink 模型的可读性，不必了解子系统中每个模块的功能就能够了解整个系统的框架，因此便于对系统进行仿真与分析。

子系统可以理解为一种“容器”，用户可以将一组相关的模块装入到这个容器中去，并且使其等效于原来那组模块的功能，而对其中的模块暂时可以不去了解。组合后的子系统可以进行类似模块的设置，在模型仿真过程中可以作为一个模块使用。子系统分为两种：简装子系统与精装子系统。

## 6.2.1　简装子系统的构建

建立简装子系统有两种方法。

1. 在已有系统模型中建立子系统

采用这种方法，首先要框选欲采用子系统封装的区域，即在模型编辑窗中单击鼠标左键并拖动(用 Shift 键和鼠标左键配合可以达到同样的目的)，选中需要放置到子系统中去的模块与信号，然后选中 Edit 菜单下的 Create Subsystem，或右击鼠标后在弹出的快捷菜单中选择 Create Subsystem，即可建立简装子系统。

**【例 6.2.1】**　采用建立简装子系统的方法重新构造 5.3.1 小节中汽车行驶控制系统模型。要求将速度操纵机构的位置变换器、离散 PID 控制器和汽车动力机构分别用不同的简装子系统表示。

在图 5.3.1 所示的汽车行驶控制系统仿真模型中，将速度操纵机构的位置变换器功能的各个模块和信号选中，单击鼠标右键，选中弹出菜单的 Create Subsystem from selection 项，建立速度操纵机构的位置变换器子系统，将子系统命名为 Set Speed。然后采用同样的方法建立离散 PID 控制器子系统和汽车动力机构子系统，分别命名为 PID controller 和 Car dynamics，如图 6.2.1 所示。图 6.2.2 所示分别是简装子系统模块 Set Speed、PID controller 与 Car dynamics 打开后的结果。从图 6.2.2 中可以看出，在创建的简装子系统中，Simulink 只是自动添加了子系统的输入模块 In1 和输出模块 Out1，并未改变子系统的结构，所以其功能就是把相关模块集中起来而已。

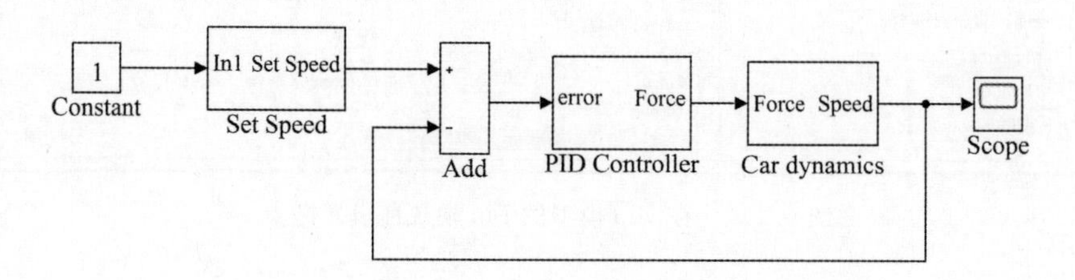


图 6.2.1　采用简装子系统的汽车行驶控制系统模型

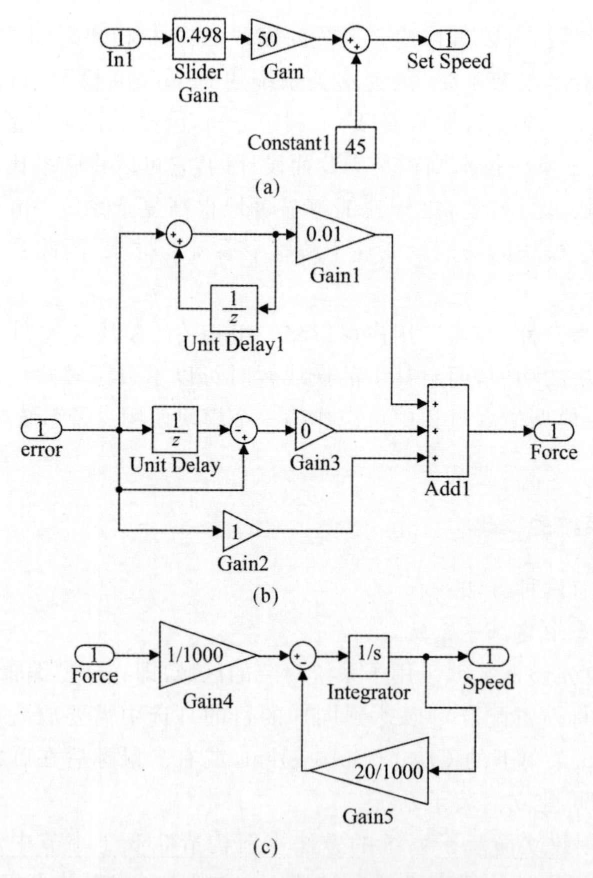


图 6.2.2　例 6.2.1 简装子系统的构成

(a)Set Speed 的构成；(b)PID controller 的构成；(c)Car dynamics 的构成

2. 在新建系统模型中建立简装子系统

这种方法是首先设计系统的总体模型，再进行细节设计。它适用于对系统各部分功能比较明确的系统建模。在这种情况下，可以在建立系统总体模型时就考虑将各功能模块用不同的子系统实现。其设计方法是：在建立系统总体模型的过程中，用 Ports & Subsystems 模块库中的 Subsystem 首先建立空白子系统，然后再双击此空白子系统，加入相应模块并对其进行连接与编辑，完成该简装子系统的建立。应该注意的是，使用 Ports & Subsystems 模块库中的 In1 和 Out1 模块可以使子系统产生多个输入输出端口，但它们只是用来对信号进行传递，完成子系统和上一级系统之间的通信，并不改变信号的任何属性。对于多输入多输出的子系统，因为需要多个 In1 和 Out1，最好使用合适的名称对它们进行命名。

上述两种创建简装子系统的方法最后实现的功能相同，只不过操作顺序不同。前者是先将这个结构搭建起来，然后将相关的模块装为一个子系统；后者则是先做一个组装的“容器”，然后在该“容器”中添加模块。对于相对简单的模型建议采用第一种方法，这种操作一般不容易出错，能够顺利搭建模型。而对于比较复杂的系统，最好事先将模型分成若干个子系统，然后再采用第二种方法进行建模。

### 6.2.2　子系统的基本操作

在生成子系统之后，用户可以对子系统进行各种与系统模块相类似的操作，这时子系统相当于具有一定功能的系统模块。对简装子系统进行的基本操作有如下两种：

(1)子系统命名。命名方法与模块命名类似，是用有代表意义的文字来对子系统进行命名，这样有利于增强模块的可读性。

(2)子系统编辑。用鼠标双击子系统模块图标，打开子系统，根据需要对其中的模块及其参数、信号连线及各种文本进行编辑修改。也可以对子系统的外观等进行编辑修改。

除了上述基本操作外，子系统还有其特有的操作，如将简装子系统进行封装，使其成为精装子系统。

### 6.2.3　精装子系统的构建

使用简装子系统技术可以很好地改善系统模型的界面，提高系统模型的可读性。但是，在对系统进行仿真分析时，仍然需要对简装子系统的全部模块参数进行正确的设置。在前面的介绍中，我们均是逐一地设置简装子系统中各个模块的参数，这样做很不方便。因为子系统一般均为具有一定功能的模块的集合，在系统中相当于一个单独的模块，具有特定的输入输出关系，如果设计好的子系统能够像 Simulink 模块库中的模块一样进行参数设置，则会给用户带来很大的便利。这时用户只需要对子系统参数选项中的参数进行设置，无须关心子系统内部模块的组成。Simulink 的子系统封装技术就可以实现这样的功能。

1. 子系统的封装

为了弥补简装子系统的不足，可以对其进行“封装(Mask)”。即把完成特定功能的相关模块集合在一起，把其中经常需要设置的参数定义为变量，然后封装，使得其中的变量可以在封装的子系统的参数设置对话框中统一进行设置。这样可以简化参数的设置与出错的概率，对于复杂系统的仿真尤为便利。

简装子系统经过封装后就成为精装子系统。它可以作为用户的自定义模块，与 Simulink

普通模块一样添加到 Simulink 模型中应用，也可以添加到模块库中以供调用。精装子系统还可以定义自己的图标、参数和帮助文档，完全与 Simulink 其他普通模块一样。双击精装子系统模块，将会弹出对话框，在其中可以进行参数设置，如果有任何问题，还可以单击 help 按钮寻求在线帮助，不过这些帮助文档需要创建精装子系统的用户自行编写。

用户可以将精装子系统视作一个黑匣子，不必了解其中的具体细节而直接使用，还可以将精装子系统中全部模块的参数设置统一到一个参数对话框里，方便系统模型的参数设置。另外，也可以保护用户的知识产权与成果，防止模型被篡改。

下面通过例子来说明生成精装子系统的基本步骤：

(1)建立模型，如图 6.2.3(a)所示。

(2)对需要封装的模块进行框选，单击右键，选中弹出菜单的 Create Subsystem from selection 项，构建子系统，如图 6.2.3(b)所示。

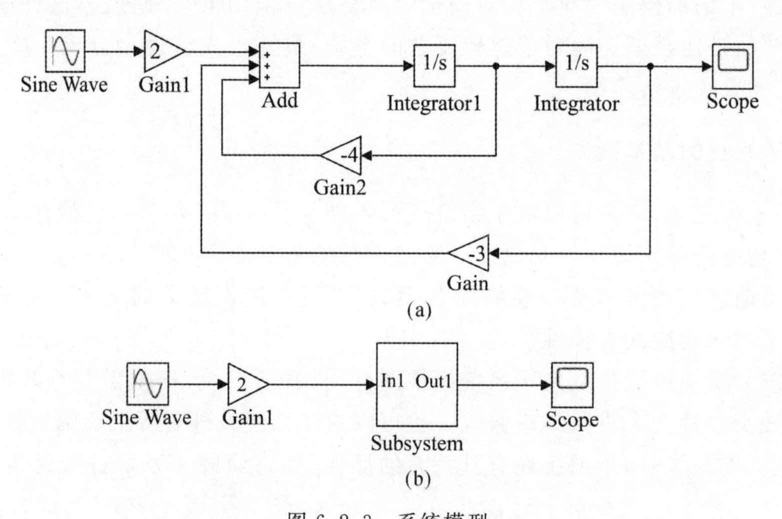


图 6.2.3 系统模型

(a)无子系统的系统模型；(b)构建子系统后的系统模型

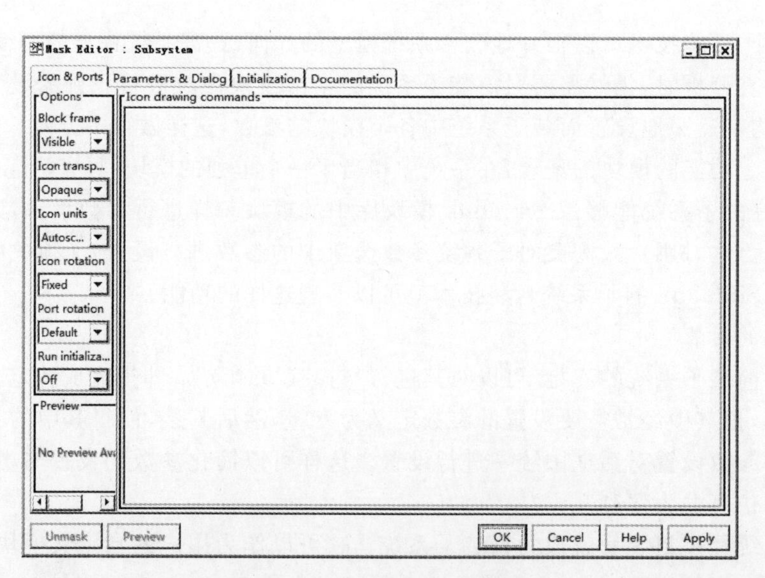


图 6.2.4 Mask Editor 对话框

(3)右击生成的子系统 Subsystem 模块,在弹出的菜单中选择 Mask 中的 Create Mask 命令,弹出如图 6.2.4 所示的 Mask Editor 对话框,此对话框包含 4 个选项卡,每个选项卡都可以定义精装子系统的一个特性,表 6.2.1 为这些选项卡的设置及说明。设置完成后即封装成精装子系统。

**表 6.2.1　Mask Editor 参数设置对话框中的选项卡**

| 选项卡 | 选项 | | 说明 |
|---|---|---|---|
| Icon & Ports | Icon drawing commands | | 在其中添加代码来绘制模块图标 |
| | Options | Block frame | 选择显示还是隐藏边框 |
| | | Icon transparency | 选择图标为透明的或者不透明的 |
| | | Icon rotation | 选择图标是否跟随模块旋转 |
| | | Icon units | 选择绘制命令使用的坐标系,它仅适用于 plot、text 和 patch 绘制命令 |
| | | Port rotation | 指定封装模块的端口旋转类型 |
| | | Run initialization | 控制封装初始化命令的执行 |
| | Preview | | 显示模块封装图标的预览。仅当封装包含绘制的图标时,模块封装预览才可用 |
| Parameters & dialog | Controls | Parameters | 一组参数对话框控件,可以将它们添加到封装对话框中 |
| | | Display | 在封装对话框中将对话框控件分组,并显示文本和图像操作按钮 |
| | | Action | 在封装对话框中执行一些操作,如超链接等 |
| | Dialog box | | 显示所选择的对话框控件及层次结构 |
| | Property editor | | 设置 Parameter、Action 和 Display 对话框控件的属性 |
| Initialization | Dialog variables | | 显示对话框控件和关联的封装参数的名称 |
| | Initialization commands | | 可在此输入初始化命令 |
| | Allow library block to modify its contents | | 仅当封装子系统位于库中时,才会启用此复选框 |
| Documentation | Type | | 定义或修改封装模块的类型 |
| | Description | | 定义或修改封装模块的说明 |
| | Help | | 定义或修改封装模块的帮助文本 |

2.精装子系统参数与其内部模块参数的链接

上面叙述了如何设定精装子系统的参数,但是这些参数并没有和该子系统内部的模块参数链接起来。也就是说,即使精装子系统的参数设定已经完成,它还是不能够使用,不能和内部的模块进行数据传输。

为了使精装子系统中设置的参数能够被该子系统内部的模块所使用,必须将它们链接起来。这样才能让用户使用精装子系统的参数去设置该子系统内部的模块参数。

要链接这些参数,首先打开精装子系统参数对话框,并在参数对话框中输入所需要的表达式，表达式中的变量都来自于精装子系统所设置的参数。用户可以用精装子系统的初始化代码将精装子系统的参数间接地与模块参数链接起来。在精装子系统工作区创建变量，这些变量的值就是精装子系统参数的函数，这样就可以通过设置精装子系统参数来获取变量的值，然后通过变量传递给精装子系统内部的模块。

3.精装子系统创建实例

下面通过一个实例来说明创建精装子系统的操作步骤。

**【例 6.2.2】** 创建一个单自由度动力学系统的 Simulink 模型。要求通过精装子系统的参数对话框来设置系统的质量、阻尼和刚度，以方便计算和仿真。

**【解】** 操作步骤如下：

(1)建立系统的 Simulink 动力学仿真模型。如图 6.2.5(a)所示，模型中的 Gain 和 Gain2 模块的参数都是由变量组成，Gain 为－K/M，Gain2 为－D/M。其他模块的参数设置采用具体的参数值。

(2)创建精装子系统模型。先框选需要封装的部分，然后从 Edit 菜单中选择 Create Subsystem 命令，建立的含有子系统的模型如图 6.2.5(b)所示。然后右击所建立的子系统模块，在弹出的菜单中选择 Edit Mask 命令。

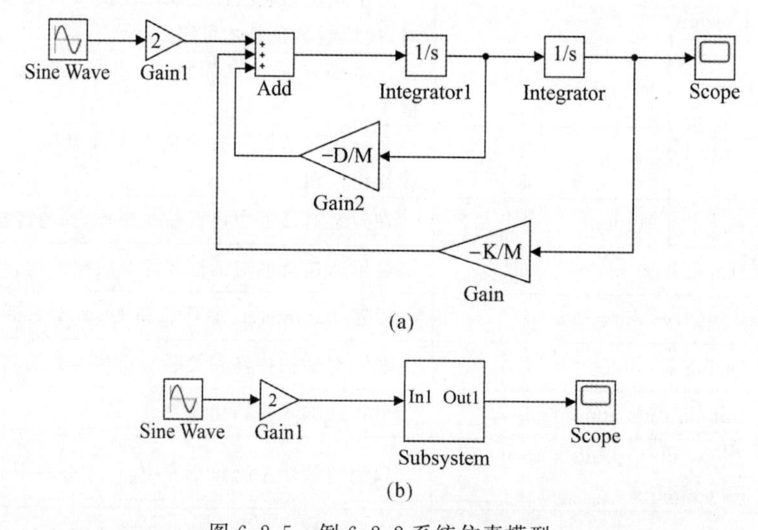


图 6.2.5 例 6.2.2 系统仿真模型

(a) 不含子系统的系统仿真模型；(b) 含有子系统的系统仿真模型

(3)创建精装子系统模块图标。右击所创建的子系统模块，在弹出的菜单中选择 Mask Subsystem 命令。在 Mask Editor 对话框中，选择 Icon & Ports 选项卡，在 Icon Drawing commands 框中输入如下代码：

```
plot([0,0.5,1,1.5,2,2.5,3,3.5,4,4.5,5],[1.0,-0.49,0.1,0.08,-0.11,0.08,-0.04,0.007,0.008,-0.01, 0.007]);
```

并对 Options 进行设置，如图 6.2.6 所示，单击 OK 按钮，将会得到结果如图 6.2.7 所示的子系统图标。

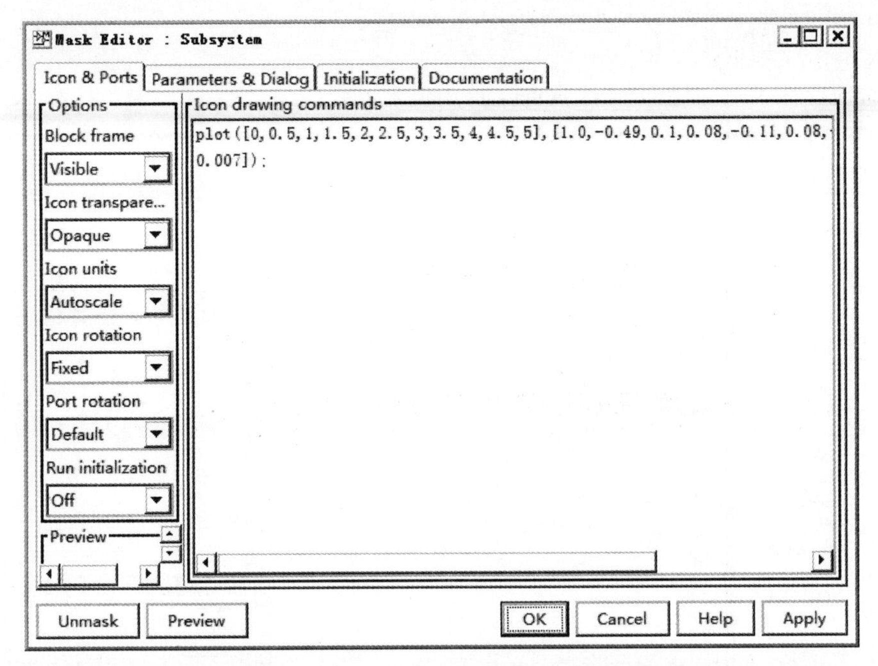


图 6.2.6　在 Icon Drawing commands 框中输入绘制图标命令和设置 Options

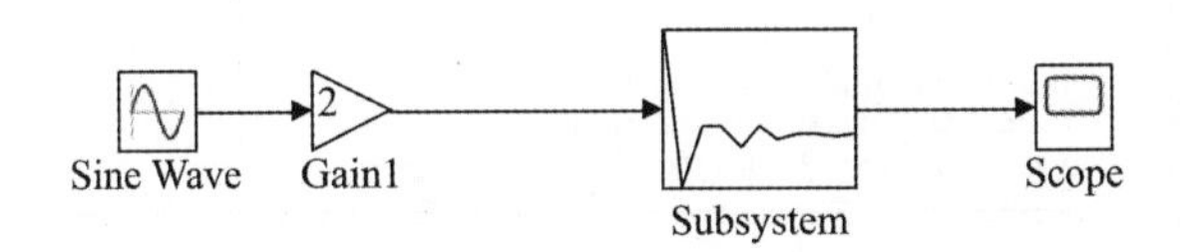


图 6.2.7　创建的精装子系统图标

(4)设置精装子系统参数。在 Mask editor 对话框中选择 Parameters 选项卡，给其中添加 3 个参数，分别为 Mass、Damp 和 Stiffness，其对应的变量名分别为 M、D 和 K，设置如图6.2.8 所示，然后单击 OK 按钮。如果此时双击此子系统模块，在弹出的对话框中设有子系统模块的功能说明和参数设置帮助。

在 Mask Editor 对话框中选择 Initialization 选项卡，并在 Initialization commands 框中输入如下代码：

```
M=1; D=4; K=3;
```

有了这 3 条给参数赋值的初始化命令，将来就可以不对子系统进行参数设置而直接使用这些默认参数来运行该动力学系统的 Simulink 模型。

(5)设置模块帮助和说明。在 Mask editor 对话框中选择 Documentation 选项卡，在编辑框中输入的说明分别如下：

Mask type 文本框：

```
Dynamics example;
```

Mask description 文本框：

```
This is a dynamics example about singular degree of freedom.
Mx″+Dx′+Kx=f
```

You can set the parameters through the subsystem dialog.

Mask help 文本框：

You can input the Parameters M,D,K in the subsystem dialog.

Different M,D,K represent different system.

结果如图 6.2.9 所示。

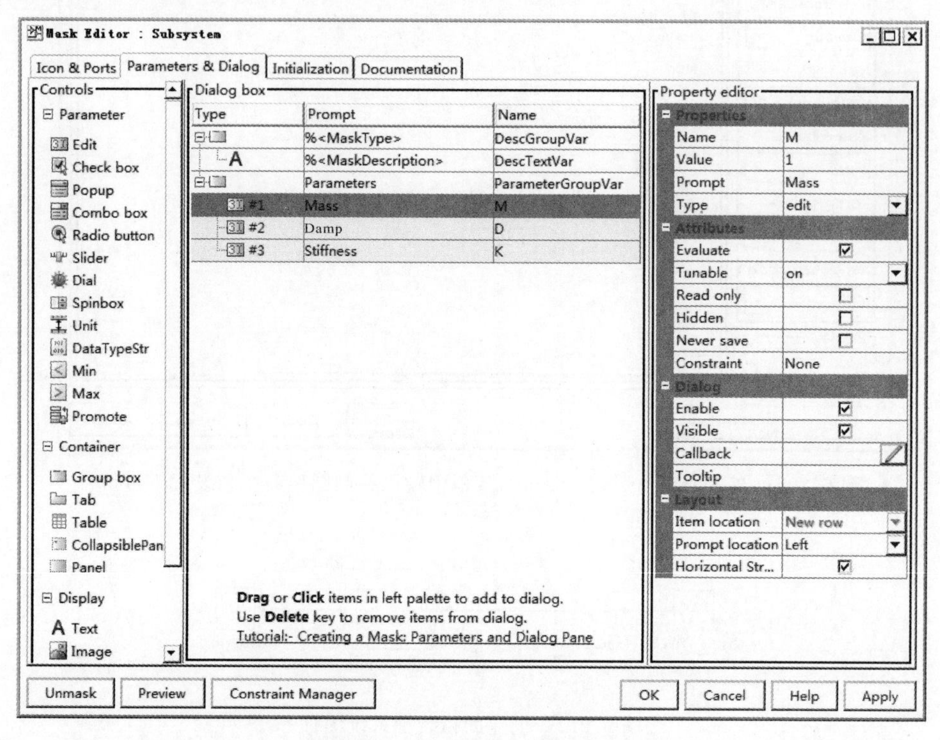


图 6.2.8 Parameters 参数设置

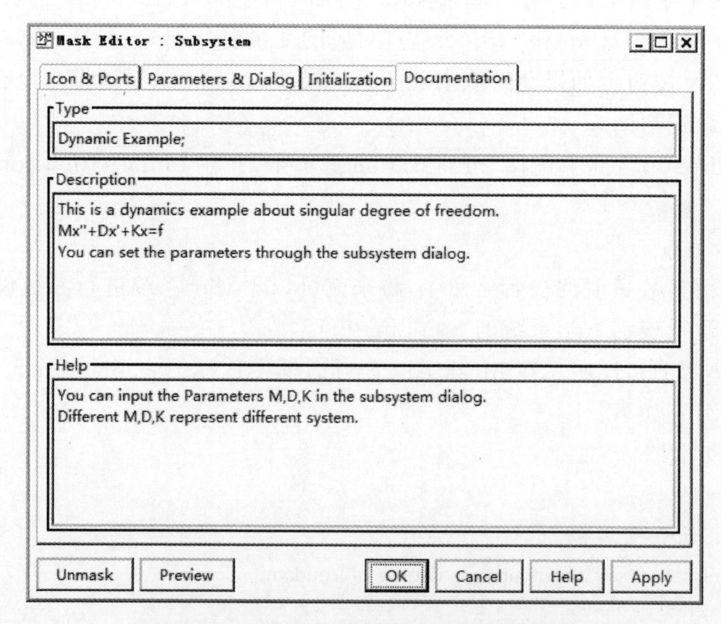


图 6.2.9 精装子系统模块帮助与说明设置

(6)封装该子系统。设置完成后单击 OK 按钮，就完成了该精装子系统的创建。此时就可以运行该系统的 Simulink 模型了。

如果用户在运行该系统模型前不对其中的精装子系统参数进行设置，就表示用默认的参数进行仿真。用户也可以在运行前进行自己的参数设置。方法如下：

(7)设置参数。双击该精装子系统模块，在弹出的对话框中重新设置模块参数，例如，分别将 Mass、Damp 和 Stiffness 设置为 1、4 和 3。如图 6.2.10 所示，可以看到用户设置的模块类型和模块说明，单击 OK 按钮。

(8)查看相关帮助。在图 6.2.10 参数设置对话框中单击 Help 按钮，就可以看到设置的帮助文档，如图 6.2.11 所示。

(9)运行仿真并查看结果。保存 Simulink 模型，然后在 Simulink 窗口中单击【运行】按钮，然后双击 Scope 模块查看仿真结果。结果如图 6.2.12 所示。

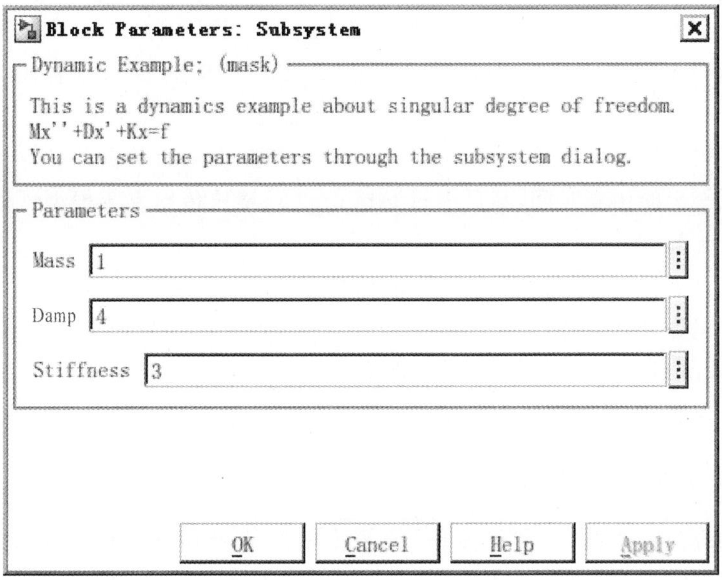

图 6.2.10　精装子系统模块参数设置

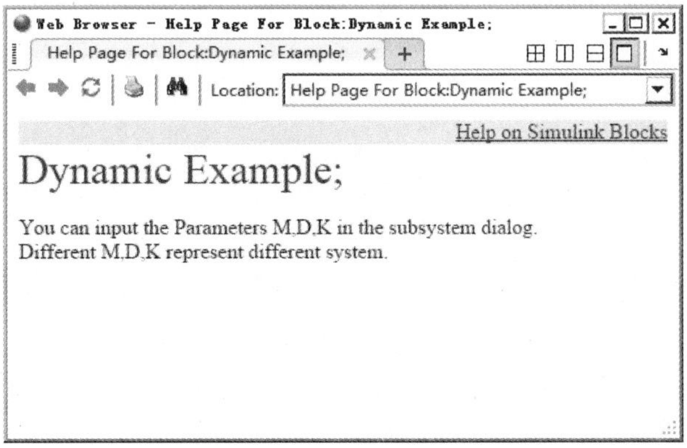

图 6.2.11　精装子系统模块帮助文档

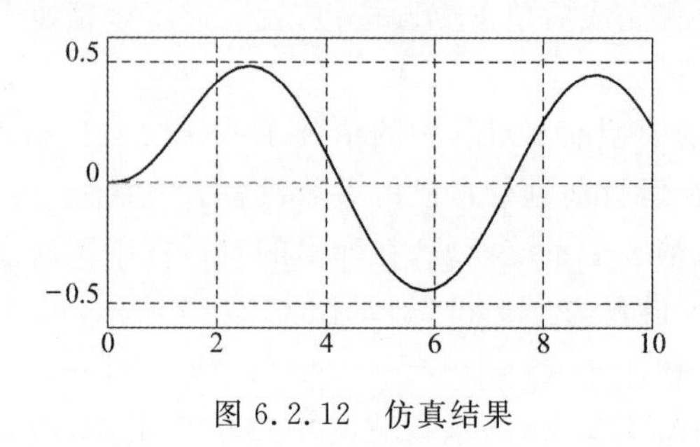


图 6.2.12 仿真结果

# 6.3 Simulink 仿真中的过零检测

在第 4.4.1 小节中，我们对 Simulink 的求解器进行了比较深入的介绍。Simulink 求解器固然是系统仿真的核心，但 Simulink 对动态系统求解仿真的控制流程也是非常关键的。Simulink 对系统仿真的控制是通过系统模型与求解器之间建立对话的方式进行的，Simulink 将系统模型与模块参数等信息传递给 Simulink 的求解器，而求解器据此计算系统模块的状态和输出并确定下一步的仿真时间，然后通过 Simulink 环境再传给系统模型。通过这样的交互作用完成动态系统的仿真。

在这样的交互对话方式中，核心是所谓的“过零检测”与“事件通知”。系统模型通过 Simulink 仿真环境通知求解器前一个仿真步长内系统所发生的事件，以便求解器计算当前仿真时刻的结果。Simulink 用“过零检测”来检测系统中是否有“过零”事件发生。系统模型正是通过过零检测与事件通知来完成与求解器的交互对话。

## 6.3.1 过零事件与过零检测

Simulink 仿真过程中的“过零”是指系统模型中的信号和系统模块特征产生显著变化。这种改变包括两种情况：一种是信号在上一个仿真步长中改变了符号；另一种是系统模块在上一个仿真步长中改变了模式（例如积分器进入了饱和区间）。

过零（狭义的“过零”）本身即是一个非常重要的事件，同时它也用来表示其他事件的发生，统称为过零事件（广义的“过零”，下文中的“过零”一般都是其广义的含义）。

Simulink 用过零来表征动态系统中的不连续性，例如系统响应的跳变等。过零事件的一个典型的示例是和地板相撞反弹的小球。要对这样的系统进行仿真，不使用过零检测，求解器不可能准确地使仿真时刻与小球和地面接触的时刻重合，如果仿真时刻大于小球和地面接触的时刻，仿真结果就如同小球进入或者穿透了地面。

过零检测就是检测过零事件是否发生。Simulink 使用过零检测使某仿真时刻准确地重合在过零事件所发生的时刻（当然是在计算机的精度范围内）。因此，对于和地板相撞反弹的小球系统的仿真来说，如果仿真时刻能精确地取在小球与地面接触的时刻，仿真就不会发生穿透地面的现象，且小球的速度由负变正的转换非常快。Simulink 中有一个弹球的演示示例，用户可以在 MATLAB 命令窗口键入 ballode 或在 MATLAB 的 demo 窗口直接寻找并运行它，由此更直观地了解过零与过零检测的概念。

### 6.3.2 事件通知

在动态系统仿真中，采用变步长求解器算法可以使Simulink正确地检测到系统模块与信号中过零事件的发生。当一个模块通过Simulink仿真环境通知求解器，在系统前一仿真步长时间内发生了过零事件，这时，不管求解误差是否已经满足绝对误差和相对误差的上限要求，变步长求解器算法都会缩小仿真步长重新计算。缩小仿真步长的目的是判定事件发生的准确时间(即过零事件发生的准确时刻)。虽然这样做会使系统的仿真速度变慢，但这样做对系统的某些模块是非常重要的，因为这些模块的输出表示的一个物理量的零值可能标志着系统运行状态的改变，或者可能控制着另外的模块。实际上，只有少数的模块可以发出事件通知。每个模块发出专属于自己的事件通知，而且可能与不止一个类型的事件发生关联。

事件通知是Simulink进行动态系统仿真中极为重要的一环。可以说，Simulink动态系统仿真是基于事件驱动的。在系统仿真中，系统模型与求解器均可以看作某种对象，事件通知可以理解为对象间的消息传递，对象通过消息的传递完成系统模型和求解器之间的交互作用。

### 6.3.3 可产生过零事件的模块

Simulink模型库中仅有少数模块能够产生过零事件。这些模块是：

(1)数学运算模块库中的求绝对值模块Abs、求最值模块Min/Max和符号运算模块Sign。

(2)非连续模块库中的间隙特性模块Backlash、死区特性模块Dead Zone、交叉特性模块Hit Crossing、继电器特性模块Relay和饱和模块Saturation。

(3)连续模块库中的积分模块Integrator。

(4)逻辑运算与位操作模块库中的关系运算模块Relational Operator。

(5)信号源模块库中的阶跃模块Step。

(6)端口与子系统模块库中的子系统模块Subsystem。

(7)信号通道模块库中的开关模块Switch。

一般来讲，不同模块所产生的过零事件的类型不同。例如，对于求绝对值模块Abs，当输入改变符号时产生一个过零事件，而饱和模块Saturation则能够生成两个不同的过零事件，一个用于下饱和，一个用于上饱和。

对于其他不具备过零检测能力的模块，如果需要对它们进行过零检测，则可以使用非连续模块库中的交叉特性模块Hit Crossing来实现。当Hit Crossing模块的输入穿过某个偏移值(offset)时会产生一个过零事件，所以它可以用来为不具备过零能力的模块提供过零检测的能力。

系统模型中模块产生过零事件的作用有两种：一种是用来通知求解器系统的运行模式是否发生了改变，即系统的动态特性是否发生改变；另一种是用来驱动系统模型中的其他模块。过零信号包含三种类型：上升沿、下降沿、双边沿。其中，上升沿是指系统中的信号上升到零或穿过零，或者信号由零变为正；下降沿是指系统中信号下降到零或穿过零，或者信号由零变为负，而双边沿是指信号产生上升沿或者下降沿两种情况中的任何一种。

### 6.3.4 过零举例——过零的产生与关闭过零

1. 过零的产生与影响

**【例 6.3.1】** 过零点的产生与影响。系统模型如图 6.3.1 所示。

这个例子可以用来说明系统中过零的概念以及它对系统仿真所造成的影响。在这个例子中，采用用户自定义模块库中的函数模块 Fcn 和数学运算模块库中的求绝对值模块 Abs 分别计算对应输入的绝对值。其中 Fcn 模块和 Abs 模块的输入信号分别是正弦信号和偏移量 Bias 为 0.5 的正弦信号。仿真结果如图 6.3.2 所示。其中，实线代表 Fcn 模块的曲线，虚线代表采用 Abs 模块产生的曲线。从图中可以看出，尽管这两个模块的功能在此模型中都是求绝对值，但由于 Fcn 模块不会产生过零事件，所以在求绝对值时，一些拐角点被漏掉了；而 Abs 模块可以产生过零事件，能够使过零处的仿真步长足够小，精确地捕获其输入信号改变符号的时刻，所以，每当它的输入信号改变符号时，都能够精确地得到过零点结果。

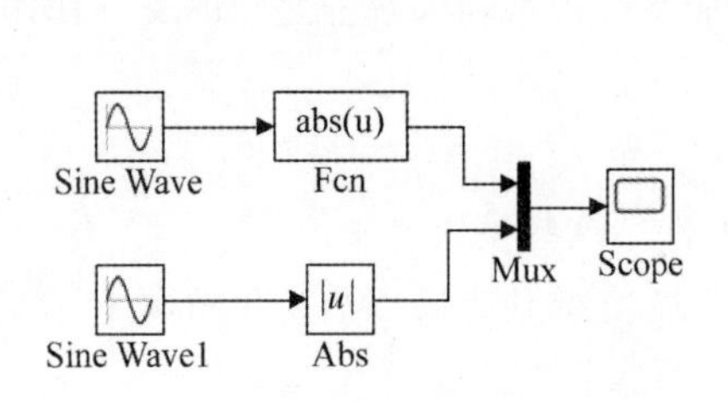


图 6.3.1　例 6.3.1 的系统仿真模型

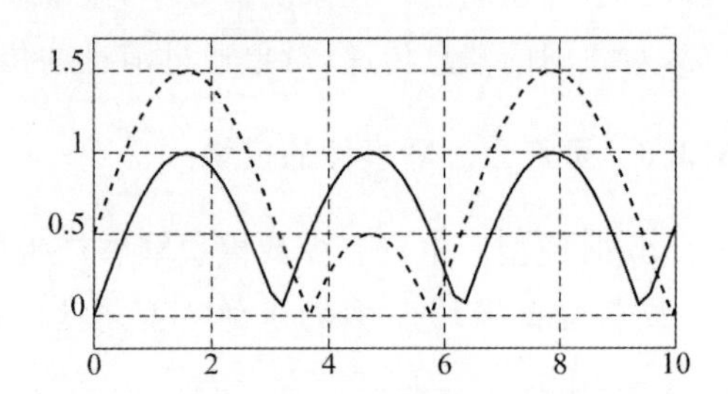


图 6.3.2　例 6.3.1 系统模型的仿真结果

2. 关闭过零及其影响

例 6.3.1 中过零表示系统输出穿过了零点。其实，过零不仅可以表示信号穿过了零点，还可以表示信号的陡沿和饱和。下面通过例 6.3.2 来说明这个问题。

**【例 6.3.2】** 演示关闭过零及其产生的影响。

系统仿真模型如图 6.3.3 所示。其仿真结果如图 6.3.4 所示。根据模型中时钟模块"$t>5$"和开关模块 Switch 的功能及其参数设置，混路器模块 Mux 的下面一个输入信号(对应图 6.3.4中的非正弦曲线)在仿真时间 $t<5$ 时接通饱和模块 Saturation 的输出(其饱和值为 $\pm0.5$)，当 $t>5$ 时改接到求绝对值模块 Abs 的输出。本例中，系统实现了输入信号在 $t=5$ 时由饱和值$-0.5$ 跳变到正弦信号绝对值的功能，并且其跳变过程受到仿真时间的控制。此系统中所采用的模块 Abs 和 Saturation 都支持过零事件，因此在系统的响应输出中得到了理想的陡沿。

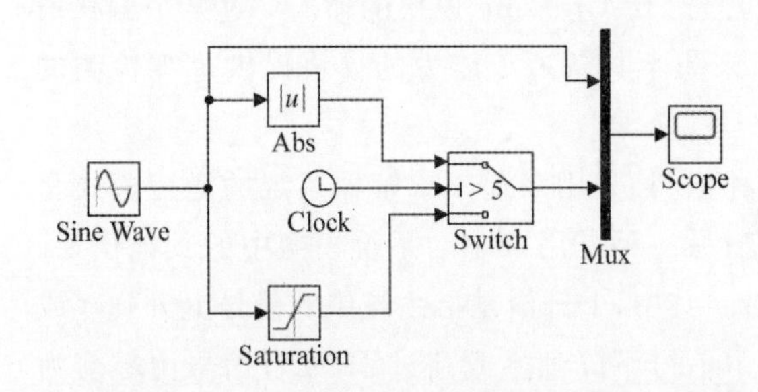


图 6.3.3　例 6.3.2 的系统仿真模型

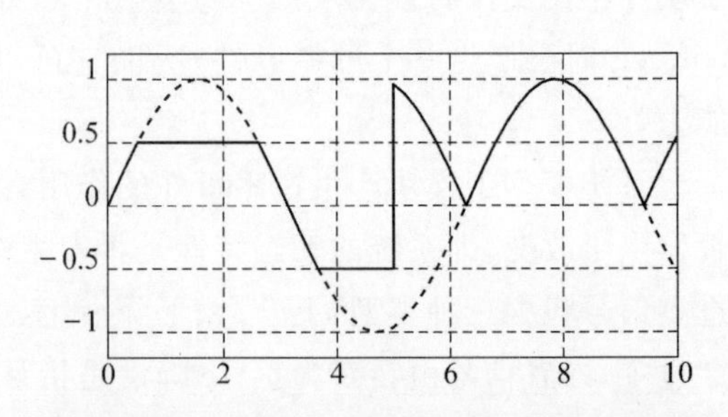


图 6.3.4　例 6.3.2 系统模型的仿真结果

在使用 Simulink 进行动态仿真时，仿真参数默认选择使用过零检测功能。如果过零检测并不能给系统仿真带来很大的好处，用户可以关闭仿真过程中过零事件的检测功能。用户需要在仿真参数设置对话框 Configuration Parameters 的 Solver 选项卡中选择过零检测的开和关。图 6.3.5 所示是关闭过零检测后例 6.3.2 系统模型的仿真结果。显然，关闭过零检测功能后，系统的仿真结果在信号进入饱和与到达零值时带有一些拐角。

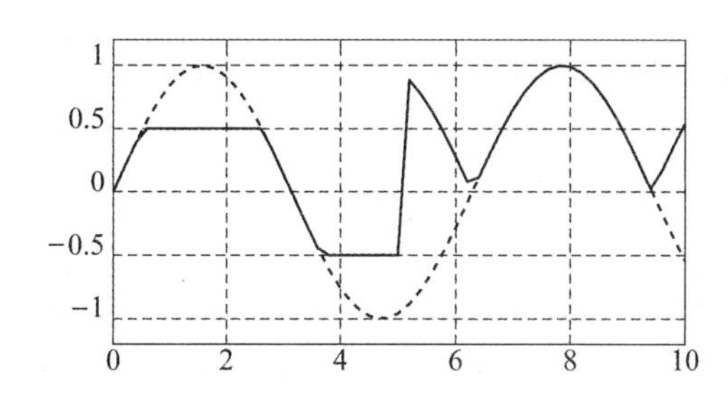


图 6.3.5　例 6.3.2 系统过零检测关闭后的系统仿真结果

### 6.3.5　关闭过零检测应考虑的因素

在决定是否关闭过零检测功能时，需要考虑以下几点：

(1)关闭系统仿真参数设置中的过零检测，可以使系统仿真速度得到很大的提高，但可能会引起系统仿真结果的不精确(如例 6.3.2 所示)，甚至出现错误的结果。

(2)关闭系统过零检测对 Hit Crossing 模块无影响。

(3)对于离散模块及其产生的离散信号不需要进行过零检测，这是因为用于离散系统仿真的离散求解器算法与连续变步长求解器算法都可以很好地匹配离散信号的更新时刻。

(4)在对某些特殊的动态系统进行仿真时，有可能在一个非常小的时间段内多次通过零点。这将导致在同一时间段内多次探测到信号的过零，从而使得 Simulink 仿真终止。在这种情况下，用户应该关闭过零检测功能再进行仿真。但是，对于模块过零非常重要的系统，用户可以采用在系统模型中串接 Hit Crossing 模块，并关闭过零检测功能的方法来实现过零检测。

## 6.4　Simulink 仿真中的代数环问题

无论采用 Fortran、C 还是 MATLAB，在编写计算程序时，都会遇到代数环问题。在用 Simulink 进行系统仿真时，也常常出现系统模块中产生代数环的提示。代数环会给计算程序带来很大的麻烦，需要特别注意。本节介绍代数环的概念及其求解方法。

### 6.4.1　直接馈通模块与代数环的产生

根据输出和输入的关系，可以将 Simulink 模块分为两类：一类是其当前时刻的输出直接依赖于当前时刻输入的模块，称为直接馈通模块；另一类模块则称为非直接馈通模块。如果直接馈通模块的输入端口直接由此模块的输出驱动或者由其他直接馈通模块所构成的反馈回路间接地驱动，就会形成代数环。图 6.4.1 与图 6.4.2 所示是非常简单的两个有代数环的系统示例。顾名思义，当由模块与信号连线构成的环路可以只用代数方程描述时就产生了代数环。

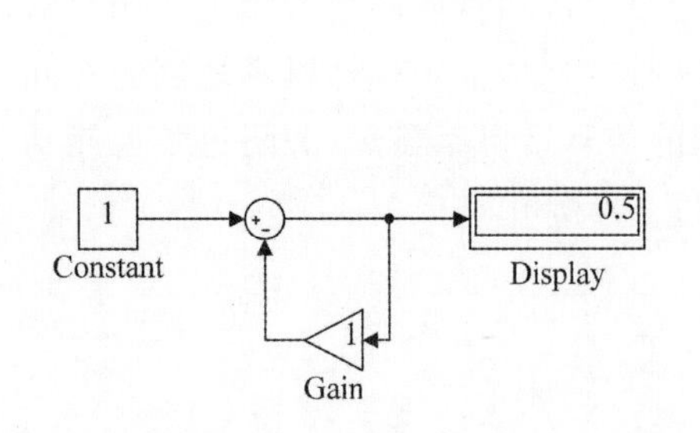


图 6.4.1　具有一个代数环的系统模型

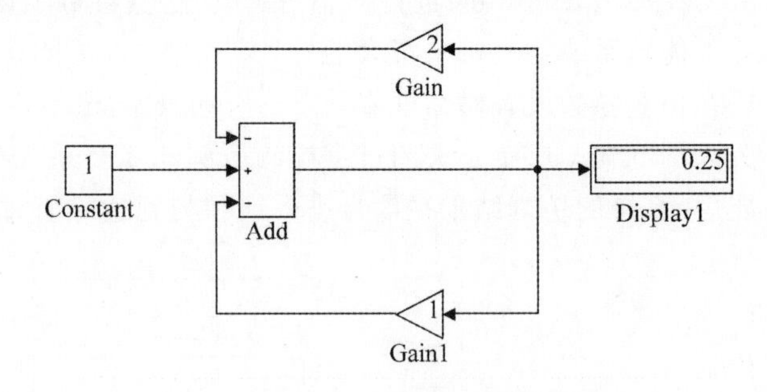


图 6.4.2　具有两个代数环的系统模型

图 6.4.1 和图 6.4.2 中的 3 条代数环回路都是由求和模块和增益模块构成。其中求和模块的输出状态同时又作为增益模块的输入。由于求和模块与增益模块都属于直接馈通模块，因而构成了代数环。很显然，设求和模块的“+”端输入为 $u$，其输出为 $y$，则图 6.4.1 的代数环可以用代数方程 $y=u-y$ 直接描述，图 6.4.2 的两条代数环可以用代数方程 $y=u-y-2y$ 直接描述。

如果系统中出现了代数环，代数环的输入和输出之间是相互依赖的，组成代数环的所有模块都要求在同一时刻计算出。这与系统仿真过程要求按一定顺序求解模块输出的要求不符，因此，必须使用一定的方法来解决具有代数环的系统求解问题。

### 6.4.2　代数环的求解方法

具有代数环的系统的求解方法有以下三种。

1. 手工方法求解系统方程

由于图 6.4.1 的系统可以用代数方程 $y=u-y$ 描述，故很容易直接求解它而得出其输出状态为 $y=u/2$。因为图中 $u=1$，故可计算出 $y=0.5$，如数字显示模块 Display 所显示。同理，对于图 6.4.2 的系统，直接求解代数方程 $y=u-y-2y$，则 $y=u/4$。当 $u=1$ 时可计算出 $y=0.25$。Simulink 中有一个内置的代数环求解器，可以对以上两图所示的含有代数环的简单系统模型进行正确的仿真计算。

2. 使用代数约束

除了可以使用 Simulink 内置的代数环求解器对含有代数环的系统进行仿真，还可以使用数学运算模块库中的代数约束模块 Algebraic Constraint。使用该模块并给出约束初始值，可以方便地对代数方程进行求解。代数约束模块的输入 $F(z)$ 是一个代数表达式，输出是模块的代数状态。代数约束模块通过调整其输出的代数状态以使其输入为零。

**【例 6.4.1】** 求解代数方程

$$\begin{cases} Z_1+Z_2-1=0 \\ Z_2-Z_1-1=0 \end{cases}$$

的根(显然，此方程的解为 $Z_1=0,Z_2=1$)。

**【解】** 图 6.4.3 所示是系统仿真模型，其中代数约束模块的输出分别为代数状态 $Z_1$ 和 $Z_2$。$Z_1$ 和 $Z_2$ 分别通过反馈回路作为代数约束模块的输入。其仿真结果如图 6.4.3 中 Display 模块所显示。

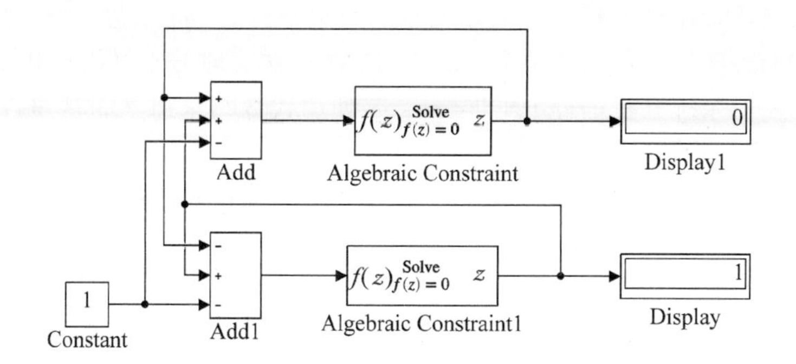


图 6.4.3　使用代数约束解决代数环问题的系统模型

当系统中使用代数约束时，系统中将出现代数环。对于系统中存在代数环的系统，Simulink 会在每个仿真步长中调用代数环求解器对系统进行求解。因为代数环求解器通过迭代的方法对系统进行求解，所以含有代数环的系统仿真速度比不含代数环系统的仿真要慢。

在使用代数约束模块时，Simulink 使用牛顿迭代法求解代数环。虽然采用这种方法是一种稳定的算法，但是如果代数状态的初始值选择得不合适，算法可能不收敛。因此，用户在使用代数约束时，一定要注意代数约束模块输出的代数状态初始值的选取问题，如果初始值选取得不同，可能会造成最终结果的不同，如例 6.4.2 所示。

**【例 6.4.2】** 使用代数约束求解方程

$$x^2 - x - 2 = 0$$

的根（显然，此方程的根是 $x_1 = -1, x_2 = 2$）。

**【解】** 图 6.4.4 所示是求解该方程的系统仿真模型。如果其中的代数约束模块的初始值分别取为 5 或 −5，则仿真得出的结果是不同的，如图 6.4.4 中 Display 和 Display1 模块的显示。

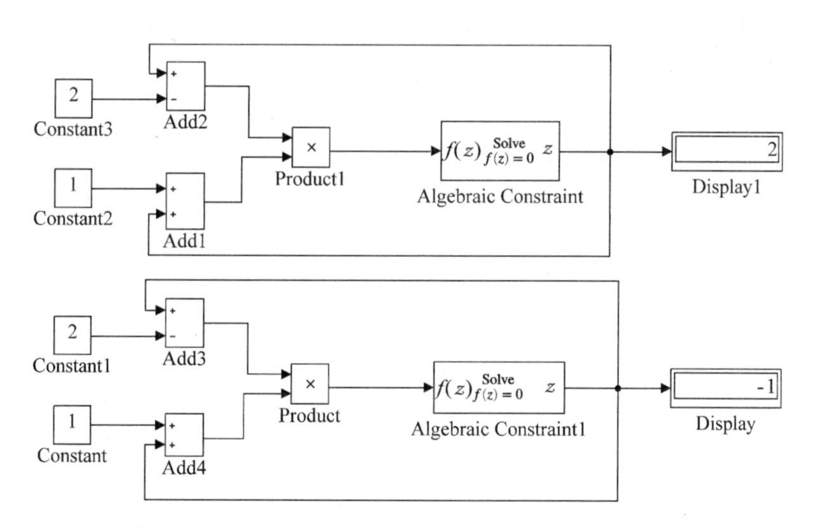


图 6.4.4　代数约束状态初始值设置对仿真结果的影响

3. 加入特定模块切断代数环

上面介绍的两种解决含代数环系统的仿真问题的方法有时并不好用。其原因一是许多情况下难以甚至无法对系统方程进行手工求解;二是使用代数约束虽然系统可以有效地求解代数环,但是由于采用牛顿迭代法需要在每个仿真步长内进行多次迭代,所以仿真速度会大幅度地降低。因此,用户可以通过某种破坏代数环产生条件的方式来切断代数环结构,从而解决此类系统的仿真问题。常用的切断代数环的方法是在代数环中加入离散模型库中的存储模块Memory或单位延迟模块Unit Delay。尽管使用这些方法非常容易,但需要注意,加入存储或延迟模块会改变系统的动态特性,对于不适当的初始估计值,甚至有可能导致系统不稳定。因此,如果含有代数环系统的仿真可以进行,只是速度慢,但用户还可以容忍的话,最好不要用这种方法切断它。

## 6.5 S函数技术

Simulink为用户提供了许多内置的基本库模块,通过这些模块的连接可以构成系统的模型。但这些内置的基本库模块是有限的,在许多情况下,尤其是在特殊的应用中,需要用到一些特殊的模块。Simulink提供了一个功能强大的对模块库进行扩展的新工具S-Function(S函数)。S-Function是系统函数(System Function)的简称。其基本方法是用MATLAB语言,C或C++语言,Fortran语言或者Ada语言等来描述系统运行的具体过程,从而构成S函数模块,然后在Simulink模型中直接调用S函数模块,完成对含有复杂模块的系统的仿真。在这里介绍如何用M文件编写S函数。

S函数提供了扩展Simulink模块库的有力工具,它采用一种特定的调用语法,实现函数Simulink求解器之间的交互式操作,这种交互式操作与求解器和Simulink内置固有模块交互式操作相同。

在S函数内部采用文本方式输入描述系统的公式与方程,这种方式非常适合复杂动态系统的数学描述,而且能在仿真过程中对仿真进行精确的控制。

S函数技术允许用户向模型中添加自己编写的模块。只要按照一些简单的规则,就可以在S函数模块中添加用户自行设计的算法。在编写好S函数之后可以在其模块中添加相应的函数名,也可以通过子系统封装技术来定制自己的交互界面。

### 6.5.1 S函数设计模板

在系统建模时,一些算法比较复杂的模块可以使用MATLAB语言按照S函数的格式来编写。但是,这样构造的S函数只能用于基于Simulink的仿真,并不能将其转换成独立于MATLAB的程序。

1. M文件格式的S函数模板及结构

S函数有固定的编写格式,MATLAB提供了一个模板文件,方便S函数的编写。该模板文件位于MATLAB根目录toolbox/ Simulink/ blocks下,文件名为sfuntmpl. m。下面为sfuntmpl. m的主程序结构及子函数的功能说明,要了解该文件的子函数结构及更详尽的内容请参阅原始文件。

```
% S-Function 模板
```

```
function [sys,x0,str,ts,simStateCompliance] = sfuntmpl(t,x,u,flag)
switch flag,
%初始化子函数。定义 S-Function 模块的基本特性,包括采样时间、连续或者离散状%态的初始条件和
Sizes 数组。
case 0,
[sys,x0,str,ts,simStateCompliance]=mdlInitializeSizes;
%微分计算子函数。计算连续状态变量的微分方程。
case 1,
sys=mdlDerivatives(t,x,u);
%状态更新子函数。更新离散状态、采样时间和主时间步的要求。
case 2,
sys=mdlUpdate(t,x,u);
%结果输出子函数。计算 S-Function 的输出。
case 3,
sys=mdlOutputs(t,x,u);
%计算下一个采样点的绝对时间的子函数。计算下一个采样点的绝对时间,即
%在 mdlInitializesizes 中说明了一个可变的离散采样时间。
case 4,
sys=mdlGetTimeOfNextVarHit(t,x,u);
%仿真结束子函数。
case 9,
sys=mdlTerminate(t,x,u);
otherwise
DAStudio.error('Simulink:blocks:unhandledFlag', num2str(flag));
end
```

模板文件中 S 函数的结构十分简单,它只为不同的 flag 值指定需要调用的 M 文件子函数。模板文件使用 switch 语句来完成这种指定,当然这种结构并不是唯一的,用户也可以使用 if 语句来完成同样的功能。在实际运用时,可以根据实际需要去掉某些值,因为并不是每个模块都需要经过所有的子函数调用。

2. S 函数模板说明

从上一小节可知,S 函数是由一系列子函数即“仿真过程”组成的。这些仿真过程就是 S 函数特有的语法结构,用户编写 S 函数的任务就是在相应的仿真过程中填写适当的代码,供 Simulink 及 MATLAB 调用。S 函数由以下形式的 MATLAB 函数组成:

```
[sys,x0,str,ts,simStateCompliance]=f(t,x,u,flag,p1,p2,...)
```

S 函数模板文件的几点说明如下:

(1)f 是 S 函数的文件名,t 是当前时间,x 是状态向量,u 是模块的输入,flag 是所要执行的任务标志,p1,p2,…都是模块的参数。在模型仿真过程中,Simulink 不断地调用函数 f,通过标志 flag 的值来说明所要完成的任务。每次 S 函数执行任务后,都将以特定结构返回结果。M 文件中 S 函数是利用标志 flag 来控制调用仿真过程函数的顺序。

(2)主函数的 4 个输入参数的名称和排列顺序不能改动,用户可以根据自己的要求添加额外的参数,位置依次为第 5,6,7,8,9 等。

(3)主函数包含5个输出参数:sys数组返回某个子函数,它的含义随着调用子函数的不同而不同;x0为所有状态的初始化向量;str是保留参数,其值总是空数组;ts返回系统采样时间;simStateComliance返回仿真状态的顺从度。用户切勿改动输出参数的顺序、名称与个数。

(4)模板文件中的case并非都是必要的,在有些情况下可以进行裁剪,例如当模块不采用变采样速率时,case 4和相应的子函数mdlGetTimeOfNextVarHit就可以删除。

### 6.5.2 S函数的设计

下面通过一个实例介绍S函数的创建和在Simulink中的应用。

**【例6.5.1】** 设控制系统的传递函数为

$$G(s)=\frac{1}{s+1}$$

试利用Simulink中的S函数,绘制此控制系统的阶跃响应曲线。

**【解】** 基本步骤如下:

步骤1:获取状态空间表达式。

根据传递函数,写出该控制系统的运动方程,即

$$\frac{Y(s)}{U(s)}=\frac{1}{s+1}\rightarrow \dot{y}(t)+y(t)=u(t)$$

选取状态变量$x=y$,则系统的状态空间表示为

$$\begin{cases}\dot{x}=-x+u\\ y=x\end{cases}$$

步骤2:建立S函数的M文件。

根据状态方程对MATLAB提供的S函数模板进行裁剪,得到sfunction_example.m文件。具体操作如下:复制MATLAB安装文件夹下的toolbox\simulink\blocks子目录下的sfuntmpl.m文件,并将其改名为sfunction_example.m,再根据状态方程修改程序中的代码。

具体的修改过程如下。

(1)重新命名函数。函数名需要随文件名的修改而修改,修改后的代码如下:

```
function [sys,x0,str,ts,simStateComliance] = sfunction_example(t,x,u,flag,x_initial)
```

其中,x_initial是状态向量x的初始值,它需要在Simulink对系统进行仿真前由用户手工赋值。

主函数部分的代码如下:

```
switch flag,
% Initialization,初始化。
case 0,
    [sys,x0,str,ts,simStateComliance]=mdlInitializeSizes(x_initial);
% Derivatives,计算模块导数。
case 1,
    sys=mdlDerivatives(t,x,u);
% Update,更新模块离散状态。
case 2,
    sys=mdlUpdate(t,x,u);
```

```
% Outputs，计算模块输出。
case 3,
    sys=mdlOutputs(t,x,u);
% GetTimeOfNextVarHit，计算下一个采样时间点。
case 4,
    sys=mdlGetTimeOfNextVarHit(t,x,u);
% Terminate，仿真结束。
case 9,
    sys=mdlTerminate(t,x,u);
% Unexpected flags，出错标记。
otherwise
    DAStudio.error('Simulink:blocks:unhandledFlag', num2str(flag));
end
```

（2）修改“初始化”子函数部分的代码，修改后的代码如下：

```
function [sys,x0,str,ts]=mdlInitializeSizes(x_initial)
sizes = simsizes;                       %用于设置模块参数的结构体。
sizes.NumContStates = 1;                %系统中的连续状态变量个数为 1。
sizes.NumDiscStates = 0;                %系统中的离散状态变量个数为 0。
sizes.NumOutputs = 1;                   %系统的输出个数为 1。
sizes.NumInputs = 1;                    %系统的输入个数为 1。
sizes.DirFeedthrough = 0;               %输入和输出间不存在直接比例关系。
sizes.NumSampleTimes = 1;               %只有 1 个采样时间。
sys = simsizes(sizes);                  %设置完后赋给 sys 输出。
x0 = x_initial;                         %设定状态变量的初始值。
str = [];                               %固定格式。
ts = [0 0];                             %该取值对应纯连续系统。
```

（3）修改“计算模块导数”子函数部分的代码，修改后的代码如下：

```
function sys=mdlDerivatives(t,x,u)
dx = -x + u;
sys = dx;
```

（4）修改“模块离散状态”子函数部分的代码，修改后的代码如下：

```
function sys=mdlUpdate(t,x,u)
sys = [];
```

因为这里讨论的是连续时间系统，所以这部分代码无须修改。

（5）修改“计算模块输出”子函数部分的代码，修改后的代码如下：

```
function sys=mdlOutputs(t,x,u)
sys = x;
```

（6）修改“计算下一个采样时间点”子函数部分的代码，修改后的代码如下：

```
function sys=mdlGetTimeOfNextVarHit(t,x,u)
sampleTime = 1;
sys = t + sampleTime;
```

（7）修改“仿真结束”子函数部分的代码，修改后的代码如下：

```
function sys=mdlTerminate(t,x,u)
sys = [];
```

这部分代码表示此时系统要结束，一般来说在 mdlTerminate 函数中写上 sys=[]即可，也无须修改，直接采用默认设置。如果需要在结束时进行一些设置，就在此函数中编写相关的代码。

此外，出错标记采用默认设置即可，无须改动。

至此，S 函数的代码编写工作已经完成。

步骤 3：将 sfunction_example 创建成 S-Function 模块。

打开 Simulink，在 Simulink 中新建一个空白的模型窗口，拖动“User-Defined Functions”库中的 S-Function 模块到其中，并放置输入的阶跃信号发生器和示波器，然后双击 S-Function 模块，如图 6.5.1 所示。在 name 行中输入 S 函数名称“S-function_example”，在 parameters 行中输入附加参数“x_initial”。构建仿真模型如图 6.5.2 所示。

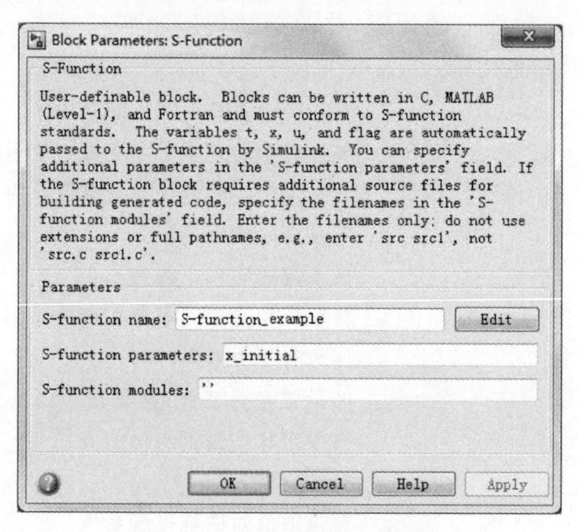


图 6.5.1　S 函数参数设置

步骤 4：给状态变量赋初值。

在进行仿真之前，还需要在 MATLAB 工作区中为状态向量 x 的初始值 x_initial 进行赋值。在 MATLAB 工作区中输入如下命令：

```
clear;
x_initial = 0;
```

参数设定之后，启动 Simulink 仿真，scope 显示仿真结果如图 6.5.3 所示。

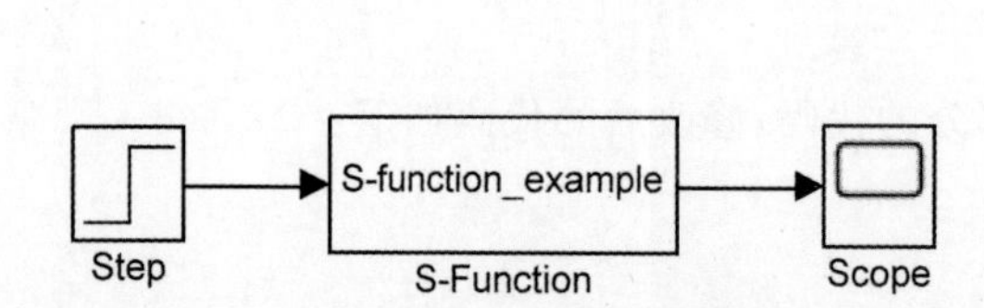


图 6.5.2　S 函数应用仿真模型

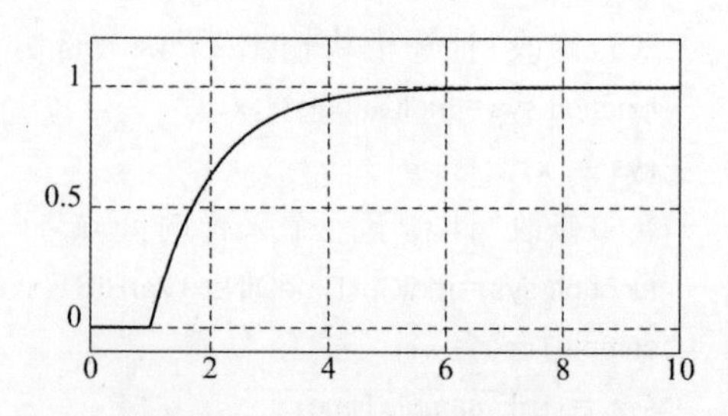


图 6.5.3　S 函数应用仿真结果

# 第7章 系统建模和仿真在工程领域中的应用

建立系统数学模型的目的之一是分析系统的特性，以实现对工程对象良好的控制性能。本章结合工程领域中的几个具体问题，给出基于系统建模与仿真的系统设计与分析。其中所涉及的理论与技术有助于我们深入理解已经学过的知识，扩大自己的知识面。

## 7.1 电子电路模型分析

本书前面所创建的 Simulink 系统模型属于以抽象的数学模型为基础的功能级仿真模型。早期的 Simulink 只是进行功能级仿真的软件。但是，MATLAB 现在已经在某些专业领域出现了元器件级的仿真模型。本节将利用专业模块库中的模块构建在元器件级上对应的模拟电路模型，然后对电路模型进行仿真分析。

### 7.1.1 电气模块库简介

电气模块库是 Simulink 专用模块库 Simscape 中的一个子库，可以完成基本的电路仿真。表 7.1.1 介绍了常用的电气模块库的内容及功能说明。

**表 7.1.1 电气模块库功能说明**

| 模块库名 | 子模块库名 | 说明 |
| --- | --- | --- |
| Electrical | Electrical Elements | 电阻、电容等基本电路元件 |
| | Electrical Sensors | 电压传感器、电流传感器等常用传感器 |
| | Electrical Sources | 各类电源 |
| Electronics | Actuators & Drivers | 执行器和驱动器 |
| | Integrator Circuits | 各种逻辑门电路和部分集成运算电路 |
| | Passive Devices | 常用电子无源器件 |
| | Semiconductor Devices | 半导体器件 |
| | Sensors | 传感器 |
| | Sources | 电压源、电流源等电源 |
| Power Systems | Simscape Component | 电力系统物理仿真通用模块 |
| | Specialized Technology | 电力系统仿真专用模块 |

### 7.1.2 二阶 RLC 电路模型

在图 7.1.1 所示的二阶 RLC 电路中，已知 $U_S = 10$ V，$L = 0.3$ H，$C = 0.3$ F，$R_1 = 2$ Ω，$R_2 = 0.01$ Ω，$R_3 = 5$ Ω，$u_C(0^-) = -1$ V，$i_L(0^-) = 1$ A，开关 S 在 $t=0$ 时闭合。试用模块库的

器件进行电路仿真，分析 $i_L$ 和 $u_C$ 的暂态响应。

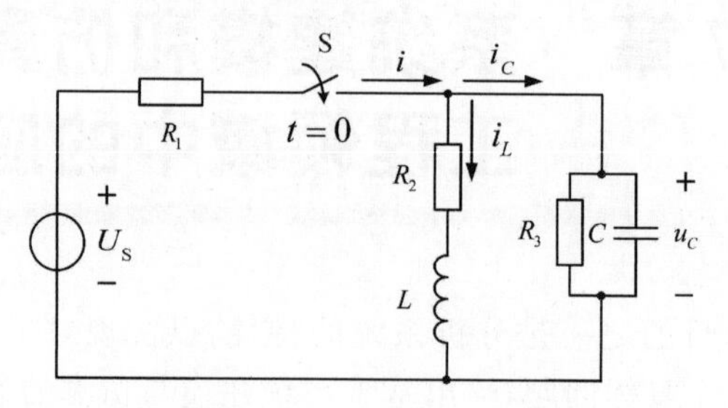


图 7.1.1　二阶 RLC 电路

1. 建立电路模型

与功能级仿真建模不同，本例建模不以数学模型为出发点，而是根据电路的结构、器件的类型从 Simscape 库中调用电路元件直接构建系统，示波器在 Simulink 库中调取。表 7.1.2 所示为构建系统模型的模块及参数设置。建立的模型如图 7.1.2 所示。

**表 7.1.2　RLC 电路系统模型模块及参数设置**

<table>
<tr><th>器件名称</th><th>模块名称</th><th>模块路径</th><th>参数设置</th></tr>
<tr><td>直流电压源 $U_S$</td><td>DC Voltage Source</td><td>Simscape/Power Systems/Specialized Technology/ Electrical Sources</td><td>Amplitude:10</td></tr>
<tr><td>电阻 $R_1$</td><td>Series RLC Branch</td><td rowspan="4">Simscape/Power Systems/Specialized Technology/ Fundamental Blocks/Elements</td><td>Branch type:R<br>Resistance:2</td></tr>
<tr><td>电阻 $R_2$ 和电感 $L$ 串联支路</td><td>Series RLC Branch</td><td>Branch type:RL<br>Resistance:0.01<br>Inductance:0.3<br>勾选 Set the initial inductor current<br>Inductor initial current :1</td></tr>
<tr><td>电阻 $R_3$ 和电容 $C$ 并联支路</td><td>Parallel RLC Branch</td><td>Branch type: RC<br>Resistance:5<br>Capacitance:0.3<br>勾选 Set the initial Capacitance voltage<br>Capacitor initial voltage:−1</td></tr>
<tr><td>开关 S</td><td>Breaker</td><td>Breaker resistance Ron:eps<br>Initial state:0<br>Snubber resistance Rs: inf<br>在 Snubber Capacitance Cs: inf<br>撤销对 External control of switching times 项的勾选<br>Switching times:0</td></tr>
</table>

续 表

| 器件名称 | 模块名称 | 模块路径 | 参数设置 |
|---|---|---|---|
| 电流测量器 Mi | Current Measurement | Simscape/Power Systems/Specialized Technology/Fundamental Blocks/Measurements | 无须设置 |
| 电压测量器 Mv | Voltage Measurement | | 无须设置 |
| 示波器 Svi | Scope | Sinks | Number of input ports:2 |

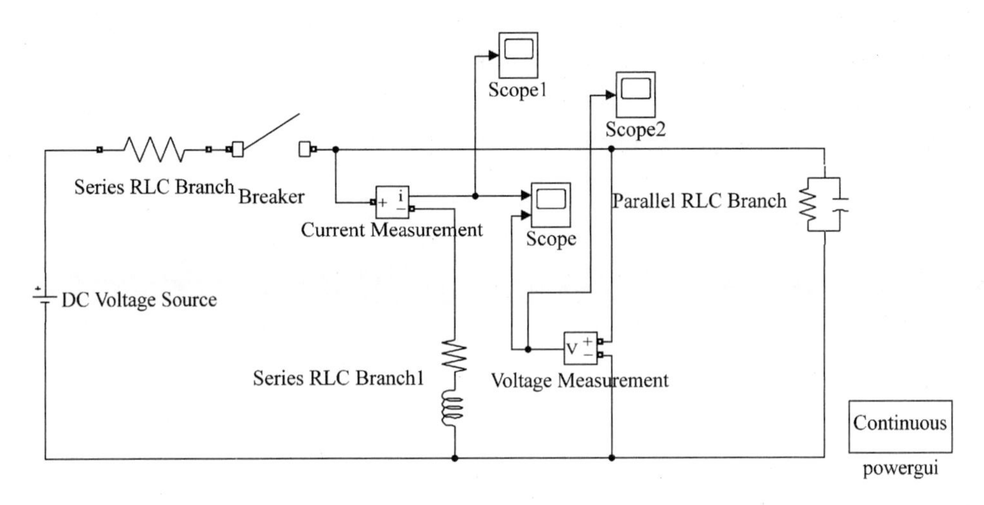


图 7.1.2　RLC 电路的仿真模型

2. 用 powergui 模块营造仿真环境

利用 Simscape 创建模型时，必须使用 powergui 模块，正是因为 powergui 模块的存在，才能把它所在模型窗中的结构模型映射为进行仿真计算的状态方程。

(1)仿真模型形式的选择。

powergui 可以把元器件模型映射成三种不同形式的模型。本系统既可以采用连续模型，也可以采用离散化的模型。需要注意的是，不同形式的模型需采用不同的求解器求解。就本系统而言，模型选择及相应求解器的设置如表 7.1.3 所示。

**表 7.1.3　模型和求解器设置**

| | | | |
|---|---|---|---|
| 映射模型 | 形式 | 连续(默认) | 离散 |
| | 采样周期 | | 不大于 0.01 s |
| 求解器 | 算法 | ode23tb | discrete |
| | 最大步长 | 0.01 | 不小于 $T_s$ |
| | 相对误差 | 0.000 1 | 0.001 |

(2)模型初始状态的设置。

设置 Simscape 模型的初始状态有两种方式:一是在元器件模块上设置;二是在 powergui 中设置。这两种设置方式是关联的,也就是说,在一种方式中设置的初始值将相应地表现在另一种设置界面中。

本系统在构建元器件模型时,已经对电感和电容进行了初始值设置(分别为 1,-1),具体数据如表 7.1.2 所示。在这种情况下,无须在 powergui 中再进行状态设置,即可以进行符合系统要求的仿真。

3. 运行仿真和结果分析

点击 ▶ 按钮,就可以运行该模拟电路仿真模型了,仿真结果如图 7.1.3 所示。从图7.1.3 中可以看出:电流曲线 $i_L$ 与电压曲线 $u_C$ 都是二阶振荡曲线,这与二阶 RLC 电路的结构特征相符。且它们的初值符合仿真前设定的初始状态值:$i_L(0)=1$ A, $u_C(0)=-1$ V。

从图 7.1.3 还可以看出:$i_L$ 的稳态值近似为 5 A(略低于 5 A),而 $u_C$ 的稳态值略低于 5 mV。这完全符合对该电路进行稳态分析计算的结果。

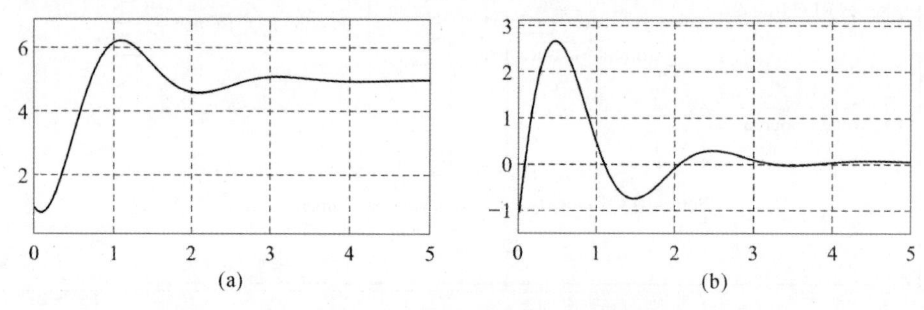


图 7.1.3 RLC 电路仿真模型的运行结果

(a) 电流 $i_L$ 曲线; (b) 电压 $u_C$ 曲线

### 7.1.3 三相桥式全控整流电路

三相桥式全控整流电路是应用最广泛的整流电路,完整的三相桥式全控整流电路由整流变压器、6 个桥式连接的晶闸管、负载、触发器和同步环节组成,如图 7.1.4 所示。6 个晶闸管依次相隔 60°触发,将交流电整流为直流电。三相桥式整流电路必须采用双脉冲触发或宽脉冲触发方式,以保证在每一瞬时都有两个晶闸管同时导通(上桥臂和下桥臂各一个),整流变压器采用三角形或者星形连接。

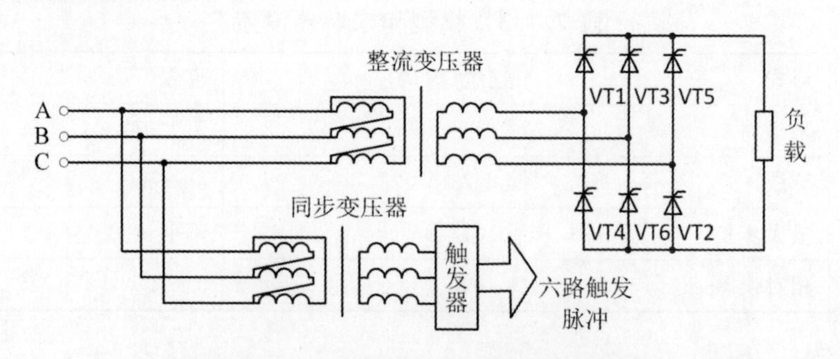


图 7.1.4 三相桥式全控整流电路原理图

1. 系统所需模块及参数设置

三相桥式整流电路的仿真使用 Simscape 模型库中的三相桥和触发器的集成模块，所需模块及参数设置如表 7.1.4 所示，求解器的仿真参数设置如表 7.1.5 所示，未标明的参数设置为默认值。

**表 7.1.4　三相桥式全控整流电路模型及参数设置**

| 器件名称 | 模块名称 | 模块路径 | 参数设置 |
| --- | --- | --- | --- |
| 交流电源 $u_A$ | AC Voltage Source | Simscape/Power Systems/Specialized Technology/Fundamental Blocks/Electrical Sources | Amplitude:220 * sqrt(2)<br>Phase (deg):0<br>Frequency (Hz):50 |
| 交流电源 $u_B$ | AC Voltage Source | | Amplitude:220 * sqrt(2)<br>Phase (deg):−120<br>Frequency (Hz):50 |
| 交流电源 $u_C$ | AC Voltage Source | | Amplitude:220 * sqrt(2)<br>Phase (deg):−240<br>Frequency (Hz):50 |
| 电流测量器 | Current Measurement | Simscape/Power Systems/Specialized Technology/Fundamental Blocks/Measurements | 无须设置 |
| 电压测量器 | Voltage Measurement | | |
| 整流变压器 Transformer | Three-phase Transformer | Simscape/Power Systems/Specialized Technology/Fundamental Blocks/Elements | Winding 1 connection: Delta (D11)<br>Winding 2 connection:Y<br>Measurement: All measurements (V I Fluxes) |
| 同步变压器 T-Transformer | Three-phase Transformer | | |
| 三相晶闸管整流器 6-pulse thyristor bridge | Universal Bridge | Simscape/Power Systems/Specialized Technology/Fundamental Blocks/Power Electronics | 无须设置 |
| RL 负载 | Series RLC Branch | Simscape/Power Systems/Specialized Technology/Fundamental Blocks/Elements | Branch type:RL<br>Resistance (Ohms):5<br>Inductance (H):0 |

续 表

| 器件名称 | 模块名称 | 模块路径 | 参数设置 |
|---|---|---|---|
| 锁相环 | PLL(3ph) | Simscape/Power Systems/Specialized Technology/Control & Measurements/PLL | Initial inputs [ Phase (degrees), Frequency (Hz) ]:[0 50] |
| 六脉冲发生器 6-pulse | Pulse Generator (Thyristor, 6-Pulse) | Simscape/Power Systems/Specialized Technology/Fundamental Blocks/Power Electronics/Pulse & Signal Generators | Pulse width (deg):10<br>勾选 Double pulsing |
| 控制脚设定 alph | Constant | Simulink/Sources | Constant value:30 或 60 |
| 多路测量器 | Multimeter | Simscape/Power Systems/Specialized Technology/Fundamental Blocks/Measurements | 在 Available Measurements 中选取 Usw3 和 Ub 到 Selected Measurements 中 |
| 模型分析仪 | powergui | Simscape/Power Systems/Specialized Technology/Fundamental Blocks | 无须设置 |
| 示波器 | Scope | Simulink/Sinks | Sample time:1/50/512 |

**表 7.1.5 求解器的仿真参数设置**

| 选项 | 设置项 | 参数设置 |
|---|---|---|
| Simulation time | Stop time | 0.04 |
| Solver options | Type | variable-step |

2. 系统仿真及结果分析

三相桥式整流电路仿真模型如图 7.1.5 所示。纯电阻负载时结果如图 7.1.6 所示。可以看出,随着控制角的增加,整流输出电压减小。晶闸管导通时电压为零,晶闸管关断时,晶闸管承受电源线电压。

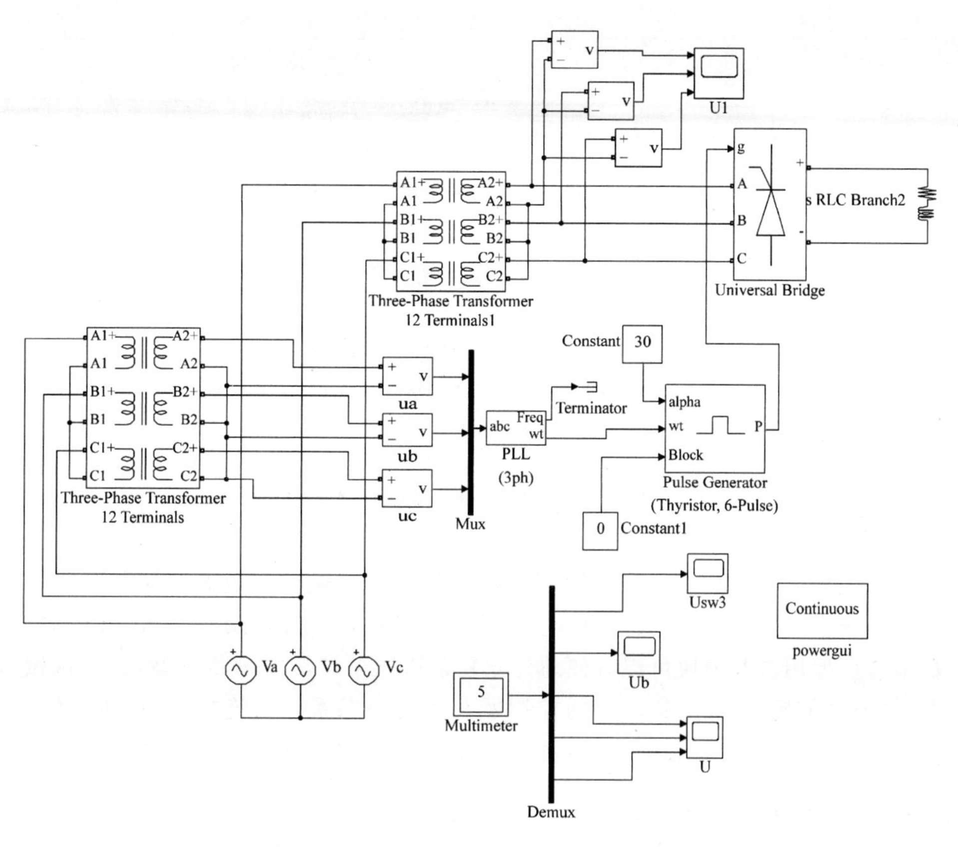


图 7.1.5　三相桥式整流电路的仿真模型

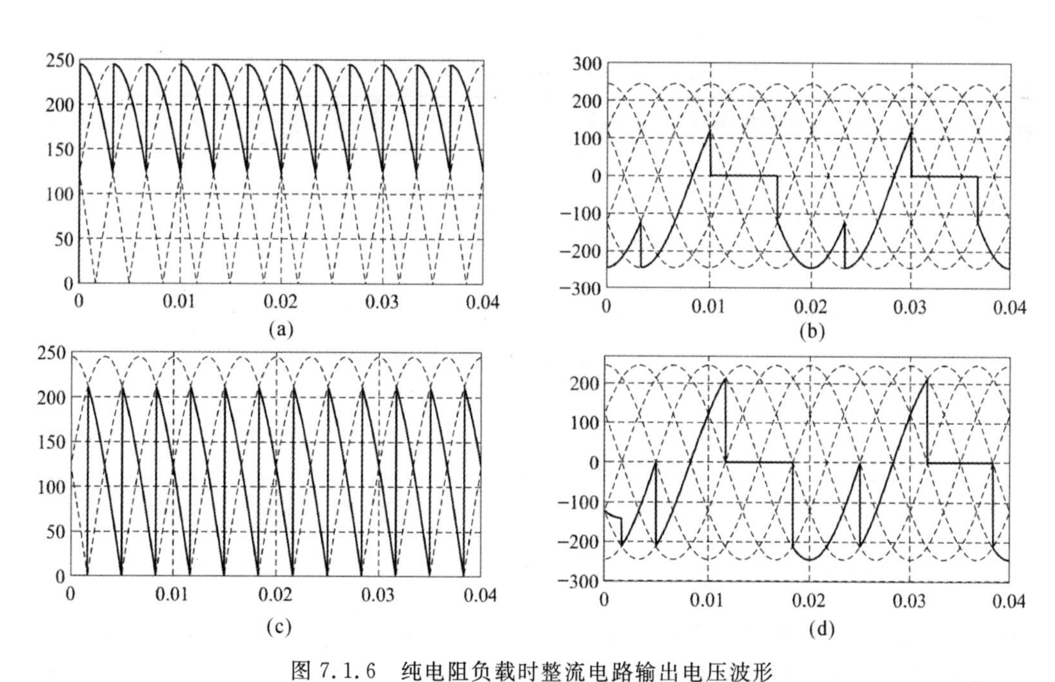


图 7.1.6　纯电阻负载时整流电路输出电压波形

(a)$\alpha=30°$输出电压瞬时值；　(b)$\alpha=30°$晶闸管电压；　(c)$\alpha=60°$输出电压瞬时值；　(d)$\alpha=60°$晶闸管电压

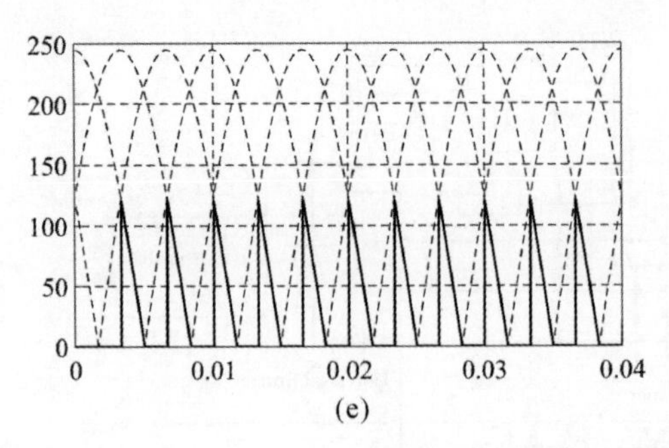


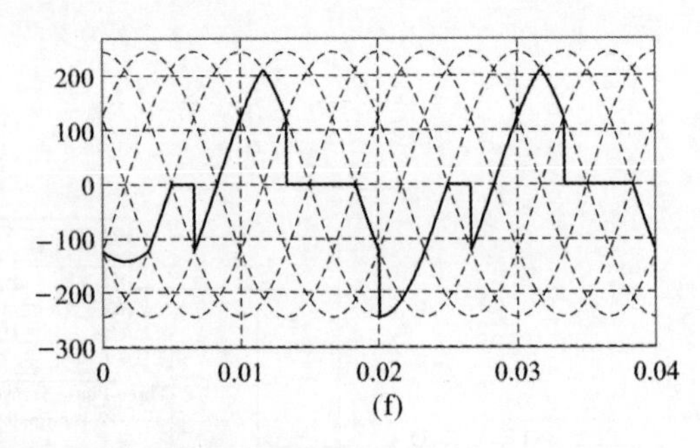


续图 7.1.6　纯电阻负载时整流电路输出电压波形

(e) $\alpha=90^{\circ}$输出电压瞬时值；(f)$\alpha=90^{\circ}$晶闸管电压

# 7.2　动力机械系统仿真

MATLAB 提供了动力机械系统的模块库，可以为动力机械系统及其控制系统提供直观有效的建模分析手段，它提供了大量对应实际系统的元件，如刚体、铰链、约束、坐标系统、促动器和传感器等。使用这些模块可以方便地建立复杂机械系统的图示化模型，进行机械系统的单独分析，或与任何用 Simulink 设计的控制器及其他动态系统相连接，从而进行综合仿真。下面以单摆模型为例介绍采用动力机械系统模块库实现动力机械系统的仿真。

## 7.2.1　Multibody 模块库简介

Multibody 模块库是 Simulink 中专用模块库 Simscape 中的一个子库，可以进行一系列的机械系统仿真。表 7.2.1 为 Multibody 模块库的子模块库及功能介绍。

表 7.2.1　Multibody 模块库的子模块库

| 子模块库名 | 说 明 |
|---|---|
| Body Element | 质量块 |
| Frames and Transforms | 参考系与坐标变化 |
| Constraint | 约束 |
| Forces and Torque | 力、力矩与力场 |
| Gears | 齿轮、蜗轮蜗杆等齿系结构 |
| Curves and Surfaces | 样条曲线及曲面 |
| Joint | 关节与转动副 |

## 7.2.2　单摆模型

细线一端固定在悬点，另一端系一个小球，如果细线的质量与小球相比可以忽略，球的直径与线的长度相比也可以忽略，就构成了一个单摆，如图 7.2.1 所示。

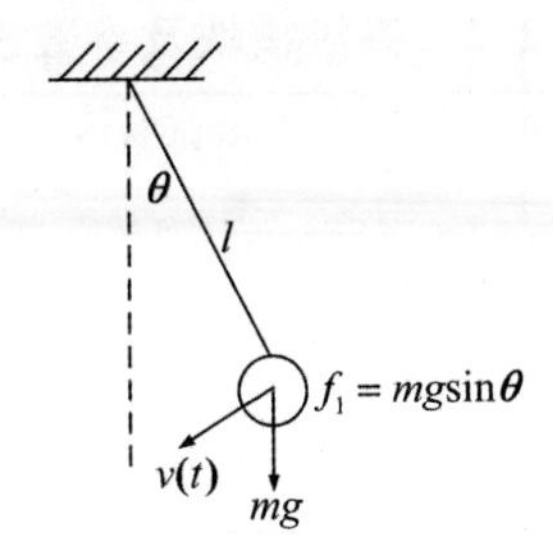


图 7.2.1　单摆机构示意图

在本例中将细线替换为一质量均匀的摆杆。该模型包含三个刚性机构，一个链路和一个固定的枢轴和小球，由转动副连接。

1. 建立单摆模型

建立单摆系统模型如图 7.2.2 所示。其中，子系统模型如图 7.2.3 所示，该子系统包含 Solid 模块和 Rigid Transform 模块，是一个表示简单链接刚体的自定义块。

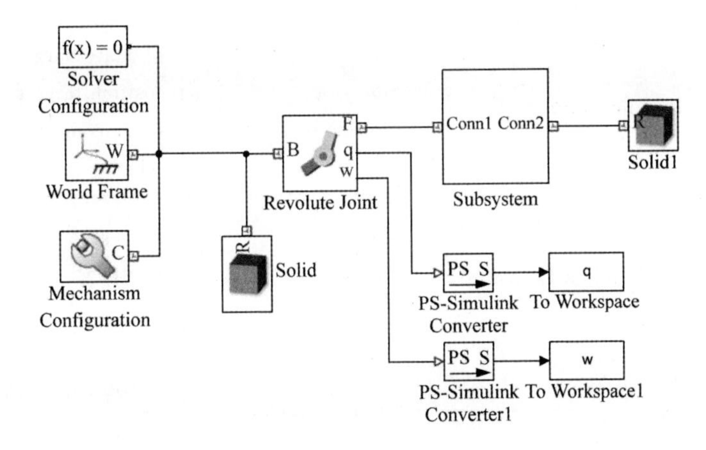


图 7.2.2　单摆系统模型

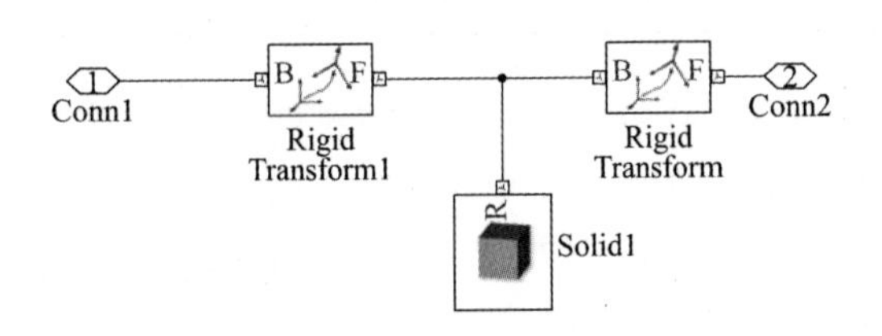


图 7.2.3　单摆系统中子系统模型

2. 配置模块参数

单摆系统的仿真使用 Simscape 模块库的模块，系统模块及参数设置如表 7.2.2 所示，其子系统所需模块及参数设置如表 7.2.3 和表 7.2.4 所示。系统求解器的仿真参数设置如表 7.2.5 所示，未标明的参数设置保持默认值。

**表 7.2.2　系统模块及参数设置**

<table>
<tr><th>器件名称</th><th>模块名称</th><th>模块路径</th><th>参数设置</th></tr>
<tr><td>求解器配置模块</td><td>Solver Configuration</td><td>Simscape/Utilities</td><td>无须设置</td></tr>
<tr><td>从动框架</td><td>World Frames</td><td>Simscape/Multibody/ Frames and Transforms</td><td>无须设置</td></tr>
<tr><td>机械配置块</td><td>Mechanism Configuration</td><td>Simscape/Multibody/Utilities</td><td>Gravity > Gravity parameter t:[0 −9.81 0]</td></tr>
<tr><td>实体块</td><td>Solid</td><td rowspan="2">Simscape/Multibody/Body Elements</td><td>Geometry > Dimensions:[4 4 4] cm<br>Graphic > Visual Properties > Color:[0.80 0.45 0]</td></tr>
<tr><td>实体块</td><td>Solid1</td><td>Geometry >Shape:Sphere<br>Geometry > Dimensions:2cm</td></tr>
<tr><td>转动副</td><td>Revolute Joint</td><td>Simscape/Multibody/Joints</td><td>在 state targets 中选择 specify position targets<br>在 sensing 中选择 position 和 velocity</td></tr>
<tr><td>PS 仿真转换器</td><td>PS-Simulink Converte</td><td>Simscape/Utilities</td><td>无须设置</td></tr>
<tr><td rowspan="2">将数据写入工作区</td><td>To Workspace</td><td rowspan="2">Simulink/Sinks</td><td>Variable name:q</td></tr>
<tr><td>To Workspace1</td><td>Variable name:w</td></tr>
</table>

**表 7.2.3　子系统模块及参数设置**

<table>
<tr><th>器件名称</th><th>模块名称</th><th>模块路径</th><th>参数设置</th></tr>
<tr><td>实体块</td><td>Solid</td><td>Simscape/Multibody/Body Elements</td><td>Geometry > Dimensions:[L W H] cm<br>Inertia > Density: rho<br>Graphic > Visual Properties > Color: rgb</td></tr>
<tr><td>刚性转换模块</td><td>Rigid Transform</td><td rowspan="2">Simscape/Multibody/Frames and Transforms</td><td>Translation > Method:Standard Axis<br>Translation > Method: +x<br>Translation > Offset:L/2cm</td></tr>
<tr><td>刚性转换模块</td><td>Rigid Transform1</td><td>Translation > Method:Standard Axis<br>Translation > Method: +x<br>Translation > Offset:L/2cm</td></tr>
</table>

选择表 7.2.3 中的三个模块，单击右键，选择 Create Subsystem from Selection，再右键单击子系统块，选择 Mask > Create Mask。打开 Parameters & Dialo 选项卡，添加编辑字段到 Parameters。双击子系统模块对话框，在子系统模块对话框中输入 MATLAB 变量的值，如表 7.2.4 所示。

**表 7.2.4　系统参数设置**

| Prompt | Name | Value |
|---|---|---|
| Length (cm) | L | 20 |
| Width (cm) | W | 1 |
| Thickness (cm) | H | 1 |
| Density (kg/m^3) | rho | 2700 |
| Color [R G B] | rgb | [0.25　0.40　0.70] |

**表 7.2.5　求解器的仿真参数设置**

| 选项 | 设置项 | 参数设置 |
|---|---|---|
| Solver selection | Solver | ode15s (stiff/NDF) |
| Solver details | Max step size | 0.01 |

3. 系统仿真

(1)单摆的三维运动轨迹仿真。

Simscape 支持用户自定义的模型在 MATLAB 的 Mechanics Explorer 界面产生模型的三维动画，以描述系统的运动状态及运动轨迹。点击运行按钮，运行单摆系统模型，在 Mechanics Explorer 界面将会出现一个简单的单摆模型的三维动画，将 View convention 设置为 Y up (XY Front)，可以更好地观察单摆的运动情况，如图 7.2.4 所示。

图 7.2.4　单摆模型的三维动画图

(2)无阻尼单摆。

可以在 Revolute Joint 模块中设置，使系统成为无阻尼单摆。将 Internal Mechanics > Damping 设置为 0 (N * m)/(deg/s)，使转动副的阻尼为零。

在 MATLAB 命令窗口输入以下命令：

```
figure      %打开一个新的图形窗口
```

```
hold on
plot(q)    %绘制摆角
plot(w)    %绘制角速度
xlabel('t/s')
ylabel('q/rad, w/(rad/s)')
grid on
```

即可以根据时间绘制单摆的位置和速度,如图 7.2.5 所示。实线为单摆的速度曲线,虚线为单摆位置曲线。

在 MATLAB 命令窗口输入以下命令:

```
figure
plot(q.data, w.data)
xlabel('q/rad')
ylabel('w/(rad/s)')
grid on
```

如图 7.2.6 所示,绘制以水平平面为起始位置的单摆相图。由图 7.2.5 和图 7.2.6 可知,单摆是可以在无阻尼状态下做往复摆动的一种装置,摆角越大,振幅越大。由于系统没有阻尼,单摆处于无限的摆动状态。

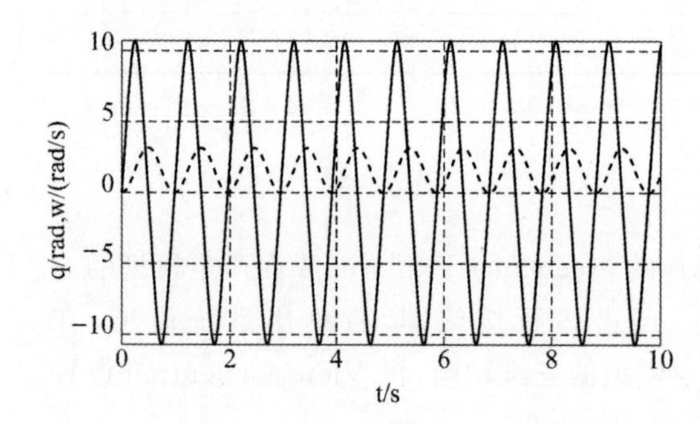


图 7.2.5　无阻尼的单摆位置和速度曲线

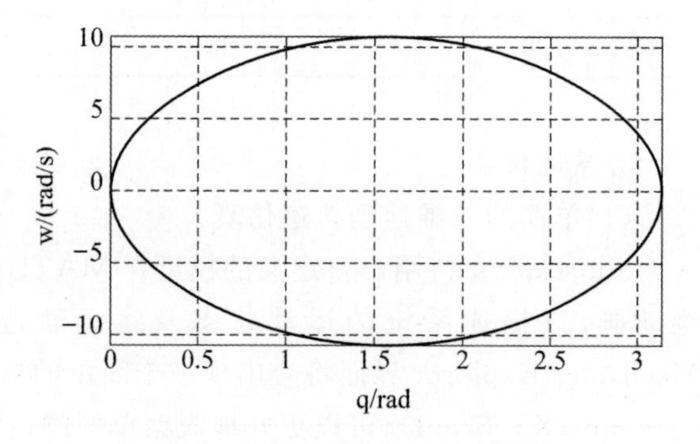


图 7.2.6　无阻尼的单摆相图

(3)阻尼单摆。

在 Revolute Joint 模块中设置,将 Internal Mechanics > Damping 设置为 5e−5 (N * m)/(deg/s),转动副的阻尼为 5e−5 (N * m)/(deg/s),使该系统成为阻尼单摆。

在 MATLAB 命令窗口输入以下命令:

```
figure          % 打开一个新的图形窗口
hold on
plot(q)         % 绘制摆角
plot(w)         % 绘制角速度
xlabel('t/s')
ylabel('q/rad,w/(rad/s)')
grid on
```

如图 7.2.7 所示,实线为单摆的速度曲线,虚线为单摆的位置曲线。

在 MATLAB 命令窗口输入以下命令:

```
figure
plot(q.data, w.data)
xlabel('q/rad')
ylabel('w/(rad/s)')
grid on
```

如图 7.2.8 所示，绘制以水平平面为起始位置的单摆相图。由图 7.2.7 和图 7.2.8 可知，由于存在阻尼，单摆振荡随着时间的推移衰减，并逐渐消失，单摆最终停止摆动。

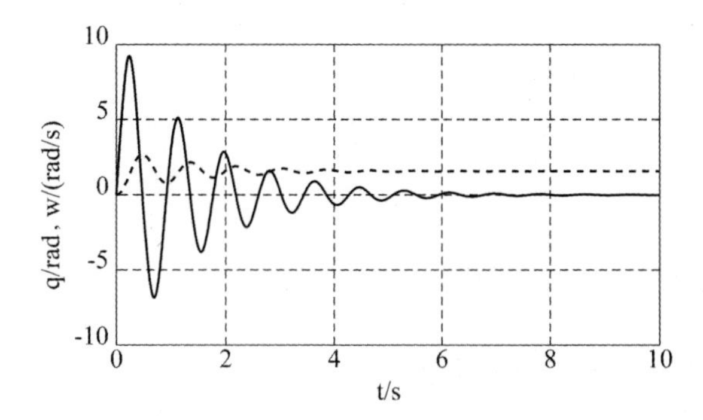


图 7.2.7　有阻尼的单摆位置和速度曲线

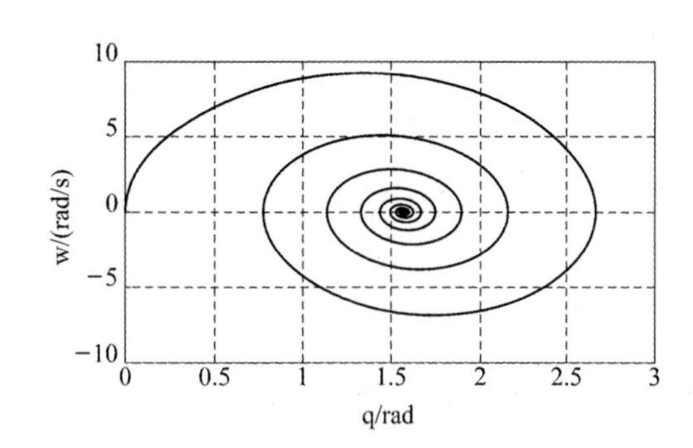


图 7.2.8　有阻尼的单摆相图

# 7.3　汽车悬架系统

汽车悬架系统是指由车身与轮胎间的弹簧和避震器组成的支撑系统。悬架系统的功能是支撑车身，改善乘坐的感觉，不同的悬架设置会使驾驶者有不同的驾驶感受。外表看似简单的悬架系统综合多种作用力，决定着轿车的稳定性、舒适性和安全性，是现代轿车的关键部件之一。

汽车悬架系统是一个较复杂的系统，通常对系统采用简化分析。考虑 1/4 车辆模型（即单轮车辆模型），设其悬挂质量为 $M$，它包括车身、车架及其总成。悬挂质量通过减振器和弹簧原件与车轴、车轮相连。车轮、车轴构成的非悬挂质量为 $m$，车轮通过减振弹簧连接于地面。具体的悬架简化结构如图 7.3.1 所示，分别为被动悬架系统和主动悬架系统。主动悬架和被动悬架的区别在于前者除了具有弹性元件和减振器以外，还在车身和车轴之间安装了一个由中央处理器控制的力发生器，它能按照中央处理器下达的指令上下运动，进而分别对汽车的弹簧载荷质量和非弹簧载荷质量产生力的作用。

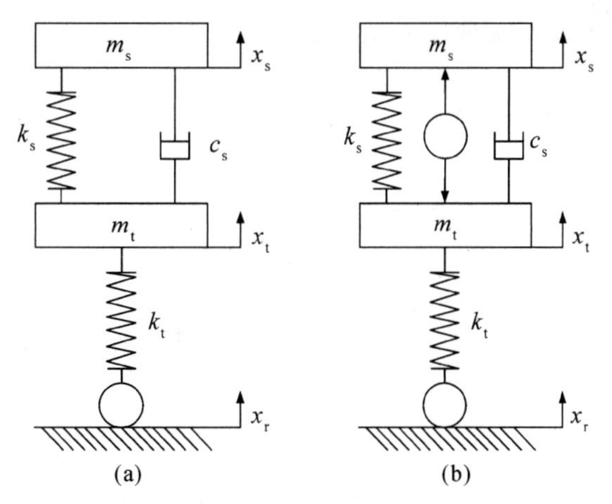


图 7.3.1　悬架简化结构图

(a)被动悬架；　(b)主动悬架

### 7.3.1 系统的数学模型

1.被动悬架系统的数学模型

在图 7.3.1(a) 中,考虑轮胎阻尼较小,可以忽略其影响。图 7.3.1(a) 中,$m_s$ 为车身质量,$m_t$ 为轮胎质量,$k_s$ 为被动悬架刚度,$c_s$ 为被动悬架阻尼系数,$k_t$ 为轮胎刚度,$x_s$ 为车身相对平衡位置的位移,$x_t$ 为车轮相对平衡位置的位移,$x_r$ 为路面不平整度的位移输入。设 $\dot{x}_r$ 为零均值的白噪声。建立被动悬架系统的运动微分方程为

$$\left.\begin{aligned} m_s\ddot{x}_s + k_s(x_s - x_t) + c_s(\dot{x}_s - \dot{x}_t) = 0 \\ m_t\ddot{x}_t - k_t(x_r - x_t) - k_s(x_s - x_t) - c_s(\dot{x}_s - \dot{x}_t) = 0 \end{aligned}\right\} \tag{7.3.1}$$

选取状态变量

$$\begin{cases} x_1 = x_s - x_t \\ x_2 = \dot{x}_s \\ x_3 = x_r - x_t \\ x_4 = \dot{x}_t \end{cases}$$

构成状态向量 $\boldsymbol{X} = [x_1 \quad x_2 \quad x_3 \quad x_4]^{\mathrm{T}}$,于是得到输入状态方程为

$$\dot{\boldsymbol{X}} = \boldsymbol{AX} + \boldsymbol{B}\omega(t) \tag{7.3.2}$$

式中,$\omega(t)$ 为零均值的白噪声,

$$\boldsymbol{A} = \begin{bmatrix} 0 & 1 & 0 & -1 \\ -k_s/m_s & -c_s/m_s & 0 & c_s/m_s \\ 0 & 0 & 0 & -1 \\ k_s/m_t & c_s/m_t & k_t/m_t & -c_s/m_t \end{bmatrix}, \quad \boldsymbol{B} = \begin{bmatrix} 0 \\ 0 \\ 1 \\ 0 \end{bmatrix}$$

评价汽车悬架系统的性能时,主要是考虑它对汽车平稳性和操作稳定性的影响,而评价汽车这些性能时,常涉及一些参数,如车身加速度、悬架动扰度、轮胎动变形等,因此分析这些性能指标显得尤为重要。

设车身加速度为 $y_1$,则

$$y_1 = \ddot{x}_s = \dot{x}_2$$

设悬架动扰度为 $y_2$,则

$$y_2 = x_s - x_t = x_1$$

设轮胎动变形为 $y_3$,则

$$y_3 = x_r - x_t = x_3$$

$y_1$、$y_2$、$y_3$ 构成输出向量,于是得到输出状态方程

$$\boldsymbol{Y} = \boldsymbol{CX} + \boldsymbol{D}\omega(t) \tag{7.3.3}$$

式中

$$\boldsymbol{C} = \begin{bmatrix} -k_s/m_s & -c_s/m_s & 0 & c_s/m_s \\ 1 & 0 & 0 & 0 \\ 0 & 0 & 1 & 0 \end{bmatrix}, \quad \boldsymbol{D} = \begin{bmatrix} 0 \\ 0 \\ 0 \end{bmatrix}$$

2.主动悬架系统的数学模型

根据图 7.3.1(b) 所示的主动悬架结构图,建立主动悬架模型为

$$\left.\begin{aligned} m_s\ddot{x}_s = u \\ m_t\ddot{x}_t = -u - k_t(x_t - x_r) \end{aligned}\right\} \tag{7.3.4}$$

其中,$u$ 为主动悬架的控制力。与被动悬架类似,选取状态变量

$$\begin{cases} x_1 = x_s - x_t \\ x_2 = \dot{x}_s \\ x_3 = x_r - x_t \\ x_4 = \dot{x}_t \end{cases}$$

构成状态向量 $\boldsymbol{X} = [x_1 \quad x_2 \quad x_3 \quad x_4]^{\mathrm{T}}$,于是得到状态方程为

$$\dot{\boldsymbol{X}} = \boldsymbol{A}_1 \boldsymbol{X} + \boldsymbol{B}_1 u + \boldsymbol{D}_1 \omega(t) \tag{7.3.5}$$

式中

$$\boldsymbol{A}_1 = \begin{bmatrix} 0 & 1 & 0 & -1 \\ 0 & 0 & 0 & 0 \\ 0 & 0 & 0 & -1 \\ 0 & 0 & k_t/m_t & 0 \end{bmatrix}, \quad \boldsymbol{B}_1 = \begin{bmatrix} 0 \\ 1/m_s \\ 0 \\ -1/m_t \end{bmatrix}, \quad \boldsymbol{D}_1 = \begin{bmatrix} 0 \\ 0 \\ 1 \\ 0 \end{bmatrix}$$

选择输出变量

$$\begin{cases} y_1 = \ddot{x}_s = \dot{x}_2 \\ y_2 = x_s - x_t = x_1 \\ y_3 = x_r - x_t = x_3 \end{cases}$$

构成状态向量 $\boldsymbol{Y} = [y_1 \quad y_2 \quad y_3]^{\mathrm{T}}$,则状态方程为

$$\boldsymbol{Y} = \boldsymbol{C}_1 \boldsymbol{X} + \boldsymbol{E}_1 u + \boldsymbol{D}\omega(t) \tag{7.5.6}$$

式中

$$\boldsymbol{C}_1 = \begin{bmatrix} 0 & 0 & 0 & 0 \\ 1 & 0 & 0 & 0 \\ 0 & 0 & 1 & 0 \end{bmatrix}, \quad \boldsymbol{E}_1 = \begin{bmatrix} 1/m_s \\ 0 \\ 0 \end{bmatrix}, \quad \boldsymbol{D} = \begin{bmatrix} 0 \\ 0 \\ 0 \end{bmatrix}$$

由于控制力与输入状态有关,满足 $u = -\boldsymbol{KX}$($\boldsymbol{K}$ 为反馈系数),则原系统状态方程可变为

$$\begin{cases} \dot{\boldsymbol{X}} = (\boldsymbol{A}_1 - \boldsymbol{B}_1 \boldsymbol{K})\boldsymbol{X} + \boldsymbol{D}_1 \omega(t) \\ \boldsymbol{Y} = (\boldsymbol{C}_1 - \boldsymbol{E}_1 \boldsymbol{K})\boldsymbol{X} + \boldsymbol{D}\omega(t) \end{cases}$$

为了使控制系统具有一个较好的性能指标,即保证系统的稳定性。这里选取线性二次型调节器(LQR,Linear Quadratic Regulator)实现反馈力的控制。这是因为,LQR 可以得到状态线性反馈的最优控制规律,易于构成闭环系统的最优控制。LQR 成本廉价、方法简单、便于实现,还可以对不稳定的系统进行整定,同时易于采用 MATLAB 对系统实现仿真。

LQR 的控制对象是现代控制理论中以状态空间形式给出的线性系统,以目标函数为对象状态和控制输入的二次型函数。LQR 的最优设计是指设计出的状态反馈控制器系数 $\boldsymbol{K}$ 要使系统状态方程 $\dot{\boldsymbol{X}} = \boldsymbol{AX} + \boldsymbol{Bu}$ 中的二次型目标函数

$$J = \frac{1}{2}\int_0^{\infty} (\boldsymbol{X}^{\mathrm{T}}\boldsymbol{QX} + \boldsymbol{u}^{\mathrm{T}}\boldsymbol{Ru})\,\mathrm{d}t$$

取最小值。其中,$\boldsymbol{Q}$ 为状态的加权系数矩阵,$\boldsymbol{R}$ 为控制信号的加权系数矩阵,$\boldsymbol{Q}$ 与 $\boldsymbol{R}$ 是设计人员自己设计的矩阵,$\boldsymbol{Q}$ 为半正定矩阵,$\boldsymbol{R}$ 为正定矩阵。LQR 函数在 MATLAB 中的应用形式为

[K, S, E]=lqr(A,B,Q,R)

其中,$\boldsymbol{K}$ 为闭环系统的反馈系数;$\boldsymbol{S}$ 为系统的代数 Riccati 方程的解;$\boldsymbol{E}$ 为闭环系统的特征值;$\boldsymbol{A}$ 与 $\boldsymbol{B}$ 是系统状态方程 $\dot{\boldsymbol{X}} = \boldsymbol{AX} + \boldsymbol{Bu}$ 中的系数矩阵。由于 $\boldsymbol{K}$ 是由 $\boldsymbol{Q}$ 与 $\boldsymbol{R}$ 唯一决定的,故 $\boldsymbol{Q}$、$\boldsymbol{R}$ 的选择十分重要。

### 7.3.2 汽车悬架系统仿真

按照汽车主被动悬架系统和数学模型建立 Simulink 系统仿真模型，表 7.3.1 所示为构建系统模型所需要的模块及参数设置。求解器的仿真参数设置如表 7.3.2 所示。

**表 7.3.1 汽车悬架系统模块及参数设置**

| 模块库 | 模块 | 功能 | 参数设置 |
|---|---|---|---|
| Sources | Sine Wave | 产生正弦波信号 | Sample time:0.01 |
| | Signal Generator | 产生锯齿波信号 | Wave form:sawtooth<br>Frequency:1 Hz |
| | Signal Builder | 产生脉冲信号 | Amplitude:1(0-3s),0(3-10s) |
| | Band-limited White Noise | 产生有限带宽白噪声 | 无须设置 |
| Continuous | State-Space | 用于输入状态方程 | 被动悬架<br>A:[0 1 0 −1; −66.667 −4.083 0 4.0833; 0 0 0 −1;533.333 32.667 5333.333 −32.667]<br>B: [0; 0; 1; 0]<br>C: [−66.667 −4.083 0 4.083;1 0 0 0;0 0 1 0]<br>D: [0; 0; 0]<br>主动悬架<br>A:[0 1 0 −1; −8.4 −4.1 7.7 0.2; 0 0 0 −1; 67 32.5 5272 1.2]<br>B:[0; 0; 1; 0]<br>C:[−8.3859 −4.0703 7.6711 0.1549; 1 0 0 0; 0 0 1 0]<br>D:[0; 0; 0] |
| Signal Routing | Demux | 把一个输入信号展开成多个输出信号 | Number of outputs:3<br>Display option: none |
| Sinks | Scope | 显示输出 | 无须设置 |

**表 7.3.2 求解器的仿真参数设置**

| 选项 | 设置项 | 参数设置 |
|---|---|---|
| Simulation Time | Stop time | 10 |
| Solver Options | Type | 在白噪声路面模拟输入的主动悬架仿真时需将 Solver 设置为 ode14x,其他设置为 Fixed-step |

1. 被动悬架系统仿真

考虑被动悬架系统的结构参数，设车身质量 $m_s=240$ kg，轮胎质量 $m_t=30$ kg，被动悬架刚度 $k_s=16\ 000$ N/m，被动悬架阻尼系数 $c_s=980$ N/(m/s)，轮胎刚度 $k_t=160\ 000$ N/m，代入

式(7.3.2)和式(7.3.3)后得到系统状态方程的系数矩阵为

$$\boldsymbol{A}=\begin{bmatrix} 0 & 1 & 0 & -1 \\ -66.667 & -4.083 & 0 & 4.083 \\ 0 & 0 & 0 & -1 \\ 533.333 & 32.667 & 5\,333.333 & -32.667 \end{bmatrix},\quad \boldsymbol{B}=\begin{bmatrix} 0 \\ 0 \\ 1 \\ 0 \end{bmatrix}$$

$$\boldsymbol{C}=\begin{bmatrix} -66.667 & -4.083 & 0 & 4.083 \\ 1 & 0 & 0 & 0 \\ 0 & 0 & 1 & 0 \end{bmatrix},\quad \boldsymbol{D}=\begin{bmatrix} 0 \\ 0 \\ 0 \end{bmatrix}$$

汽车悬架系统仿真模块框图如图 7.3.2 所示。

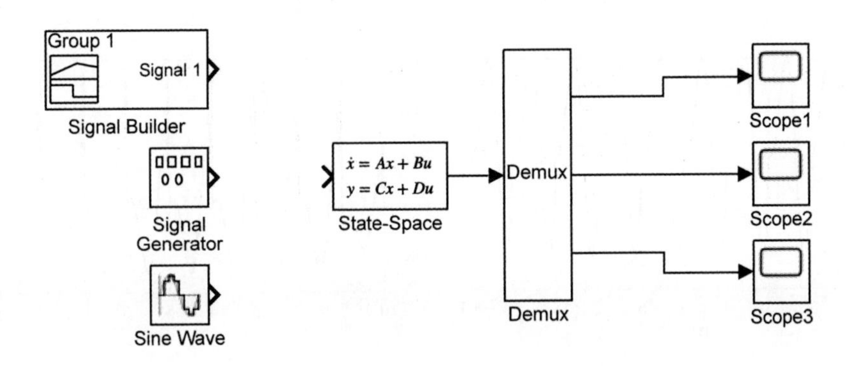


图 7.3.2　汽车悬架系统仿真模型模块框图

将 Signal Builder 模块与 State-Space 连接，得到采用脉冲激励的汽车被动悬架系统仿真模型，仿真结果如图 7.3.3 所示。

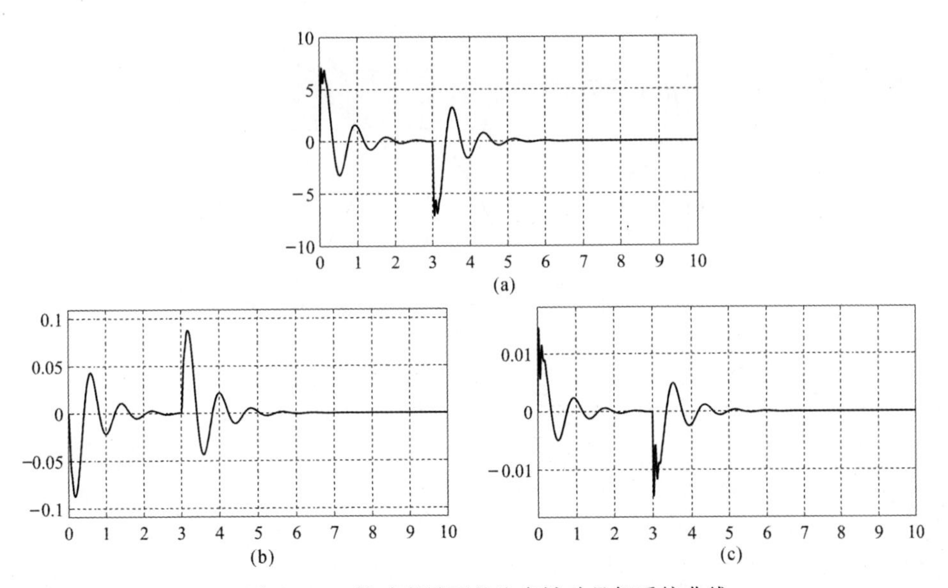


图 7.3.3　脉冲激励下的汽车被动悬架系统曲线

(a) 车身垂直振动加速度曲线；(b) 悬架动扰度曲线；(c)轮胎动变形曲线

将 Signal Generator 模块与 State-Space 模块连接，得到采用锯齿波激励的汽车被动悬架系统仿真模型，仿真结果如图 7.3.4 所示。

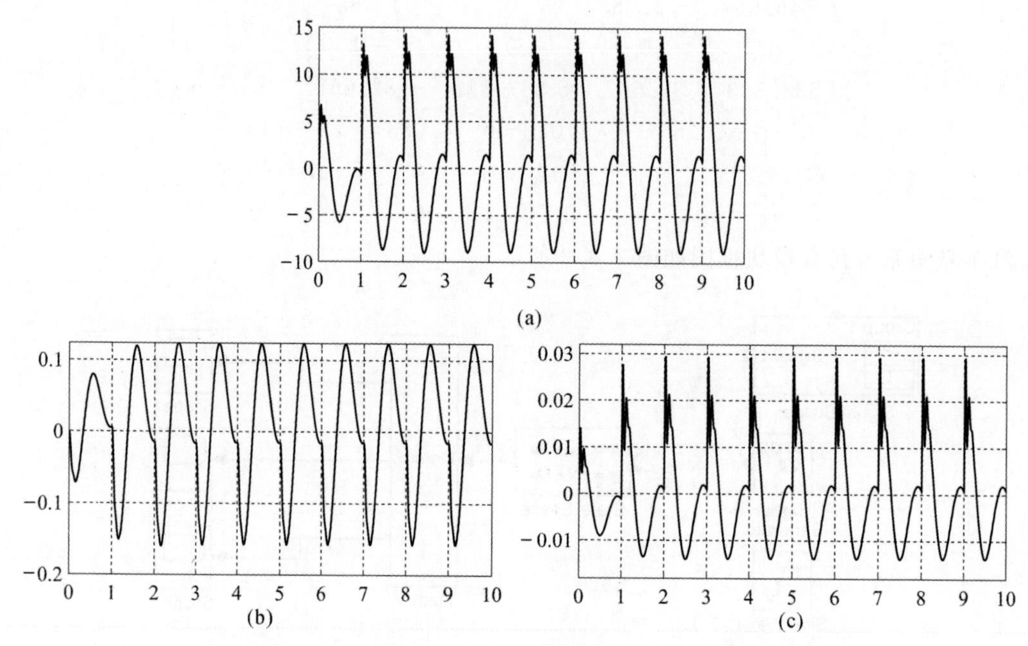


图 7.3.4　锯齿波激励下的汽车被动悬架系统曲线

(a)车身垂直振动加速度曲线；（b）悬架动扰度曲线；（c)轮胎动变形曲线

将 Sine Wave 模块与 State-Space 模块连接，得到采用正弦波激励的汽车被动悬架系统仿真模型，仿真结果如图 7.3.5 所示。

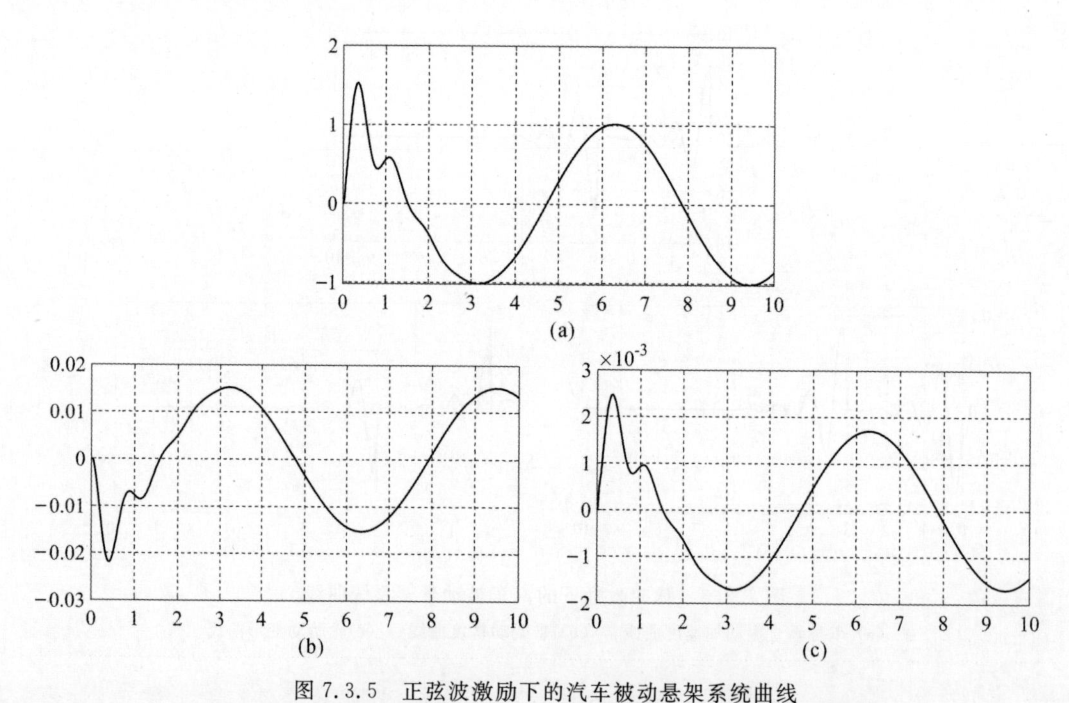


图 7.3.5　正弦波激励下的汽车被动悬架系统曲线

(a)车身垂直振动加速度曲线；（b）悬架动扰度曲线；（c)轮胎动变形曲线

2.主动悬架系统仿真

采用 LQR 调节器首先计算出反馈系数 $\boldsymbol{K}$。为了快速响应，状态的加权系数矩阵 $\boldsymbol{Q}$ 应远大于控制信号的加权系数矩阵 $\boldsymbol{R}$，$\boldsymbol{Q}$ 对悬架系统的性能有很大影响，取值越大，车身加速度越大，悬架动扰度则减小，而轮胎的变形影响不明显。在本系统的仿真中，设

$$\boldsymbol{Q}=\begin{bmatrix} 4\ 050\ 000 & 0 & 0 & 0 \\ 0 & 0 & 0 & 0 \\ 0 & 0 & 335\ 000 & 0 \\ 0 & 0 & 0 & 0 \end{bmatrix},\quad \boldsymbol{R}=[1]$$

在 MATLAB 中输入以下程序代码：

```
clc;
clear;
A1=[0 1 0 -1;0 0 0 0;0 0 0 -1;0 0 5333.333 0];
B1=[0; 0.00417;0;-0.0333];
Q=[4050000 0 0 0;0 0 0 0;0 0 335000 0;0 0 0 0];
R=[1];
[K,S,E]=lqr(A1,B1,Q,R)
```

程序运行结果为

```
K =
  1.0e+03 *
  2.0125     0.9767    -1.8852    -0.0286
S =
  1.0e+06 *
  1.9655     0.4769    -1.9079    -0.0007
  0.4769     0.2343    -0.4497     0.0000
  -1.9079    -0.4497    6.4462     0.0003
  -0.0007    0.0000     0.0003     0.0009
E =
  -2.0354 + 2.0612i
  -2.0354 - 2.0612i
  -0.4774 +73.0305i
  -0.4774 -73.0305i
```

可得闭环系统状态方程的系数矩阵为

$$\boldsymbol{A}=\boldsymbol{A}_1-\boldsymbol{B}_1\boldsymbol{K}=\begin{bmatrix} 0 & 1 & 0 & -1 \\ -8.4 & -4.1 & 7.7 & 0.2 \\ 0 & 0 & 0 & -1 \\ 67 & 32.5 & 5\ 272 & 1.2 \end{bmatrix},\quad \boldsymbol{B}=\boldsymbol{D}_1=\begin{bmatrix} 0 \\ 0 \\ 1 \\ 0 \end{bmatrix}$$

$$\boldsymbol{C}=\boldsymbol{C}_1-\boldsymbol{E}_1\boldsymbol{K}=\begin{bmatrix} -8.385\ 9 & -4.070\ 3 & 7.071\ 1 & 0.154\ 9 \\ 1 & 0 & 0 & 0 \\ 0 & 0 & 1 & 0 \end{bmatrix},\quad \boldsymbol{D}=\begin{bmatrix} 0 \\ 0 \\ 0 \end{bmatrix}$$

按照汽车主动悬架系统和数学模型建立系统模型，如图 7.3.2 所示（与被动悬架系统采用相同的模型框图）。在建立系统模型之前，首先给出建立系统模型所需要的系统模块及参数设

置(所有没有给出的模块参数或仿真参数均使用系统的默认值)如表 7.3.1 和表 7.3.2 所示。

将 Signal Builder 模块与 State-Space 连接,得到采用脉冲激励的汽车主动悬架仿真模型,仿真结果如图 7.3.6 所示。

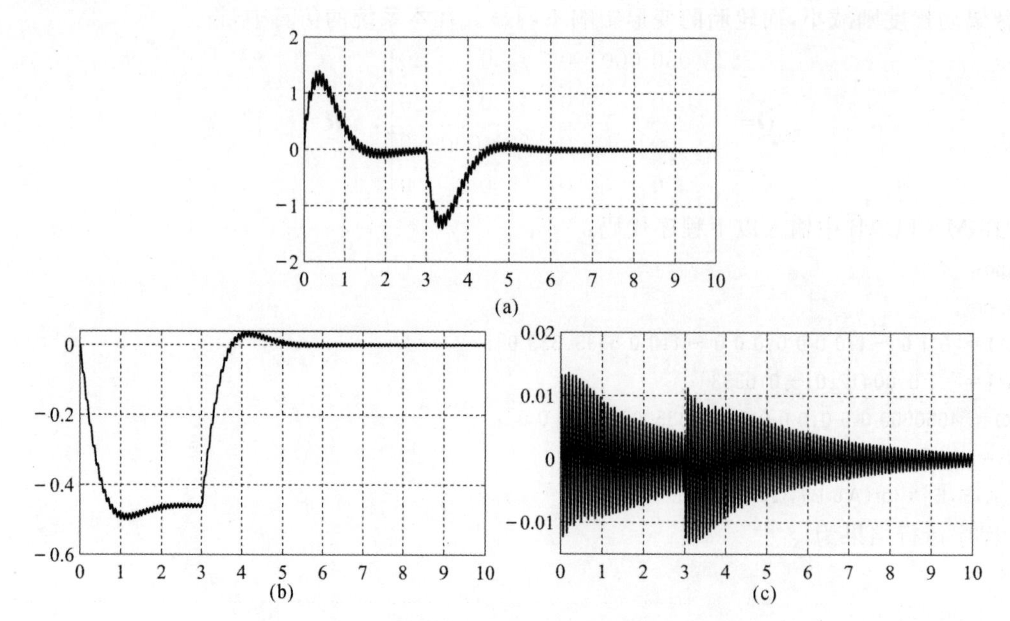


图 7.3.6 脉冲激励下的汽车主动悬架系统曲线

(a)车身垂直振动加速度曲线; (b)悬架动扰度曲线; (c)轮胎动变形曲线

将 Signal Generator 模块与 State-Space 模块连接,得到采用锯齿波激励的汽车主动悬架仿真模型,仿真结果如图 7.3.7 所示。

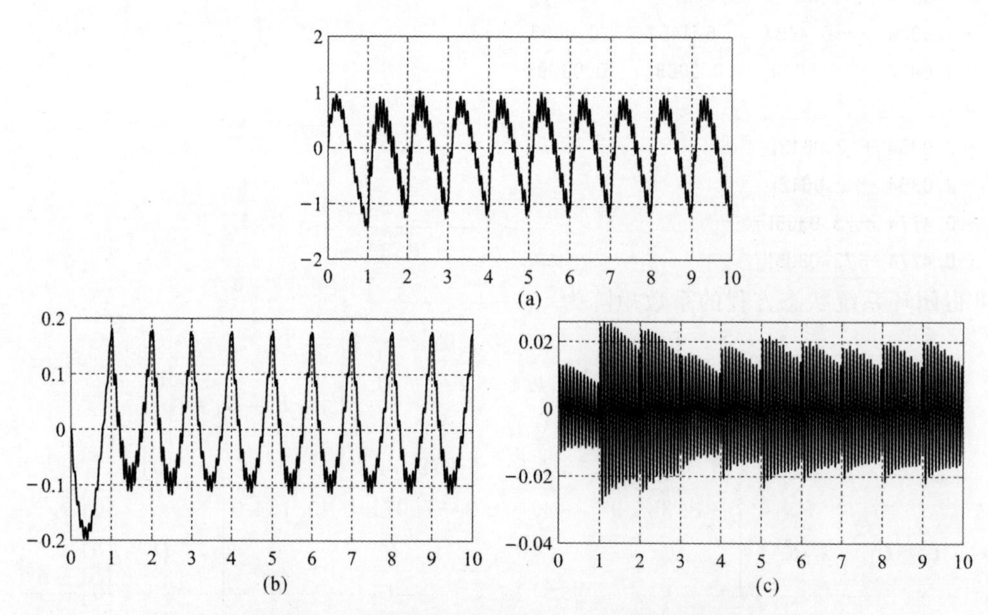


图 7.3.7 锯齿波激励下的汽车主动悬架系统曲线

(a)车身垂直振动加速度曲线; (b)悬架动扰度曲线; (c)轮胎动变形曲线

将 Sine Wave 模块与 State-Space 模块连接，得到采用正弦波激励的汽车主动悬架仿真模型，仿真结果如图 7.3.8 所示。

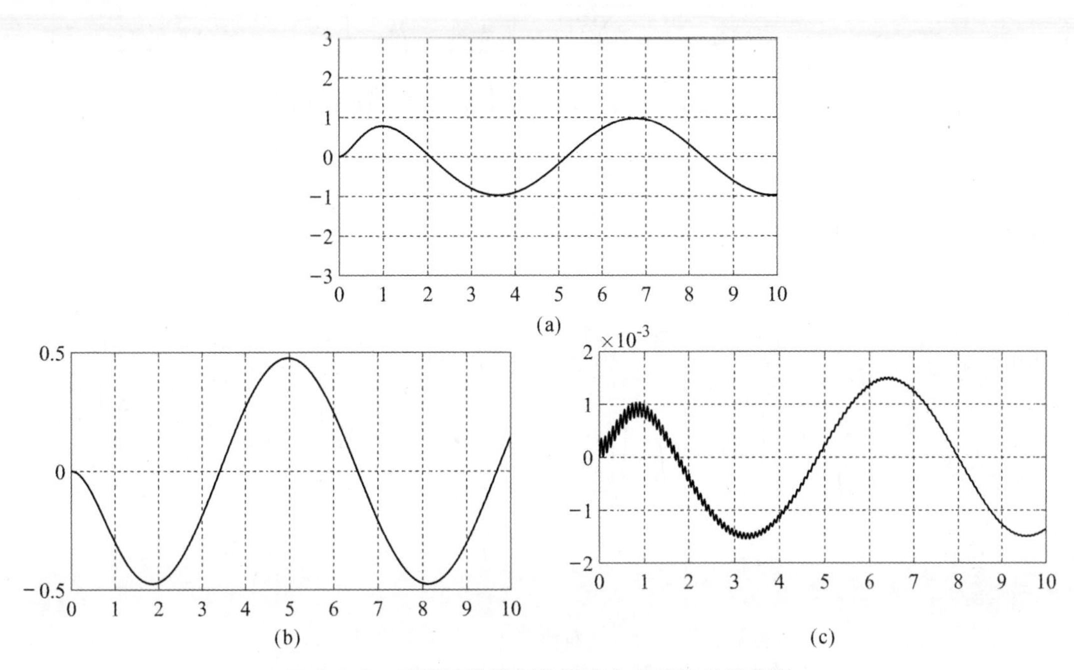

图 7.3.8　正弦波激励下的汽车主动悬架系统曲线

(a)车身垂直振动加速度曲线；(b)悬架动扰度曲线；(c)轮胎动变形曲线

3. 模拟白噪声路面仿真

选取白噪声作为路面不平整度的输入信号，建立悬架系统的仿真模型，如图 7.3.9 所示。为了仿真实际路面工况，本系统采用有限带宽白噪声，经积分后得到仿真路面。

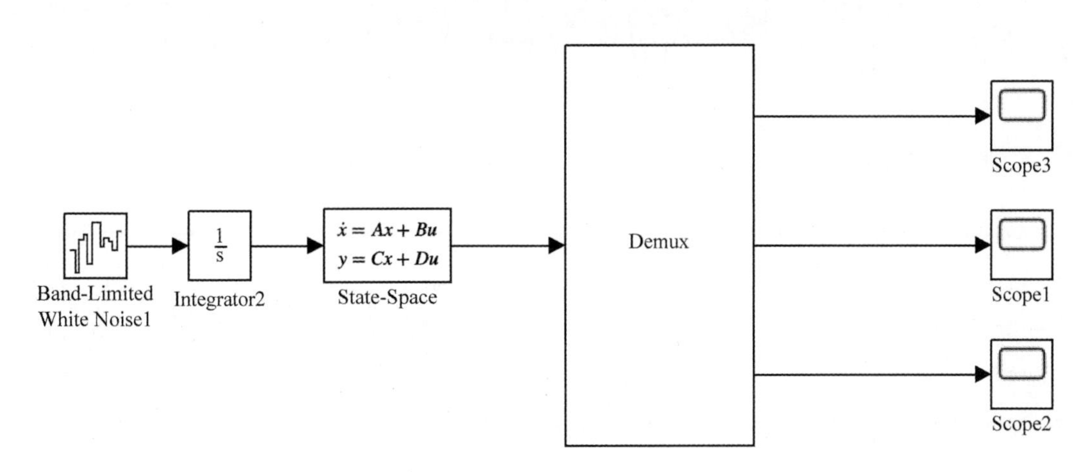


图 7.3.9　白噪声路面模拟仿真模型

被动悬架系统仿真结果如图 7.3.10 所示。

主动悬架系统仿真结果如图 7.3.11 所示。

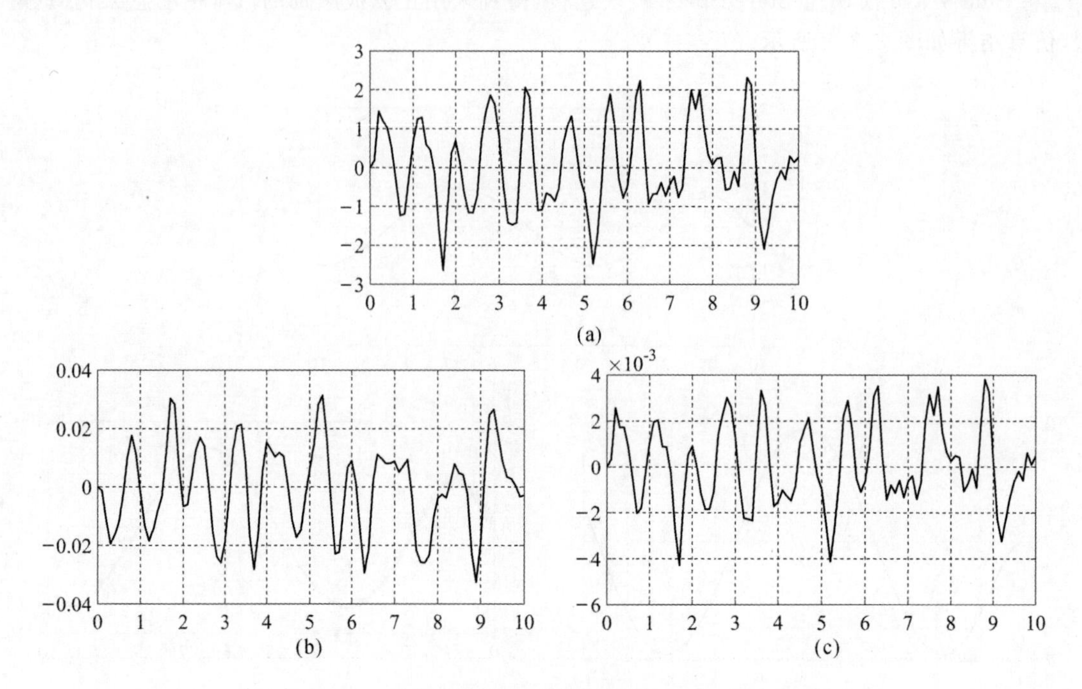


图 7.3.10 模拟白噪声路面被动悬架系统仿真响应曲线

(a)车身垂直振动加速度曲线；（b）悬架动扰度曲线；（c)轮胎动变形曲线

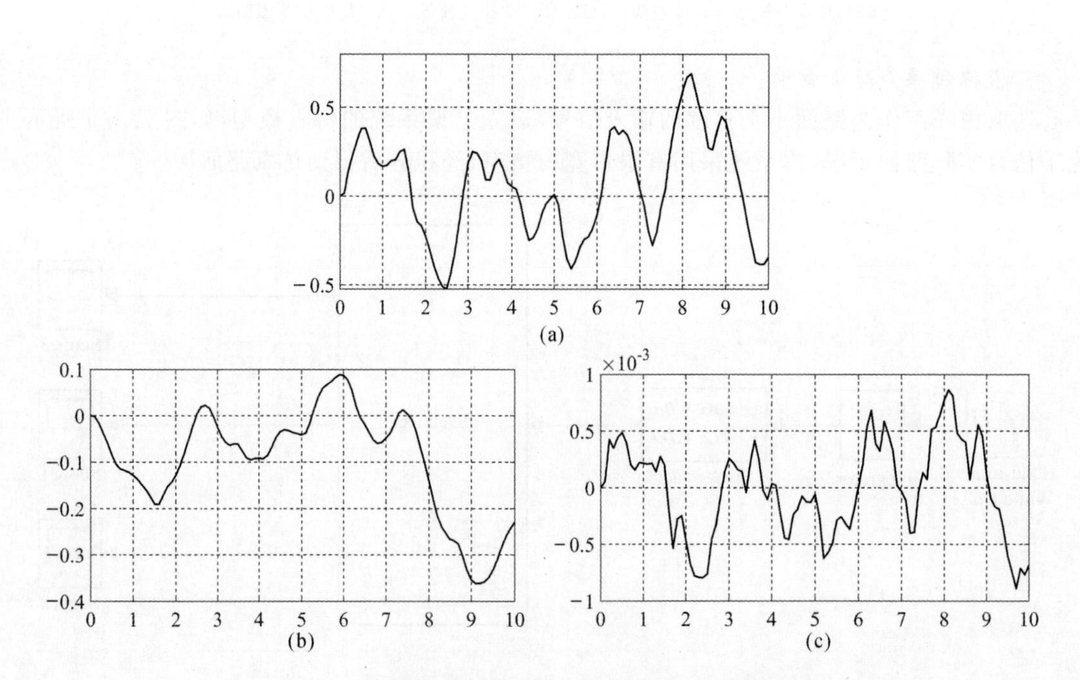


图 7.3.11 模拟白噪声路面主动悬架系统仿真响应曲线

(a)车身垂直振动加速度曲线；（b）悬架动扰度曲线；（c)轮胎动变形曲线

从车身垂直振动加速度对比图中可以看出，安装了主动控制装置的悬架系统极大地降低了车身在垂直方向的振动，使汽车的平稳度得到了很好的提升；从悬架变形的对比图中可以看出，安装了主动控制装置的悬架系统可以使限位块冲击车身的可能性减少，在一定程度上改善了汽车的平稳度：从轮胎变形对比图中可以看出，安装了主动悬架系统轿车的轮胎变形较小。即轮胎跳离地面的可能性减小，在一定程度上提高了安全性和操纵的稳定性。

# 7.4　直流电动机转速、电流双闭环控制系统

直流电动机调速是指人为或自动地改变直流电动机的转速，以满足工作机械的要求。从机械特性上看，就是通过改变电动机的参数或外加电压等方法来改变电动机的机械特性从而改变电动机的机械特性和负载机械特性的交点，使电动机的稳定运转速度发生变化。直流电动机具有良好的起、制动性能，可以在很大范围内平滑调速，在轧钢机、矿井卷扬机和挖掘机等需要高性能可控电力拖动的领域得到广泛的应用。采用转速、电流双闭环直流调速系统可以获得优良的静、动态调速特性。转速、电流双闭环直流调速系统的控制规律、性能特点和设计方法是各种交、直流电力拖动自动控制系统的重要基础。

## 7.4.1　系统的数学模型

1. 直流电动机的传递函数

额定励磁时的他励直流电动机的等效电路如图 7.4.1 所示，图中电枢回路电阻 $R$ 和电感 $L$ 包括整流装置内阻、平波电抗器的电阻和电感。

根据额定励磁下他励直流电动机的等效电路，可以写出回路中电压和转矩平衡的微分方程为

$$U_{d0}=RI_d+L\frac{dI_d}{dt}+E \quad (7.4.1)$$

$$T_e-T_L=\frac{GD^2}{375}\frac{dn}{dt} \quad (7.4.2)$$

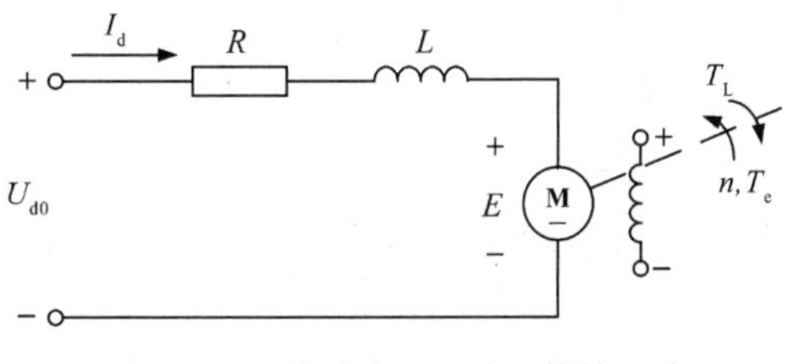

图 7.4.1　他励直流电动机等效电路

式中，$E=C_e n$ 为额定励磁下的感应电动势；$T_L$ 为负载转矩；$T_e=C_m I_d$ 为额定励磁下的电动机电磁转矩；$GD^2$ 为电力拖动系统运动部分折算到电动机轴上的飞轮惯量。

定义时间常数：$T_l=\frac{L}{R}$，为电动机电磁时间常数；$T_m=\frac{GD^2R}{375C_eC_m}$，为电动机转矩时间常数。代入式(7.4.1) 与式(7.4.2)，整理后可得

$$U_{d0}-E=R\left(I_d+T_l\frac{dI_d}{dt}\right) \quad (7.4.3)$$

$$I_d-I_{dl}=\frac{T_m}{R}\frac{dE}{dt} \quad (7.4.4)$$

式中，$I_{dl}$ 为负载电流。

通过对式(7.4.3) 和式(7.4.4) 进行拉氏变换后，可以得到电动机的数学模型(动态传递函数形式)，如图 7.4.2 所示。

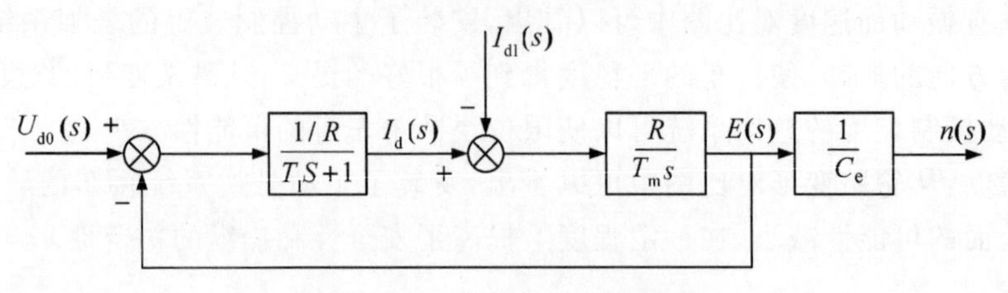


图 7.4.2　电动机的数学模型

2. 晶闸管触发和整流装置的数学模型

晶闸管触发与整流装置可以看成是一个具有纯滞后的放大环节，其滞后作用是由晶闸管装置的失控时间引起的。考虑到失控时间很小，忽略其高次项，则其传递函数可近似成一阶惯性环节为

$$\frac{U_{d0}(s)}{U_c(s)} \approx \frac{K_s}{T_s s+1} \tag{7.4.5}$$

式中，$T_s$ 为晶闸管装置的平均失控时间；$K_s$ 为增益。在不同的场合，参数 $K_s$ 和 $T_s$ 的值各不相同，在此系统中，采用三相桥式晶闸管整流电路。

3. 双闭环直流调速系统的数学模型

在电动机数学模型和晶闸管数学模型基础上，考虑双闭环控制的结构，即可以绘出双闭环直流调速系统的动态结构图，如图 7.4.3 所示。

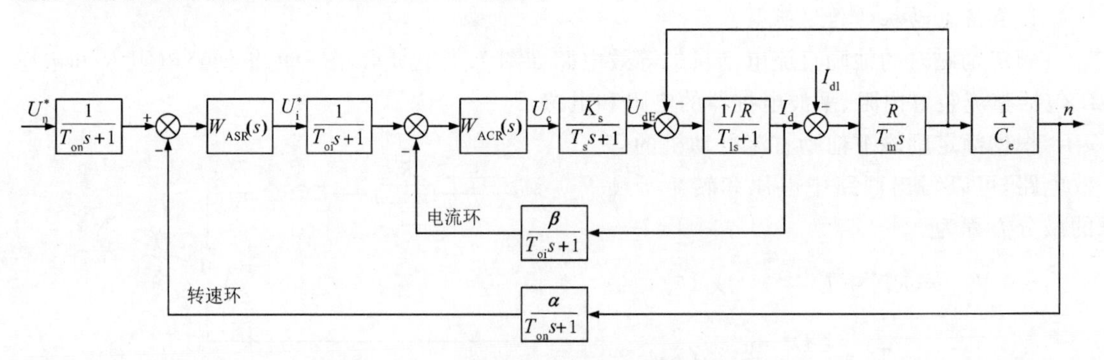


图 7.4.3　双闭环直流调速系统的动态结构图

为了使转速和电流两种负反馈分别起作用，需要在系统中设置两个调节器，即电流调节器 ACR 和转速调节器 ASR。

电流调节器 ACR 选用 PI 调节器，其传递函数为

$$W_{ACR}(s) = K_i \frac{\tau_i s+1}{\tau_i s} \tag{7.4.6}$$

式中，$\tau_i = T_l$；$K_i = \frac{\tau_i R}{2T_{\Sigma i} K_s \beta}$，$\beta$ 为电流反馈系数。

转速调节器 ASR 的传递函数为

$$W_{ASR}(s) = K_n \frac{\tau_n s+1}{\tau_n s} \tag{7.4.7}$$

式中，$\tau_n = h \times (2T_{\Sigma i} + T_{on})$，$T_{\Sigma i} = T_s + T_{oi}$，$T_{\Sigma i}$ 为电流环的最小时间常数，$T_{oi}$ 为电流反馈最小时间常数，$T_{on}$ 为转速反馈时间滤波常数；$K_n = \frac{(h+1)\beta C_e T_m}{2h\alpha R(2T_{\Sigma i} + T_{on})}$，$\alpha$ 为转速反馈系数，$\beta$ 为电流

反馈系数，$h$ 反映了频段的宽度，根据跟随和抗扰性能都较好的原则，取 $h=5$。

此外，比例放大器、测速发电机和电流互感器的响应通常都可以认为是瞬时的，但是在电流和转速的检测信号中常含有交流分量(噪声)，故在反馈通道和给定信号前均加入滤波环节。

### 7.4.2　系统模型构建

在此系统中，采用三相桥式晶闸管整流装置，其基本参数如下：

直流电动机：220 V，13.6 A，1 480 r/min，$C_e=0.131$V/(r • $\text{min}^{-1}$)，过载系数 $\lambda=1.5$；

晶闸管装置：$T_s=0.001\ 67$，$K_s=76$；

电枢回路总电阻：$R=6.58\ \Omega$；

时间常数：$T_l=0.018$ s，$T_m=0.25$ s；

反馈系数：$\alpha=0.003\ 37$ V/(r • $\text{min}^{-1}$)，$\beta=0.4$；

时间常数：$T_{oi}=0.005$s，$T_{on}=0.005$ s。

由于 ASR 采用 PI 控制器，只要有偏差存在，调节器的输出就会不断地、无限制地增加，因此必须在其输出端加限幅装置。构建系统模型所需要的系统模块及参数设置如表 7.4.1，求解器的仿真参数设置如表 7.4.2 所示，构建系统模型如图 7.4.4 所示。

**表 7.4.1　系统模型模块及参数设置**

| 模块库 | 模块 | 功能 | 参数设置 |
|---|---|---|---|
| Sources | Step1 | 给定电压 | Final：5 |
| | Step2 | 外加电网电压波动 | Step time：3.5<br>Final value：100 |
| | Step3 | 外加负载突变 | Step time：3.5<br>Final value：12 |
| Continuous | Transfer Fcn1 | 传递函数 | Numerator：[1]<br>Denominator：[0.005 1] |
| | Transfer Fcn2 | | Numerator：[0.8 1]<br>Denominator：[0.03 0] |
| | Transfer Fcn3 | | Numerator：[1]<br>Denominator：[0.005 1] |
| | Transfer Fcn4 | | Numerator：[0.018 1]<br>Denominator：[0.067 0] |
| | Transfer Fcn5 | | Numerator：[76]<br>Denominator：[0.00167 1] |
| | Transfer Fcn6 | | Numerator：[0.15]<br>Denominator：[0.018 1] |
| | Transfer Fcn7 | | Numerator：[200]<br>Denominator：[1 0] |
| | Transfer Fcn8 | | Numerator：[0.00337]<br>Denominator：[0.005 1] |
| | Transfer Fcn9 | | Numerator：[0.4]<br>Denominator：[0.005 1] |
| Discontinuities | Saturation | 限定信号的上下限 | Upper limit：7.5<br>Lower limit：−7.5 |
| Math operations | Gain | 增益 | Gain：7.63 |
| | Sum | 求和 | 无须设置 |
| Sinks | Scope | 显示输出 | 无须设置 |

**表 7.4.2　求解器的仿真参数设置**

| 选 项 | 设置项 | 参数设置 |
|---|---|---|
| Simulation time | Stop time | 5 |
| Solver options | Type | variable - step |

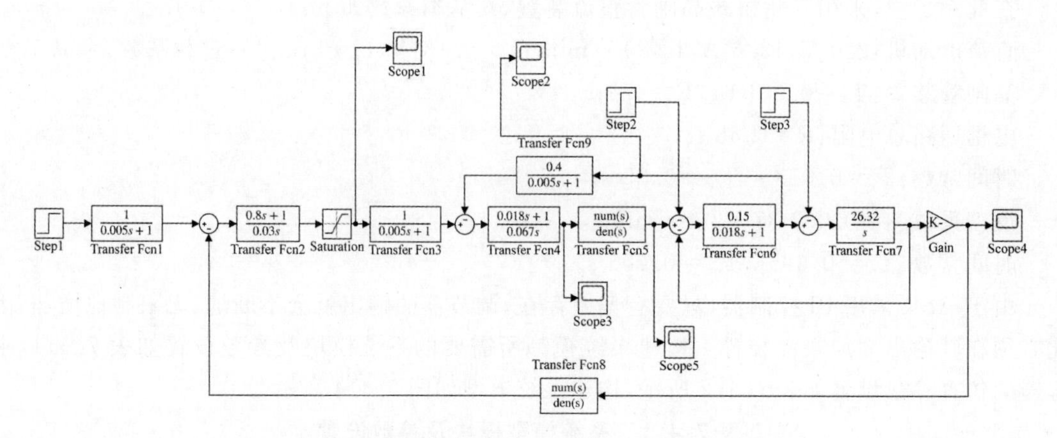


图 7.4.4　直流电动机转速、电流双闭环控制系统模型

### 7.4.3　系统仿真与分析

系统仿真曲线如图 7.4.5 所示。

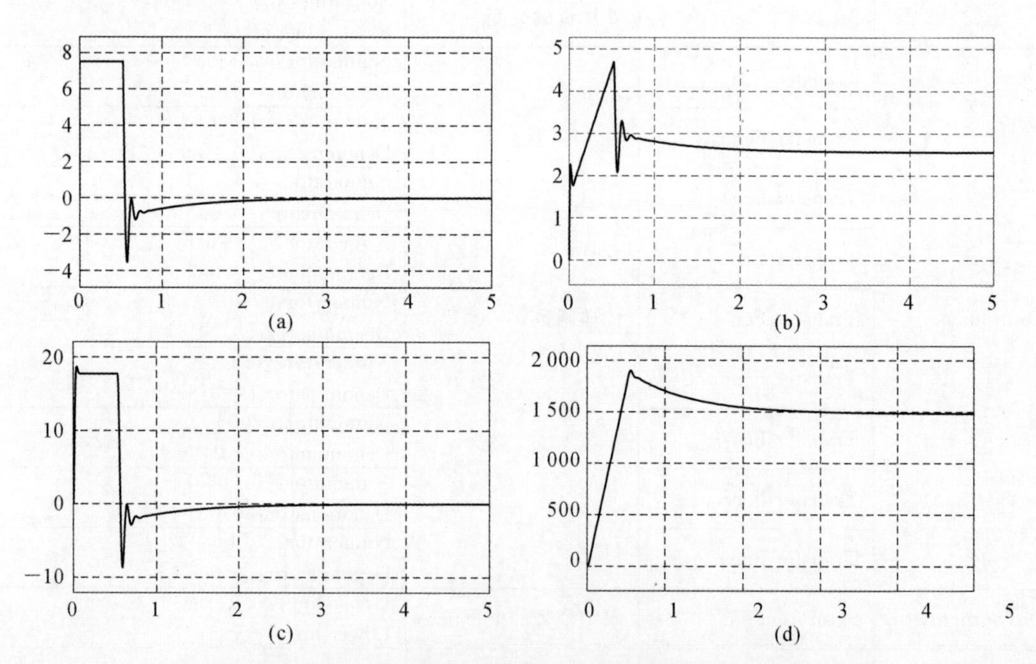


图 7.4.5　直流电动机转速、电流双闭环控制系统仿真曲线

(a)ASR 的输出特性；(b)ACR 的输出特性；(c)电动机起动特性；(d)电动机转速

通过仿真实验，对于图 7.4.5 所示的系统工作过程可以概括成如下几点：

(1)ASR 从起动到稳态运行的过程中，经历了两个状态，即饱和限幅输出与线性调节状态。

(2)ACR 从起动到稳态运行的过程中只工作在一种状态，即线性调节状态。

(3)电动机起动特性已十分接近理想特性。所以，该系统对于起动特性来说，已达到预期目的。

(4)对于系统性能指标来说，起动过程中电流的超调量为 5.3%，转速的超调量达 21.3%，显然这一指标与理论最佳设计尚有一定的差距，尤其是转速的超调量略高一些。

一般情况下，双闭环直流电机调速控制系统的外部干扰主要是“负载突变与电网电压波动”两种情况，仿真参数设置如表 7.4.1 和表 7.4.2，图 7.4.6 和图 7.4.7 中分别显示了该系统在突加负载及电网电压突减情况下的动态特性的仿真曲线。

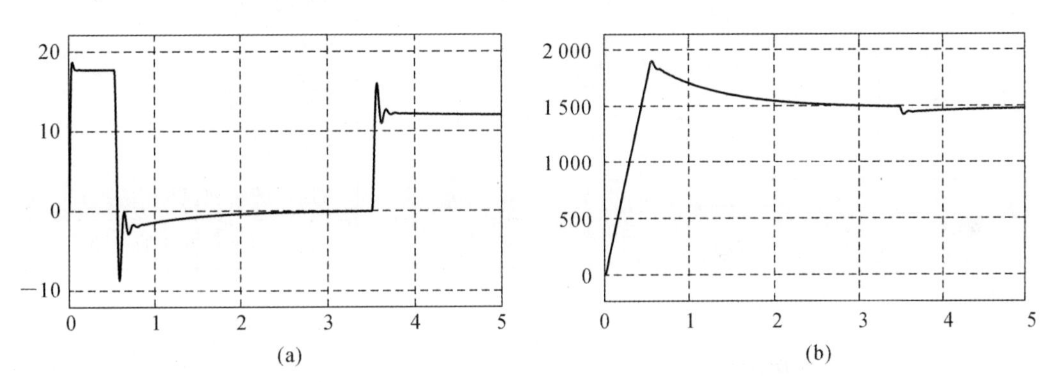


图 7.4.6　突加负载时的双闭环系统仿真曲线

(a)电动机特性；(b)电动机转速

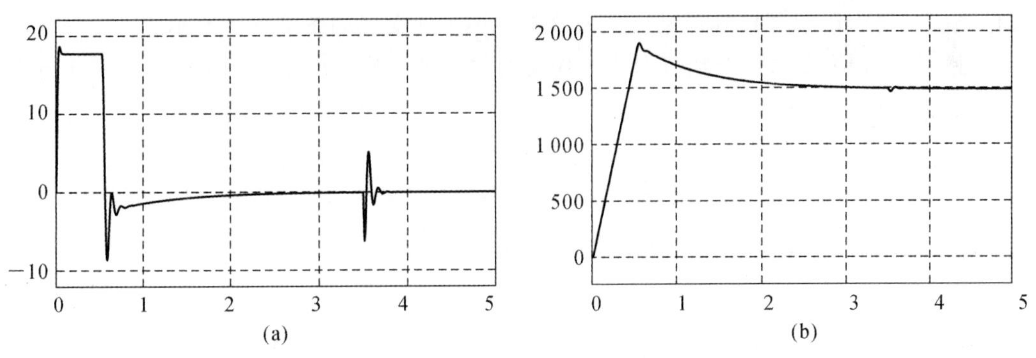


图 7.4.7　电网电压波动时的双闭环系统仿真曲线

(a)电动机特性；(b)电动机转速

通过仿真实验，可以看出该系统的抗干扰性能较好。

(1)系统对负载的大幅度突变具有良好的抗干扰能力，在 $\Delta I=12$ A 的情况下，系统的转速降为 44 r/min。

(2)系统对电网电压的大幅波动也同样具有良好的抗扰能力。在 $\Delta U=100$ V 的情况下，系统的转速降为 9 r/min。

# 7.5　一阶直线双倒立摆系统的建模与仿真

一阶直线双倒立摆的简化图形如图 7.5.1 所示，系统参数及说明如表 7.5.1 所示。本节主要讨论能否在保持两个摆杆不倒的前题下，实现小车的位置伺服控制。

从直观上讲，如果系统的每一个状态变量的运动都可以由输入来影响和控制，并且由任意的起始点到达原点，那么系统就是可控的，否则系统不完全可控。

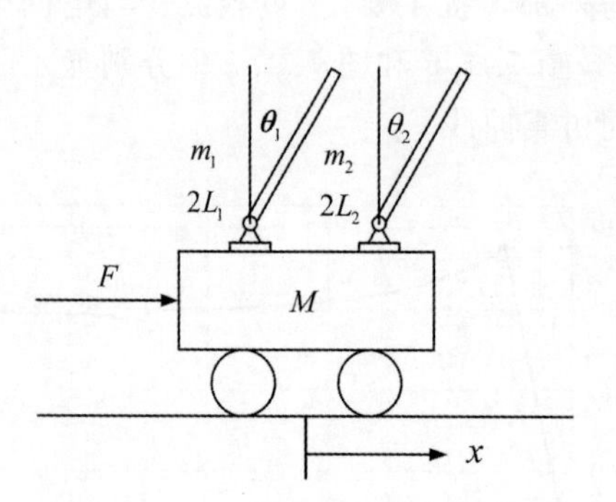


图 7.5.1　一阶直线双倒立摆简图

**表 7.5.1　一阶直线双倒立摆系统参数说明**

| 参数 | 说明 |
|---|---|
| $M$ | 小车的质量 |
| $x$ | 小车的位置 |
| $F$ | 推动力 |
| $m_1$、$m_2$ | 两摆杆的质量 |
| $2L_1$、$2L_2$ | 两摆杆的长度 |
| $J_1$、$J_2$ | 两摆杆的转动惯量 |
| $\theta_1$、$\theta_2$ | 两摆杆与垂直方向的夹角 |

### 7.5.1　系统的数学模型

1. 一阶直线双倒立摆系统精确数学模型的建立

忽略空气阻力以及摩擦力，可以将一阶直线双倒立摆系统抽象成小车和两个匀质刚性杆组成的系统。对小车和摆杆分别进行受力分析。小车的受力如图 7.5.2 所示。

$F_1$ 和 $F_2$ 分别为左右两个摆杆对小车作用力的水平分量。应用牛顿定律建立系统的动力学方程，根据牛顿第二定律有

$$F - F_1 - F_2 = M\ddot{x} \tag{7.5.1}$$

左右两个摆杆的受力情况大致相同，下面以左边的摆杆为例进行分析(用下标 1、2 来区分左、右摆杆)，左杆受力情况如图 7.5.3 所示。

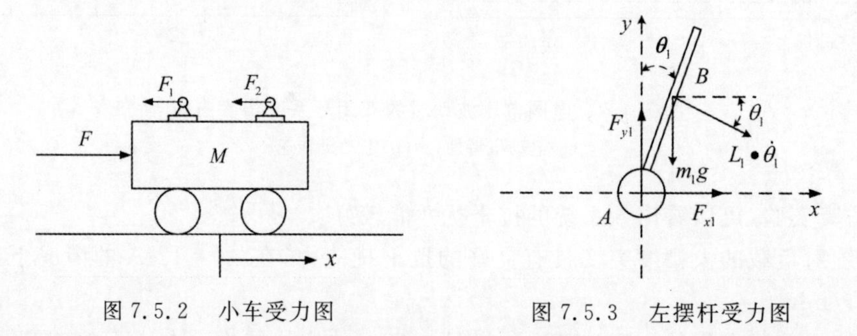


图 7.5.2　小车受力图　　　　图 7.5.3　左摆杆受力图

在图 7.5.3 中，$F_{x1}$ 和 $F_{y1}$ 分别为小车对摆杆作用力的水平分量和垂直分量。摆杆的质心

$B$ 点相对于 $A$ 点转动，相对线速度的大小为 $L_1 \cdot \dot{\theta}_1$，$A$ 点本身随小车以速度 $\dot{x}$ 运动，$B$ 点相对于地面的速度在 $x$ 轴方向的分量为

$$v_{x1} = \dot{x} + L_1\dot{\theta}_1\cos\theta_1 \tag{7.5.2}$$

$B$ 点在 $x$ 轴方向的加速度为

$$\frac{\mathrm{d}v_{x1}}{\mathrm{d}t} = \ddot{x} + L_1\ddot{\theta}_1\cos\theta_1 - L_1\sin\theta_1\dot{\theta}_1^2 \tag{7.5.3}$$

式中，$v_{x1}$ 为 $B$ 点相对于地面的速度在 $x$ 轴方向的分量，从而在 $x$ 轴方向上有

$$F_{x1} = m_1(\ddot{x} + L_1\ddot{\theta}_1\cos\theta_1 - L_1\sin\theta_1\dot{\theta}_1^2) \tag{7.5.4}$$

$B$ 点相对于地面的速度在 $y$ 轴方向的分量 $v_{y1}$ 为

$$v_{y1} = L_1\dot{\theta}_1\sin\theta_1 \tag{7.5.5}$$

则 $B$ 点在 $y$ 轴方向的加速度为

$$\frac{\mathrm{d}v_{y1}}{\mathrm{d}t} = L_1\ddot{\theta}_1\sin\theta_1 + L_1\cos\theta_1\dot{\theta}_1^2 \tag{7.5.6}$$

从而在 $y$ 轴方向上有

$$m_1 g - F_{y1} = m_1(L_1\ddot{\theta}_1\sin\theta_1 + L_1\cos\theta_1\dot{\theta}_1^2) \tag{7.5.7}$$

摆杆的惯量为$\frac{1}{3}m_1L_1^2$。则在 $F_1$ 的作用下摆杆绕 $B$ 点的转动方程为

$$F_{y1}L_1\sin\theta_1 - F_{x1}L_1\cos\theta_1 = \frac{1}{3}m_1L_1^2\ddot{\theta}_1 \tag{7.5.8}$$

同理，对于右边的摆杆可得方程组

$$F_{x2} = m_2(\ddot{x} + L_2\ddot{\theta}_2\cos\theta_2 - L_2\sin\theta_2\dot{\theta}_2^2) \tag{7.5.9}$$

$$m_2 g - F_{y2} = m_2(L_2\ddot{\theta}_2\sin\theta_2 + L_2\cos\theta_2\dot{\theta}_2^2) \tag{7.5.10}$$

$$F_{y2}L_2\sin\theta_2 - F_{x2}L_2\cos\theta_2 = \frac{1}{3}m_2L_2^2\ddot{\theta}_2 \tag{7.5.11}$$

整理上述各式，消去中间变量，整理成只含有 $M$、$m_1$、$m_2$、$L_1$、$L_2$、$F$ 以及 $\theta_1$、$\theta_2$、$x$ 及其导数的形式，即得到描述一阶直线双倒立摆系统模型的方程组

$$\left.\begin{aligned}
&F = (M + m_1 + m_2)\ddot{x} + m_1L_1(\ddot{\theta}_1\cos\theta_1 - \sin\theta_1\dot{\theta}_1^2) + m_2L_2(\ddot{\theta}_2\cos\theta_2 - \sin\theta_2\dot{\theta}_2^2) \\
&g\sin\theta_1 = \frac{4}{3}\ddot{\theta}_1L_1 + \ddot{x}\cos\theta_1 \\
&g\sin\theta_2 = \frac{4}{3}\ddot{\theta}_2L_2 + \ddot{x}\cos\theta_2
\end{aligned}\right\} \tag{7.5.12}$$

2. 代数环问题及其解决方法

根据式(7.5.12) 解出 $\ddot{x}$ 的计算公式为

$$\ddot{x} = \frac{F - m_1L_1(\ddot{\theta}_1\cos\theta_1 - \dot{\theta}_1^2\sin\theta_1) - m_2L_2(\ddot{\theta}_2\cos\theta_2 - \dot{\theta}_2^2\sin\theta_2)}{M + m_1 + m_2} \tag{7.5.13}$$

按照式(7.5.13) 计算 $\ddot{x}$ 时，$\ddot{x}$ 依赖于 $\ddot{\theta}_1$、$\ddot{\theta}_2$，然而在计算 $\ddot{\theta}_1$、$\ddot{\theta}_2$ 时，$\ddot{\theta}_1$、$\ddot{\theta}_2$ 也依赖于 $\ddot{x}$。如图 7.5.4 描述的那样，仿真模型中存在双向直接反馈代数环问题。此时，直接进行系统仿真会显示出错。此时，需要解除代数环才可以进行系统仿真。

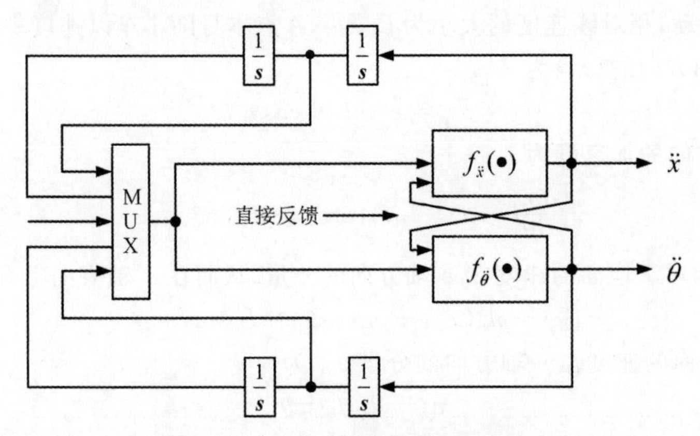


图 7.5.4　存在双向直接反馈代数环

将式(7.5.13)中的 $\ddot{\theta}_1$、$\ddot{\theta}_2$ 消去，得

$$\ddot{x}=\frac{4F-3L_1 g(m_1\sin\theta_1\cos\theta_1+m_2\sin\theta_2\cos\theta_2)+4(m_1 L_1\dot{\theta}_1^2\sin\theta_1+m_2 L_2\dot{\theta}_2^2\sin\theta_2)}{4(M+m_1+m_2)-3(m_1\cos^2\theta_1+m_2\cos^2\theta_2)} \tag{7.5.14}$$

此时，$\ddot{x}$ 不再依赖于 $\ddot{\theta}_1$、$\ddot{\theta}_2$，双向直接反馈代数环问题得以解决，如图 7.5.5 所示。

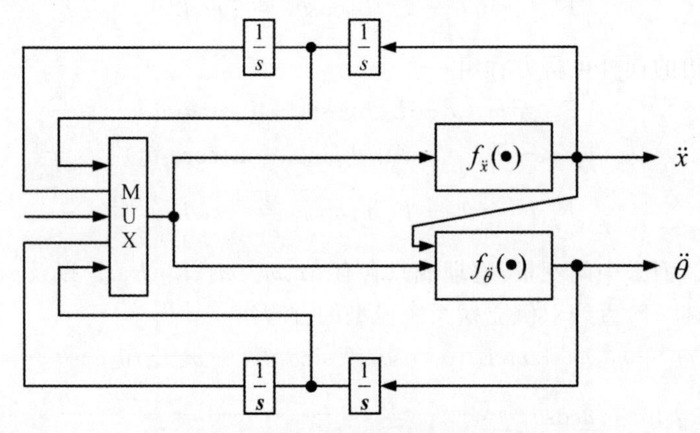


图 7.5.5　无双向直接反馈代数环

3. 一阶直线双倒立摆系统系统数学模型的近似线性化

当 $|\theta_1|<10°$，$|\theta_2|<10°$ 时，存在近似关系：

$$\cos\theta_1\approx 1,\quad \cos\theta_2\approx 1,\quad \sin\theta_1\approx\theta_1,\quad \sin\theta_2\approx\theta_2,\quad \dot{\theta}_1^2\approx 0,\quad \dot{\theta}_2^2\approx 0$$

将近似关系代入式(7.5.12)，整理得到

$$\left.\begin{aligned} F&=(M+m_1+m_2)\ddot{x}+m_1 L_1\ddot{\theta}_1+m_2 L_2\ddot{\theta}_2\\ g\theta_1&=\frac{4}{3}\ddot{\theta}_1 L_1+\ddot{x}\\ g\theta_2&=\frac{4}{3}\ddot{\theta}_2 L_2+\ddot{x}\end{aligned}\right\} \tag{7.5.15}$$

解出状态变量的二阶导数，得

$$\ddot{x}=F\frac{4}{4M+m_1+m_2}-\frac{3m_1g\theta_1}{4M+m_1+m_2}-\frac{3m_2g\theta_2}{4M+m_1+m_2}$$

$$\ddot{\theta}_1=\theta_1\frac{3g(4M+4m_1+m_2)}{4L_1(4M+m_1+m_2)}+\theta_2\frac{9m_2g}{4L_1(4M+m_1+m_2)}-F\frac{3}{L_1(4M+m_1+m_2)}$$

$$\ddot{\theta}_2=\theta_2\frac{3g(4M+4m_2+m_1)}{4L_2(4M+m_1+m_2)}+\theta_1\frac{9m_1g}{4L_2(4M+m_1+m_2)}-F\frac{3}{L_2(4M+m_1+m_2)}$$

进一步整理，得到状态空间表达式

$$\begin{bmatrix}\dot{x}\\ \ddot{x}\\ \dot{\theta}_1\\ \ddot{\theta}_1\\ \dot{\theta}_2\\ \ddot{\theta}_2\end{bmatrix}=\begin{bmatrix}0&1&0&0&0&0\\ 0&0&\frac{-3m_1g}{q}&0&\frac{-3m_2g}{q}&0\\ 0&0&0&1&0&0\\ 0&0&\frac{3g(4M+4m_1+m_2)}{4L_1q}&0&\frac{9m_2g}{4L_1q}&0\\ 0&0&0&0&0&1\\ 0&0&\frac{9m_1g}{4L_2q}&0&\frac{3g(4M+4m_2+m_1)}{4L_2q}&0\end{bmatrix}\begin{bmatrix}x\\ \dot{x}\\ \theta_1\\ \dot{\theta}_1\\ \theta_2\\ \dot{\theta}_2\end{bmatrix}+\begin{bmatrix}0\\ \frac{4}{q}\\ 0\\ \frac{-3}{L_1q}\\ 0\\ \frac{-3}{L_2q}\end{bmatrix}F$$

$$\begin{bmatrix}x\\ \theta_1\\ \theta_2\end{bmatrix}=\begin{bmatrix}1&0&0&0&0&0\\ 0&0&1&0&0&0\\ 0&0&0&0&1&0\end{bmatrix}\begin{bmatrix}x&\dot{x}&\theta_1&\dot{\theta}_1&\theta_2&\dot{\theta}_2\end{bmatrix}^{\mathrm{T}}$$

式中，$q=4M+m_1+m_2$。

### 7.5.2　构建系统仿真模型

1. 构建双倒立摆系统的模型

一阶直线双倒立摆系统的精确仿真模型如图 7.5.6 所示，仿真模型所需要的系统模块及参数设置如表 7.5.2 所示。

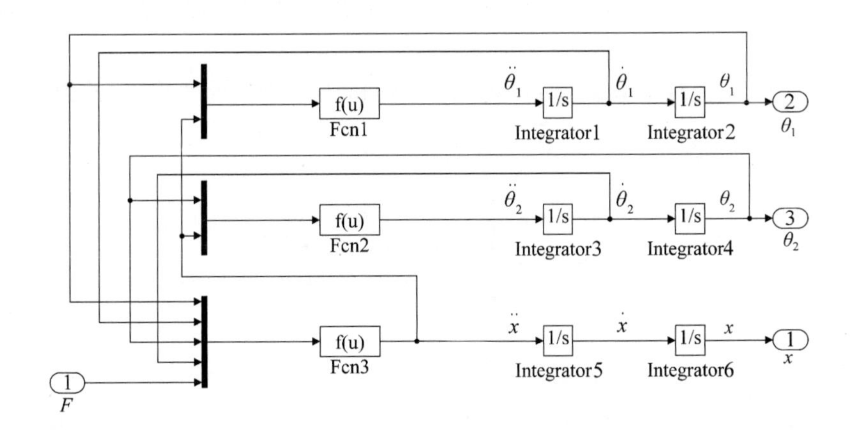


图 7.5.6　系统精确仿真模型

**表 7.5.2　系统精确仿真模型模块及参数设置**

| 模块库 | 模块 | 功能 | 参数设置 |
|---|---|---|---|
| Sinks | $x$ | 子系统输入、输出接口 | 无须设置 |
| | $\theta_1$ | | |
| | $\theta_2$ | | |
| Source | $F$ | | |
| Continuous | Integrator1 | 积分模块 | |
| | Integrator2 | | |
| | Integrator3 | | |
| | Integrator4 | | |
| | Integrator5 | | |
| | Integrator6 | | |
| Signal Routing | Mux1 | 混路器 | Number of inputs：2 |
| | Mux2 | | |
| | Mux3 | | Number of inputs：5 |
| User - Defined Functions | Fcn1 | 自定义函数 | (g * sin(u(1))－u(2) * cos(u(1)))/(4 * L1/3) |
| | Fcn2 | | (g * sin(u(1))－u(2) * cos(u(1)))/(4 * L2/3) |
| | Fcn3 | | (4 * u(5)－3 * L1 * g * (m1 * sin(u(1)) * cos(u(1))＋m2 * sin(u(3)) * cos(u(3)))＋4 * (m1 * L1 * sin(u(1)) * (u(2))^2＋m2 * L2 * sin(u(3)) * (u(4))^2))/(4 * (M＋m1＋m2)－3 * (m1 * (cos(u(1)))^2＋m2 * (cos(u(3)))^2)) |

在图 7.5.4 中，Fcn1、Fcn2、Fcn3 分别用于按照系统精确数学模型的方程组式(7.5.12)计算 $\ddot{\theta}_1$、$\ddot{\theta}_2$ 和 $\ddot{x}$。

现以 Fcn1 为例说明其设置方法，Fcn1 是以 $\ddot{x}$ 和 $\theta_1$ 为输入，计算 $\ddot{\theta}_1$ 的值，如图 7.5.7 所示。

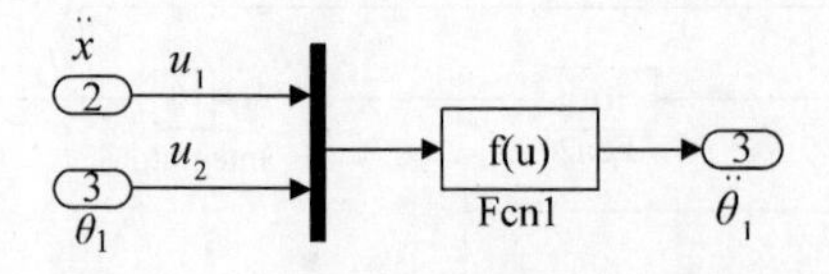


图 7.5.7　Fcn1 示意图

双击 Fcn1 模块，输入计算公式：(g * sin(u(1))－u(2) * cos(u(1)))/(4 * L1/3)。Fcn2、Fcn3 的设置方法与 Fcn1 相同。

2. 封装子系统

一阶直线双倒立摆系统精确仿真模型可以封装成子系统，并设置子系统的可调参数以便于仿真。

框选一阶直线双倒立摆系统精确仿真模型，在 Simulink 主菜单栏中点击 Diagram→Subsystem&Model Reference→Create Subsystem from Selection，创建子系统。右键点击生成的子系统，选择 Mask→Create Mask，调出子系统参数设置界面，点击 Parameters&Dialog，为子系统添加 6 个参数 M、m1、m2、L1、L2、g，如图 7.5.8 所示。

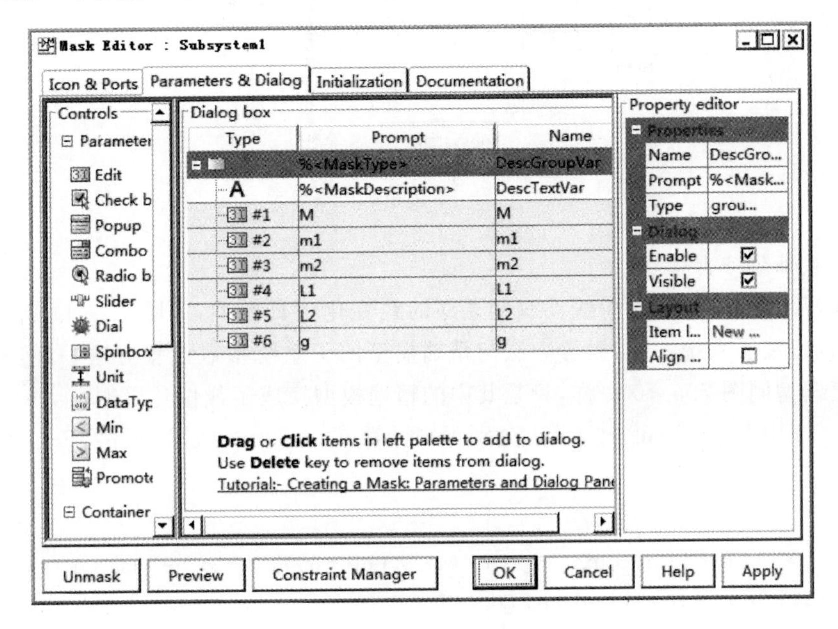


图 7.5.8　子系统参数设置

注意：子系统的参数名必须和计算 $\ddot{\theta}_1$、$\ddot{\theta}_2$ 和 $\ddot{x}$ 的公式中的参数名相同，另外，Simulink 对参数名不区分大小写。

封装好的双倒立摆子系统如图 7.5.9 所示。

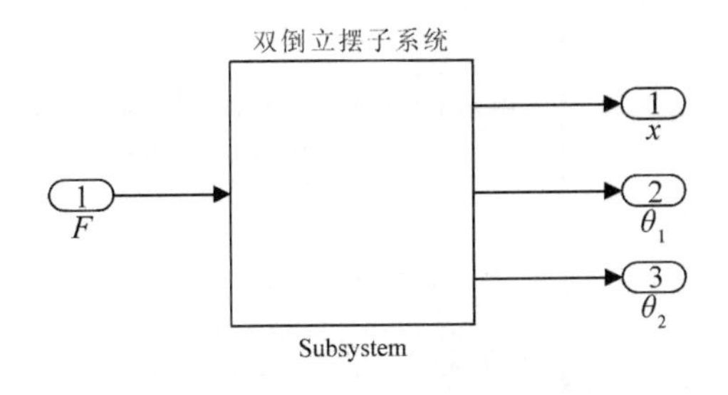


图 7.5.9　封装后的模块

双击双倒立摆子系统，会出现参数设置界面，用来设置子系统参数，将参数设置为：$M=1$，$m_1=0.5$，$m_2=0.5$，$L_1=0.6$，$L_2=0.6$，$g=9.8$。

3. 构建仿真模型

构建一阶直线双倒立摆系统精确模型的仿真模型如图 7.5.10 所示。图 7.5.10 中的 Step 为库 Simulink/Source 中的 Step 模型，是阶跃信号，参数为默认设置。

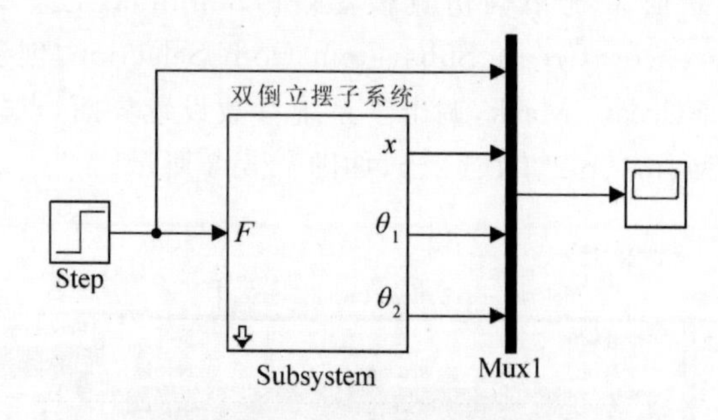


图 7.5.10　系统精确仿真模型

4. 构建线性化仿真模型

按照式(7.5.15)，构建一阶线性双倒立摆的线性化仿真模型，如图 7.5.11 所示。然后将其封装，设置封装子系统参数，设置方法与精确模型的子系统参数设置方法一样，最终构建的线性化仿真模型同图 7.5.10 一样，只是其中的精确模型换成了线性化模型。

图 7.5.11 中 Fcn1、Fcn2 和 Fcn3 分别用来计算 $\ddot{\theta}_1$、$\ddot{\theta}_2$ 和 $\ddot{x}$，Fcn1、Fcn2、Fcn3 的参数设置分别为：

Fcn1：

u(1) * 3 * g * (4 * M+4 * m1+m2)/(4 * L1 * (4 * M+m1+m2))+u(2) * 9 * m2 * g/(4 * L1 * (4 * M+m1+m2))-u(3) * 3/(L1 * (4 * M+m1+m2))

Fcn2：

u(2) * 3 * g * (4 * M+4 * m1+m2)/(4 * L2 * (4 * M+m1+m2))+u(1) * 9 * m1 * g/(4 * L2 * (4 * M+m1+m2))-u(3) * 3/(L2 * (4 * M+m1+m2))

Fcn3：

u(3) * 4/(4 * M+m1+m2)-u(1) * 3 * m1 * g/(4 * M+m1+m2)-u(2) * 3 * m2 * g/(4 * M+m1+m2)

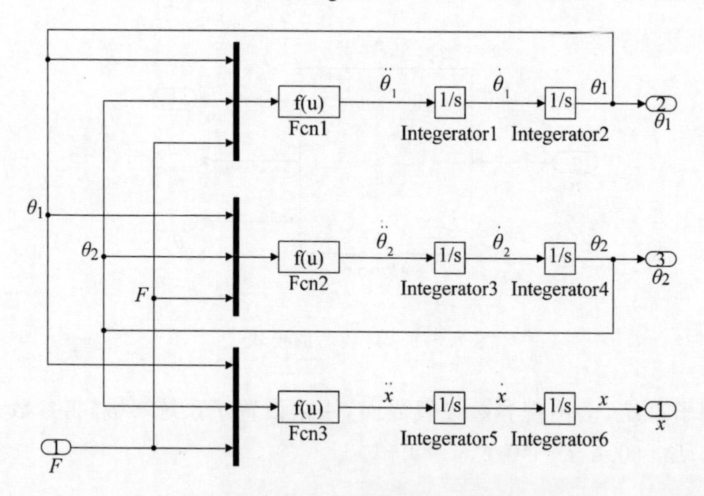


图 7.5.11　系统线性化模型

### 7.5.3　系统仿真与分析

将一阶直线双倒立摆系统精确仿真模型和线性化仿真模型中的初始摆角 $\theta_1$、$\theta_2$ 设置为 0°进行仿真，即将图 7.5.6 和图 7.5.11 中的 Integrator2 与 Integrator4 设置为 0，双击这些模块，在 Initial condition 一栏中填入 0，仿真结果如图7.5.12和图 7.5.13 所示。从图中可知，当初始摆角为 0°时，该系统是不稳定的。

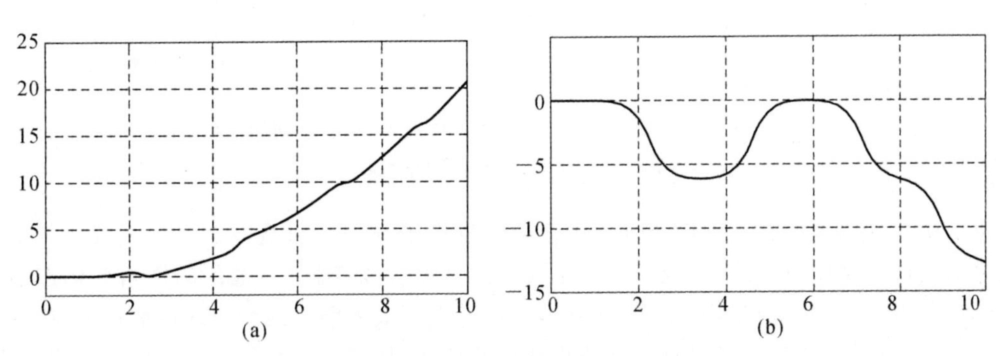


图 7.5.12　精确模型的阶跃响应曲线(初始摆角为 0°)

(a)小车位移曲线；(b)两摆杆摆角(重合)

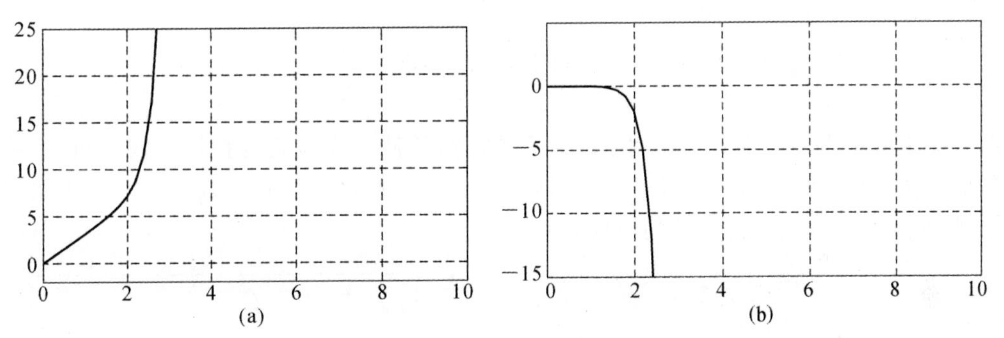


图 7.5.13　线性化模型的阶跃响应曲线(初始摆角为 0°)

(a)小车位移曲线；(b)两摆杆摆角(重合)

改变系统参数进行仿真，当 $M=1, m_1=m_2=0.5, L_1=0.7, L_2=0.6, F=0.2$(阶跃信号)时，仿真结果如图 7.5.14 和图 7.5.15 所示。

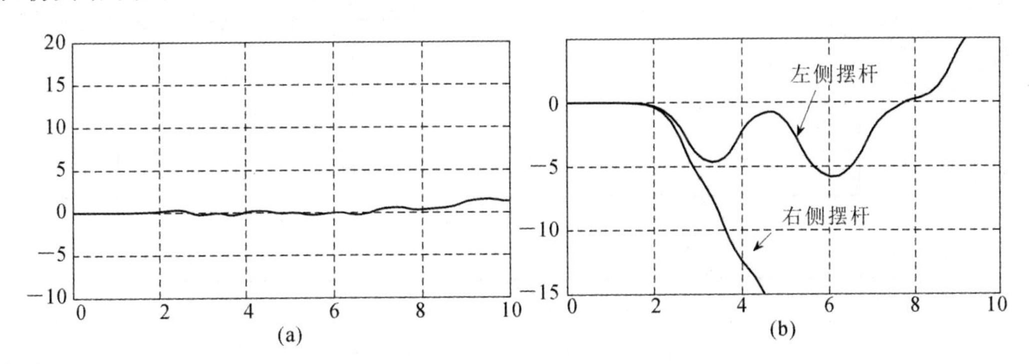


图 7.5.14　改变系统参数后精确模型的阶跃响应曲线(初始摆角为 0°)

(a)小车位移曲线；(b)两摆杆摆角

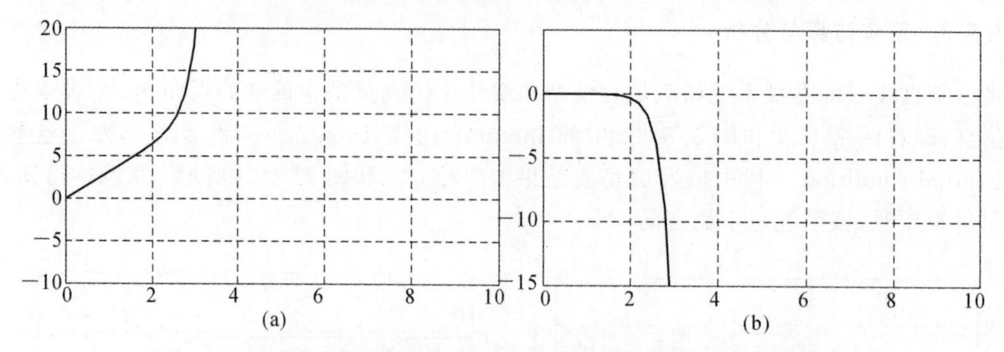


图 7.5.15　改变系统参数后线性化模型的阶跃响应曲线(初始摆角为 0°)

(a)小车位移曲线；(b)两摆杆摆角(重合)

本节所建立的模型在一定的条件下可以较精确地描述一阶直线双倒立摆系统。其中，线性化之前的模型精度较高些，它仅忽略了空气阻力和摩擦力，对于大范围的摆角变化都适用，和实际情况更接近些。但是，它是非线性的，分析起来不太方便。线性化之后的模型仅在摆角变化不大时才适用，通过它可以近似地分析系统的性能(如：稳定性、能控性)，便于利用较成熟的线性系统理论设计控制器。设计好的控制方式可以再用精确模型进行仿真(已经封装成模块，便于随时调用)，进一步调整。

## 7.6　基于双闭环 PID 控制的一阶倒立摆系统

图 7.6.1 所示为一阶倒立摆控制系统。系统通过检测小车位置与摆杆的摆动角，控制电动机的驱动力，达到系统稳定的目的，控制器由一台工业控制计算机完成。本节采用双闭环 PID 控制，完成此一阶倒立摆位置伺服控制系统的仿真。

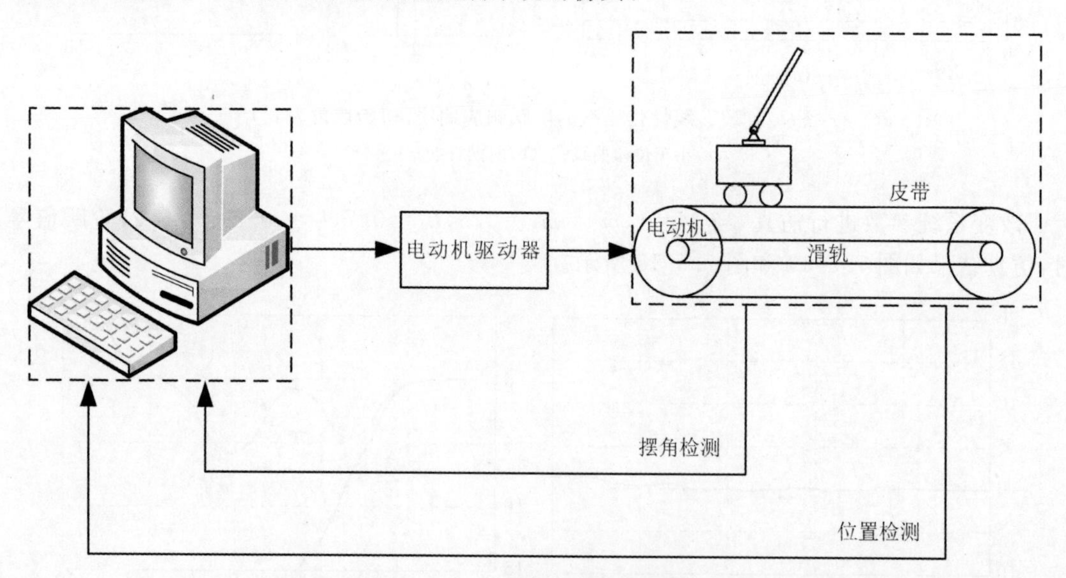


图 7.6.1　一阶倒立摆控制系统

### 7.6.1　系统的数学模型

1. 一阶倒立摆系统模型

在忽略了空气流动阻力，以及各种摩擦之后，可以将图 7.6.1 所示的一阶倒立摆系统抽象成小车和匀质杆组成的系统，如图 7.6.2 所示。系统的参数及说明如表 7.6.1 所示。

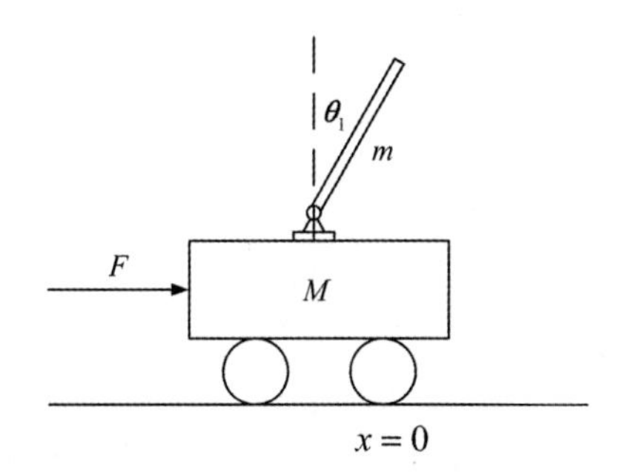


图 7.6.2　一阶倒立摆系统

**表 7.6.1　一阶倒立摆系统的参数及说明**

| 参数 | 说明 |
| --- | --- |
| $M$ | 小车质量 |
| $m$ | 摆杆质量 |
| $J$ | 摆杆惯量 |
| $F$ | 推动力 |
| $x$ | 小车位置 |
| $\theta$ | 摆杆与垂直向上方向的夹角 |
| $L$ | 摆杆转动轴心到杆质心的长度 |

根据牛顿运动定律以及刚体运动规律，此一阶倒立摆精确模型的方程为

$$\left.\begin{aligned}\ddot{x}&=\frac{(J+mL^2)F+Lm(J+mL^2)\sin\theta\cdot\dot{\theta}^2-m^2L^2g\cdot\sin\theta\cdot\cos\theta}{(J+mL^2)(M+m)-m^2L^2\cos^2\theta}\\ \ddot{\theta}&=\frac{mL\cdot\cos\theta\cdot F+m^2L^2\cdot\sin\theta\cdot\cos\theta\cdot\dot{\theta}^2-(M+m)m\cdot L\cdot g\cdot\sin\theta}{m^2L^2\cos^2\theta-(M+m)(J+mL^2)}\end{aligned}\right\}\tag{7.6.1}$$

若取小车质量 $M=1$ kg，摆杆质量 $m=1$ kg，倒立摆长度 $2L=0.6$ m。式中，摆杆的转动惯量 $J=\dfrac{mL^2}{3}$，重力加速度 $g=10\ \text{m/s}^2$。则此一阶倒立摆的模型为

$$\left.\begin{aligned}\ddot{x}&=\frac{0.12F+0.036\sin\theta\cdot\dot{\theta}^2-0.9\sin\theta\cdot\cos\theta}{0.24-0.09\cos^2\theta}\\ \ddot{\theta}&=\frac{0.3\cdot\cos\theta\cdot F+0.09\cdot\sin\theta\cdot\cos\theta\cdot\dot{\theta}^2-6\sin\theta}{0.09\cos^2\theta-0.24}\end{aligned}\right\}\tag{7.6.2}$$

若只考虑 $\theta$ 在工作点附近小范围内变化，则可以近似为

$$\left.\begin{aligned}\dot{\theta}^2 &\approx 0\\ \sin\theta &\approx \theta\\ \cos\theta &\approx 1\end{aligned}\right\} \tag{7.6.3}$$

则系统模型可以简化为

$$\left.\begin{aligned}\ddot{x} &= -6\theta + 0.8F\\ \ddot{\theta} &= 40\theta - 2.0F\end{aligned}\right\} \tag{7.6.4}$$

通过拉氏变换得到

$$\left.\begin{aligned}\frac{\theta(s)}{F(s)} &= \frac{-2.0}{s^2-40}\\ \frac{X(s)}{\theta(s)} &= \frac{-0.4s^2+10}{s^2}\end{aligned}\right\} \tag{7.6.5}$$

则其系统框图如图 7.6.3 所示。

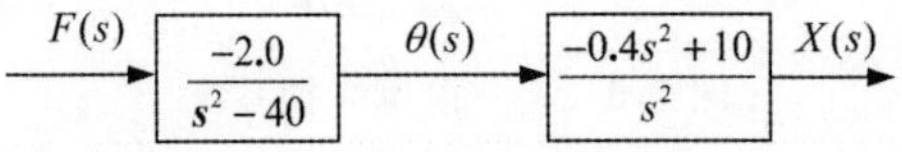

$F(s)$ → $\dfrac{-2.0}{s^2-40}$ → $\theta(s)$ → $\dfrac{-0.4s^2+10}{s^2}$ → $X(s)$

图 7.6.3　一阶倒立摆系统框图

2. 电动机、驱动器及机械传动装置的模型

电动机选择日本松下电工的小惯量交流伺服电动机 MSMA021，此电动机驱动电压 $U=0\sim100$ V，额定功率 $P_N=200$ W，额定转速 $n_N=3\ 000$ r/min，转动惯量 $J=3\times10^{-6}$ kg·m²，额定转矩 $T_N=0.64$ N·m，最大转矩 $T_M=1.91$ N·m。经传动机构变速后输出的驱动力为 $F=0\sim16$ N；与其配套的驱动器为 MSDA021A1A，其控制电压 $U=0\sim\pm10$ V。交流电动机的传递函数可以近似为

$$G_m(s)=\frac{K_v}{T_mT_1s^2+T_ms+1} \tag{7.6.6}$$

式中，$T_m$ 为电动机转矩时间常数；$T_1$ 为电动机电磁时间常数。

由于是小惯量电动机，时间常数 $T_m$、$T_1$ 都很小，可以近似为一比例环节 $K_v$。如果忽略电动机的空载转矩和系统摩擦，可以认为驱动器和机械传动装置均为纯比例环节，并假设这两个环节的增益分别为 $K_d$ 和 $K_m$，则电动机、驱动器、机械传动装置三个环节可以合成一个比例环节

$$G(s)=K_dK_vK_m=K_s \tag{7.6.7}$$

该比例环节的值可以用下式近似计算：

$$K_s=F_{max}/U_{max}=16/10=1.6 \tag{7.6.8}$$

3. 双闭环 PID 控制器设计

由于一阶倒立摆系统位置伺服控制的核心是“在保证摆杆不倒的条件下，使小车位置可控。因此，依据负反馈闭环控制原理，将系统小车位置作为“外环”，而将摆杆摆角作为“内环”，则摆角作为外环内的一个扰动，能够得到闭环系统的有效抑制，进而实现其直立不倒的自动控制。

设计一阶倒立摆位置伺服控制系统如图 7.6.4 所示。剩下的问题就是如何确定控制器(校正装置)$D_1(s)/D'_1(s)$ 和 $D_2(s)/D'_2(s)$ 的结构与参数。

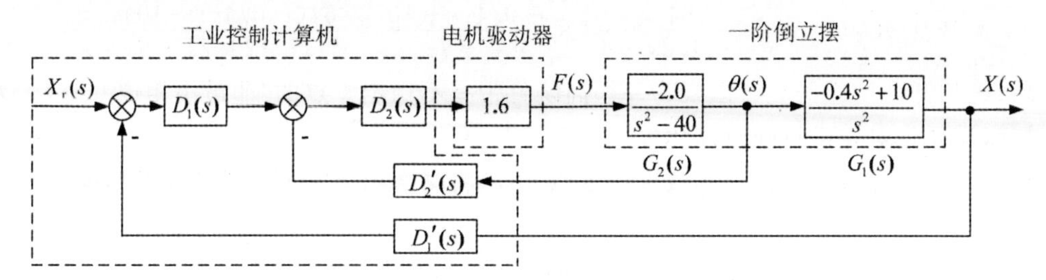


图 7.6.4　一阶倒立摆位置伺服控制系统框图

(1) 内环控制器设计。

内环是一个非线性的自不稳定系统，可以采用"反馈校正"。系统内环框图如图 7.6.5 所示。图中 $K_s$ 是伺服电动机与转速机构的等效模型(已知 $K_s=1.6$)。反馈控制器 $D'_2(s)$ 采用 PD 形式的控制器，结构简单，可以使自不稳定的系统稳定。

综上，则有 $D'_2(s)=K_{P2}+K_{D2}s$，其中：$K_{P2}$ 为比例环节的增益，$K_{D2}$ 为微分环节的增益。同时为了加强对干扰量 $D(s)$ 的抑制能力，在前向通道上加一个比例环节 $D_2(s)=K_1$。

在对控制器进行参数整定时，首先暂定比例环节 $D_2(s)$ 的增益 $K_1=-20$，又已知 $K_s=1.6$，则系统内环传递函数为

$$W_2(s)=\frac{K_1K_sG_2(s)}{1+K_1K_sG_2(s)D'_2(s)}=\frac{64}{s^2+64K_{D2}s+64K_{P2}-40} \tag{7.6.9}$$

由于对系统内环的特性并无特殊的指标要求，对于这一典型的二阶系统采取典型参数整定办法，即以保证内环系统具有"快速跟随性能"(使阻尼比 $\zeta=0.7$，闭环增益 $K=1$ 即可)为条件来确定反馈控制器的参数 $K_{P2}$ 和 $K_{D2}$，这样就有

$$\begin{cases}64K_{P2}-40=64\\64K_{D2}=2\times0.7\times\sqrt{64}\end{cases}$$

由上式得

$$\begin{cases}K_{P2}=1.625\\K_{D2}=0.175\end{cases}$$

整理，得系统内环的闭环传递函数为

$$W_2(s)=\frac{64}{s^2+11.2s+64} \tag{7.6.10}$$

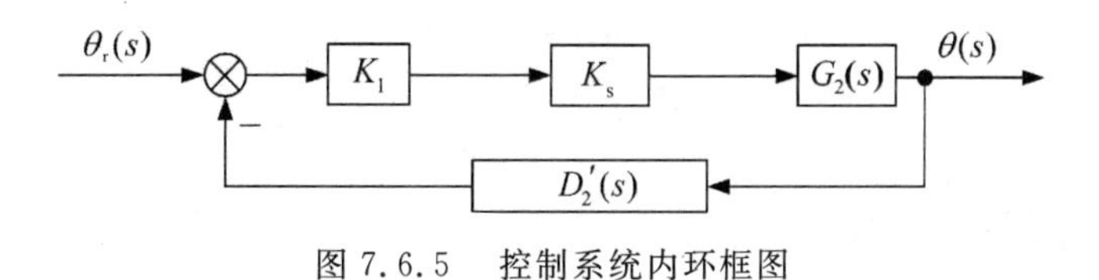


图 7.6.5　控制系统内环框图

(2) 外环控制器的设计。

外环系统前向通道的传递函数为

$$W_2(s)G_1(s)=\frac{64}{s^2+11.2s+64}\times\frac{-0.4s^2+10}{s^2}=\frac{64(-0.4s^2+10)}{s^2(s^2+11.2s+64)}$$

该系统的开环传递函数可以视为一个高阶且带有不稳定零点的“非最小相位系统”。为了便于设计，需要先对它进行降阶简化处理。

首先，对内环等效闭环传递函数进行近似处理，将高次项 $s^2$ 忽略，则可以得到近似的一阶传递函数为

$$W_2(s)\approx\frac{64}{11.2s+64}=\frac{1}{0.175s+1}$$

其次，对 $G_1(s)$ 进行近似处理，将分子中的高次项 $(-0.4s^2)$ 忽略，则

$$G_1(s)\approx\frac{10}{s^2}$$

经过以上的处理后，系统的开环传递函数被简化为

$$W_2(s)G_1(s)\approx\frac{57}{s^2(s+5.7)}$$

由于系统需要对摆杆的长度、质量的变化具有一定的抑制能力，同时还应满足前面各环节的近似条件，因此调节器 $D_1(s)$ 也设计为 PD 的形式，$D_1(s)=K_P(\tau s+1)$，选取 $\tau=1,K_P=0.12$。同时，为了使系统具有较好的跟随性能，采用单位反馈，则 $D'_1(s)=K=1$，构成外环反馈通道。则系统的开环传递函数为

$$G(s)=D_1(s)\cdot W_2(s)\cdot G_1(s)=K_P(\tau s+1)\cdot\frac{57}{s^2(s+5.7)}=\frac{1.2(s+1)}{s^2(0.175s+1)} \tag{7.6.11}$$

闭环系统的结构框图如图 7.6.6 所示。

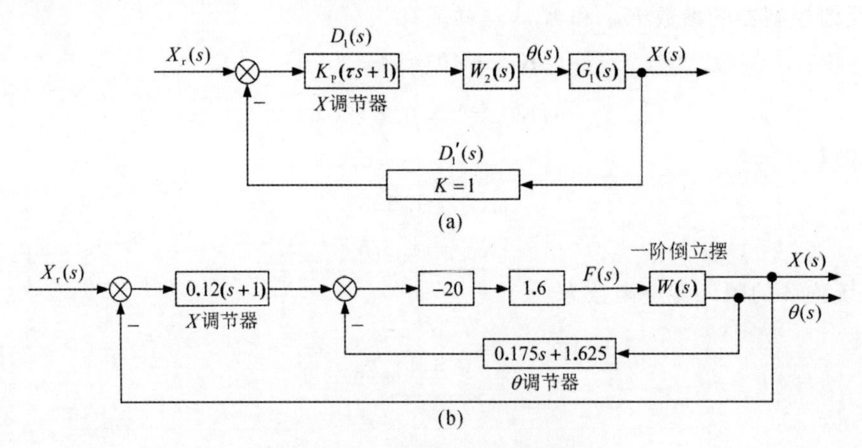


图 7.6.6　闭环系统的结构框图

(a)闭环系统结构图 1；(b)闭环系统结构图 2

### 7.6.2　系统仿真模型构建及分析

构建系统模型所需要的模块及参数设置如表 7.6.1 所示。求解器的仿真参数设置如表 7.6.2 所示。其他没有给出的模块参数或仿真参数均采用系统的默认值。

**表 7.6.1　系统模型模块及参数设置**

| 模块库 | 模块 | 功能 | 参数设置 |
| --- | --- | --- | --- |
| Sources | Step1 | 给定输入 | Step time:0 |
| | In1(F) | 加在小车上的力 | 无须设置 |
| User-Defined Functions | Fcn | 自定义函数（精确模型） | f(u)=((m*l^2/3+m*l^2)*u(1)+m*l*(m*l^2/3+m*l^2)*sin(u(3))*u(2)*u(2)−m^2*l^2*10*sin(u(3))*cos(u(3)))/((m*l^2/3+m*l^2)*(m+M0)−m^2*l^2*cos(u(3))*cos(u(3))) |
| | Fcn1 | | f(u)=(m*l*cos(u(3))*u(1)+m^2*l^2*sin(u(3))*cos(u(3))*u(2)*u(2)−(M0+m)*m*l*10*sin(u(3)))/(m^2*l^2*cos(u(3))*cos(u(3))−(M0+m)*(m*l^2/3+m*l^2)) |
| | Fcn | 自定义函数（线性化模型） | f(u)=−6*u(3)+0.8*u(1) |
| | Fcn1 | | f(u)= 40*u(3)−2*u(1) |
| Continuous | Integrator | 积分 | 无须设置 |
| | Integrator1 | | |
| | Integrator2 | | |
| | Integrator3 | | |
| Signal Routing | Mux1 | 多路信号集成一路 | Number of inputs:3 |
| | Mux2 | | Number of inputs:3 |
| Ports & Subsystems | Subsystem | 封装的单摆系统 | 点击封装子系统，选择 Mask→Edit Mask→Parameters & Dialog→Edit，添加参数 m，M0，l。设置 m:1，M0:1，l:0.3 |
| Math Operations | Gain | 增益 | Gain:0.12 |
| | Gain1 | | Gain:−32 |
| | Gain2 | | Gain:0.175 |
| | Gain3 | | Gain:1.625 |
| | Gain4 | | Gain:0.12 |
| | Sum | 求和 | List of signs: \|++ |
| | Sum1 | | List of signs:\|+− |
| | Sum2 | | List of signs: −+\| |
| | Sum3 | | List of signs: \|++ |

续 表

| 模块库 | 模块 | 功能 | 参数设置 |
| --- | --- | --- | --- |
| Sinks | To File | 存储数据 | 无须设置 |
| | Scope | 显示输出 | |
| | Out1(x) | 小车位置 | |
| | Out2(theta) | 摆杆与垂直方向夹角 | |

**表 7.6.2 求解器的仿真参数设置**

| 选项 | 设置项 | 参数设置 |
| --- | --- | --- |
| Simulation time | Stop time | 10 |
| Solver options | Type | variable-step |

构建一阶倒立摆控制系统模型如图 7.6.7 所示。其中封装的倒立摆子系统模型如图 7.6.8所示。

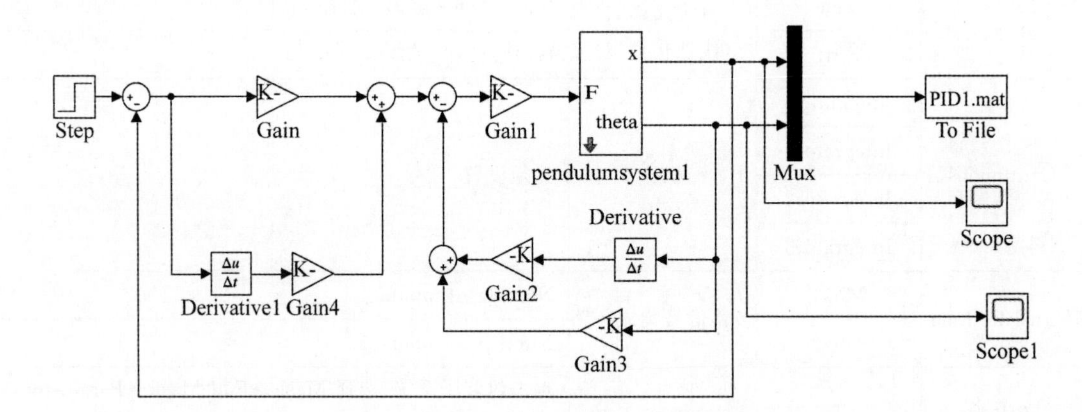


图 7.6.7 一阶倒立摆控制系统模型

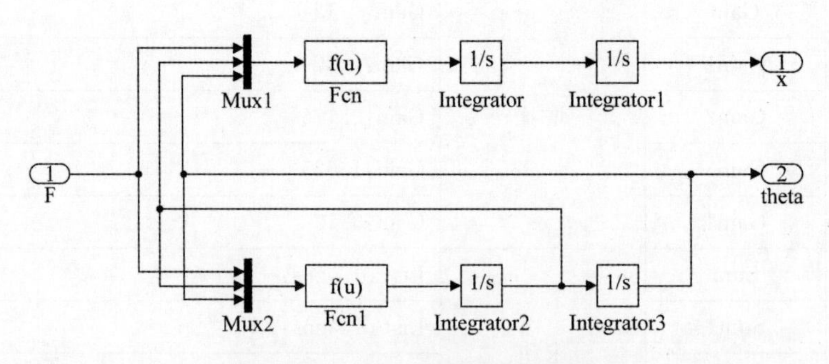


图 7.6.8 一阶倒立摆子系统模型

当 $m$ 为 1,$M_0$ 为 1,$l$ 为 0.3 时,针对精确系统和线性化系统控制的仿真结果如图 7.6.9

和图 7.6.10 所示。可以看出设计的双闭环 PID 控制器能有效的工作，既可以保持摆杆直立又可以使小车有效定位，证明此控制系统具有一定的稳定性。

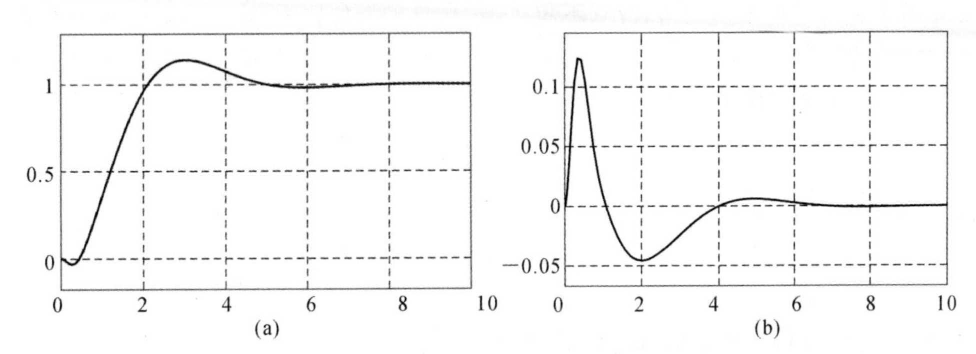


图 7.6.9　一阶倒立摆控制精确系统仿真结果

(a)小车位置；　(b)摆杆摆角

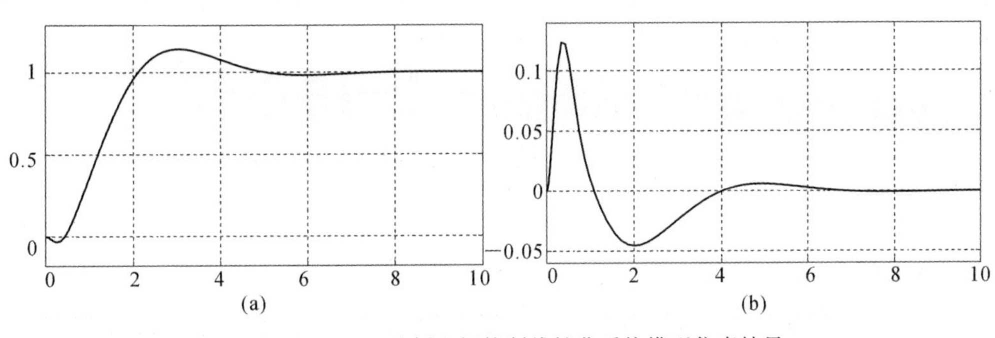


图 7.6.10　一阶倒立摆控制线性化系统模型仿真结果

(a)小车位置；　(b)摆杆摆角

## 7.7　龙门吊车重物防摆的 PID 控制系统

龙门吊车作为一种运载工具，广泛地应用于现代工厂、安装工地和集装箱货场以及室内外仓库的装卸与运输作业。它在离地面很高的轨道上运行，具有占地面积小、省工省时的优点。吊车利用绳索一类的柔性体代替钢体工作，可以使吊车的结构轻便，工作效率高。但是，采用柔性体吊运也带来一些负面影响，其中吊车负载——重物的摆动问题就是其中之一。为了研究吊车的防摆控制问题，需要对实际问题进行简化、抽象。本节采用双闭环 PID 控制方案，研究其对龙门吊车的消摆和定位效果。

### 7.7.1　龙门吊车系统的数学模型

图 7.7.1 所示为龙门吊车的物理模型，其数学模型为

$$\left.\begin{aligned}(m_0+m)\ddot{x}+D\dot{x}-ml\ddot{\theta}\cos\theta+ml\dot{\theta}^2\sin\theta=F\\ ml^2\ddot{\theta}-m\ddot{x}l\cos\theta+mgl\sin\theta+\eta\dot{\theta}=0\end{aligned}\right\}\tag{7.7.1}$$

式中，$x$ 为小车的位置；$\theta$ 为重物摆角；$F$ 为小车行走时电机的水平拉力；$m_0$ 为小车的质量；$m$

为重物的质量；$l$ 为绳索的长度（绳索运动的阻尼、弹性和质量忽略）；$D$ 为小车与水平轨道的摩擦阻尼系数；$\eta$ 为重物摆动时的阻尼系数。

实际吊车运行过程中摆动角较小（不超过 10°），且平衡位置为 $\theta=0$。因此，模型在 $\theta=0$ 处可以进行线性化处理。此时，有如下近似结果：$\sin\theta\approx\theta$，$\cos\theta\approx 1$，$\dot{\theta}^2\sin\theta\approx 0$。不考虑系统的阻尼，则 $\eta=0$。系统的模型简化为

$$\left.\begin{aligned}&(m_0+m)\ddot{x}+D\dot{x}-ml\ddot{\theta}=F\\&ml\ddot{\theta}-m\ddot{x}+mg\theta=0\end{aligned}\right\}\tag{7.7.2}$$

经变换，可得

$$\left.\begin{aligned}&F=m_0\ddot{x}+D\dot{x}+mg\theta\\&\ddot{x}=l\ddot{\theta}+g\theta\end{aligned}\right\}\tag{7.7.3}$$

对式(7.7.3) 进行拉氏变换，可得

$$\left.\begin{aligned}&F(s)=(m_0s^2+Ds)X(s)+mg\theta(s)\\&s^2X(s)=(ls^2+g)\theta(s)\end{aligned}\right\}\tag{7.7.4}$$

根据式(7.7.4)，画出系统框图如图 7.7.2(a) 所示，为便于计算，忽略小车与水平轨道的摩擦力，即 $D=0$，简化系统，其等效框图如图 7.7.2(b) 所示。其中

$$G_1(s)=\frac{\theta(s)}{F(s)}=\frac{1}{m_0ls^2+(m_0+m)g}\tag{7.7.5}$$

$$G_2(s)=\frac{X(s)}{\theta(s)}=\frac{ls^2+g}{s^2}\tag{7.7.6}$$

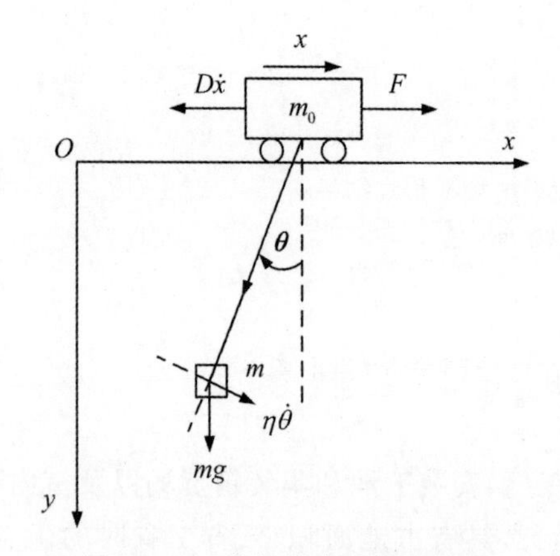


图 7.7.1　龙门吊车的物理模型

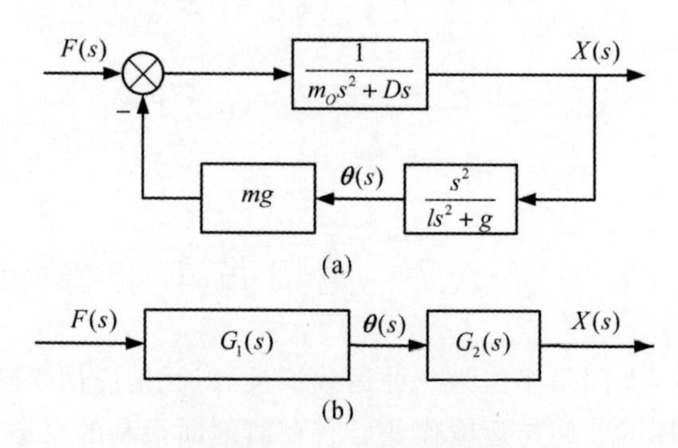


图 7.7.2　系统结构图

(a) 系统框图；(b) 系统等效框图

为了使系统稳定，所设计的控制系统借鉴直流电动机调速的“双闭环控制思想”，取外环为位置环，内环为摆角环，实现对摆角与位置的有效控制。可使吊车在准确定位的同时，摆动也衰减至零，从而达到防摆的目的。控制系统的框图如图 7.7.3 所示。

假设所采用的伺服电动机的机电时间常数较小，可以将其等效为比例环节。设 $m_0=50$ kg，$K_s=28$N/V（电动机环节），重物质量 $m$ 与绳长 $l$ 在不同的情况下可以变化，取 $m=5$ kg，$l=1$ m。所以，内环系统未校正时摆角和电压的传递函数为

$$G_1(s)\cdot K_s=\frac{\theta(s)}{U(s)}=\frac{K_s}{m_0ls^2+(m_0+m)g}=\frac{28}{50s^2+539}\tag{7.7.7}$$

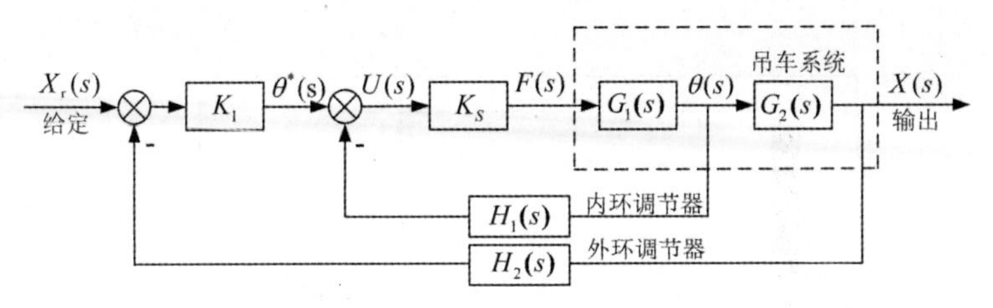


图 7.7.3　控制系统框图

在设计内环调节器时，采用 PD 结构的反馈控制器，结构简单且可以保证闭环系统的稳定。其传递函数为 $H_1(s)=K_P+K_Ds$。其中：$K_P$ 为比例环节的增益，$K_D$ 为微分环节的增益。为确定这两个环节的增益。令 $T=\theta(s)/\theta^*(s)$，$\alpha=l$，则系统摆角对摆长的灵敏度为

$$S_l^T=\frac{\partial T/T}{\partial l/l}=-\frac{m_0ls^2}{m_0ls^2+K_sK_Ds+K_sK_P+(m_0+m)g}=-\frac{s^2}{s^2+2\zeta\bar{\omega}_ns+\bar{\omega}_n^2} \tag{7.7.8}$$

为了保障系统对绳长 $l$ 和重物质量 $m$ 的变化不敏感。一般要求在系统参数变化时系统轨迹变化不超过 5%。因此，由灵敏度公式式(7.7.8) 分析计算，确定 $K_D=29$，$K_P=95$。

摆角和位移的传递函数为

$$G_2(s)=\frac{X(s)}{\theta(s)}=\frac{ls^2+g}{s^2} \tag{7.7.9}$$

设计外环调节器的传递函数为 $H_2=1+K_2s$，在前向通道内设计一个比例环节调节器 $G(s)=K_1$。分析系统稳定性，可以最终选择参数为 $K_1=10$，$K_2=2$。

龙门吊车控制系统的框图如图 7.7.4 所示。

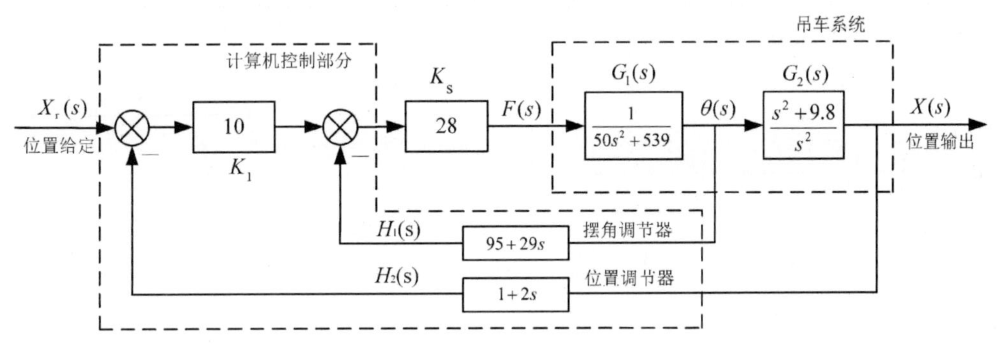


图 7.7.4　龙门吊车控制系统框图

### 7.7.2　系统仿真模型构建及分析

1. 开环系统模型及仿真

首先构建龙门吊车开环系统模型如图 7.7.5 所示，开环系统模型所需模块及参数设置如表 7.7.1 所示。使吊车在初始状态($\theta=0$，$x=0$)下，突加一有限的恒定作用力，仿真结果如图 7.7.6 所示。可以看出，在突加恒定作用力下，小车向前移动，位移不断增大，而负载在小车的一侧($0\leqslant\theta\leqslant\xi$)区间内做往复摆动(其中 $\xi$ 值与作用力大小有关)。

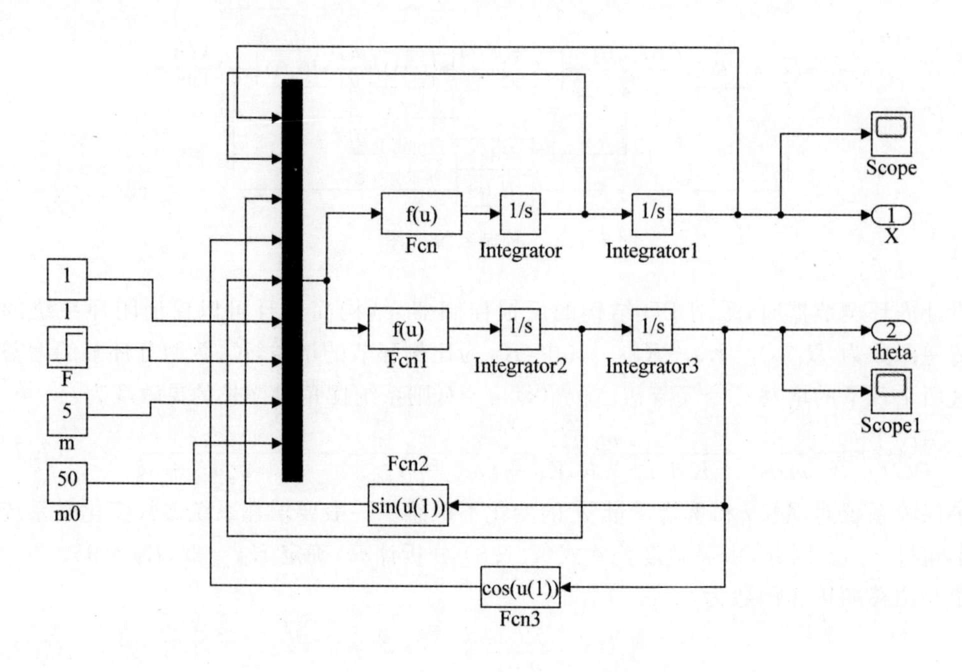


图 7.7.5　龙门吊车开环系统模型

**表 7.7.1　开环系统模型模块及参数设置**

| 模块库 | 模块 | 功能 | 参数设置 |
|---|---|---|---|
| Sources | Constant(L) | 绳索的长度 | Constant value:1 |
| | Step (F) | 水平拉力 | Step time:0 Final value:10 |
| | Constant(m) | 重物的质量 | Constant value: 5 |
| | Constant(m0) | 小车的质量 | Constant value:50 |
| Signal Routing | Mux | 信号合成 | Number of inputs:9 |
| User-Defined Functions | Fcn | 自定义函数 | f(u)=(u[7]−9.8 * u[8] * u[3] * u[4]−u[8] * u[6] * u[5] * u[5] * u[3])/(u[9]+u[8] * u[3] * u[3]) |
| | Fcn1 | | f(u)=((u[7]−9.8 * u[8] * u[3] * u[4]−u[8] * u[6] * u[5] * u[5] * u[3])/(u[9]+u[8] * u[3] * u[3])) * u(4)/u[6]−9.8 * u[3]/u[6] |
| | Fcn2 | | f(u)= sin(u(1)) |
| | Fcn3 | | f(u)= cos(u(1)) |

续 表

| 模块库 | 模块 | 功能 | 参数设置 |
|---|---|---|---|
| Continuous | Integrator | 积分模块 | 无须设置 |
| | Integrator1 | | |
| | Integrator2 | | |
| | Integrator3 | | |
| Sinks | Out1(X) | 小车的位置 | |
| | Out1(theta) | 负载重物的摆角 | |
| | Scope | 显示小车的位置 | |
| | Scope1 | 显示负载的摆角 | |

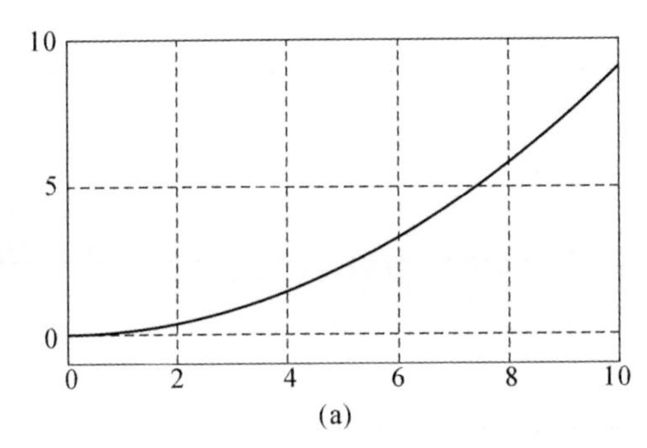

(a)

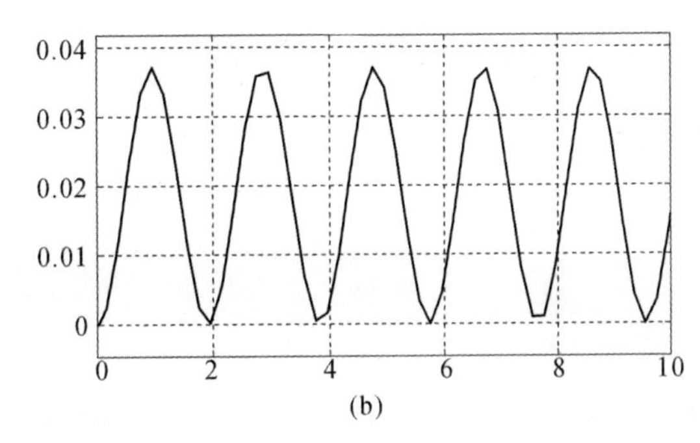

(b)

图 7.7.6　龙门吊车开环系统响应曲线

(a)小车的位置；（b)负载的摆角

2. 闭环系统模型及仿真

构建如图 7.7.7 所示的龙门吊车闭环控制系统的仿真模型，闭环控制系统模型所需模块及参数设置如表 7.7.2 所示。subsystem 为吊车开环系统模型的“封装形式”。其中，绳索的长度、重物的质量和水平拉力作为子系统的输入。仿真结果如图 7.7.8 所示，可以看出，系统的初始状态为零时，在突加恒定力作用时，小车最终停止在期望位置 5m 处，而重物最终也不再摆动。所设计的控制策略达到了稳定系统的目的。

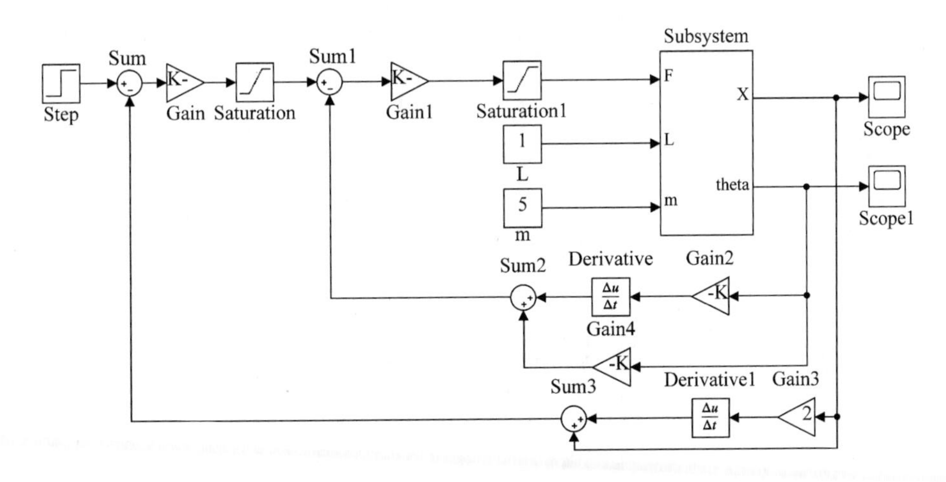


图 7.7.7　龙门吊车闭环控制系统模型

**表 7.7.2　闭环控制系统模型模块及参数设置**

| 模块库 | 模块 | 功能 | 参数设置 |
|---|---|---|---|
| Sources | Step | 小车期望位置 | Step time:0 Final value:5 |
| | Constant (L) | 绳索的长度 | Constant value:1 |
| | Constant (m) | 重物的质量 | Constant value:5 |
| Math Operations | Sum | 加法 | List of signs: \|+− |
| | Sum1 | | List of signs: \|+− |
| | Sum2 | | List of signs: \|++ |
| | Sum3 | | List of signs: \|++ |
| Math Operations | Gain | 输入信号乘以增益 | Gain:10 |
| | Gain1 | | Gain:28 |
| | Gain2 | | Gain:29 |
| | Gain3 | | Gain:2 |
| Discontinuities | Saturation | 对信号限定上下限 | Upper limit:20<br>Lower limit:−20 |
| | Saturation1 | | Upper limit:200<br>Lower limit:−200 |
| Ports & Subsystems | Subsystem | 封装吊车系统模型 | 将吊车系统模型封装 |
| Continuous | Derivative | 导数运算 | 无须设置 |
| | Derivative1 | | |
| Sinks | Scope | 显示小车的位置 | |
| | Scope1 | 显示负载的摆角 | |

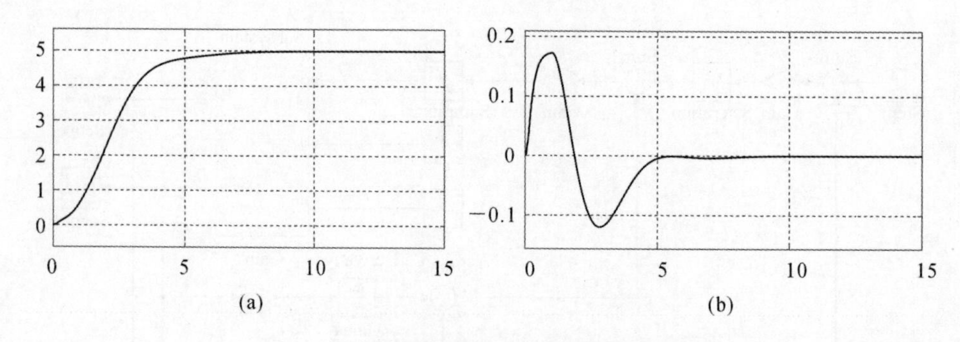


图 7.7.8　龙门吊车闭环控制系统的响应曲线

(a)小车的位置；(b)负载的摆角

# 7.8 基于Greitzer模型的压缩机稳定性分析

本节以Greitzer在1976年提出的压缩机系统的集中参数模型为研究对象，构建系统模型，分析系统的稳定性参数对系统非线性动力学行为及稳定性的影响。

## 7.8.1 系统模型构建

Greitzer模型是从1955年Emmons提出的Helmholtz模型发展而来的。模型的简化结构如图7.8.1所示，压缩机系统由一个管道表示，压缩后的气体流入一个大容积的腔体中，即压缩机的增压箱。被压缩的气体通过增压箱，由节流阀进入大气。在代表压缩系统的管道中放入驱动盘来模拟压缩机和管道系统，驱动盘代表了一组叶轮叶片，流体在其中的流动是连续的，但压力的变化是不连续的。

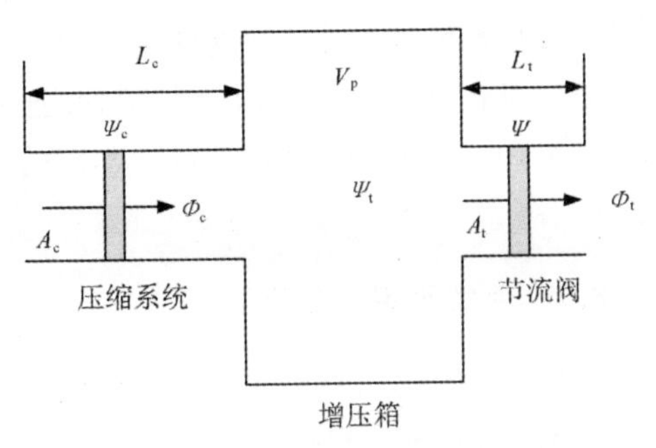


图7.8.1　Greitzer模型简化结构图

在建立模型之前，Greitzer对模型做出了以下假设：第一，假设流体在压缩系统管道和节流阀管道中是一维不可压缩的；第二，假设流体在增压箱中压力分布是均匀的，同时忽略流体速度；第三，由于压缩机系统的温度相对来说波动较小，所以可以不考虑能量守恒；第四，假设压缩机转子的速度对系统的稳定性特性不存在影响。在这个模型中，增压箱气体的压缩过程是等熵压缩，同时，流体在压缩机和节流阀中的惯性效应主要表现在流体的动量变化上。等效压缩系统管长的确定是根据质量流量变化产生的压力差等于实际管道上的压力差进行计算的，节流阀等效管长的确定方法类似。

根据假设，Greitzer引入无量纲质量流量 $\Phi$ 和无量纲压升 $\Psi$ 的概念，提出了Greitzer压缩机简化模型。Greitzer模型中相关参数和变量的含义如表7.8.1所示。

**表7.8.1　Greitzer模型中的参数和变量**

| 参数 | 含义 | 参数 | 含义 |
|---|---|---|---|
| $a$ | 声速/(m·s$^{-1}$) | $\Phi_c$ | 压缩机无量纲质量流量 |
| $A_c$ | 压缩机管道进口截面积/m$^2$ | $\Phi$ | 增压箱无量纲质量流量 |
| $A_t$ | 节流阀管道进口截面积/m$^2$ | $\Phi_t$ | 节流阀无量纲质量流量 |
| $\tau$ | 无量纲时间 | $\Psi_{c,ss}$ | 压缩机稳态时的无量纲压升 |
| $\omega_H$ | Helmholtz频率/(rad·s$^{-1}$) | $\Psi_c$ | 压缩机无量纲压升 |
| $B$ | 压缩机稳定参数 | $\Psi$ | 增压箱无量纲压升 |
| $U_t$ | 转子叶尖处的线速度/(m·s$^{-1}$) | $\Psi_t$ | 节流阀无量纲压升 |
| $V_p$ | 压缩机排气腔的容积/m$^3$ | | |

压缩机一维无量纲动量方程和增压箱的无量纲质量平衡方程为

$$\left.\begin{aligned}\frac{d\Phi_c}{d\tau}&=B(\Psi_{c,ss}-\Psi)\\\frac{d\Psi}{d\tau}&=(\Phi_c-\Phi_t)/B\end{aligned}\right\}\tag{7.8.1}$$

其中

$$B=\frac{U_t}{2\omega_H L_c}$$

$$\omega_H=a\sqrt{\frac{A_c}{V_p L_c}}$$

式中，$\tau$ 为时间标度，可以用 $\omega_H$ 标定时间 $t$，满足 $\tau=t\omega_H$。

在 Greitzer 模型中，压缩机的稳定参数 $B$ 是预测压缩机系统出现不稳定状态的量，这个参数可以实现喘振预测的定量化。Greitzer 在 1976 年的研究结果表明：当系统的参数 $B$ 小于并接近 $B_{cr}$时，系统处于旋转失速状态；当系统的参数 $B$ 超过临界参数 $B_{cr}$时，系统处于喘振的状态。而超过临界参数 $B_{cr}$后，参数 $B$ 的进一步增加会导致典型的喘振加深的状况。根据 Willems 在 1997 年的研究结果，对于不同的压缩机，系统临界参数 $B_{cr}$ 的变化范围在 0.25～2.7之间。

### 7.8.2 系统稳定性分析

由式(7.8.1)可知，只要找到了压缩机的特性线函数与节流阀的特性函数，就可以对系统列出一个无量纲方程。Greitzer 进一步提出压缩机稳态时的特性曲线满足下列三次多项式：

$$\Psi_c(\Phi_c)=\Psi_c(0)+H\left[1+1.5\left(\frac{\Phi_c}{F}-1\right)-0.5\left(\frac{\Phi_c}{F}-1\right)^3\right]\tag{7.8.2}$$

其中，参数 $\Psi_c(0)$，$H$ 和 $F$ 取决于近似稳态的压缩机特性的特性曲线。压缩机的实际特性曲线是通过在不同速度下检测压缩机的属性逐一取点获得的，实验结果较难获得。而压缩机稳态时的理论特性曲线一般可以从压缩机生产厂商处获得。因此，本书根据经验，选取图 7.8.2 所示的理论上的稳态无量纲压缩机特性曲线。在图 7.8.2 中，$\Psi_c(0)$ 是特性曲线与纵轴交点的值；$\Phi_{c,m}$ 是特征曲线最高点的横坐标；$\Psi_{c,m}$ 是特征曲线最高点的纵坐标。存在

$$F=\Phi_{c,m}/2,\quad H=[\Psi_{c,m}-\Psi_c(0)]/2$$

在图 7.8.2 中，特性曲线与纵轴的交点是(0,2.22)，曲线的最高点是(1.5,2.62)，即 $\Psi_c(0)=2.22$，$\Phi_{c,m}=1.5$，$\Psi_{c,m}=2.62$，由此可以计算出

$$H=0.2,\quad F=0.75$$

则压缩机特性曲线的表达式为

$$\Psi_{c,ss}(\Phi_c)=2.22+0.2\left[1+1.5\left(\frac{\Phi_c}{0.75}-1\right)-0.5\left(\frac{\Phi_c}{0.75}-1\right)^3\right]\tag{7.8.3}$$

节流阀的特性曲线是对节流阀在不同开度情况下测量其质量流量和压升获得的曲线，无量纲化后的节流阀特性曲线如图 7.8.3 所示。

一般认为节流阀的特性曲线满足下列二次多项式：

$$\Psi(\Phi_t)=C_t\,(\Phi_t+1)^2\tag{7.8.4}$$

式中，$C_t$ 是节流阀的系数，根据经验一般取 1.4。因此节流阀的特性曲线方程可以表示为

$$\Psi(\Phi_t)=1.4\ (\Phi_t+1)^2 \tag{7.8.5}$$

根据式(7.8.5)可以得到其反函数

$$\Phi_t=0.845\,4\sqrt{\Psi}-1 \tag{7.8.6}$$

将其反函数代入式(7.8.1),可以得到一个非线性方程组

$$\left.\begin{aligned}\frac{d\Phi_c}{d\tau}&=B\left(2.22+0.2\left[1+1.5\left(\frac{\Phi_c}{0.75}-1\right)-0.5\left(\frac{\Phi_c}{0.75}-1\right)^3\right]-\Psi\right)\\ \frac{d\Psi}{d\tau}&=(\Phi_c-0.845\,4\sqrt{\Psi}+1)/B\end{aligned}\right\} \tag{7.8.7}$$

求解此非线性方程组的平衡点,令

$$\begin{cases}B\left(2.22+0.2\left[1+1.5\left(\dfrac{\Phi_c}{0.75}-1\right)-0.5\left(\dfrac{\Phi_c}{0.75}-1\right)^3\right]-\Psi\right)=0\\ (\Phi_c-0.845\,4\sqrt{\Psi}+1)/B=0\end{cases}$$

得到其平衡点为 $\Phi_{c,0}=0.269\,2$,$\Psi_0=2.254\,0$。

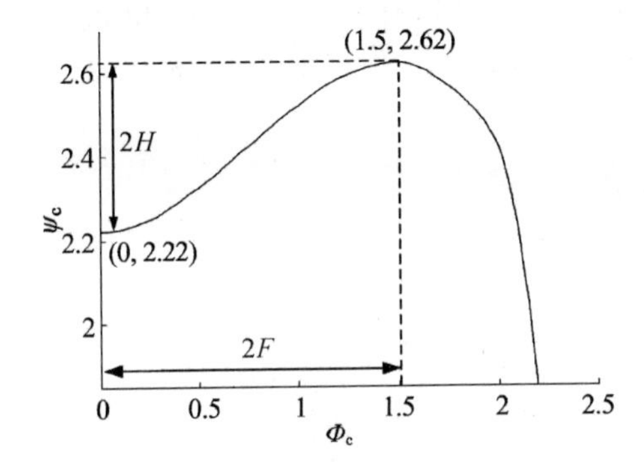


图 7.8.2　稳态时压缩机的无量纲特性曲线

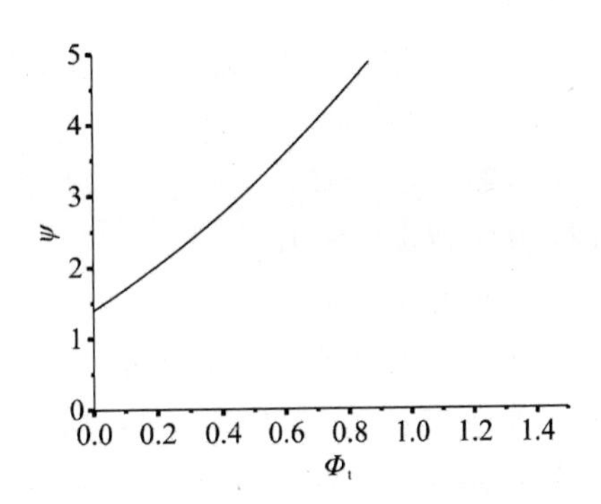


图 7.8.3　节流阀特性曲线

进一步,对压缩机数学模型的稳定性进行分析,求出系统的特征方程,根据参数 $B$ 对特征方程零点的影响,分析系统参数对压缩机稳定性的影响。

将式(7.8.1)在平衡点处采用泰勒展开进行线性化,省略高次项,同时将式(7.8.6)代入线性化方程,可得线性化后的方程为

$$\dot{\Phi}_c=B[\Psi_{c,ss}(\Phi_{c,0})+\Psi'_{c,ss}(\Phi_{c,0})(\Phi_c-\Phi_{c,0})]-B\Psi$$

$$\dot{\Psi}=\frac{\Phi_c}{B}-\frac{\Phi_t(\Psi)}{B}=\frac{\Phi_c}{B}-\frac{1}{B}[\Phi_t(\Psi_0)+\Phi'_t(\Psi_0)(\Psi-\Psi_0)]$$

上式也可以写为

$$\begin{bmatrix}\dot{\Phi}_c\\ \dot{\Psi}\end{bmatrix}=\begin{bmatrix}B\Psi'_{c,ss}(\Phi_{c,0}) & -B\\ \dfrac{1}{B} & -\dfrac{1}{B}\Phi'_t(\Psi_0)\end{bmatrix}\begin{bmatrix}\Phi_c\\ \Psi\end{bmatrix}+\begin{bmatrix}B[\Psi_{c,ss}(\Phi_{c,0})-\Psi'_{c,ss}(\Phi_{c,0})\Phi_{c,0}]\\ -\dfrac{1}{B}[\Phi_t(\Psi_0)-\Phi'_t(\Psi_0)\Psi_0]\end{bmatrix} \tag{7.8.8}$$

式(7.8.8)右侧第二项为常量,这样的微分方程称为非齐次微分方程,此非齐次微分方程的稳定性与其对应的齐次微分方程的稳定性相同,对应的齐次微分方程为

$$\begin{bmatrix}\dot{\Phi}_c\\ \dot{\Psi}\end{bmatrix}=\begin{bmatrix}B\Psi'_{c,ss}(\Phi_{c,0}) & -B\\ \dfrac{1}{B} & -\dfrac{1}{B}\Phi'_t(\Psi_0)\end{bmatrix}\begin{bmatrix}\Phi_c\\ \Psi\end{bmatrix} \tag{7.8.9}$$

上式所表示的系统稳定性可由其特征方程特征值的性质决定,其特征方程为

$$\begin{vmatrix} \lambda - B\Psi'_{c,ss}(\Phi_{c,0}) & B \\ -\frac{1}{B} & \lambda + \frac{1}{B}\Phi'_{t}(\Psi_0) \end{vmatrix} = 0$$

即

$$\lambda^2 + \left[\frac{1}{B}\Phi'_{t}(\Psi_0) - B\Psi'_{c,ss}(\Phi_{c,0})\right]\lambda - \Psi'_{c,ss}(\Phi_{c,0})\Phi'_{t}(\Psi_0) + 1 = 0 \tag{7.8.10}$$

将平衡点 $\Phi_{c,0} = 0.2692$, $\Psi_0 = 2.254\ 0$ 代入式(7.8.10)可得

$$\lambda^2 + \left[\frac{0.281\ 5}{B} - 0.235\ 6B\right]\lambda + 0.933\ 7 = 0$$

解此方程得

$$\lambda_{1,2} = \alpha(B) \pm \mathrm{j}\beta(B) = 0.117\ 8B - \frac{0.140\ 7}{B} \pm \mathrm{j}\sqrt{0.966\ 9 - 0.013\ 9B^2 - \frac{0.017\ 7}{B^2}}$$

由此可得, $\alpha(B) = 0.117\ 8B - 0.140\ 7/B$。当 $\alpha(B) = 0$ 时,有 $B = 1.092\ 9$,此时特征根在复平面上穿过了零点,其实部由负变正,此时 $B$ 为临界参数 $B_{cr}$。根据 Hopf 定理,如果系统方程 $\dot{x} = f(x,\mu)$ 的特征方程根 $\alpha(\mu_0) \pm \mathrm{j}\beta(\mu_0)$ 满足:

(1) 实部 $\alpha(\mu_0) = 0$;

(2) 虚部 $\beta(\mu_0) > 0$;

(3) 横截条件 $\dot{\alpha}(\mu_0) \neq 0$。

则系统在 $\mu = \mu_0$ 处出现 Hopf 分岔。

在本系统中, $B_{cr} = 1.092\ 9$ 时,有:

(1) $\alpha(B_{cr}) = 0$;

(2) $\beta(B_{cr}) = 0.935\ 5 > 0$;

(3) $\dot{\alpha}(B_{cr}) = (0.117\ 8 + 0.140\ 7/B^2)\ |_{B=B_{cr}} = 0.235\ 6 \neq 0$。

因此 $B = B_{cr} = 1.092\ 9$ 是此压缩机系统的 Hopf 分岔点,压缩机系统的拓扑结构在 $B_{cr} = 1.092\ 9$ 时发生变化。

此外,当 $\beta(B) < 0$ 时, $\lambda_{1,2}$ 为实数,此时 $0 < B < 0.135\ 3$ 或 $B > 8.339\ 2$;当 $\beta(B) > 0$ 时, $\lambda_{1,2}$ 为共轭复数,此时 $0.135\ 3 < B < 1.092\ 9$ 或 $1.092\ 9 < B < 8.339\ 2$。不同 $B$ 参数下系统方程特征值的变化情况如表 7.8.2 所示。

**表 7.8.2 特征值随 *B* 的变化**

| $B$ 的范围 | $0 \sim 0.135\ 3$ | $0.135\ 3 \sim 1.092\ 9$ | $1.092\ 9$ | $1.092\ 9 \sim 8.339\ 2$ | 大于 8.339 2 |
|---|---|---|---|---|---|
| 特征值状态 | 负实数 | 共轭复数<br>实部为负 | 纯虚数 | 共轭复数<br>实部为正 | 正实数 |

因此,当 $B \in (0, 0.135\ 3)$ 和 $B \in (0.135\ 3, 1.092\ 9)$ 时,系统特征值的实部全为负数,系统处于稳定状态。当 $B$ 超出以上范围时,特征值存在正实部,系统的稳定性被破坏。由此可知,参数 $B$ 与压缩机系统的稳定性和喘振的产生有着密切的关系。而根据式(7.8.1)可知, $B$ 与压缩机的结构参数 $L_c$, $A_c$ 和 $V_p$ 有关。因此,参数 $B$ 的研究可以为压缩机结构的参数设计提供理论依据,从而更好地实现喘振控制。

### 7.8.3　Greitzer 模型的仿真分析

根据式(7.8.7)构建压缩机稳定性的仿真模型，式(7.8.7)中第一个公式为压缩机一维无量纲动量方程，第二个公式为节流阀一维无量纲动量方程，设方程组初值 $\Phi_c(0)=1$，$\Psi(0)=2.4$。系统模型模块及参数设置如表 7.8.3 所示。构建系统模型如图 7.8.4 所示。

**表 7.8.3　系统模型模块及参数设置**

| 模块库 | 模块名称 | 模块说明 | 参数设置 |
|---|---|---|---|
| Math Operations | Add | 求和 | List of signs：+－ |
| | Add2 | 求和 | List of signs：+－ |
| | Gain3 | B | Gain：0.1/0.5/1.0929/5/9 |
| | Gain4 | 1/B | Gain：(1/0.1)/(1/0.5)/(1/1.0929)/(1/5)/(1/9) |
| Continuous | Integrator1 | 积分模块 | Initial condition：1 |
| | Integrator2 | | Initial condition：2.4 |
| Sinks | Scope | 显示无量纲质量流量 | 无须设置 |
| | Scope1 | 显示无量纲压升 | |
| | XY Graph | 显示 $\Phi_c(t)\sim\Psi(t)$的图像 | 无须设置 |

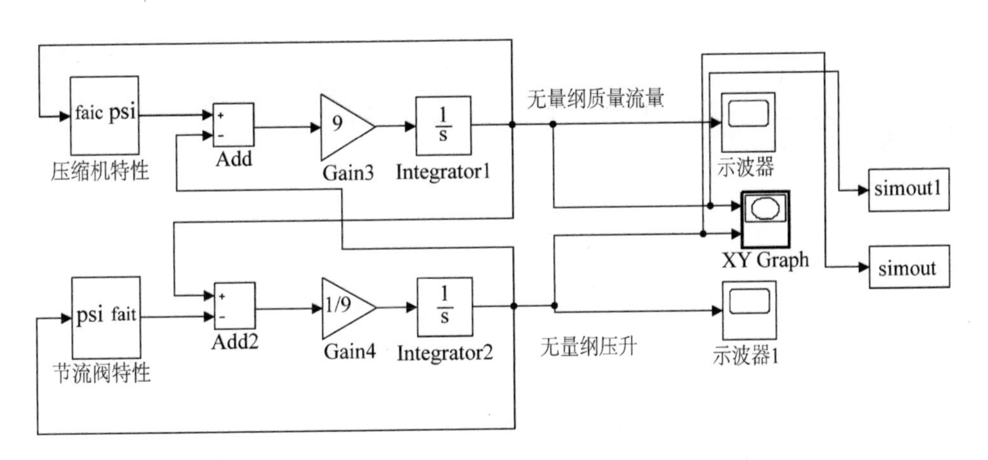


图 7.8.4　Greitzer 模型的仿真模型

系统模型分为压缩机动量方程模块和节流阀动量方程模块，其中将压缩机特性方程式(7.8.3)部分和节流阀特性方程式(7.8.6)进行了子系统封装。

压缩机特性方程模型所需要的模块及参数设置如表 7.8.4 所示，其子系统模型如图7.8.5 所示。节流阀特性方程子模块所需要的模块和参数设置如表 7.8.5 所示，其子系统模型如图 7.8.6 所示。系统求解器设置如表 7.8.6 所示。

**表 7.8.4　压缩机特性方程子模块及参数设置**

| 模块库 | 模块名称 | 模块说明 | 参数设置 |
| --- | --- | --- | --- |
| Math Operations | Gain1 | 增益 | Gain:0.5 |
| | Gain2 | | Gain:1.5 |
| | Gain5 | | Gain:0.2 |
| | Fcn | 函数 | Expression:u/0.75−1 |
| | Fcn1 | | Expression: u^3 |
| | Add | 求和 | List of signs:++− |
| | Add1 | | List of signs:++ |
| Sources | Constant | 稳定状态的 $\Phi_c(0)$ | Constant value:2.22 |
| | Constant2 | 固定值 | Constant value:1 |
| | In1 | 输入 | 更改名称为 faic |
| Sinks | Out1 | 输出 | 更改名称为 psi |

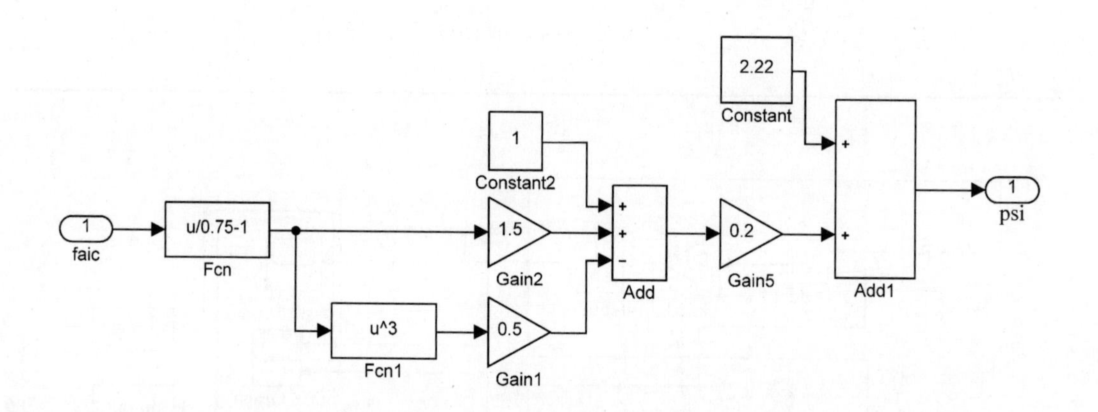


图 7.8.5　压缩机特性子系统

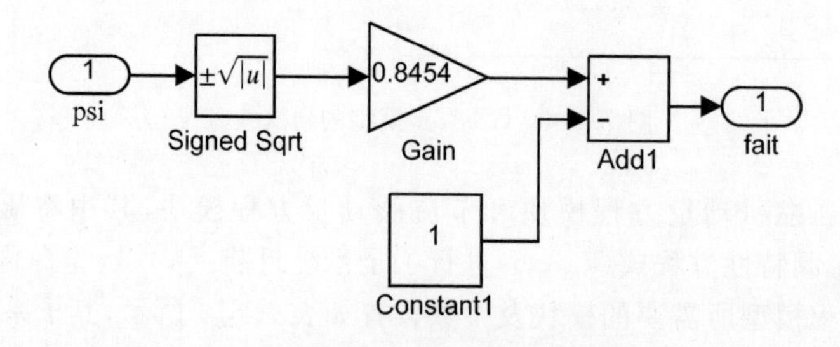


图 7.8.6　节流阀特性子系统

**表 7.8.5　节流阀特性方程子模块及参数设置**

| 模块库 | 模块 | 功能 | 参数设置 |
| --- | --- | --- | --- |
| Math Operations | Gain | 增益 | Gain：0.8454 |
| | Add1 | 求和 | List of signs：+－ |
| | Singed Sqrt | 开方函数 | Function：Singed Sqrt |
| Sources | Constant1 | 稳定状态的 $\Phi_c(0)$ | Constant value：1 |
| | In1 | 输入 | 更改名称为 psi |
| Sinks | Out1 | 输出 | 更改名称为 fait |

**表 7.8.6　系统求解器的仿真参数设置**

| 选项 | 设置项 | 参数设置 |
| --- | --- | --- |
| Simulation time | Stop time | 200 |
| Solver options | Type | variable-step |

通过改变模型中的参数 $B$ 可以模拟压缩机系统结构的变化，研究系统产生周期振荡及其消失的机理。根据表 7.8.2，通过系统在不同的稳定参数 $B$ 下的状态，可以研究压缩机系统在扰动下的恢复状况。由 7.8.2 小节可知，系统稳定时的输出分别为 $\Phi_0=0.269\ 2$，$\Psi_0=2.254\ 0$。因此，系统处于稳态时，系统输出会恢复到平衡点。随着 $B$ 的变化，系统从稳定状态发展到喘振，可以分为 5 个阶段。

(1)$B$ 从 0 变化到 0.135 3。此时，特征方程的根全为负实数，平衡点属于稳定点，系统在外界干扰存在时，可以迅速调整并恢复，压缩机系统处于稳定状态。$B=0.1$ 时，无量纲质量流量和压升关系如图 7.8.7(a)所示，无量纲质量流量和无量纲压升随时间变化曲线如图 7.8.7(b)和(c)所示。可以看出，外界给系统一个扰动后，系统能够直接回到平衡点，瞬态为过阻尼状态，无振荡特性。

(2)$B$ 从 0.135 3 变化到 1.092 9。此时，特征方程的根全是实部为负数的共轭复数。在这种情况下，质量流量和压升关系在收敛到平衡点(0.269 2，2.254 0)。在收敛到平衡点之前，一次或者多次绕着平衡点旋转，如图 7.8.8(a)所示。图 7.8.8 为参数 $B=0.5$ 时系统波动的过程。图 7.8.8(b)和(c)为系统无量纲质量流量和无量纲压升随时间变化的图。可以看出，在加入扰动后系统能收敛到平衡点，但在过渡过程，呈现振荡状态。

(3)$B$ 等于 1.092 9。此时，系数矩阵特征值的实部同时为零，出现纯虚数特征值。根据 Hopf 定理，参数是系统的临界参数，系统会出现 Hopf 分岔。系统的质量流量和压升关系轨迹图不会收敛到平衡点，平衡点成为中心，其相轨迹围绕平衡点旋转(0.269 2，2.254 0)。如图 7.8.9(a)所示，系统相轨迹是椭圆的，而且椭圆的奇点就是平衡点。

通过无量纲质量流量和压升随时间变化，可以看出，在外界的扰动下，虽然系统的振荡幅值在逐渐减小，但是并不能收敛到平衡点，仍然为振荡现象，此时即是喘振初期的状况。

(4)$B$ 从 1.092 9 变化到 8.339 2。此时，系数矩阵的特征值是共轭复数，且实部为正，因此相应的质量流量和压升关系轨迹不会收敛到平衡点，如图 7.8.10(a)所示。无量纲质量流量与压升随着时间做周期振荡，系统已经不能收敛到平衡点。

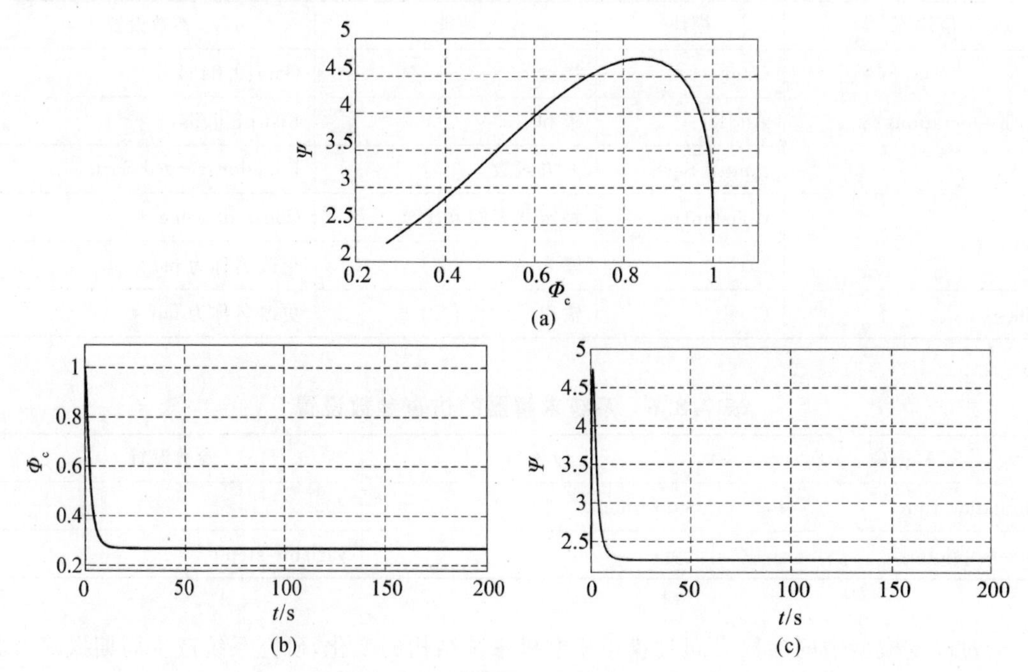

图 7.8.7 系统输出变化曲线($B$=0.1)

(a)压缩机质量流量和增压箱压升关系图；(b)压缩机质量流量随时间的变化曲线；(c)增压箱压升随时间的变化曲线

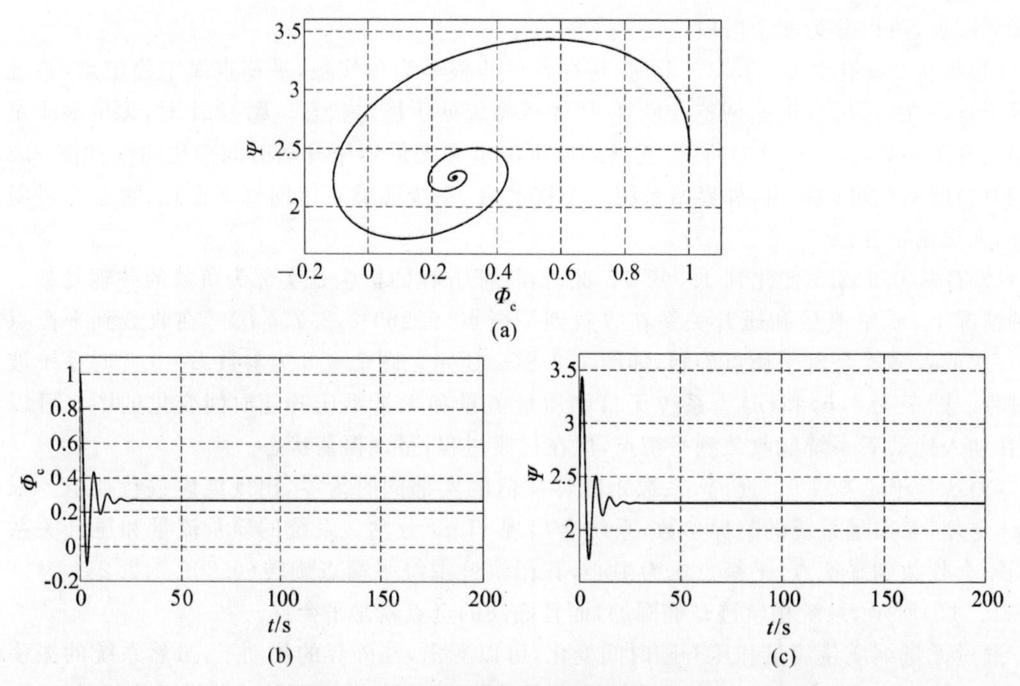

图 7.8.8 系统输出变化曲线($B$=0.5)

(a)压缩机质量流量和增压箱压升关系图；(b)压缩机质量流量随时间的变化曲线；(c)增压箱压升随时间的变化曲线

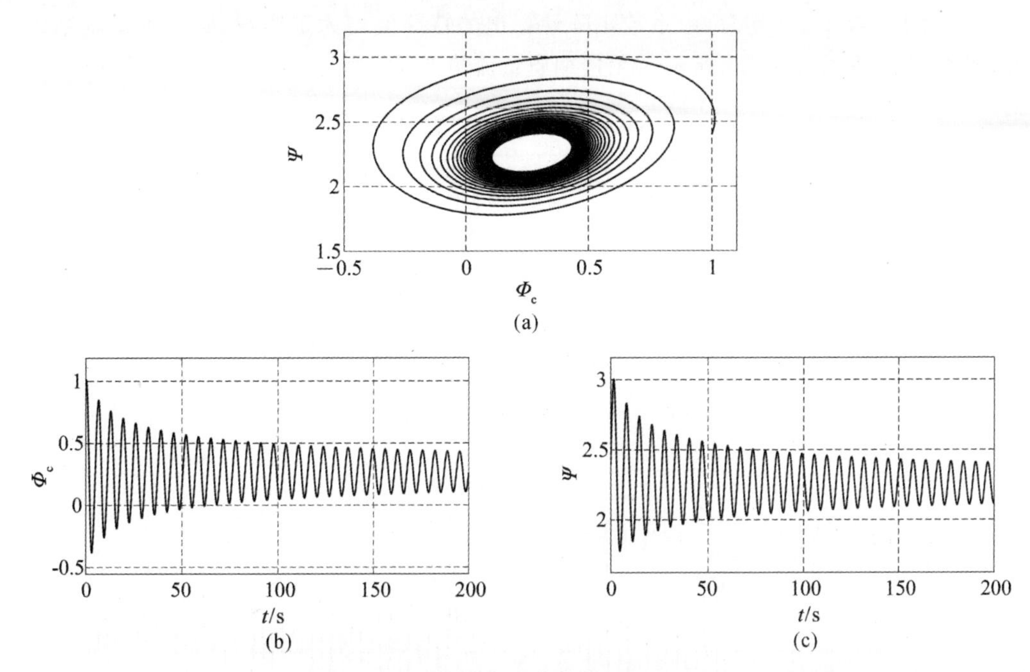


图 7.8.9　系统输出变化曲线($B$=1.092 9)

(a)压缩机质量流量和增压箱压升关系图；(b)压缩机质量流量随时间的变化曲线；(c)增压箱压升随时间的变化曲线

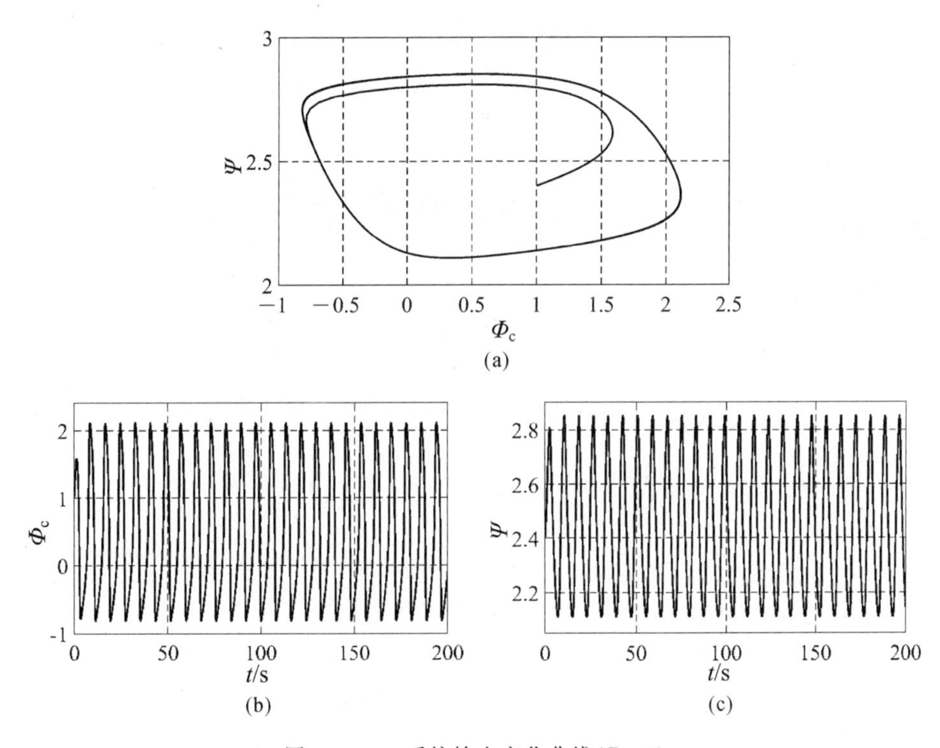


图 7.8.10　系统输出变化曲线($B$=5)

(a)压缩机质量流量和增压箱压升关系图；(b)压缩机质量流量随时间的变化曲线；(c)增压箱压升随时间的变化曲线

(5)$B$ 大于 8.339 2。此时,由系数矩阵计算出的特征值均为正实数,属于不稳定系统,系统进入振荡状态,如图 7.8.11 所示。无量纲质量流量与压升关系曲线与上一阶段相似。

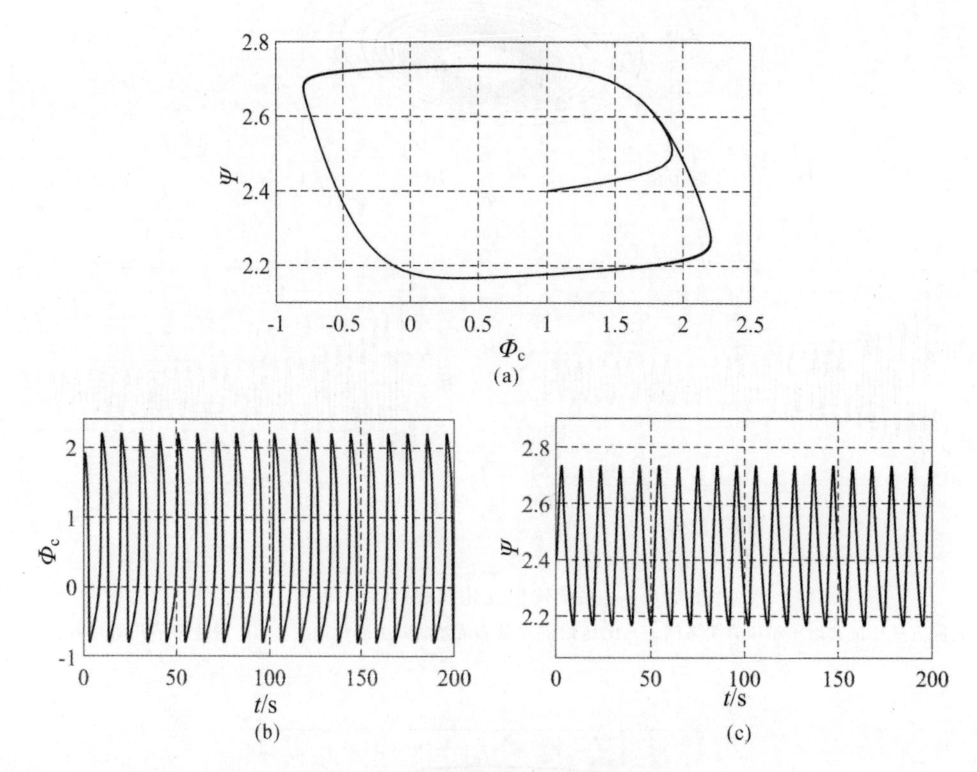


图 7.8.11　系统输出变化曲线($B$=9)

(a)压缩机质量流量和增压箱压升关系图;(b)压缩机质量流量随时间的变化曲线;(c)增压箱压升随时间的变化曲线

结合表 7.8.2 和仿真结果,可以看出:当 $B$ 值超过临界点 $B_{cr}$ 时,特征值实部由负变为正,系统的稳定状态被破坏,变为喘振状态;当 $B$ 小于 $B_{cr}$ 时,系统处于稳定状态。

在式(7.8.1)中 $B$ 参数的变化引起了系统方程解性质的变化,即实际压缩机平衡性质的变化,$B$ 参数中含有叶轮叶尖处线速度、压缩机进口截面积及当地气体性质等,因此在提出控制方法时可以从这几方面入手,设计喘振的主动控制策略。而系统方程中的两个压缩机性能的函数,即压缩机特性线函数与压缩机节流线函数,是评判压缩机系统稳定性的重要依据。

## 7.9　移相全桥电路模糊 PID 控制系统

将移相全桥零电压开关(ZVS)DC - DC 变换电路应用于电动汽车电池充电技术上,能够有效地提高充电过程中电能的转换效率。闭环控制作为移相全桥 ZVS DC - DC 变换电路中的关键环节,可以有效地保证电池在充电过程中充电电压的稳定,延长电池使用寿命。传统的闭环控制策略如 PID 控制,在线性系统中能够得到较好的控制结果,但移相全桥 ZVS DC - DC 变换电路是一个时变非线性系统,只能做近似线性化处理,因此单纯的 PID 控制难以得到较好的控制效果。本节将模糊控制与 PID 控制相结合,形成模糊 PID 控制来解决这个问题。

### 7.9.1　移相全桥 ZVS 电路交流小信号建模

为了实现电路的闭环控制，首先构建电路的交流小信号数学模型。移相全桥 ZVS DC－DC 变换电路的交流小信号数学模型由 Buck 电路的模型变化而来，与 Buck 电路相比，移相全桥 ZVS 电路中存在谐振作用，使得电路中变压器副边出现占空比丢失的现象。在 Buck 电路的交流小信号模型的基础上，将造成占空比丢失的因素考虑进去，形成移相全桥 ZVS 电路小信号模型。

利用状态空间平均法，建立电路连续导通模式下 Buck 电路的交流小信号模型，如图7.9.1所示。

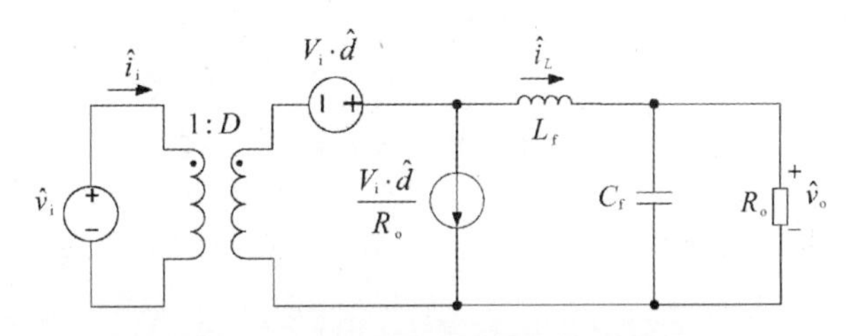


图 7.9.1　Buck 电路交流小信号模型

在图 7.9.1 中，$\hat{v}_i$ 为电路的输入电压，$V_i$ 为其有效值，$L_f$ 和 $C_f$ 为滤波电感和电容，$\hat{v}_o$ 为输出电压。$D$ 为变压器副边的输出占空比，Buck 电路在理想状态下，占空比 $D$ 与输出电压 $\hat{v}_o$ 的传递函数为

$$G_{vd}(s)=\frac{\hat{v}_o(s)}{\hat{d}(s)}=\frac{V_i}{s^2L_fC_f+s\dfrac{L_f}{R_o}+1} \tag{7.9.1}$$

在移相全桥 ZVS 电路中，变压器副边有效占空比 $D_{eff}$ 为

$$D_{eff}=D-\Delta D \tag{7.9.2}$$

式中，$\Delta D$ 为丢失的占空比。$\Delta D$ 与输入电压 $V_i$、滤波电感电流 $i_L$ 以及变压器副边占空比 $D$ 的扰动有关。

设有效占空比的交流小信号扰动为 $\hat{d}_{eff}$，则有

$$\hat{d}_{eff}=\hat{d}_i+\hat{d}_v+\hat{d}_d \tag{7.9.3}$$

式中，$\hat{d}_i$ 为滤波电感电流产生的扰动；$\hat{d}_v$ 为输入电压产生的扰动；$\hat{d}_d$ 为控制输出占空比产生的扰动。$\hat{d}_i$ 和 $\hat{d}_v$ 的计算公式分别为

$$\hat{d}_i=-\frac{4L_rf_s}{kV_i}\hat{i} \tag{7.9.4}$$

$$\hat{d}_v=\frac{4L_rI_Lf_s}{kV_i^{\ 2}}\hat{v}_i \tag{7.9.5}$$

式中，$L_r$ 为谐振电感值(含变压器漏感)；$f_s$ 为电路中 Mosfet 开关管的开关频率；$k$ 为变压器的变比，即原边与副边匝数之比。

令 $R_d=\dfrac{4L_rf_s}{k^2}$，代入式(7.9.3)、式(7.9.4)和式(7.9.5)，可得

$$\hat{d}_{\text{eff}}=\hat{d}_{\text{i}}+\hat{d}_{\text{v}}+\hat{d}_{\text{d}}=\hat{d}_{\text{d}}-\frac{kR_{\text{d}}}{V_{\text{i}}}\hat{i}_{L}+\frac{kR_{\text{d}}I_{L}}{V_{\text{i}}^{2}}\hat{v}_{\text{i}} \tag{7.9.6}$$

在图 7.9.1 中的 Buck 电路交流小信号模型的基础上，用 $D_{\text{eff}}$ 代替 $D$，$\hat{d}_{\text{eff}}$ 代替 $\hat{d}$，$\frac{V_{\text{i}}}{k}$ 代替 $V_{\text{i}}$，得到移相全桥 ZVS DC－DC 变换电路的小信号模型，如图 7.9.2 所示。

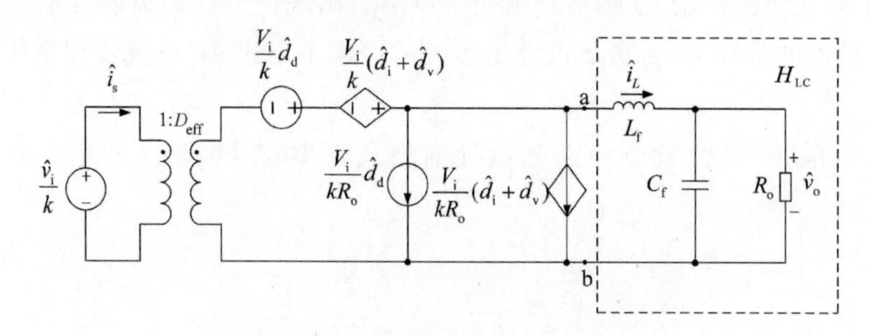


图 7.9.2　移相全桥电路交流小信号模型

在图 7.9.2 中，虚框中为输出 LC 滤波器，令 a、b 两点间的电压为 $V_{\text{ab}}$，则 LC 滤波器的传递函数为

$$H_{\text{LC}}(s)=\frac{\hat{v}_{\text{o}}(s)}{\hat{v}_{\text{ab}}(s)}=\frac{1}{s^{2}L_{\text{f}}C_{\text{f}}+s\frac{L_{\text{f}}}{R_{\text{o}}}+1} \tag{7.9.7}$$

设 LC 滤波器的输入阻抗为 $Z$，则有

$$Z(s)=\frac{\hat{v}_{\text{ab}}(s)}{\hat{i}_{L}(s)}=\frac{\hat{v}_{\text{ab}}(s)}{\hat{v}_{\text{o}}(s)}\frac{\hat{v}_{\text{o}}(s)}{\hat{i}_{L}(s)}=\frac{R_{\text{o}}}{H_{\text{LC}}(s)(sC_{\text{f}}R_{\text{o}}+1)} \tag{7.9.8}$$

则输出电压与占空比的传递函数为

$$G_{\text{vd}}(s)=\frac{\hat{v}_{\text{o}}(s)}{\hat{d}_{\text{d}}(s)}=\frac{\hat{v}_{\text{o}}(s)}{\hat{v}_{\text{ab}}(s)}\frac{\hat{v}_{\text{ab}}(s)}{\hat{d}_{\text{d}}(s)}=H_{\text{LC}}(s)\frac{\hat{v}_{\text{ab}}(s)}{\hat{d}_{\text{d}}(s)} \tag{7.9.9}$$

一般认为在开关频率的频带范围内输入电压是恒定的，即 $\hat{v}_{\text{i}}=0$，$\hat{d}_{\text{v}}=0$。由图 7.9.2 知

$$\hat{v}_{\text{ab}}(s)=\frac{V_{\text{i}}\hat{d}_{\text{d}}(s)+V_{\text{i}}\hat{d}_{\text{i}}(s)}{k} \tag{7.9.10}$$

将式(7.9.8)代入式(7.9.10)中，得

$$\hat{v}_{\text{ab}}(s)=\frac{V_{\text{i}}\hat{d}_{\text{d}}(s)}{k}-R_{\text{d}}\frac{\hat{v}_{\text{ab}}(s)}{Z(s)} \tag{7.9.11}$$

整理得

$$\frac{\hat{v}_{\text{ab}}(s)}{\hat{d}_{\text{d}}(s)}=\frac{V_{\text{i}}}{k}\frac{Z(s)}{R_{\text{d}}+Z(s)} \tag{7.9.12}$$

将式(7.9.7)、式(7.9.8)和式(7.9.12)代入式(7.9.9)中，得

$$G_{\text{vd}}(s)=\frac{V_{\text{i}}/k}{s^{2}L_{\text{f}}C_{\text{f}}+s\left(\frac{L_{\text{f}}}{R_{\text{o}}}+R_{\text{d}}C_{\text{f}}\right)+\frac{R_{\text{d}}}{R_{\text{o}}}+1} \tag{7.9.13}$$

根据电动汽车电池充电的实际需求，给定输入电压 $V_{\text{i}}=310$ V，输出电压 $V_{\text{o}}=84$ V，则电路中各元件的参数如表 7.9.1 所示。

**表 7.9.1　电路中各元件的参数**

| 符号 | 含义 | 值 |
| --- | --- | --- |
| $k$ | 变比 | 3.2 |
| $f_s$ | 开关频率 | 50 kHz |
| $L_r$ | 谐振电感 | 10 μH |
| $L_f$ | 滤波电感 | 300 μH |
| $C_f$ | 滤波电容 | 6 000 μF |
| $R_o$ | 输出电阻 | 10 Ω |

将各元件的参数代入 $R_d$ 计算公式中，得到 $R_d=0.2$。由式(7.9.13)得到移相全桥 ZVS DC-DC 变换电路的交流小信号模型传递函数为

$$G_{vd}(s)=\frac{96}{0.000\,001\,8s^2+0.001\,23s+1.02}$$

### 7.9.2　移相全桥 ZVS 电路小信号模型闭环控制稳定性仿真

1. 模糊 PID 控制器设计

模糊 PID 控制框图如图 7.9.3 所示。

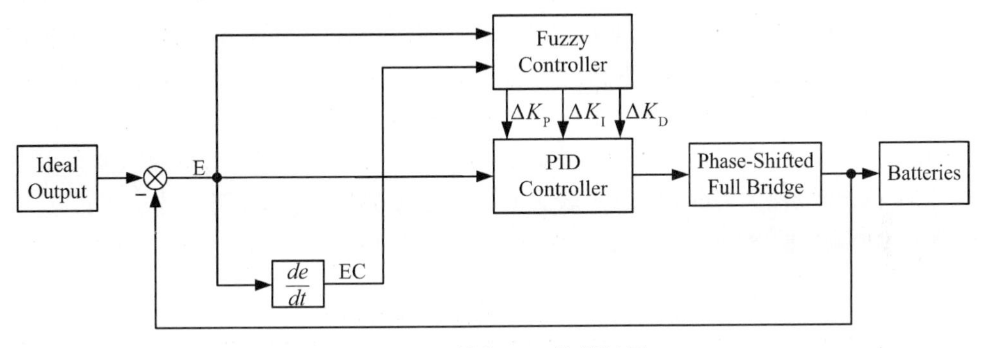


图 7.9.3　模糊 PID 控制框图

在模糊 PID 控制中，需要找到 $\Delta K_P$、$\Delta K_I$、$\Delta K_D$ 和偏差 E 及偏差变化率 EC 之间的模糊关系。根据 E 和 EC 的变化由模糊控制规则产生 $\Delta K_P$、$\Delta K_I$、$\Delta K_D$，进一步，实时修正 PID 控制的三个参数 $K_P$、$K_I$、$K_D$ 的值，以获得更好的控制效果。

模糊控制器的设计分为三步：

(1)输入量的模糊化。

将偏差 E 和偏差变化率 EC 进行模糊量化处理，确定 E 与 EC 的隶属度函数与量化因子。采用 7 个语言变量来描述偏差和偏差变化率，分别记为负大(NB)、负中(NM)、负小(NS)、零(Z)、正小(PS)、正中(PM)和正大(PB)。偏差 E 的基本论域为 $X_E\in[-20,0]$，偏差变化率 EC 的基本论域为 $X_{EC}\in[-3.5\times10^4,0.5\times10^4]$，二者的量化论域取为 $M\in[-6,+6]$。输入量的量化因子由下式确定：

$$K=\frac{M}{X} \tag{7.9.14}$$

在式(7.9.14)中，$M$ 表示 E/EC 处于量化论域的极差，$X$ 表示 E/EC 处于基本论域的极差。故输入量 E 与 EC 的量化因子分别为 $K_E=0.3$，$K_{EC}=3\times10^{-4}$。

偏差 E 和偏差变化率 EC 的隶属度函数如图 7.9.4 所示。

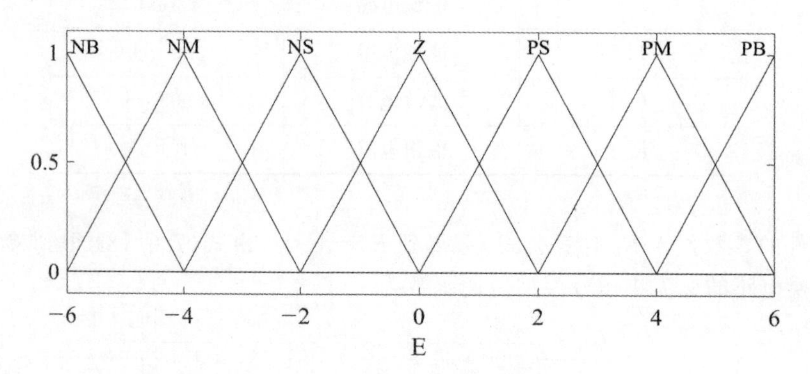


图 7.9.4　模糊输入量的隶属度函数

(2)模糊控制规则的制定。

模糊控制规则可以依据以下原则建立：当|E|较大时，表示实际输出与目标值相差较大。为了加快调节速度，迅速减小偏差，可以取较大的 $K_P$，同时为了稳定系统，避免出现较大的超调，要取较小的 $K_I$；当|E|为中等大小时，此时的主要任务是进一步减小超调量，稳定输出。因此选择较小的 $K_P$，$K_I$要适当取值，不能太大也不能太小，同时可取稍大的 $K_D$以获得较好的动态特性；当|E|的值较小时，此时的主要目标是稳定输出，使系统具有较好的稳定性能，故 $K_P$ 和 $K_D$要取大一些，同时为了避免在设定值附近出现振荡，$K_D$的取值要考虑偏差变化率 EC，当|EC|较小时，$K_D$可以取大一些，当|EC|较大时，$K_D$可以取小一些或中等大小。

根据上述原则，建立 $\Delta K_P$、$\Delta K_I$、$\Delta K_D$的模糊控制规则如表 7.9.2～表 7.9.4 所示。

**表 7.9.2　$\Delta K_P$模糊控制规则表**

| $\Delta K_P$ | | E | | | | | | |
|---|---|---|---|---|---|---|---|---|
| | | NB | NM | NS | Z | PS | PM | PB |
| EC | NB | NB | NB | NB | NM | NM | Z | Z |
| | NM | NB | NB | NM | NM | NS | Z | Z |
| | NS | NM | NM | NS | NS | Z | PS | PS |
| | Z | NM | NS | NS | Z | PS | PS | PM |
| | PS | NS | NS | Z | PS | PS | PM | PM |
| | PM | Z | Z | PS | PM | PM | PB | PB |
| | PB | Z | Z | PS | PM | PB | PB | PB |

表 7.9.3　$\Delta K_I$模糊控制规则表

| $\Delta K_I$ | | E | | | | | | |
|---|---|---|---|---|---|---|---|---|
| | | NB | NM | NS | Z | PS | PM | PB |
| EC | NB | PB | PB | PM | PM | PS | Z | Z |
| | NM | PB | PB | PM | PM | PS | Z | Z |
| | NS | PM | PM | PM | PS | Z | NS | NM |
| | Z | PM | PS | PS | Z | NS | NM | NM |
| | PS | PS | PS | Z | NS | NS | NM | NM |
| | PM | Z | Z | NS | NM | NM | NM | NB |
| | PB | Z | NS | NS | NM | NM | NB | NB |

表 7.9.4　$\Delta K_D$模糊控制规则表

| $\Delta K_D$ | | E | | | | | | |
|---|---|---|---|---|---|---|---|---|
| | | NB | NM | NS | Z | PS | PM | PB |
| EC | NB | PS | PS | Z | Z | Z | PB | PB |
| | NM | NS | NS | NS | NS | Z | NS | PB |
| | NS | NB | NB | NM | NS | Z | PS | PM |
| | Z | NB | NM | NM | NS | Z | PS | PM |
| | PS | NM | NM | NS | NS | Z | PS | PS |
| | PM | NM | NS | NS | NS | Z | PS | PS |
| | PB | PS | Z | Z | Z | Z | PB | PB |

(3)输出量的解模糊化。

模糊控制的输出量为模糊量，需要设置输出量的隶属度函数将模糊输出量转化为确定值，这样才能用于后续控制，因此需要确定模糊控制输出量 $\Delta K_P$、$\Delta K_I$、$\Delta K_D$的隶属度函数及其比例因子。同输入量一样，采用 7 个语言变量 NB、NM、NS、Z、PS、PM 及 PB 来描述输出量 $\Delta K_P$、$\Delta K_I$、$\Delta K_D$，量化论域设为 $N\in[-0.6,0.6]$，对于输出量的基本论域，输出量 $\Delta K_P$、$\Delta K_I$、$\Delta K_D$用于对 PID 控制的三个参数 $K_P$、$K_I$、$K_D$进行实时修正，可以分别设置为 $Y_P\in[-50,50]$，$Y_I\in[-30,30]$，$Y_D\in[-0.001,0.001]$。输出量的比例因子根据下式确定：

$$K_u=\frac{Y}{N} \tag{7.9.15}$$

式(7.9.15)中，$Y$ 为输出量 $\Delta K_P/\Delta K_I/\Delta K_D$ 处于基本论域的极差，$N$ 为 $\Delta K_P/\Delta K_I/\Delta K_D$ 处于量化论域的极差。故输出量 $\Delta K_P$、$\Delta K_I$、$\Delta K_D$ 的比例因子分别为 $K_{uP}=83$，$K_{uI}=50$，$K_{uD}=0.0017$。则输出量的隶属度函数如图 7.9.5 所示。

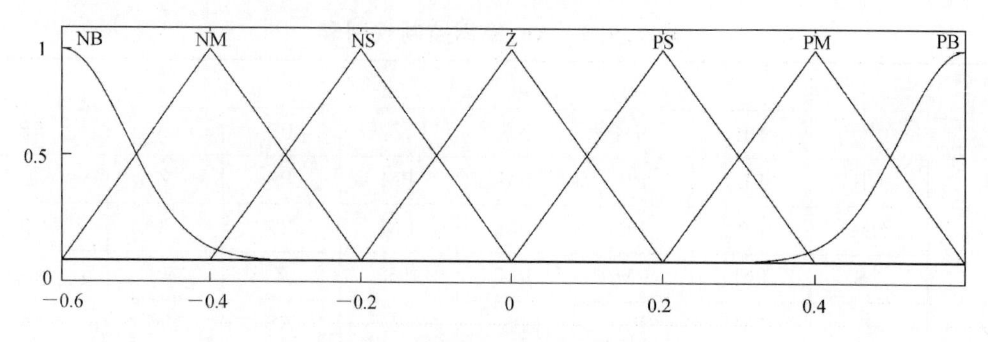


图 7.9.5　模糊输出量的隶属度函数

2. 在 MATLAB 中建立模糊控制器

在 MATLAB 命令行输入命令“fuzzy”，MATLAB 会调出模糊控制工具箱，如图 7.9.6 所示。点击 File→Export→To File，先将模糊控制器保存在 MATLAB 当前运行的文件夹中，命名为 PSFB。

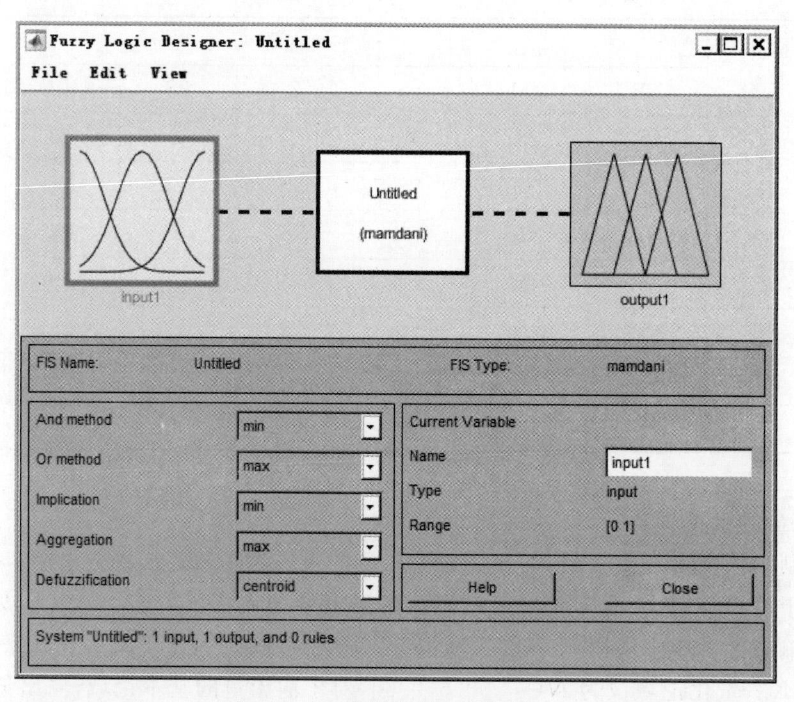


图 7.9.6　模糊控制工具箱界面

点击 Edit→Add Variable→Input，将模糊控制输入变量增加到两个，输入变量名称改为 E、EC，再点击 Edit→Add Variable→Output，将输出变量增加到三个，输出变量名改为 $K_P$、$K_I$、$K_D$，如图 7.9.7 所示。

双击输入变量 E，进入隶属度函数编辑界面，将 E 的量化论域 Range 设置为[−6,6]，点击 Edit→Remove All MFs，删除默认的隶属度函数。再点击 Edit→Add MFs，将隶属度函数个数设置为 7，类型为 trimf，再点击 ok，即增加了 7 个 trimf 型隶属度函数。将 7 个隶属度函数名改为 NB、NM、NS、Z、PS、PM 和 PB，如图 7.9.8 所示。这样输入变量 E 的隶属度函数就设置完毕。

按照同样的方法设置输入变量 EC 的隶属度函数。输出变量的隶属度函数，除了量化论域 Range 设为[－0.6，0.6]外，其他步骤与设置输入变量 E 的隶属度函数方法相同。

设置完输入、输出量的隶属度函数后，就要进行模糊规则设置。在主设置界面双击输入、输出变量中间的模糊控制器名称(PSFB)，进入模糊规则编辑界面，按照表 7.9.2～表 7.9.4 中所示，设置模糊控制规则(49 条规则)，如图 7.9.9 所示。

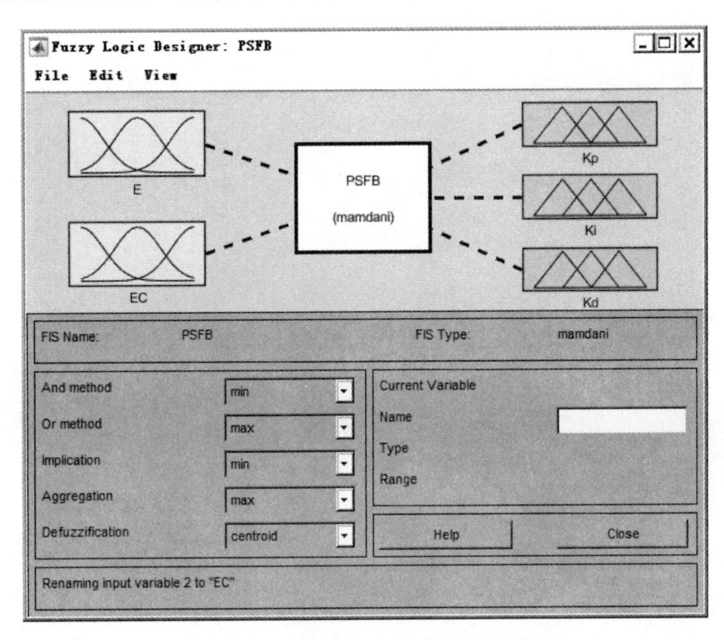


图 7.9.7　模糊输入、输出量设置界面

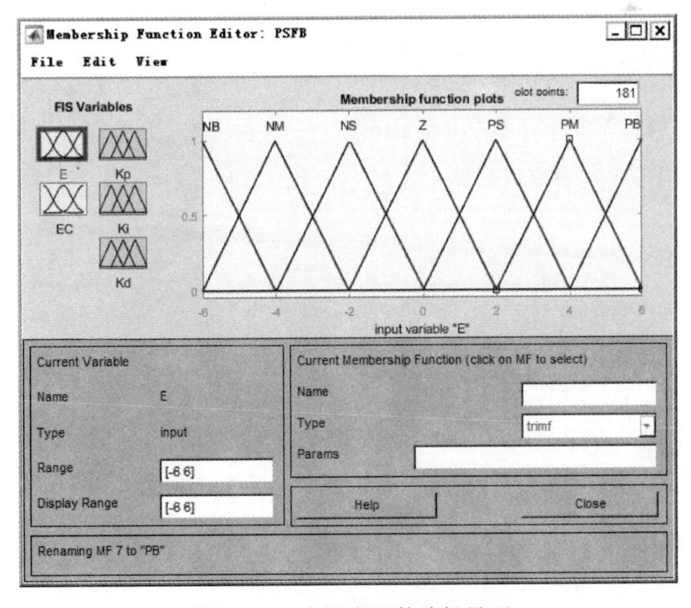


图 7.9.8　隶属度函数编辑界面

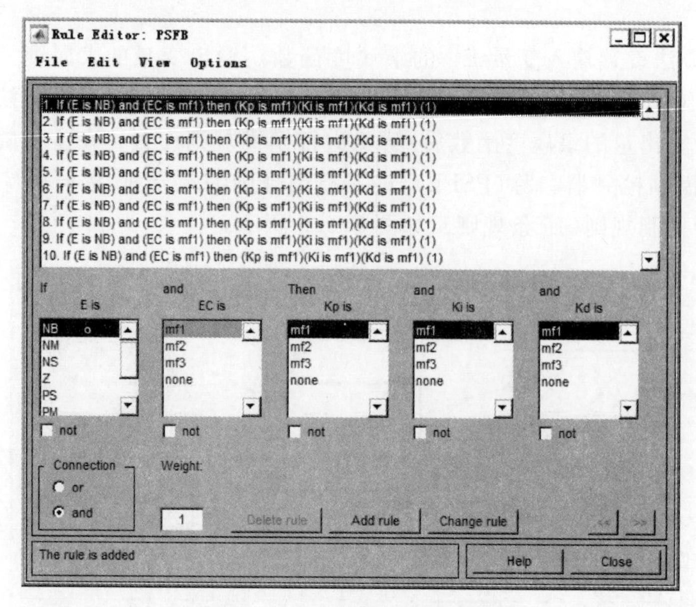


图 7.9.9　模糊控制规则

点击 File→To Workspace，将设计好的模糊控制器导入到工作区，在工作区中的名称设置为 PSFB。

3. 在 Simulink 中构建仿真模型

(1)采用 PID 控制的仿真模型。

移相全桥 ZVS 电路在 PID 控制下的系统小信号仿真模型如图 7.9.10 所示。其中 PID Controller 子系统的结构如图 7.9.10(b)所示。图中，经过初始整定的 PID 控制参数为：$K_P=200$，$K_I=30$，$K_D=0.01$。

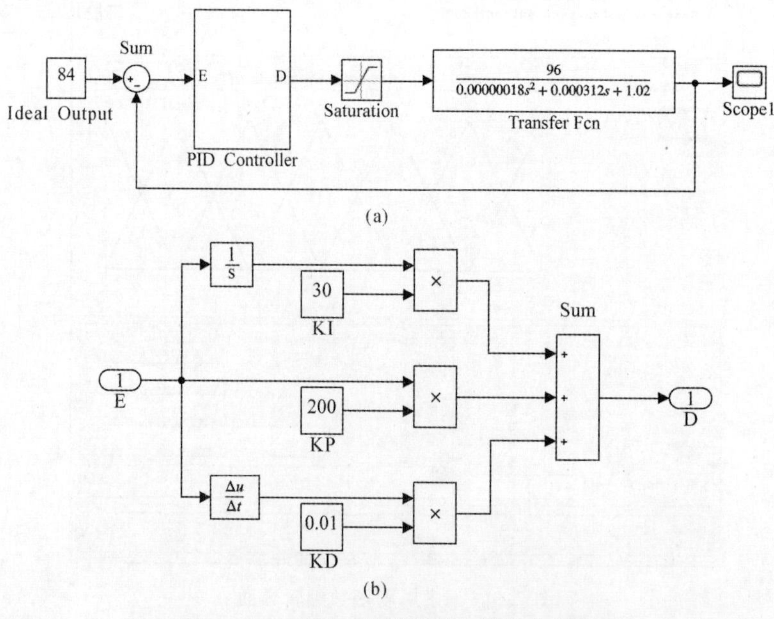


图 7.9.10　采用 PID 控制的小信号仿真模型

(a)系统仿真模型；　(b)PID Controller 子系统

构建采用 PID 控制的仿真模型所需要的系统模块及参数设置如表 7.9.5 所示，没有给出的模块参数或仿真参数均采用系统的默认值。

**表 7.9.5　PID 控制系统模型模块及参数设置**

| 模块库 | 模块 | 功能 | 参数设置 |
| --- | --- | --- | --- |
| Sources | Ideal Output | 理想输出 | 84 |
| | KP | 比例系数 | 200 |
| | KI | 积分系数 | 30 |
| | KD | 微分系数 | 0.01 |
| | E | PID Controller 子系统输入接口 | 无须设置 |
| Sinks | D | PID Controller 子系统输出接口 | |
| Continuous | Integrator | 积分模块 | |
| | Derivative | 微分模块 | |
| | Transfer Fcn | 系统传递函数 | Numerator:[96]<br>Denominator:[0.0000018 0.00123 1.02] |
| Discontinuities | Saturation | 限定信号的上下限 | Upper limit:0<br>Lower limit:0.9 |
| Mathoperations | Sum | 加法器 | 无须设置 |
| | Product1 | 乘法器 | |
| | Product2 | | |
| | Product3 | | |
| Sinks | Scope | 输出示波器 | |

(2)采用模糊 PID 控制的仿真模型。

采用模糊 PID 控制的系统小信号仿真模型如图 7.9.11(a)所示。其中，Fuzzy Controller 子系统模块和 PID Controller 子系统模块的内部结构分别如图 7.9.11(b)和(c)所示。

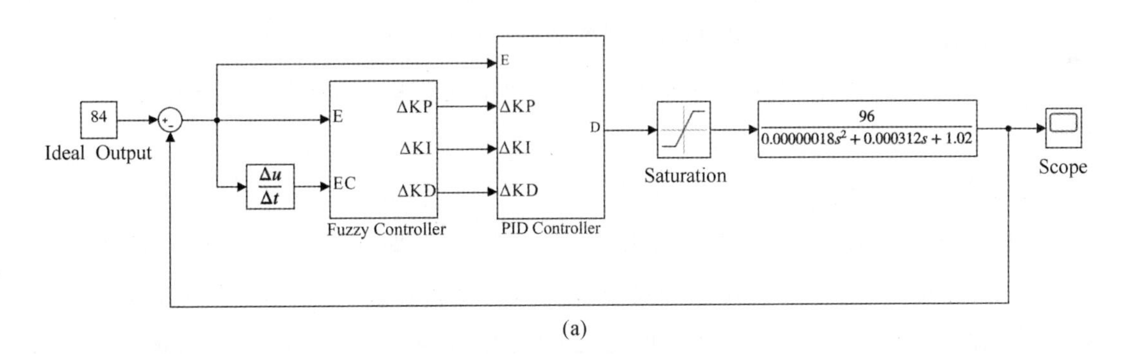


图 7.9.11　采用模糊 PID 控制的小信号仿真模型

(a)系统仿真模型

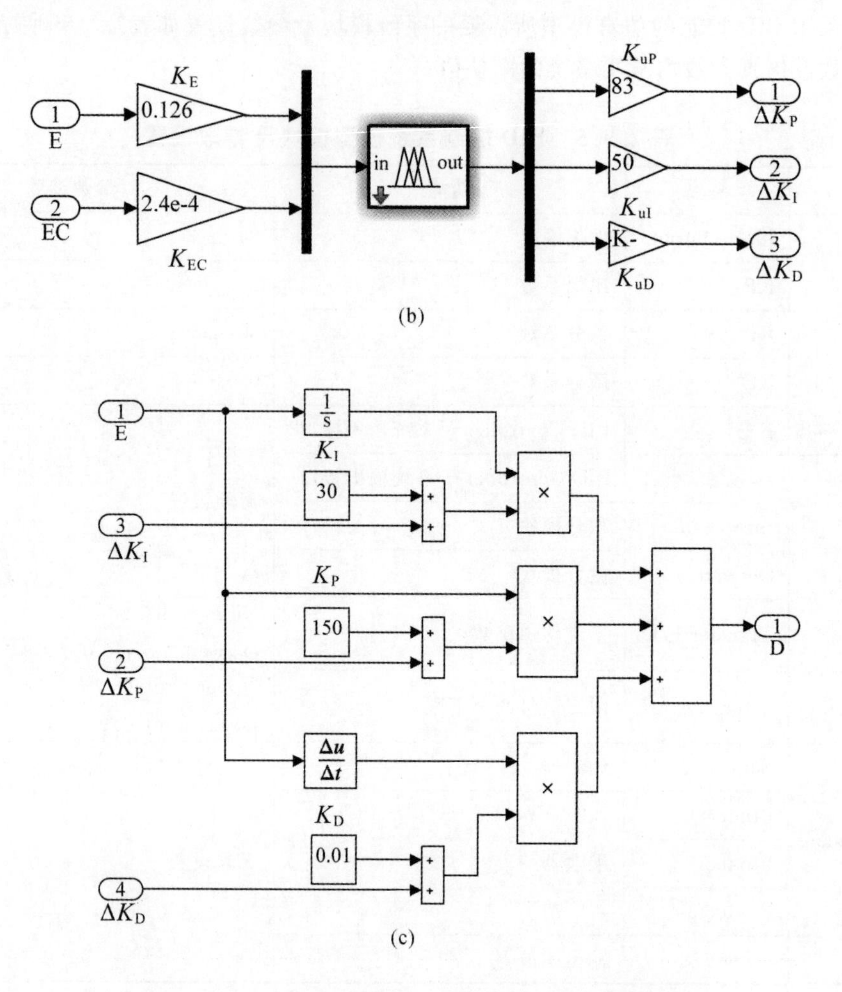


续图 7.9.11　采用模糊 PID 控制的小信号仿真模型

(b)Fuzzy Controller 子模块；（c)PID Controller 子系统模块

图 7.9.11(a)中的 Fuzzy Logic Controller 为模糊控制器模块，双击后在方括号中填入之前设计好的并已经导入到工作空间的模糊控制器的名称"PSFB"即可。

构建仿真模型所需要的系统模块及参数设置如表 7.9.6 所示，所有没有给出的模块参数或仿真参数均使用系统的默认值。未在表 7.9.6 中列出的模块的说明及设置与表 7.9.5 中内容相同。

4. 仿真结果及分析

按照图 7.9.10 和图 7.9.11 构建模型并设置好参数后，即可以进行移相全桥 ZVS DC－DC 电路交流小信号数学模型仿真，仿真结果如图 7.9.12 和表 7.9.7 所示。可以看出，引入闭环控制后，移相全桥 ZVS DC－DC 电路的输出电压的超调量减小，且可以在较短的时间内达到稳定的输出电压 84 V。

**表 7.9.6　模糊 PID 控制系统模型模块及参数设置**

| 模块库 | 模块 | 功能 | 参数设置 |
|---|---|---|---|
| Sources | KE | E 的量化因子 | 0.126 |
| | KEC | EC 的量化因子 | 2.4e−4 |
| | KSP | $\Delta K_P$ 比例因子 | 83 |
| | KSI | $\Delta K_I$ 比例因子 | 50 |
| | KSD | $\Delta K_D$ 比例因子 | 1.7e−3 |
| | E | Fuzzy Controller 子系统输入接口 | 无须设置 |
| | EC | | |
| Sinks | ΔKI | Fuzzy Controller 子系统输出接口 | |
| | ΔKP | | |
| | ΔKD | | |
| Fuzzy Logic Toolbox | Fuzzy Logic Controller | 模糊控制器 | FIS name:PSFB |
| Signal Routing | Mux | 混路器 | Number of inputs:2 |
| | Demux | 分路器 | Number of outputs:3 |

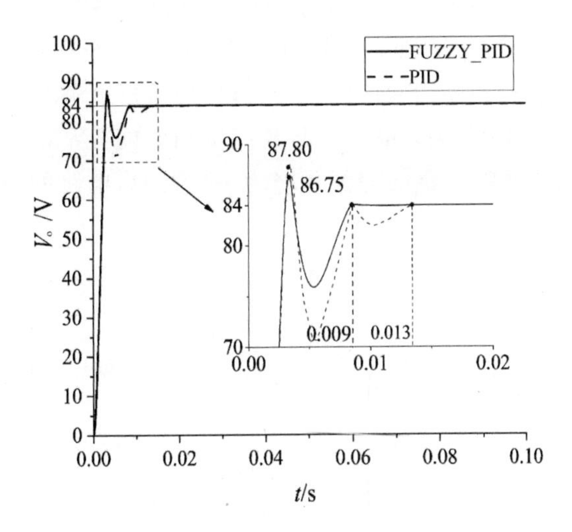


图 7.9.12　电路交流小信号模型仿真结果

**表 7.9.7　PID 控制和模糊 PID 控制在交流小信号模型中的仿真效果**

| 控制方式 | 调节时间 $T_s$/s | 峰值电压 $V_m$/V | 超调量 $\sigma$/(%) |
|---|---|---|---|
| PID | 0.013 | 87.80 | 4.5 |
| FUZZY_PID | 0.009 | 86.75 | 3.3 |

### 7.9.3　移相全桥 ZVS 电路模型闭环控制稳定性仿真分析

为进一步分析控制效果，将 PID 控制和模糊 PID 控制应用于移相全桥 ZVS 电路模型。

1. 仿真模型建立

在 MATLAB 命令窗口键入 powerlib，调出 MATLAB 的电力电子仿真库 Powerlib，如图 7.9.13 所示。

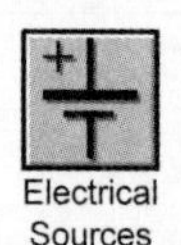

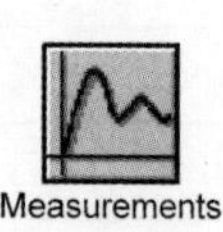

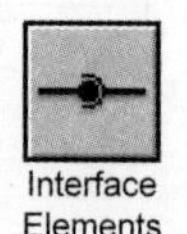

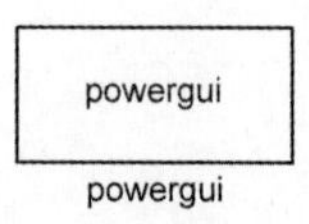


图 7.9.13　Powerlib 库

该库中有各种电力电子仿真所需的模块，可以使用这些模块在 Simulink 中构建移相全桥 ZVS DC－DC 变换电路在 PID 控制及模糊 PID 控制下的仿真模型。

采用 PID 控制仿真系统的电路模型如图 7.9.14 所示。其中，PID Controller 子系统的结构与图 7.9.10(b)相同，Phase-shifting angle 子系统模块的内部结构如图 7.9.14(b)所示，PWM Generator 子系统模块内部结构如图 7.9.14(c)所示，PSFB 移相全桥子系统结构如图 7.9.14(d)所示。

在图 7.9.14 中，系统实时采集电路的输出电压，并将输出电压与理想输出电压相比较，将偏差输入 PID Controller。PID Controller 子系统的输出为电路中四个 Mosfet 开关管的驱动 PWM 波的占空比 D，将占空比输入 Phase-shifting Angle 子系统模块。Phase-shifting Angle 子系统模块的作用是将占空比转换为对应的移相角，再将移相角输入 PWM Generator 子系统模块。PWM Generator 子系统模块会根据移相角产生相应的 PWM 波来驱动电路。通过闭环系统的调节，输出电压与理想电压的差值最终为零。此时，电路的占空比和移相角不再改变，输出电压达到稳定。

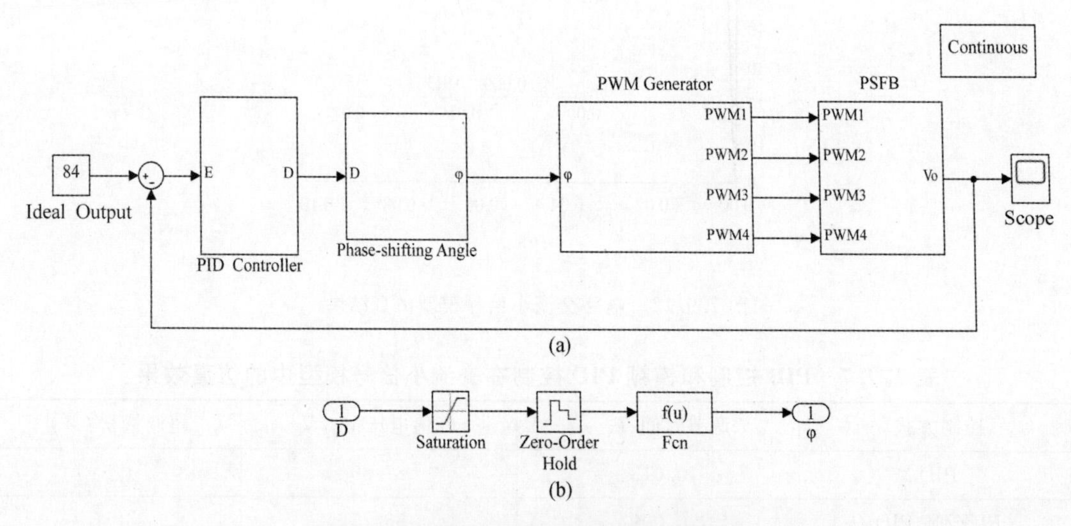


图 7.9.14　采用 PID 控制的电路仿真模型

(a)电路系统仿真模型；　(b)Phase－shifting Angle 子系统模块

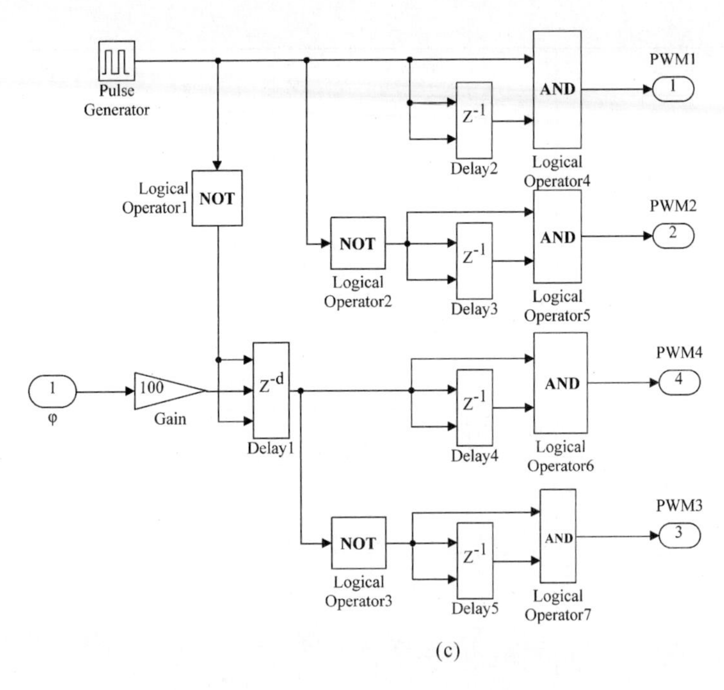


(c)

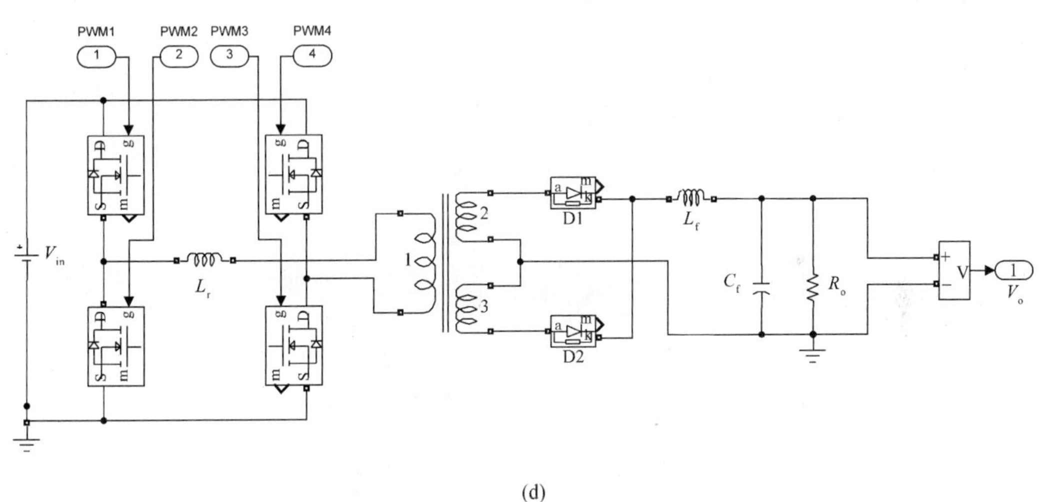


(d)

续图 7.9.14　采用 PID 控制的电路仿真模型

(c)PWM Generator 子系统模块；（d)PSFB 移相全桥子系统模块

构建图 7.9.14 所示的电路仿真模型所需要的系统模块及参数设置如表 7.9.8 所示。

**表 7.9.8　采用 PID 控制的电路模型模块及参数设置**

| 模块库 | 模块 | 功能 | 参数设置 |
|---|---|---|---|
| Powerlib\ Electrical Sources | $V_i$ | 输入电压 | 310 V |

续 表

| 模块库 | 模块 | 功能 | 参数设置 |
| --- | --- | --- | --- |
| Powerlib\ Elements | Ground | 地 | 无须设置 |
| | Linear Transformer | 变压器 | Winding 1 parameters:310<br>Winding 2 parameters:94.7<br>Winding 3 parameters:94.7 |
| | Lr | 谐振电感 | 10 μH |
| | $L_f$ | | 300 μH |
| | $C_f$ | 滤波电容 | 6 000 μF |
| | $R_o$ | 输出电阻 | 10 Ω |
| Powerlib\ Power Electronics | Mosfet1 | Mosfet 开关管 | 无须设置 |
| | Mosfet2 | | |
| | Mosfet3 | | |
| | Mosfet4 | | |
| | D1 | 整流二极管 | |
| | D2 | | |
| Powerlib\ Measurements | Voltage Measurement | 电压表 | |
| Powerlib | Power Gui | 电力系统图形用户接口 | |
| Source | D | Phase-shifting angle 子系统输入 | |
| | Pulse Generator | 方波发生器 | Amplitude:1<br>Period (secs):2e−5<br>Pulse Width (% of period):50<br>Phase delay (secs):0 |
| Sink | Phase-shifting angle | Phase-shifting angle 子系统输出 | 无须设置 |
| Discontinuities | Saturation | 限定信号的上下限 | Upper limit:0<br>Lower limit:0.9 |
| User-Defined Functions | Fcn | 移相角计算公式 | 9.5−u(1) * 10 |
| Logical and Bits Operations | Logical Operator1 | 逻辑非 | Operator:NOT |
| | Logical Operator2 | | |
| | Logical Operator3 | | |
| | Logical Operator4 | 逻辑与 | Operator:AND |
| | Logical Operator5 | | |
| | Logical Operator6 | | |
| | Logical Operator7 | | |

续 表

| 模块库 | 模块 | 功能 | 参数设置 |
|---|---|---|---|
| Discrete | Delay1 | 移相角 | Delay length source:input port<br>Upper limit:100<br>Sample time:1e－8 |
| | Delay2 | 死区时间 | Delay length source:dialog<br>Sample time:0.5e－5 |
| | Delay3 | | Delay length source:dialog<br>Sample time:0.5e－5 |
| | Delay4 | | Delay length source:dialog<br>Sample time:0.5e－5 |
| | Delay5 | | Delay length source:dialog<br>Sample time:0.5e－5 |
| | Zero-Order Holder | 零阶保持器 | Sample time:1e－6 |

采用模糊 PID 控制的仿真电路如图 7.9.15 所示。

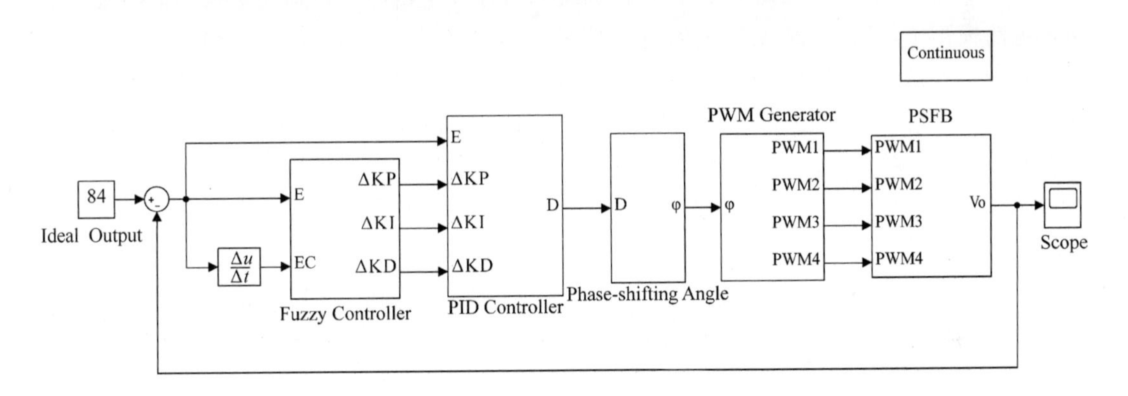


图 7.9.15　模糊 PID 控制的电路模型

图 7.9.15 中 Fuzzy Controller 子系统的结构与图 7.9.11(b)相同，PID Controller 子系统的结构同图 7.9.11(c)，其他模块的设置与 PID 控制的电路系统仿真模型相同。

2.仿真结果及分析

PID 控制及模糊 PID 控制下移相全桥电路模型的输出电压波形如图 7.9.16 和表 7.9.9 所示。

**表 7.9.9　PID 控制和模糊 PID 控制在电路模型中的仿真效果**

| 控制方式 | 调节时间 $T_s$/s | 峰值电压 $V_m$/V | 超调量 $\sigma$/(%) |
|---|---|---|---|
| PID | 0.021 | 93.54 | 11.4 |
| FUZZY_PID | 0.015 | 92.73 | 10.4 |

经过分析，移相全桥 ZVS 电路在实现闭环控制后，可以稳定输出电压波动，减小输出电

压、减小超调量以及加快电路响应速率。与 PID 控制相比,模糊 PID 控制无论是在减小超调量方面还是在加快电路响应速度方面,其控制效果都要更好一些。

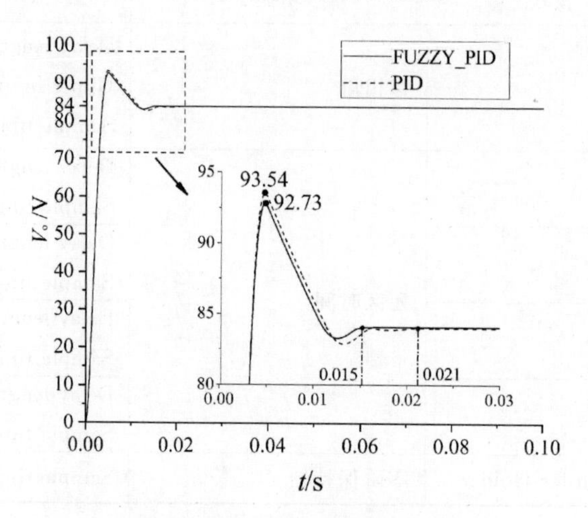


图 7.9.16 电路模型仿真结果

进一步对比图 7.9.12 和图 7.9.16,可以看出,将控制策略应用在移相全桥 ZVS DC-DC 变换的电路模型上,其仿真结果与电路的小信号模型的仿真结果基本一致,但存在一定的差异。这是因为小信号模型是将电路中各元件做了理想化处理而抽象出来的,没有考虑元件在实际应用中所表现出来的电气特性,虽然能表征电路系统的对外特性,但与电路模型还存在一定的差异。

# 附 录

## 附录 A 拉普拉斯变换

| 序号 | 时间函数 $f(t)$ | 拉氏变换 $F(s)$ |
|---|---|---|
| 1 | $\delta(t)$ | 1 |
| 2 | $\delta_T(t)=\sum_{n=0}^{\infty}\delta(t-nT)$ | $\frac{1}{1-e^{-Ts}}$ |
| 3 | $1(t)$ | $\frac{1}{s}$ |
| 4 | $t$ | $\frac{1}{s^2}$ |
| 5 | $\frac{t^2}{2}$ | $\frac{1}{s^3}$ |
| 6 | $\frac{t^n}{n!}$ | $\frac{1}{s^{n+1}}$ |
| 7 | $t^n e^{-at}$ | $\frac{n!}{(s+a)^{n+1}}$ |
| 8 | $e^{-at}$ | $\frac{1}{s+a}$ |
| 9 | $\frac{1}{a}(1-e^{-at})$ | $\frac{1}{s(s+a)}$ |
| 10 | $te^{-at}$ | $\frac{1}{(s+a)^2}$ |
| 11 | $1-e^{-at}$ | $\frac{a}{s(s+a)}$ |
| 12 | $e^{-at}-e^{-bt}$ | $\frac{b-a}{(s+a)(s+b)}$ |
| 13 | $\sin\omega t$ | $\frac{\omega}{s^2+\omega^2}$ |
| 14 | $\cos\omega t$ | $\frac{s}{s^2+\omega^2}$ |
| 15 | $\frac{1}{\omega^2}(1-\cos\omega t)$ | $\frac{1}{s(s^2+\omega^2)}$ |

续表

| 序号 | 时间函数 $f(t)$ | 拉氏变换 $F(s)$ |
|---|---|---|
| 16 | $\frac{1}{\omega}e^{-at}\sin\omega t$ | $\frac{1}{(s+a)^2+\omega^2}$ |
| 17 | $e^{-at}\sin\omega t$ | $\frac{\omega}{(s+a)^2+\omega^2}$ |
| 18 | $e^{-at}\cos\omega t$ | $\frac{s+a}{(s+a)^2+\omega^2}$ |
| 19 | $a^{t/T}$ | $\frac{1}{s-(1/T)\ln a}$ |
| 20 | $\frac{1}{b-a}(e^{-at}-e^{-bt})$ | $\frac{1}{(s+a)(s+b)}$ |
| 21 | $\frac{1}{b-a}(be^{-bt}-ae^{-at})$ | $\frac{s}{(s+a)(s+b)}$ |
| 22 | $\frac{1}{ab}+\frac{1}{ab(a-b)}(be^{-at}-ae^{-bt})$ | $\frac{1}{s(s+a)(s+b)}$ |
| 23 | $\frac{e^{-at}+at-1}{a^2}$ | $\frac{1}{s^2(s+a)}$ |
| 24 | $[(a_0-a)t+1]e^{-at}$ | $\frac{s+a_0}{(s+a)^2}$ |
| 25 | $\frac{1}{(n-1)!}t^{n-1}e^{-at}$ | $\frac{1}{(s+a)^n}$ |
| 26 | $\frac{1-(1+at)e^{-at}}{a^2}$ | $\frac{1}{s(s+a)^2}$ |

# 附录B　拉普拉斯变换的相关性质

| 特性 | 原函数 $f(t)$ | 象函数 $F(s)$ |
|---|---|---|
| 线性性质 | $af_1(t)+bf_2(t)$　$a,b$为实数 | $af_1(s)+bf_2(s)$ |
| 复平移性质 | $e^{\pm at}f(t)$ | $F(s\mp a)$ |
| 实平移性质 | $f(t-T)$ | $e^{-Ts}F(s)\ (T\geqslant 0)$ |
| 尺度变换性质 | $f\left(\frac{t}{a}\right)$ | $aF(as)$ |
| 时域微分性质 | $\frac{d}{dt}f(t)$ | $sF(s)-f(0)$ |
| 时域微分性质 | $\frac{d^n}{dt^n}f(t)$ | $s^nF(s)-\sum_{r=1}^{n}\frac{d^{r-1}}{dt^{r-1}}f(0)s^{n-r}$ |
| $s$域微分性质 | $tf(t)$ | $-F'(s)$ |

续表

| 特性 | 原函数 $f(t)$ | 象函数 $F(s)$ |
| --- | --- | --- |
| $s$ 域微分性质 | $t^n f(t)$ | $(-1)^n F^{(n)}(s)$ |
| $s$ 域积分性质 | $\frac{1}{t}f(t)$ | $\int_s^{\infty} F(\eta)\mathrm{d}\eta$ |
| 时域积分性质 | $\int_0^t f(\tau)\mathrm{d}\tau$ | $\frac{1}{s}F(s)$ |
| 卷积性质 | $\int_0^t f_1(t-\tau)f_2(\tau)\mathrm{d}\tau$ | $F_1(s)F_2(s)$ |
| 初值定理 | $\lim\limits_{t\to 0} f(t) = \lim\limits_{s\to\infty} sF(s) = f(0)$ | |
| 终值定理 | $\lim\limits_{t\to\infty} f(t) = \lim\limits_{s\to 0} sF(s) = f(\infty)$ | |

# 附录 C　$z$ 变换

| 序号 | 信号 $x(n)$ | $z$ 变换 $X(z)$ | 收敛域 |
| --- | --- | --- | --- |
| 1 | $\delta[n]$ | $1$ | $z$ |
| 2 | $\delta[n-n_0]$ | $z^{-n_0}$ | $z \neq 0$ |
| 3 | $u[n]$ | $\frac{1}{1-z^{-1}}$ | $\lvert z\rvert > 1$ |
| 4 | $-u[-n-1]$ | $\frac{1}{1-z^{-1}}$ | $\lvert z\rvert < 1$ |
| 5 | $nu[n]$ | $\frac{z^{-1}}{(1-z^{-1})^2}$ | $\lvert z\rvert > 1$ |
| 6 | $-nu[-n-1]$ | $\frac{z^{-1}}{(1-z^{-1})^2}$ | $\lvert z\rvert < 1$ |
| 7 | $n^2u[n]$ | $\frac{z^{-1}(1+z^{-1})}{(1-z^{-1})^3}$ | $\lvert z\rvert > 1$ |
| 8 | $-n^2u[-n-1]$ | $\frac{z^{-1}(1+z^{-1})}{(1-z^{-1})^3}$ | $\lvert z\rvert < 1$ |
| 9 | $n^3u[n]$ | $\frac{z^{-1}(1+4z^{-1}+z^{-2})}{(1-z^{-1})^4}$ | $\lvert z\rvert > 1$ |
| 10 | $-n^3u[-n-1]$ | $\frac{z^{-1}(1+4z^{-1}+z^{-2})}{(1-z^{-1})^4}$ | $\lvert z\rvert < 1$ |
| 11 | $a^nu[n]$ | $\frac{1}{1-az^{-1}}$ | $\lvert z\rvert > \lvert a\rvert$ |
| 12 | $-a^nu[-n-1]$ | $\frac{1}{1-az^{-1}}$ | $\lvert z\rvert < \lvert a\rvert$ |

续 表

| 序号 | 信号 $x(n)$ | $z$ 变换 $X(z)$ | 收敛域 |
|---|---|---|---|
| 13 | $na^n u[n]$ | $\frac{az^{-1}}{(1-az^{-1})^2}$ | $\|z\|>\|a\|$ |
| 14 | $-na^n u[-n-1]$ | $\frac{az^{-1}}{(1-az^{-1})^2}$ | $\|z\|<\|a\|$ |
| 15 | $n^2 a^n u[n]$ | $\frac{az^{-1}(1+az^{-1})}{(1-az^{-1})^3}$ | $\|z\|>\|a\|$ |
| 16 | $-n^2 a^n u[-n-1]$ | $\frac{az^{-1}(1+az^{-1})}{(1-az^{-1})^3}$ | $\|z\|<\|a\|$ |
| 17 | $\frac{(n+m-1)!}{n!\,(m-1)!}a^n u[n]$ | $\frac{1}{(1-az^{-1})^m}$ | $\|z\|>\|a\|$ |
| 18 | $-\frac{(n+m-1)!}{n!\,(m-1)!}a^n u[-n-1]$ | $\frac{1}{(1-az^{-1})^m}$ | $\|z\|<\|a\|$ |
| 19 | $\cos(\omega_0 n)u[n]$ | $\frac{1-z^{-1}\cos(\omega_0)}{1-2z^{-1}\cos(\omega_0)+z^{-2}}$ | $\|z\|>1$ |
| 20 | $\sin(\omega_0 n)u[n]$ | $\frac{z^{-1}\sin(\omega_0)}{1-2z^{-1}\cos(\omega_0)+z^{-2}}$ | $\|z\|>1$ |
| 21 | $a^n\cos(\omega_0 n)u[n]$ | $\frac{1-az^{-1}\cos(\omega_0)}{1-2az^{-1}\cos(\omega_0)+a^2z^{-2}}$ | $\|z\|>\|a\|$ |
| 22 | $a^n\sin(\omega_0 n)u[n]$ | $\frac{az^{-1}\sin(\omega_0)}{1-2az^{-1}\cos(\omega_0)+a^2z^{-2}}$ | $\|z\|>\|a\|$ |

# 参 考 文 献


[1] 卢健康. 计算机仿真实用教程 [M]. 西安:西北工业大学出版社,2013.

[2] 张晓华. 系统建模与仿真 [M]. 2 版. 北京:清华大学出版社,2015.

[3] 刘白雁. 机电系统动态仿真:基于 MATLAB/Simulink [M]. 北京:机械工业出版社,2012.

[4] 胡寿松. 自动控制原理 [M]. 6 版. 北京:科学出版社,2016.

[5] 王正林,王胜开,陈国顺,等. MATLAB/Simulink 与控制系统仿真[M]. 北京:电子工业出版社,2017.

[6] 齐欢,王小平. 系统建模与仿真 [M]. 2 版. 北京:清华大学出版社,2013.

[7] 宋志安,朱绪力,谷青松. MATLAB/Simulink 与机电控制系统仿真 [M]. 北京:国防工业出版社,2015.

[8] 徐德鸿. 电力电子系统建模及控制 [M]. 北京:机械工业出版社,2017.

[9] 洪乃刚. 电力电子、电机控制系统建模和仿真 [M]. 北京:机械工业出版社,2016.

[10] 陈无畏. 系统建模与计算机仿真 [M]. 北京:机械工业出版社,2013.

[11] 吴重光. 系统建模与仿真 [M]. 北京:清华大学出版社,2008.

[12] 罗国勋. 系统建模与仿真 [M]. 北京:高等教育出版社,2011.

[13] 穆歌. 系统建模 [M]. 2 版. 北京:国防工业出版社,2013.

[15] 李献、骆志伟. 精通 MATLAB/Simulink 系统仿真 [M]. 北京:清华大学出版社,2015.

[16] 薛定宇,陈阳泉. 基于 MATLAB/Simulink 的系统仿真技术与应用 [M]. 2 版. 北京:清华大学出版社,2011.

[17] 张德丰. MATLAB/Simulink 建模与仿真实例精讲 [M]. 北京:机械工业出版社,2010.

[18] 肖田元,范文慧. 系统仿真导论 [M]. 2 版. 北京:清华大学出版社,2010.

[19] 吴晓燕,张双选. MATLAB 在自动控制中的应用 [M]. 西安:西安电子科技大学出版社,2006.

[20] 丁冬晓. 离心压缩机初始喘振的非线性动力学特性研究[D]. 西安:西北工业大学,2018.

[21] 黄强. 电动汽车充电机 DC - DC 变换器控制系统建模及设计[D]. 西安:西北工业大学,2019.